宝石学教程

BAOSHIXUE JIAOCHENG

（第三版）

李娅莉　薛秦芳　李立平　陈美华　尹作为　编著

中国地质大学出版社
ZHONGGUO DIZHI DAXUE CHUBANSHE

内 容 提 要

本书是作者们集多年宝石教学经验,并结合本科教育、FGA、GIC 教学内容需要编写而成。书中全面而系统地介绍了有关宝石学的基础知识,着重介绍了珠宝市场上常见宝石特征与鉴别,并对宝石的颜色成因、合成宝石、宝石仿制与优化及珠宝贸易等方面进行了阐述。针对宝石鉴定所需的仪器进行了论述,并对其操作步骤作了介绍。

本书适应于我国珠宝行业发展形势的需要,尤其适应于珠宝教育的需要。可作为宝石学专业和 GIC 珠宝培训的教材使用,也可作为珠宝专业人员、爱好者的学习参考书。

图书在版编目(CIP)数据

宝石学教程/李娅莉等编著.—3 版.—武汉:中国地质大学出版社,2016.12(2024.7 重印)

ISBN 978-7-5625-3926-1

Ⅰ.①宝…
Ⅱ.①李…
Ⅲ.①宝石-教材
Ⅳ.①P619.28

中国版本图书馆 CIP 数据核字(2016)第 300373 号

宝石学教程(第三版)	李娅莉 薛秦芳 李立平 陈美华 尹作为 编著
责任编辑:张 琰 张旻玥	选题策划:张 琰 彭 琳 责任校对:张咏梅

出版发行:中国地质大学出版社(武汉市洪山区鲁磨路388号)　　邮政编码:430074
　　　电话:(027)67883511　　传真:67883580　　E-mail:cbb@cug.edu.cn
经　　销:全国新华书店　　　　　　　　　　　　　http://www.cugp.cug.edu.cn
开本:787 毫米×1 092 毫米 1/16　　　　　　字数:746 千字　印张:28.25　彩插:14
版次:2006 年 11 月第 1 版　2011 年 1 月第 2 版　印次:2024 年 7 月第 12 次印刷
　　　2016 年 12 月第 3 版　　　　　　　　　　　累计第 24 次印刷
印刷:湖北睿智印务有限公司　　　　　　　　　　印数:42 501—47 500 册
ISBN 978-7-5625-3926-1　　　　　　　　　　　　　　　　　　　　定价:88.00 元

如有印装质量问题请与印刷厂联系调换

一版前言

宝石学是一门由地质学发展起来的新型学科。经过近一个世纪的发展,已形成了宝石学基础、宝石仪器、合成宝石、优化处理、宝石颜色成因、宝石矿床、宝石鉴定、钻石学、宝石商贸等融为一体的独立学科。宝石作为一个新型的行业,在我国 20 世纪 80 年代中期得到快速发展,而当年从事该行业的几乎均为"门外汉",以黄金为主、宝石为辅的珠宝行业鉴定人才奇缺,这给珠宝教育提供了发展的历史机遇。中国地质大学(武汉)率先在 1991 年经地矿部批准,成立了我国第一所珠宝学院。在"引进智力,高起点办学"的思想指导下,为我国快速培养珠宝鉴定人才提供了宝贵的时间和办学经验。珠宝学院也由无到有、由小到大,由单一的珠宝职业教育形成了如今的珠宝博士生教育、硕士生教育、本科生教育、成人教育和职业教育等多层次的教育格局;办学也由单一的珠宝鉴定向着珠宝首饰设计及制作、珠宝鉴定与商贸等方向发展,我们也伴随着珠宝学院的成长而成熟。多年来我们培养了一批又一批珠宝鉴定方向的研究生、本科生、大专生和 FGA 国际珠宝鉴定师、DGA 国际钻石鉴定分级师、GIC 宝石鉴定师以及国家珠宝玉石注册检验师。如今他们已将所学的知识奉献给社会,奉献给珠宝行业的各个环节,他们为我国珠宝行业的快速发展做出了巨大的贡献,他们都在珠宝行业中干出了骄人的成绩。同时,我们也非常感谢这些学生,尤其是珠宝职业教育的学生,在珠宝教育的早期办学中给予了珠宝学院很多的理解和支持,为后续教学过程中的课程结构的安排、制定更加规范的珠宝教学大纲及积累办学经验都留下了宝贵的意见和合理化的建议。笔者从事珠宝教育 18 年来,一直在讲台上传授着珠宝知识,经过多年教学经验的积累,现将由我们的讲稿汇聚成册的《宝石学教程》奉献给大家和同行业的同仁们,奉献给我们过去的学生、现在的学生和将来的学生。我们深深地体会到,本教程的编著过程,同时也是我们再重新学习的一个过程。

本教程的第一章绪论、第二章宝石的结晶学基础、第三章宝石的化学成分、第十五章的第一节刚玉族、第二节绿柱石族、第三节金绿宝石和第十二章宝石的优化处理由薛秦芳副教授编写；第四章晶体光学基础、第五章宝石颜色成因、第六章宝石的物理性质、第七章宝石的分类及宝石命名、第八章宝石的内含物、第九章宝石仪器、第十三章宝石的加工、第十五章常见单晶宝石的其余章节、第十六章非晶质及多晶质宝石和第十八章稀有宝石由李娅莉副教授编写；第十四章钻石由陈美华教授编写；第十章合成宝石和人造宝石、第十一章仿制宝石、第十七章有机宝石由李立平教授编写；第十九章宝石资源和第二十章珠宝贸易由尹作为副教授编写。全书由李娅莉统稿。在书稿的编著过程中，得到了珠宝学院职教中心全体老师的支持和参与，同时也得到珠宝学院院长袁心强教授给予的悉心指导及中国地质大学出版社编辑的大力协作，使该书得以顺利出版，在此一并感谢！

笔 者
2005 年 10 月 29 日

二版前言

2011年是我国第一所珠宝学院——中国地质大学（武汉）珠宝学院获批并成立20周年，20年来珠宝学院承载了我国珠宝教育的大任，并将珠宝教育从职业教育顺利地嫁接到高等教育中，为我国各兄弟院校再开办珠宝教育提供了资源共享的良好平台，使我国珠宝教育呈现出生机勃勃、欣欣向荣的发展态势。2006年《宝石学教程》首次出版至今已整整4年多了，在此期间，得到了广大读者的关心和厚爱，作为专业教材销售业绩良好，使我们感到非常欣慰。此次应中国地质大学出版社之邀，重新修订再版此教材，希望该书能对珠宝教育做出更大的贡献。

此次再版主要进行了如下修订：

（1）珠宝业近几年来有了很大的发展，特别是珠宝市场发生了巨大的变化，对珠宝市场的相关章节进行了修订。

（2）对宝石的颜色成因机理进行了更深入的分析和阐述，增补了较为典型的宝石实例等，并对相关内容进一步解释。

（3）对优化处理的宝石的相关内容作了修改和补充。

（4）对有机宝石章节进行了内容的修改和补充。

（5）对常见的宝石品种进行各种鉴定内容的补充。

其余各章节也均进行了必要的修改。

本书是一本系统的宝石学教程，所涵盖的内容丰富，详细介绍了宝石学的基本概念、基本知识、测试仪器、各种宝石的特征及鉴定方法。这次再版后的《宝石学教程》，对常见宝石与仿制品、合成品、人造品、优化品及处理品的鉴别进行深入地讨论，并对收藏宝石进行基本知识的综述。全书图文并茂，可作为高等院校学生的教材、教师的参考资料、GIC宝石证书课程教材，也可作为珠宝专业人员、珠宝爱好者必要的学习参考书。

多年来本书的作者们一直在中国地质大学武汉珠宝学院从事宝石学教学与

宝石鉴定工作。中国地质大学(武汉)珠宝学院率先在1991年经当时的地矿部批准,成立了我国第一所珠宝学院。2011年恰逢珠宝学院成立20周年,同时也是我们伴随珠宝学院及中国珠宝教育发展的20年。感谢多年来珠宝学院各位同仁、珠宝界的各位同行对作者们的关心和帮助。不积跬步无以至千里,在今后的日子里我们要更加努力地为我国珠宝教育事业发展做出贡献。

  本书的第一章绪论、第二章宝石的结晶学特征、第三章宝石矿物的化学成分、第十二章宝石的优化处理、第十五章常见单晶宝石的第一节红宝石和蓝宝石、第二节绿柱石、第三节金绿宝石由薛秦芳教授完成;第十四章钻石由陈美华教授完成;第四章晶体光学基础、第五章宝石的颜色、第六章宝石的物理性质、第七章宝石的分类及命名、第八章宝石的内含物、第九章宝石鉴定仪器、第十三章宝石的加工、第十五章常见单晶宝石的第四节至第十一节、第十六章非晶质及多晶质宝石和第十八章稀有宝石由李娅莉教授完成;第十章合成宝石和人造宝石、第十一章仿制宝石、第十七章有机宝石由李立平教授完成;第十九章宝石资源和第二十章珠宝贸易概述由尹作为教授完成。全书由李娅莉统稿。在书稿的编著过程中,得到了珠宝学院职教中心全体老师的支持和参与,同时也得到中国地质大学出版社的大力协作,使该书得以顺利出版,在此一并感谢!

笔 者

2010年12月29日

三版前言

2016年是国家"十三五"规划的开局之年,珠宝行业也跟随着国家改革开放的步伐稳步成长。珠宝教育随着珠宝行业的发展不断壮大,为珠宝教育服务的教学用书也在广大读者的反馈中不断得到修订和完善。《宝石学教程》的三次修编应运而生。

(1)此次修编对部分知识进行了必要的更新,对在全书编辑出版过程中存在的错误进行了全面核查与修正,使语句和段落更通顺,逻辑性更强,更加通俗易懂。

(2)此次修编对各个章节进行了细化,尤其是在仪器的操作部分增加了操作步骤,在编排上更加明晰,使读者能从容地对照教材进行各项仪器的操作。

(3)随着珠宝科技的发展,各种人工优化处理和合成的宝石的特性更接近于天然宝石,常规鉴定手段已无法给出准确的鉴定结果。由于现代化测试方法越来越多地应用于珠宝的鉴定和检测中,此次修编增加了研究型仪器的介绍及在珠宝鉴定中的使用方法。

(4)随着科学技术的发展,越来越多的人工宝石面市,它们有着与天然宝石相近的化学成分及物理性质,因此合成宝石和人造宝石的鉴定也是珠宝鉴定过程中的重要内容。此次人工宝石章节将合成宝石和人造宝石统一归类为人工宝石,更加明确了合成宝石和人造宝石之间的差别,强调了各类人工宝石的识别特征。

(5)优化处理一直是珠宝行业发展过程中备受关注的课题,此次修编再一次对优化处理章节的内容进行了完善,对优化处理的知识作了更加详细的介绍。

(6)对宝石各论中的各章节进行了修改和补充,增加了红宝石、蓝宝石、祖母绿等重要宝石的各国产地特征介绍,对CVD合成钻石方法及鉴定进行了补充。同时,对有机宝石中的琥珀、象牙、龟甲等进行了更细致的分类,对市场中较热门的南红玛瑙等进行了补充说明。

本书自2005年出版以来，经受住了十多年的市面检验，备受珠宝爱好者的关心和支持，成为了珠宝行业的畅销书。这里凝聚着作者们及出版社编辑的心血和艰辛的付出，同时也感谢中国地质大学（武汉）珠宝学院陈涛老师及其他同事们的关心和支持。自2010年再版，时间已过去了近六年，为了不辜负广大读者的厚爱，为了将更好的一面呈现给读者，笔者进行了第三次修编。本书的修编过程也是我们再学习的过程。笔者愿与读者同在，与行业同发展，在未来的工作中行稳致远，更好地开创珠宝行业发展的新局面。

笔　者
2016年2月29日

目 录

第一章 绪 论 (1)

第一节 宝石及其特征 (1)
第二节 宝石的价值 (2)
第三节 宝石的商品性及艺术性 (2)
第四节 宝石学发展史 (3)

第二章 宝石的结晶学特征 (6)

第一节 晶体的基本特征 (6)
第二节 晶体的对称 (7)
第三节 晶体常数和晶系特点 (9)
第四节 单形和聚形 (11)
第五节 双 晶 (13)
第六节 宝石矿物的形态 (14)

第三章 宝石矿物的化学成分 (16)

第一节 宝石矿物的晶体化学分类 (16)
第二节 类质同像 (17)
第三节 宝石矿物中水的存在形式 (19)

第四章 晶体光学基础 (21)

第一节 光的本质 (21)
第二节 光的折射及全反射 (24)
第三节 光波在均质体和非均质体宝石中的传播特点 (26)
第四节 光率体 (27)

第五章 宝石的颜色 (33)

第一节 宝石颜色的分类 (33)
第二节 宝石中的致色元素及晶格缺陷 (34)
第三节 宝石颜色的命名及描述方法 (41)

第六章　宝石的物理性质 ……………………………………………………… (44)

第一节　宝石的光学性质 ………………………………………………… (44)
第二节　宝石的力学性质 ………………………………………………… (51)

第七章　宝石的分类及命名 …………………………………………………… (56)

第一节　宝石的分类 ……………………………………………………… (56)
第二节　宝石的命名 ……………………………………………………… (58)

第八章　宝石的内含物 ………………………………………………………… (61)

第一节　概　述 …………………………………………………………… (61)
第二节　宝石内含物的分类 ……………………………………………… (62)
第三节　内含物的形成机制 ……………………………………………… (64)
第四节　内含物的鉴别及鉴定方法 ……………………………………… (68)

第九章　宝石鉴定仪器 ………………………………………………………… (71)

第一节　常规宝石鉴定仪器 ……………………………………………… (71)
第二节　研究型仪器在宝石学中的应用 ………………………………… (108)

第十章　人工宝石 ……………………………………………………………… (130)

第一节　人工宝石晶体生长的基本理论 ………………………………… (130)
第二节　焰熔法及其生长宝石的鉴定 …………………………………… (135)
第三节　提拉法及其合成宝石的鉴定 …………………………………… (140)
第四节　区域熔炼法及其生长宝石的鉴定 ……………………………… (143)
第五节　冷坩埚法及其生长宝石的鉴定 ………………………………… (144)
第六节　助熔剂法及其生长宝石的鉴定 ………………………………… (146)
第七节　水热法及其生长宝石的鉴定 …………………………………… (150)
第八节　其他方法生长的宝石材料 ……………………………………… (156)

第十一章　仿制宝石 …………………………………………………………… (160)

第一节　玻　璃 …………………………………………………………… (160)
第二节　塑　料 …………………………………………………………… (164)
第三节　陶　瓷 …………………………………………………………… (167)

第十二章　宝石的优化处理 …………………………………………………… (169)

第一节　概　述 …………………………………………………………… (169)

第二节　优化处理的方法 …………………………………………… (171)

第十三章　宝石的加工 ……………………………………………………… (181)

　　第一节　宝石的切磨工艺 …………………………………………… (181)

　　第二节　刻面型宝石的琢型款式 …………………………………… (186)

　　第三节　宝石加工时需注意的性质 ………………………………… (190)

　　第四节　玉雕工艺 …………………………………………………… (191)

第十四章　钻　石 …………………………………………………………… (194)

　　第一节　概　述 ……………………………………………………… (194)

　　第二节　钻石的基本性质 …………………………………………… (195)

　　第三节　钻石的类型和特征 ………………………………………… (200)

　　第四节　钻石的形成及产出状态 …………………………………… (202)

　　第五节　钻石及其仿制品的鉴别 …………………………………… (205)

　　第六节　合成钻石及鉴别 …………………………………………… (208)

　　第七节　钻石的分级与评估 ………………………………………… (218)

第十五章　常见单晶宝石 …………………………………………………… (225)

　　第一节　红宝石和蓝宝石(Ruby and Sapphire) …………………… (225)

　　第二节　绿柱石(Beryl) ……………………………………………… (234)

　　第三节　金绿宝石(Chrysoberyl) …………………………………… (240)

　　第四节　长石(Feldspar) ……………………………………………… (243)

　　第五节　单晶石英(Monocrystalline Quartz) ……………………… (246)

　　第六节　托帕石(Topaz) ……………………………………………… (253)

　　第七节　碧玺(Tourmaline) …………………………………………… (256)

　　第八节　橄榄石(Peridot) …………………………………………… (259)

　　第九节　尖晶石(Spinel) ……………………………………………… (262)

　　第十节　石榴石族(Garnet) ………………………………………… (264)

　　第十一节　锆石(Zircon) ……………………………………………… (271)

第十六章　非晶质及多晶质宝石 …………………………………………… (275)

　　第一节　欧泊(Opal) ………………………………………………… (275)

　　第二节　翡翠(Jadeite) ……………………………………………… (279)

　　第三节　软玉(Nephrite) …………………………………………… (288)

　　第四节　独山玉(Dushan－Jade) …………………………………… (296)

第五节　绿松石(Turquoise) …………………………………… (299)

第六节　青金岩(Lapis Lazuli) ………………………………… (302)

第七节　蛇纹岩玉(Serpentine Jade) …………………………… (304)

第八节　石英岩玉(Quartzite) …………………………………… (306)

第九节　蔷薇辉石(Rhodonite) ………………………………… (312)

第十节　菱锰矿(Rhodochrosite) ……………………………… (313)

第十一节　孔雀石(Malachite) ………………………………… (314)

第十七章　有机宝石 ……………………………………………… (318)

第一节　珍珠(Pearl) …………………………………………… (318)

第二节　珊瑚(Coral) …………………………………………… (334)

第三节　琥珀(Amber) ………………………………………… (338)

第四节　煤精(Jet) ……………………………………………… (342)

第五节　象牙(Ivory) …………………………………………… (344)

第六节　龟甲、骨质材料及贝壳 ……………………………… (349)

第十八章　稀有宝石 ……………………………………………… (357)

第一节　萤石(Fluorite) ………………………………………… (357)

第二节　方钠石(Sodalite) ……………………………………… (358)

第三节　方柱石(Scapolite) …………………………………… (359)

第四节　堇青石(Iolite) ………………………………………… (362)

第五节　磷灰石(Apatite) ……………………………………… (364)

第六节　赛黄晶(Danburite) …………………………………… (365)

第七节　红柱石(Andalusite) …………………………………… (367)

第八节　硅铍石(Phenakite) …………………………………… (368)

第九节　柱晶石(Kornerupine) ………………………………… (369)

第十节　透辉石(Diopside) ……………………………………… (371)

第十一节　顽火辉石(Enstatite) ………………………………… (373)

第十二节　锂辉石(Spodumene) ………………………………… (374)

第十三节　坦桑石(黝帘石 Zoisite) …………………………… (376)

第十四节　硼铝镁石(Sinhalite) ………………………………… (377)

第十五节　符山石(Idocrase) …………………………………… (378)

第十六节　蓝锥矿(Benitoite) …………………………………… (380)

第十七节　榍石(Sphene) ……………………………………… (381)

第十八节　葡萄石(Prehnite) …………………………………… (382)

第十九节 塔菲石(Taaffeite) ……………………………………………………… (383)

第二十节 查罗石(Charoite) ……………………………………………………… (384)

第二十一节 绿帘石(Epidote) ……………………………………………………… (384)

第二十二节 蓝晶石(Kyanite) ……………………………………………………… (385)

第二十三节 菱镁矿(Magesite) …………………………………………………… (385)

第二十四节 金红石(Rutile) ……………………………………………………… (386)

第二十五节 假蓝宝石(Sapphirine) ……………………………………………… (386)

第二十六节 夕线石(矽线石 Sillimanite) ………………………………………… (387)

第二十七节 十字石(Staurolite) …………………………………………………… (387)

第二十八节 蓝铜矿(Azurite) ……………………………………………………… (388)

第二十九节 磷铝钠石(巴西石 Brazilianite) ……………………………………… (388)

第三十节 硅孔雀石(Chrysocolla) ………………………………………………… (389)

第三十一节 蓝线石(Dumortierite) ………………………………………………… (389)

第三十二节 蓝柱石(Euclase) ……………………………………………………… (390)

第三十三节 蓝方石(Hauyne) ……………………………………………………… (390)

第三十四节 羟硅硼钙石(Howlite) ………………………………………………… (390)

第三十五节 闪锌矿(Sphalerite) …………………………………………………… (391)

第三十六节 苏纪石(钠锂大隅石 Sugilite) ………………………………………… (391)

第三十七节 磷铝石(Variscite) …………………………………………………… (392)

第三十八节 鱼眼石(Apophyllite) ………………………………………………… (392)

第三十九节 异极矿(Hemimorphite) ……………………………………………… (393)

第四十节 斧石(Axinite) …………………………………………………………… (393)

第十九章 宝石资源 …………………………………………………………………… (394)

第一节 宝石矿床的成因分类 ……………………………………………………… (394)

第二节 宝石矿床的地理分布 ……………………………………………………… (396)

第三节 典型宝石矿床实例 ………………………………………………………… (399)

第二十章 珠宝贸易概述 ……………………………………………………………… (405)

第一节 珠宝价格 …………………………………………………………………… (405)

第二节 珠宝市场 …………………………………………………………………… (415)

第三节 贵金属饰品 ………………………………………………………………… (418)

附 录 ……………………………………………………………………………………… (423)

附录一 《珠宝玉石 名称》(GB/T 16552—2010) ……………………………… (423)

附录二　GB/T 16552—2010 优化处理珠宝玉石 …………………………………………（428）

附录三　宝石常数表………………………………………………………………………（431）

附录四　稀有宝石常数表…………………………………………………………………（433）

附录五　珠宝的习俗………………………………………………………………………（435）

参考文献 …………………………………………………………………………………（436）

第一章 绪 论

第一节 宝石及其特征

宝石是一些可以作为装饰用的矿物和其他材料,它是自然作用和人类劳动的共同产物。自然界形成宝石矿物,而人类将其加工成形,增加其瑰丽,使之适合于作珠宝使用。

宝石由无机物和有机物两大类组成。无机矿物和少数岩石作为宝石原料的约有一百余种,占宝石原料的90%,如钻石、祖母绿、红宝石、蓝宝石。有机原料属动植物的产物,它们是动植物体本身或经过石化作用形成的,如珍珠、象牙、琥珀、煤精和珊瑚等,特别是珍珠,总是被列入最珍贵的宝石之列。

作为宝石材料必须具有三大主要特征:瑰丽、耐久和稀少。

一、瑰丽

晶莹艳丽、光彩夺目,这是作为宝石的首要条件。如红宝石、蓝宝石和祖母绿具有纯正而艳丽的色彩;切割的无色钻石可显示不同的光谱色而构成人们熟知的火彩;欧泊拥有各种颜色的色斑,这是一种变彩;某些宝石能产生猫眼似的亮带和星状光带,这都是美的体现。当然,大多数宝石材料的美丽是潜在的,只有经过适当的加工才能充分地显露出来。

二、耐久

质地坚硬,经久耐用,并能长久保留,世代相传,这是宝石的特色。绝大多数宝石能够抵抗摩擦和化学侵蚀,使其永葆艳姿美色。宝石的耐久性很大程度上取决于宝石的硬度,通常宝石的硬度较大,即摩氏硬度大于7,这样的硬度可经受自然界粉尘对它的侵蚀作用而永远明亮。而玻璃等仿制品因为硬度太低,不能抵抗外来物的磨蚀,所以很快就失去了它的光彩。耐久性还表现为材料的韧性强,例如软玉虽然摩氏硬度小于7,但因其较高的韧性而成为我国世代相传的玉石品种。

三、稀少

物以稀为贵,稀少在决定宝石价值上起着重要的作用。钻石的昂贵是因为它非常稀少。一颗色彩精美的无瑕祖母绿是极度稀少的,它可能比一颗大小和品质相当的钻石价格更高。稀少导致供求关系的变化。橄榄石晶莹剔透、色彩柔和,但因为它产出量较大,所以只能算作中低档宝石。人工合成的宝石,虽然在性质上与天然宝石相同,但合成宝石可以重复地生产,因而在价格上与天然宝石相距极大。

除上述特点外,宝石一般都很小,便于携带,巨额的资金集中在小小的物品上,因而便于大量财产的保存和转移,也可起到保值的作用。

第二节 宝石的价值

自古以来,宝石就为人类所重视,人们对宝石充满着遐想,并将宝石同财富、威望、地位和权力联系在一起。随着社会经济的发展,宝石和黄金的消费已成为衡量一个国家经济实力、文化发展水平的标志之一。因而,宝石显示着以下三种价值。

一、宝石的商品价值

宝石从找矿、开采、加工到出售均需付出辛勤的劳动,因此它具有一定的劳动价值。又因为它的稀少和美丽,它可以作为商品出售。目前世界各国均以出口宝石原料和成品作为获取外汇的重要手段。据有关资料报道,宝石占世界非能源矿产产值的第三位,仅次于金和铁。

印度钻石出口额占该国总出口额的14%。哥伦比亚仅祖母绿出口,就为该国提供了外汇收入的一半。泰国的宝石出口已占国家出口总额的第二位。宝石行业已成为许多国家的经济支柱。

二、宝石的货币价值

宝石作为商品早已被人们所接受,但由于大多数宝石资源的不可再生性,世界宝石的产量越来越少,特别是优质高档的宝石越来越稀缺。高档宝石的价格不断上涨,宝石作为硬通货币储存的趋势逐渐明显,即宝石和黄金一样可以作为货币流通的媒介。

许多国家都将高档宝石,如钻石、红宝石、蓝宝石和祖母绿等,列为国家资产。我国也将常林钻石——我国现存的最大的钻石,以及其他高档艺术雕刻品纳入国库作为货币储存。第二次世界大战期间,犹太人由于掌握了世界70%的珠宝财富,从而得以遍布于世界各个角落。

三、宝石的艺术价值

从古人用兽齿、贝壳、砾石串成的项链,到今天各种琳琅满目的宝石工艺品和饰品,无不体现着人类对美的追求和向往。一件玲珑剔透的珠宝饰品,有着无与伦比的艺术魅力。它不仅使佩戴者显得雍容华贵、充满自信,而且还代表着一切美好的祝愿:永恒、成功、吉祥和好运。

现在,越来越多的人开始热衷于对珠宝的投资。选购者不仅为拥有一件高档珠宝首饰而深感自豪,而且也看到了宝石保值和增值的效果。

第三节 宝石的商品性及艺术性

一、宝石的商品性

宝石是一种经济价值较高的商品,然而其价格变动很大,它的价值一般由劳动量来计算。宝石从原材料的寻找到贸易有一全套过程:找矿—开采—分选—回收—设计—加工—镶嵌—批发—管理—包装—贸易等环节。

各个生产环节都需要付出劳动量,这仅仅是这种商品价值的一部分。另外,同属一个品种的优质宝石和劣质宝石,价值会有天壤之别,再加上技术条件、加工条件、处理手法是否得当都关系到宝石的商品价值。不同时期、不同地区的差异性都会影响宝石价值的变化。因为宝石体积小,便于携带,因而人们的关注度慢慢从黄金转向宝石,从而使宝石具有了收藏价值,加之宝石具有的装饰价值、馈赠价值及高档宝石的货币投资价值,都使宝石成为了一种商品。

二、宝石的艺术性

宝石是有别于其他商品的特殊商品。它应用于人们的装饰、陈设、收藏。它不是生活必需品,但它是人们精神生活的欣赏品和艺术品。无论是社会名流还是民间,对美的物质都有一种执著的追求。从这个角度来说,它又是文化生活中不可缺少的一项,所以宝石才成为特殊的商品在社会中流通。

宝石的装饰欣赏有两个属性:一是欣赏石,二是欣赏工艺。石之美决定了它的高贵身份,工艺美决定了它的造型艺术。故石之美和造型美都可能使宝石成为世界上仅有的特殊商品。如玛瑙龙盘、玛瑙虾盘、象牙雕件、玉雕工艺品。这种雕琢工艺不能单用劳动量的等价来看待,它所产生的艺术价值与劳动量不成正比。它可能因为不美,产生不了价值,也可能因为艺术水平很高,从而产生高出劳动量很多倍的价值。

因此,研究宝石艺术比研究宝石市场动态更为困难,前者要求多吸收文化、艺术、历史、政治、风土人情等社会科学知识,同时也要求专业知识和专业技能不断发展,将造型艺术美和工艺技术结合起来。在宝石业发展的今天,提高作品的艺术性更是迫在眉睫,人们需要更多、更美的艺术作品来陶冶情操,带动各个销售市场蓬勃发展。

第四节 宝石学发展史

宝石学是研究宝石、宝石原料及加工的科学。它是作为矿物学的一个专门分支发展起来的,而现在它集宝石鉴定、宝石合成和仿制、宝石加工和制作、宝石勘探和开采以及宝石经营和销售等为一体,形成了一门独立的综合学科。

一、国际珠宝教育及珠宝业的发展

我国对宝石的开发利用已有 5000 年以上的历史了,但将宝石学作为一门独立的学科进行研究,最早起源于英国。早在 1908 年,英国首先创立了宝石协会,从事宝石理论和实践的研究,并在 1913 年组织了世界上第一次宝石学考试。1931 年美国成立了珠宝学院。1934 年德国,1965 年日本、澳大利亚等国分别成立了各自的宝石协会,并成立了相应的宝石培训中心。这些协会组织学术交流和人才培训,对宝石学的发展起到了很大的推动作用。

对宝石进行相当精确的化学分析的方法,虽然已有一百多年的历史,但直到 1912 年 X 射线首先揭示出晶体中的原子或离子排列成极规则的几何形态以后,矿物学、化学和宝石学才进入了一个采用先进技术的崭新时期。然而,在科学家们研究改进宝石鉴定方法的同时,在实验室里复制天然宝石已成为可能,这些合成宝石所具有的特性与天然宝石几乎完全相同。合成宝石的出现,使商业上迫切需要鉴别和区分天然与合成宝石,由此出现了精确的宝石检验技术,用于鉴定宝石的各种仪器也得到了发展。宝石合成工艺的改善,使合成宝石的质量不断提高,品种不断增加,同时也促进了宝石鉴定技术的深入。研究和鉴定新的或优化处理的宝石,使宝石学具有了远大的发展前景和更大的魅力。

在20世纪的后几十年中,宝石学处在其发展过程中的一个重大转折时期。世界各国对优质宝石产生了史无前例的需求,宝石产区矿源的逐渐枯竭和种种政治纠葛,又制约了宝石材料的供应,从而大大地提高了宝石的价格。寻找新的宝石资源已迫在眉睫。人工技术不仅制造出了各种非常理想的合成宝石,甚至创造出了自然界中不存在的各种新材料,如钇铝榴石、钆镓榴石等一些理想的天然宝石的仿制品。天然宝石的改色、稳定化处理等技术也已成为宝石学界研究的热门课题。

当前,国际宝石学研究的重点是天然宝石矿床的勘探和开采、天然宝石的优化处理、天然宝石和人造宝石的鉴别、宝石款式的设计和琢磨、宝石镶嵌款式的设计和工艺研究等。

二、我国珠宝行业的发展状况

改革开放以来,我国宝石行业发展很快,已开发了钻石、蓝宝石、海蓝宝石、石榴石和橄榄石等宝石矿产基地,并进一步加强了对宝石的地质普查工作。合成红宝石和蓝宝石、合成立方氧化锆、人造钇铝榴石等人工宝石已大量投放市场;合成祖母绿、合成钻石也已获得成功,并开始投放市场。宝石鉴定、宝石优化和宝石加工技术都有了很大的提高。

我国珠宝首饰行业从小到大不断发展,具有发展面广、速度快、起点高的特点。从业人员、市场规模、销售额等诸多方面都发生了翻天覆地的变化。据珠宝业界的不完全统计,20世纪80年代中期至2013年我国珠宝首饰零售企业由几百家发展到已超过6万家,从业人员数量由3万增加到400万,黄金首饰的销售量由70t增加到1 200t以上。全国珠宝首饰销售额由20世纪末的9 908万元猛增到2013年的4 700亿元,超过全球珠宝市场的30%。出口额由20世纪末的1 695万美元增加到2013年的500亿美元。2014年我国珠宝销售总额有所下降,全年销售约4 170亿元,但出口额则上升为600亿美元。我国珠宝业起步晚发展速度快,现已跻身全球最重要的珠宝消费市场之列,黄金、钻石、宝玉石等的消费在世界上位居前列,并成为世界重要的珠宝首饰加工中心之一。珠宝首饰产品也已成为我国国民经济中不可忽视的重要商品之一。

三、我国珠宝教育的发展

我国珠宝教育起步很晚,至20世纪70年代,世界掀起"宝石热"之时,恰逢我国经济体制进入改革时期,市场经济的逐渐繁荣,带动着珠宝事业的日趋兴旺。面对国内珠宝教育一片空白的现状及珠宝业呼唤专业人才的历史机遇,如何为我国尽快地培养珠宝专业人才已严峻地摆在教育工作者的面前。"引进智力,高起点办学",1988年中国地质大学(武汉)珠宝研究所率先与世界宝石学权威机构英国宝石协会签订了国际珠宝鉴定师FGA(英国宝石协会和宝石检测实验室)考点的办学合同,开启了我国珠宝教育之先河。同年中国地质大学(武汉)、桂林冶金地质学院等开始招收宝石学方向的本、专科生,开始了珠宝学历教育的历程。1992年中国地质大学(武汉)珠宝学院在武汉成立,这也标志着我国珠宝教育进入正规教育之中。由于受历史原因的影响,办学机构均已成立,而国家教委中没有宝石学科这个专业,各地高等院校均挂靠在如地质学、材料学、商贸管理学等相关专业下进行宝石方向的招生工作。通过近10年的努力，国家教委2000年正式批准中国地质大学(武汉)珠宝学院率先开办宝石及材料工艺学专业，招收宝石学专业学生。

经过十几年的努力，中国珠宝教育已向宽而广的领域发展，以珠宝职业教育为主的单一办学途径已成为历史。随着行业的发展，如何以宽口径、现代教育技术手段培养既有深厚的人文、社会、科学和美学知识功底，又有扎实的外语知识和计算机运用能力，既能熟练掌握珠宝鉴定技能、珠宝首饰设计创意、材料工艺的应用，同时也了解企业管理、珠宝工艺制作过程、珠宝首饰评估、广告创意、公关策划等的复合型人才，还在不断地探索之中。我国珠宝人才的培养由职业教育和学历教育共同承担，珠宝职业教育和学历教育为珠宝行业输送了大量的应用型人才和研究型人才。珠宝教育已与国际接轨，中国地质大学(武汉)珠宝学院(GIC)推出的GIC珠宝鉴定师证书教育已得到国际认可，并与英国宝石协会联合，推出GIC、FGA双证书，这种办学模式在远东地区是唯一的。随着我国加入WTO(世界贸易组织)，珠宝行业所需的各种人才的培养显得越来越重要。"百年树人"的珠宝教育工作任重而道远。

我国的珠宝事业虽然起步较晚，但发展迅速，相信不久的将来，中国必将走在宝石学研究的前列。

习　题

一、选择题

1. 宝石学是一门新型的学科，英国率先开始研究宝石学教育，并开展全世界宝石学研究和考试的时间分别为：
   a. 1908年和1913年　　　　　　b. 1905年和1908年
   c. 1908年和1910年　　　　　　d. 1905年和1913年
2. 我国宝石学教育起步于20世纪80年代中期，但发展速度较快，全国第一所珠宝学院建立于：
   a. 1992年北京　　　　　　　　b. 1992年武汉
   c. 1988年武汉　　　　　　　　d. 1988年桂林
3. 宝石是一种特殊商品，作为宝石必备条件是：
   a. 美观、稀少、昂贵　　　　　　b. 美观、传统习俗、稀少
   c. 瑰丽、耐久、稀少　　　　　　d. 耐久、稀少、传统习俗

二、问答题

1. 作为宝石材料必须具备哪三大主要特征？你怎样理解这三大特征？
2. 宝石显示着哪三种价值？请举例加以说明。
3. 阐述你对我国珠宝行业发展的看法和改进意向。

第二章　宝石的结晶学特征

大多数宝石是自然地质作用形成的矿物,它们具有一定的化学成分和内部结构。除极少数者外,它们的原子或离子相互间按一定的规则排列,并在外部可表现出典型的规则形状,具这种特征的宝石矿物称为结晶体,例如钻石、水晶等。一些宝石矿物不具有这种内部有序的结构,因而也不具有规则的几何外形,这些宝石矿物称为非晶质体,例如欧泊。

宝石矿物内部的有序结构影响着它的物理性质,而这些性质构成了对宝石测试的基础,也影响着宝石加工方法和方位的确定。

第一节　晶体的基本特征

晶体内部结构的最基本的特征是质点在三维空间作有规律的周期重复。空间格子是表示晶体内部结构中质点重复规律的几何图形。

晶体是内部质点排列有序的固体。内部结构的充分发育导致了其外部晶面的规则几何形态。

一、晶体与非晶质体

1. 晶体

晶体是具有格子构造的固体。一切晶体不论其外形如何,它的内部质点(原子、离子或分子)都是作规律排列的,这种规律主要表现为质点的周期重复,从而构成"格子构造"。宝石中凡是质点作有规律的排列,即具有格子构造者称为结晶质。大多数单晶宝石都有较好的结晶形态,如钻石的八面体晶体、石榴石的菱形十二面体晶体等。

2. 非晶质体

内部质点不作规则排列(不具格子构造),无一定的外观形态,即为非晶质或非晶质体,如欧泊、玻璃、琥珀等。

二、晶体的结构特征

1. 晶体具有格子构造,质点在三维空间作格子状的规则排列

对某一种晶体而言,格子构造是不变的。不同类型的晶体,格子构造是不同的。同类物质质点排列的形式不同,导致它具有完全不同的性质。例如钻石化学成分碳(C),最小的晶体结构为立方面心格子构造,它的原子排列形式见图2-1-1。

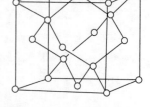

图2-1-1　钻石的结构示意图

2. 晶体在自由生长状态下能自发地形成规则的多面体形态

许多宝石矿物是规则和对称的晶体,具有天然的完整晶面,在理论上,所有晶体都渴望有

这种对称的形态。然而，在自然界中由于生长环境的限制，许多矿物晶体趋于非理想形态。另外，由于后期环境的改变，如河水的搬运磨蚀等，毁坏了晶体的外形，降低了它的完美性。

3. 晶体具有最小内能和稳定性

晶体质点的规则排列，使其相互间引力和斥力达到平衡，与同种物质的液态和气态相比，晶体的内能最小，所处的状态最为稳定。自然界中，非晶质体有转化为晶体的趋向。

三、晶体的方向性特征

1. 晶体的性质具有随方向而变化的异向性

晶体的解理、颜色和光学性质都有随方位而变化的特点，如钻石在平行八面体晶面方向容易破裂，碧玺在平行长轴和垂直长轴方向上颜色不一样等。

2. 晶体具有外形和性质的对称性

在晶体上常可见到外形上相同的晶面重复出现，另外在某些方向上具有相同的物理性质等，这是由于晶体内部质点排列有序造成的，也就是晶体具有的对称性。

第二节　晶体的对称

对称是物体上的等同部分有规律地重复。一块发育良好的晶体在晶面形态、大小和位置等方面都具有对称性。晶体的对称是由于其内部质点在不同方向上具有相同规则的排列造成的，这是晶体的格子构造本身所决定的。因此，晶体都是对称的，但不同晶体的对称排列形式是不同的。

一、晶体的对称要素

在研究对称时，为使物体上的等同部分作有规律重复而凭借的一些假想的几何要素（点、线、面）称之为对称要素。

1. 点——对称中心（C）

对称中心是晶体中的一个假想点，在通过此点的任意直线上，距该点等距离的两端必有对应的相同部分。晶体的对称中心使其相对应的晶面成反向平行，且大小相等（图 2-2-1）。晶体中对称中心只能有一个，有的晶体则无对称中心（图 2-2-2）。

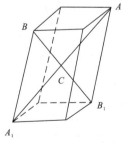

图 2-2-1　具有对称中心的图形
A 与 A_1、B 与 B_1 为对应点

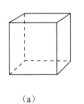
(a)

(b)

图 2-2-2　立方体有一对称中心(a)，
四面体无对称中心(b)

2. 线——对称轴(L)

对称轴是指通过晶体中心的一根假想的直线。当晶体围绕它旋转一圈(360°)时，其相同的外形能重复出现2、3、4或6次。这时的对称轴分别称为二次轴(L^2)、三次轴(L^3)、四次轴(L^4)和六次轴(L^6)(图2-2-3)。三次对称轴以上的称之为高次轴。

3. 面——对称面(P)

对称面是一个假想平面，将一个晶体划分成互成镜像反映的两个相等部分。

这里最重要的是"镜像反映"，即一个晶体沿对称面切割成两半，并将切割下的半个晶体的切割面对着镜面放置，影像将重现所失去的另半个晶体。

根据晶体的特点，晶体中对称面的可能数目是0~9，立方体最高，有九个对称面(图2-2-4)。

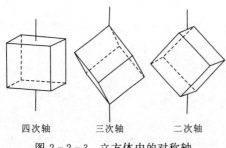

四次轴　　三次轴　　二次轴

图2-2-3　立方体内的对称轴

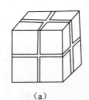 

(a)　　　　(b)

图2-2-4　立方体的九个对称面

(a)垂直晶面和通过晶棱中心，并彼此互相垂直的三个对称面；(b)包含一对晶棱、垂直斜切晶面的六个对称面

二、晶系的分类

根据晶体对称要素的组合特点，将晶体划分为三个晶族、七个独立的晶系(表2-2-1)。它们是晶体研究的基础，并对晶体的光学性质和力学性质有着直接的影响。

表2-2-1　晶体的对称分类

晶族名称	晶系名称	对称特点
高级晶族 (有数个高次轴)	等轴晶系 (或立方晶系)	有四个三次轴($4L^3$)
中级晶族 (只有一个高次轴)	六方晶系 三方晶系 四方晶系	有一个六次轴(L^6) 有一个三次轴(L^3) 有一个四次轴(L^4)
低级晶族 (无高次轴)	斜方晶系 单斜晶系 三斜晶系	二次轴或对称面多于一个 二次轴或对称面不多于一个 无二次轴和对称面

第三节　晶体常数和晶系特点

为了描述晶体的形态,必须有某些固定线作为描述晶面相对位置的坐标系统。这些坐标线是无限长的假想线,沿着与晶体对称有关的某些限定方向穿过理想晶体,相交于晶体内部的一点上,该点称为原点,这些假想的线称为晶轴。描述一个晶体至少要三根晶轴,其中三方和六方两个晶系需要四根晶轴。这些晶轴常选择晶体的晶棱方向。

晶轴的单位长度叫轴长,在 X、Y、Z 轴上分别用 a、b、c 表示,轴长之间的比率,即 $a:b:c$ 称为轴率。晶轴之间的夹角称为轴角,分别以 $α(Y∧Z)$、$β(X∧Z)$ 和 $γ(X∧Y)$ 表示。轴率和轴角统称为晶体常数。晶轴方向见图 2-3-1。

不同晶系的晶体常数特点不同,各晶系的特点描述如下。

一、等轴晶系

等轴晶系也称立方晶系。该晶系有三根等长且相互垂直的晶轴。

晶体常数特点: $a=b=c$, $α=β=γ=90°$。

最高对称型: $3L^4 4L^3 6L^2 9PC$。

常见单形是立方体、八面体和菱形十二面体。

等轴晶系的宝石有钻石、石榴石、萤石、方钠石和尖晶石等(图 2-3-2)。

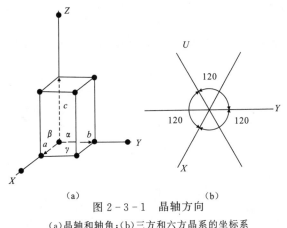

图 2-3-1　晶轴方向
(a)晶轴和轴角;(b)三方和六方晶系的坐标系
(Z 轴垂直图面)

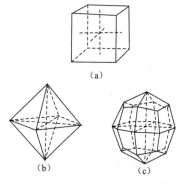

图 2-3-2　等轴晶系的晶体
(a)立方体(萤石);(b)八面体(钻石);
(c)四角三八面体(石榴石)

二、六方晶系

六方晶系有四根晶轴,其三根等长的横轴彼此间呈120°交角,称之为 X、Y、U 轴。纵轴(或称主轴)为六次对称轴。

晶体常数特点: $a=b≠c$, $α=β=90°$, $γ=120°$。

最高对称型: $L^6 6L^2 7PC$。

常见单形是六方柱和六方双锥。

六方晶系的宝石有绿柱石、磷灰石和高温石英等(图2-3-3)。

三、三方晶系

三方晶系也称菱形晶系,其晶体常数特点和六方晶系相似,但对称程度较低。主轴为三次对称轴。

晶体常数特点:$a=b\neq c,\alpha=\beta=90°,\gamma=120°$。

最高对称型:$L^3 3L^2 3PC$。

常见单形是三方柱、菱面体和三方单锥。

三方晶系的宝石有刚玉、碧玺、石英、硅铍石、菱锰矿、蓝锥矿和方解石等(图2-3-4)。

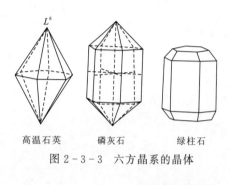

图2-3-3 六方晶系的晶体

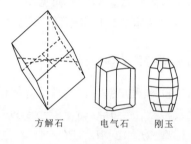

图2-3-4 三方晶系的晶体

四、四方晶系

该晶系有三根相互垂直的晶轴,其中两根横轴轴长相等,另一根纵轴则轴长不等,并称之为主轴。

晶体常数特点:$a=b\neq c,\alpha=\beta=\gamma=90°$。

最高对称型:$L^4 4L^2 5PC$。

常见单形是四方柱和四方双锥。

四方晶系的宝石有锆石、符山石、金红石和方柱石等(图2-3-5)。

五、斜方晶系

该晶系有三根轴长不等的晶轴,彼此相互垂直。

晶体常数特点:$a\neq b\neq c,\alpha=\beta=\gamma=90°$。

最高对称型:$3L^2 3PC$。

常见单形是斜方柱和斜方双锥。

斜方晶系的宝石有金绿宝石、托帕石、橄榄石、红柱石、赛黄晶、堇青石、柱晶石、顽火辉石和黝帘石等(图2-3-6)。

六、单斜晶系

该晶系有三根轴长不等的晶轴,其中Y轴与其他两根轴所构成的平面相垂直,且后两根轴彼此斜交。

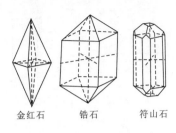
金红石　　锆石　　符山石

图 2-3-5　四方晶系的晶体

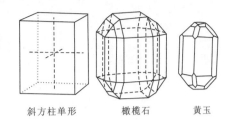
斜方柱单形　　橄榄石　　黄玉

图 2-3-6　斜方晶系的晶体

晶体常数特点：$a \neq b \neq c, \alpha = \gamma = 90°, \beta > 90°$。

最高对称型：L^2PC。

常见单形是斜方柱和平行双面。

单斜晶系的宝石有正长石、锂辉石、透辉石、榍石、磷铝钠石和石膏等（图 2-3-7）。

七、三斜晶系

该晶系有三根轴长不等的晶轴，且彼此相互斜交。

晶体常数特点：$a \neq b \neq c, \alpha \neq \beta \neq \gamma \neq 90°$。

主要对称型：C。

常见单形是平行双面和单面。

三斜晶系的宝石有绿松石、钠长石、蔷薇辉石和斧石等（图 2-3-8）。

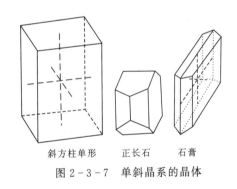

斜方柱单形　　正长石　　石膏

图 2-3-7　单斜晶系的晶体

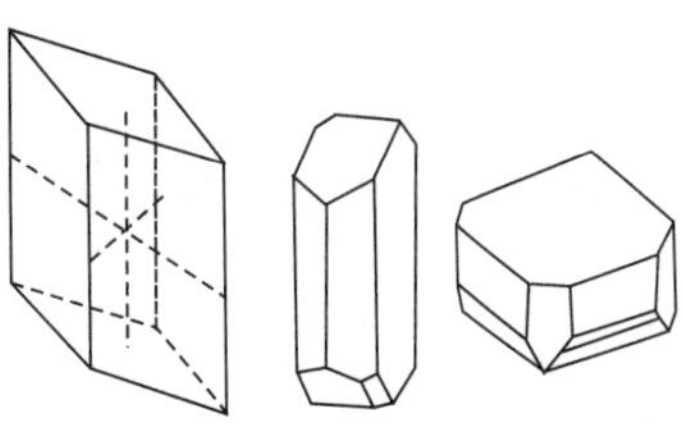

平行双面单形（三组）　钠长石　蔷薇辉石

图 2-3-8　三斜晶系的晶体

第四节　单形和聚形

理想的晶体形态可分为单形和聚形两种类型。由所有的与晶轴同等相关的晶面组成的晶形称为单形，由两个或更多的属同一对称型的单形所组成的晶形称为聚形。

单形是由对称要素联系起来的一组晶面的总和，同一单形的所有晶面都同形等大。例如立方体是由六个相同大小的正方形组成的，八面体由八个相同大小的等边三角形封闭而成（图 2-4-1）。

两个或两个以上由同一对称型联系起来的单形可能聚合成聚形，这时的单形晶面的形状变化较大。可以假想把单形的晶面扩展或延伸，使其晶面相交后确定单形名称，例如图 2-4-2 所示。

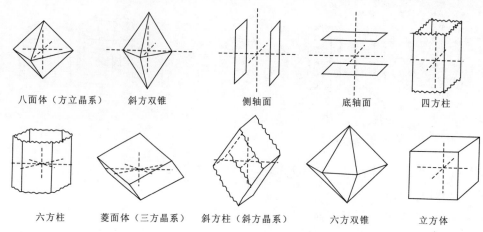

图 2-4-1　晶体的单形

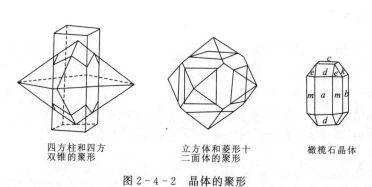

图 2-4-2　晶体的聚形

自然界中常见的重要单形及特征见表 2-4-1。

表 2-4-1　各晶系中的重要单形及特征

晶族	形态特征	晶系	单形名称	单形形状	晶面数目	晶面在空间上分布特点以及晶面与晶轴的关系	备注
高级晶族	三向等长、晶体呈粒状	等轴晶系	四面体		4	与三轴相交相等,各晶面互不平行	
			立方体		6	与一轴垂直,与其他二轴平行,各晶面互相垂直	
			八面体		8	与三轴相交相等	
			菱形十二面体		12	与一轴平行,与其他二轴相交相等	
			五角十二面体		12	与一轴平行,与其他二轴相交不等	常见者为{210}
			四角三八面体		24	与三轴相交,与其中二轴相交的截距相等,与另一轴相交截距较短	常见者为{211}

续表 2-4-1

晶族	形态特征	晶系	单形名称	单形形状	晶面数目	晶面在空间上分布特点以及晶面与晶轴的关系	备注
中级晶族	一向伸长、晶体呈柱状、长柱状或短柱状	三方、六方晶系	菱面体		6	上、下三晶面之交棱各相交于一点，上、下晶面交错60°	只在三方晶系中出现
			复三方偏三角面体		12	上、下各六个晶面之交棱相交于一点，相邻晶面夹角不等，相间晶面夹角相等	只在三方晶系中出现
			三方单锥		3	三个晶面之交棱相交于一点，横断面呈正三边形	只在三方晶系中出现
			三方柱		3	三个晶面之交棱互相平行，并平行Z轴，横断面呈正三角形	
			六方柱		6	六个晶面之交棱互相平行，并平行Z轴，横断面成正六边形	
			六方双锥		12	必Z轴相交，上、下六个晶面之交棱各相交于一点，成双锥状，横断面成正六边形	
			平行双面		2	两个晶面互相平行，并必垂直Z轴	
		四方晶系	四方柱		4	必与Z轴平行，晶面交棱互相平行，横断面呈正方形	
			四方双锥		8	必与Z轴相交，上、下四个晶面交棱各相交于一点，成双锥状，横断面呈正方形	
			平行双面	同前	2	必垂直Z轴，两个晶面互相平行	
低级晶族	呈扁状、板状、片状	斜方、单斜、三斜晶系	斜方双锥		8	与X、Y、Z轴均相交，上、下晶面交棱各相交于一点，成双锥状，横断面呈菱形	
			斜方柱		4	晶面交棱互相平行，横断面成菱形	只在斜方、单斜晶系中出现
			平行双面	同前	2	两个晶面互相平行	

第五节 双 晶

在自然界中，大多数晶体并非在理想的状态下生长，有的晶体长歪了，有的平行成群生长。很多晶体形成双晶，即由两个或更多的单体所组成。

双晶指由彼此间有着直接的结晶关系，并按一定的对称方式生长在一起的两个或更多的单体所组成的规则连生晶体。晶体的凹角（内角大于180°）是确定双晶存在的可靠标志之一。

双晶有以下三种类型（图2-5-1）。

(1)接触双晶：各单晶沿一个简单的平面（双晶面）相接触，当把一部分沿轴（双晶轴）旋转180°后，两部分将构成一个单晶的形态；或借助一个假想镜面反映，使两个个体重合或成平行方位。

第二章 宝石的结晶学特征

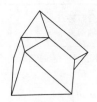
尖晶石的接触双晶

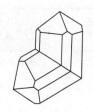
锡石的膝状接触双晶

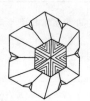
金绿宝石的三连晶

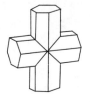
十字石穿插双晶

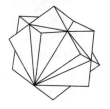
萤石的穿插双晶

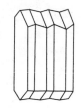
钠长石聚片双晶

图 2-5-1 双晶

尖晶石和钻石常出现这种简单的接触双晶。金红石和锡石有时呈膝状(接触)双晶。

(2)聚片双晶:是一系列薄层晶体的页片状接触双晶。每一薄层晶体与相邻的晶体呈相反方向排列,故间隔的晶体具有相同的结构。

(3)穿插双晶:两个单晶互生并相互穿插。

十字石常呈此穿插形式,故又称十字双晶。萤石两个立方体相互穿插常呈穿插双晶。

其他还有三连晶,如金绿宝石有时形成假六方晶体,其三个晶体生长在一起。

双晶对于宝石的光学性质(如晕彩的形成)和力学性质(如裂理)都有着很大的影响。

第六节 宝石矿物的形态

宝石矿物有晶体和非晶体之分。不同矿物晶体结构不同,在一定的外界条件下,晶体总是趋向于形成某一种形态的特征,晶面上发育不同的晶面特征,这种性质称为结晶习性。如钻石常呈八面体,绿柱石常呈六方柱,碧玺常呈三方柱,石榴石常呈菱形十二面体等,如图 2-6-1 所示。

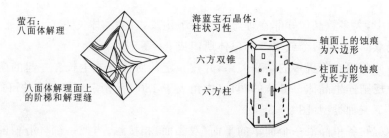

图 2-6-1 晶体的结晶习性

同一宝石矿物不同变种的晶体,其结晶习性可能不同,如红宝石常呈板状结晶习性产出[图 2-6-2(a)],蓝宝石常呈以六方柱、六方双锥叠加成的"桶状"结晶习性产出[图 2-6-2(b)]。不同产地或不同色彩的同种宝石晶体形态也可能各异。

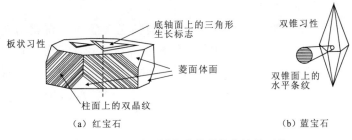

图 2-6-2 具不同变种的晶体的结晶习性

大多数宝石都是单个晶体,也称单晶。有一些宝石由多个同种矿物单体或不同矿物聚集在一起,称为多晶质宝石。对于多晶质宝石,当肉眼可以辨别矿物单体时,称为显晶质的;一些晶体极小,甚至小到在普通显微镜下也看不出晶粒,这时称为隐晶质的,这类宝石有翡翠、软玉、绿松石、玛瑙和玉髓等。

结晶质宝石有规则的晶体结构,但不一定有规则的晶体外形,"块状"用来描述这种无一定规则形态的块体,如芙蓉石常为结晶块状。对于那些内部晶粒界线不清的致密的集合体,常称作致密块状集合体。这一术语也可用于非晶质矿物集合体。

非晶质宝石其内部质点排列无序,因而也不具有规则的几何外形。非晶质宝石在各个方向上物理性质基本相同。这类宝石有欧泊、黑曜岩、玻璃陨石以及常见的宝石仿制品玻璃。

宝石的结晶学特征是研究宝石物理性质的基础。

习　题

1. 什么叫晶体?晶体有哪些基本特征?
2. 晶体有哪些对称要素?请根据晶体对称要素的组合特点,分类描述三大晶族和七个独立的晶系。
3. 根据晶体常数特点,描述各晶系的特点。
4. 如何定义单形与聚形?请举例说明几个晶系的单形。
5. 什么是双晶?双晶有哪三种类型?
6. 怎样确定实际晶体的晶形?

第三章 宝石矿物的化学成分

矿物化学成分可以分为两种类型:一类是由同种元素的原子自相结合的单质,如钻石(C)、自然金(Au)等;另一类是由元素组成的化合物。化合物又可分为简单化合物,如石盐(NaCl)、黄铁矿(FeS_2)等;复杂化合物,如白云石($CaMg[CO_3]_2$)、透辉石($CaMg[Si_2O_6]$)等。

按照晶体化学分类,将复杂化合物通常分为硫化物、氧化物、含氧盐、卤化物等。宝石矿物多属于含氧盐类、氧化物类和自然元素类。

第一节 宝石矿物的晶体化学分类

一、含氧盐类

大部分宝石矿物属于含氧盐类,其中又以硅酸盐类矿物居多,宝石矿物中硅酸盐类矿物约占宝石的一半。还有少量宝石矿物属磷酸盐类、硼酸盐类和碳酸盐类。

1. 硅酸盐类

在硅酸盐类矿物的晶体结构中,硅氧配位四面体$[SiO_4]^{4-}$是它们的基本构造单元。硅氧四面体在结构中可以孤立地存在,也可以以其角顶相互连接而形成多种复杂的络阴离子(基型)。根据硅氧四面体在晶体结构中的连接方式,可分成以下五种。

(1)岛状结构:表现为单个硅氧四面体$[SiO_4]^{4-}$或是每两个四面体以一个公共角顶相连组成双四面体$[Si_2O_7]^{6-}$在结构中独立存在,它们彼此之间靠其他金属阳离子(如Zr^{4+}、Fe^{2+}、Mg^{2+}、Ca^{2+}等)来连接,自身并不相连,因而呈独立的岛状。属于此类的宝石矿物有锆石($ZrSiO_4$)、橄榄石($(Mg,Fe)_2SiO_4$)、石榴石($A_3B_2[SiO_4]_3$,其中A为Mg^{2+}、Fe^{2+}、Ca^{2+}、Mn^{2+}等二价阳离子,B为Al^{3+}、Fe^{3+}、Cr^{3+}等三价阳离子)、托帕石($Al_2[SiO_4]F_2$)、榍石($CaTi[SiO_4]O$)、十字石($Fe_2Al_9[SiO_4]_4O_7(OH)_2$)和绿帘石($Ca_2FeAl_2[Si_2O_7][SiO_4]O(OH)$)等。

(2)环状结构:包括由三个、四个或六个$[SiO_4]^{4-}$硅氧四面体所组成的封闭的环(分别叫三方环、四方环和六方环)。环内每一四面体均以两个角顶分别与相邻的两个四面体连接,而环与环之间则靠其他金属阳离子来连接。属于此类的宝石矿物有蓝锥矿($BaTiSi_3O_9$)(三方环)、绿柱石($Be_3Al_2[Si_6O_{18}]$)(六方环)和菫青石($(Mg,Fe)_2Al_3[AlSi_5O_{18}]$)(六方环)等。

(3)链状结构:指每一个硅氧四面体$[SiO_4]^{4-}$以两个角顶分别与相邻的两个硅氧四面体$[SiO_4]^{4-}$连成一条无限延伸的链,链与链之间通过其他金属阳离子而连接。属于此类的宝玉石有翡翠、软玉、透辉石和蔷薇辉石等。

(4)层状结构:硅氧四面体$[SiO_4]^{4-}$成层连接,两层硅氧骨干层错开联成"双层"构造。在硅氧骨干中,阳离子八面体层中以及双层之间的离子都可以发生其他相似离子的替代。这类硅酸盐常形成黏土矿物。宝石矿物中一些彩石、图章石(如青田石、寿山石)以及蛇纹石属于此类。

(5)架状结构:每个硅氧四面体$[SiO_4]^{4-}$均以其全部的四个角顶与相邻的四面体连接,组成在三维空间中无限扩展的骨架。属于此类的宝石有月光石、日光石、拉长石、天河石和方柱石等。

2. 硼酸盐类

该类矿物中$[BO_3]^{3-}$和$[BO_4]^{5-}$两种阴离子是硼酸盐的基本构造单位,在晶体结构中它们可以独立出现,形成岛状结构,也可以通过共角顶而联结成各种复杂的阴离子,形成环状、链状、层状和架状结构的硼酸盐。这一结构上的特点与硅酸盐极为相似。属于此类的宝石矿物有硼铝镁石。

3. 磷酸盐类

该盐类含有磷酸根$[PO_4]^{3-}$。由于$[PO_4]^{3-}$半径较大,因而要求半径较大的阳离子(如Ca^{2+}、Pb^{2+}等)与之结合才能形成稳定的磷酸盐。此类矿物成分复杂,往往带有附加阴离子。属于此类的宝石矿物有磷灰石($Ca_5[PO_4]_3(F,Cl,OH)$)和绿松石($CuAl_6[PO_4]_4(OH)_8 \cdot 4H_2O$)等。

4. 碳酸盐类

该类矿物晶体结构中的特点是具有阴离子$[CO_3]^{2-}$,$[CO_3]^{2-}$呈等边三角形,碳作为阳离子位于三角形的中央,三个氧离子围绕碳分布在三角形的三个角顶上,C—O之间以共价键联系,二价金属阳离子Mg^{2+}、Fe^{2+}、Zn^{2+}、Mn^{2+}、Ca^{2+}等与阴离子组成碳酸盐矿物。属于此类的宝石矿物有菱锰矿、孔雀石、方解石、白云石等。

二、氧化物类

氧化物是一系列金属和非金属元素与氧离子O^{2-}化合(以离子键为主)而成的化合物,其中包括含水氧化物。这些金属和非金属元素主要有Si、Al、Fe、Mn、Ti和Cr等。阴离子O^{2-}一般按立方或六方最紧密堆积,而阳离子则充填于其四面体或八面体空隙中。属于简单氧化物的宝石有刚玉矿物(Al_2O_3)的红宝石、蓝宝石,石英矿物(SiO_2和$SiO_2 \cdot nH_2O$)的紫晶、黄晶、水晶、烟晶、芙蓉石、玉髓、欧泊和金红石(TiO_2)等。属于复杂氧化物的宝石矿物有尖晶石(($Mg,Fe)Al_2O_4$)和金绿宝石($BeAl_2O_4$)等。

三、自然元素类

有些金属和半金属元素可呈单质形式的独立矿物出现。属于此类的宝石矿物有钻石(C)、自然金(Au)、银(Ag)等。

第二节 类质同像

矿物的化学成分不论是单质或化合物,其主要组分是相对稳定的,变化范围不大,元素的组合可以用化学式加以表示。但类质同像置换、离子交换、胶体吸附,以及显微包裹体形式存在的机械混入物都可以引起矿物成分在一定范围内的变化,其中类质同像置换是引起宝石化学成分变化的主要原因。

一、类质同像的概念

晶体结构中某种质点 A(原子、离子、络离子或分子)为它种类似的质点 B 所代替,而能保持原有晶体结构不改变,只是使晶格常数发生不大的变化,这种现象称为类质同像。代替某一元素 A 的物质 B 称为类质同像混入物。

例如镁铝榴石($Mg_3Al_2[SiO_4]_3$)和铁铝榴石($Fe_3Al_2[SiO_4]_3$)之间,由于 Mg 和 Fe 可以互相代替,形成各种 Mg、Fe 含量不同的类质同像混合物,从而构成一个各种比值连续的类质同像系列:

$Mg_3Al_2[SiO_4]_3 - (Mg、Fe)_3Al_2[SiO_4]_3 - (Fe、Mg)_3Al_2[SiO_4]_3 - Fe_3Al_2[SiO_4]_3$

即镁铝榴石、铁镁铝榴石、镁铁铝榴石和铁铝榴石。

类质同像混合物是一种固溶体。所谓固溶体是指在固态条件下,一种组分"溶"于另一种组分之中而形成均匀的单相混合晶体(或称混晶)的现象。

根据晶体中一种质点被另一种质点代替的数量限度不同,类质同像可分为两种类型。

(1)完全类质同像:在类质同像混晶中,若 A、B 两种质点可以任意比例相互取代,则称为完全类质同像。它们可以形成一个连续系列,如上述镁铝榴石—铁铝榴石系列中 Mg、Fe 之间的代替。

(2)不完全类质同像:在类质同像混晶中,若 A、B 两种质点相互代替的数量局限在一个有限的范围内,则称为不完全类质同像,它们不能形成连续的系列,例如闪锌矿(ZnS)中的 Zn^{2+} 可部分地(最多 26%)被 Fe^{2+} 所替代,在这种情况下,Fe^{2+} 被称为类质同像混入物。

根据相互取代的质点电价的异同,类质同像也可分为两种类型。

(1)等价类质同像:指相互替代的两种质点电价相同,如前述的 Mg^{2+} 和 Fe^{2+}、Zn^{2+} 和 Fe^{2+}。

(2)不等价类质同像:指相互替代的两种质点电价不相同,如硅酸盐中的 Si^{4+} 被 Al^{3+} 代替或萤石中的 Ca^{2+} 被 Y^{3+} 代替等。为了保持代替前后电荷平衡,不等价类质同像可以通过下列方法进行。

不等数代替:$2Fe^{3+} \rightarrow 3Fe^{2+}$(在磁黄铁矿中)

$Al^{3+} + Na^+ \rightarrow Si^{4+}$(在角闪石中)

成对代替:$Ca^{2+} + Al^{3+} \rightarrow Na^+ + Si^{4+}$(在斜长石中)

$Al^{3+} + Fe^{3+} \rightarrow Si^{4+} + Mg^{2+}$(在角闪石中)

二、类质同像的条件

类质同像的概念明确指出,类质同像是类似质点的相互代替,不类似质点的代替将会引起晶格的破坏,分解为两种独立的矿物。形成类质同像的条件简述如下。

1. 原子或离子半径相近

相互替代的离子半径相差越小,则彼此间替换能力越强,替换量越大;反之则越弱、越小。

2. 离子类型相近

一般离子类型相近,形成键性相一致,才能发生类质同像替代。因为离子类型不同,极化力强弱各异。惰性气体型离子易形成离子键,而铜型离子则趋向于共价键结合。例如在硅酸

盐宝石矿物中,Al—O之间和Si—O之间都主要是共价键,因而经常出现Al^{3+}对Si^{4+}的替代。又如Ca^{2+}和Hg^{2+}虽然电价相同、半径相似,但因离子类型不同,所形成键性各异,所以它们之间不产生类质同像替代,这就是在硅酸盐中很难发现Ca、Hg等类质同像的原因。

3. 离子电价平衡

代替与被代替的离子电价数必须保持一致,因为电价不平衡将引起晶体结构的破坏。

对于异价类质同像,电价的平衡可以通过下列方式完成。

(1)电价较高的阳离子被数量较多的低价阳离子替代(如云母中$3Mg^{2+}$替代$2Al^{3+}$),或者相反。

(2)成对替代,即高价阳离子替代低价阳离子的同时,另有低价阳离子替代高价阳离子,使离子总电价达到平衡,如斜长石中$Na^+ + Si^{4+} \rightarrow Ca^{2+} + Al^{3+}$,蓝宝石中$Fe^{2+} + Ti^{4+} \rightarrow 2Al^{3+}$等。

(3)高价阳离子替代低价阳离子伴随高价阴离子替代低价阴离子,如磷灰石((Ca^{2+},Ce^{3+})$_5[PO_4]_3(F,O)$)中Ce^{3+}替代Ca^{2+},伴随O^{2-}替代F^-。

(4)低价阳离子替代高价阳离子,所亏损电价由附加阳离子平衡,如绿柱石中$Li^+ \rightarrow Be^{2+}$和$Fe^{2+} \rightarrow Al^{3+}$所亏损的正电荷分别由半径较大的$Cs^+$和$Na^+$进入绿柱石结构通道中平衡。

三、热力学条件

介质的温度、压力和组分浓度等外部条件对类质同像的发生也起重要作用。

一般来说,温度升高时类质同像替代的程度增大,温度下降时则类质同像替代减弱。如在高温下碱性长石中K和Na可以互呈类质同像替代而形成$(K,Na)AlSi_3O_8$或$(Na,K)AlSi_3O_8$固溶体,在低温下则发生固溶体分离而形成由钾长石($KAlSi_3O_8$)和钠长石($NaAlSi_3O_8$)两种矿物组成的条纹长石。

压力的增加往往会限制类质同像替代的范围,并促使固溶体分离。

组分的浓度对类质同像也会有影响。如在磷灰石的形成过程中,若P_2O_5的浓度很大,而Ca含量不足,则Sr和Ce族元素可以进入晶格占据Ca的位置,从而使磷灰石中可以聚集大量的稀有或分散元素。

第三节 宝石矿物中水的存在形式

许多宝石矿物含有水,根据宝石矿物中水的存在形式以及它们在晶体结构中的作用,可以将其分成两类。一类是不参加晶格,与宝石晶体结构无关的,统称为吸附水;另一类是参加晶格或与宝石晶体结构密切相关的,包括结晶水和结构水。

一、吸附水

吸附水是指不参加晶格,只存在于宝石矿物表面、裂隙或渗入矿物集合体颗粒间的普通水,呈水分子状态。在宝石矿物中吸附水的含量是不固定的,当温度达到100~110℃时,吸附水就全部从矿物中逸出。吸附水还可细分为气态水、湿存水、薄膜水和毛细管水等。

有些隐晶质或非晶质（相当于水胶凝体）物质含有一种特殊类型的吸附水，它被微弱的黏结力固着在微粒的表面，通常计入矿物的化学组成，但其含量变化很大。例如欧泊，其分子式为 $SiO_2 \cdot nH_2O$（n 为 H_2O 分子数，不固定）。

二、结晶水

结晶水在晶格中具有固定的位置，起着构造单位的作用，以中性水分子存在，是矿物化学组成的一部分，水分子的数量与其他成分之间成简单比例。例如石膏（$Ca[SO_4] \cdot 2H_2O$），结晶水由于受到晶格的束缚，结合较牢固，因此，要使它从矿物中脱出就需要比较高的温度（一般为 200～500℃ 或更高，通常不超过 600℃）。不同矿物，晶格不同，各有一定的脱水温度。矿物脱水后，结构完全被破坏，原子重新改组而形成新的物相。比如绿松石就是一种含水的磷酸盐，分子式为 $CuAl_6[PO_4]_4(OH)_8 \cdot 4H_2O$，其中水（$H_2O$）含量可达 19.47%。

三、结构水

结构水（也称化合水）是以 OH^-、H^+、H_3O^+ 等离子形式参加矿物晶格的"水"，其中 OH^- 的形式最为常见。结构水在晶格中占有固定的位置，在组成上具有确定的比例。由于与其他质点有较强的键力联系，结构水需要较高的温度（通常在 600～1 000℃ 之间）才能逸出。结构水的逸出也导致结构的完全破坏而形成新的物相。

许多宝石矿物都含有这种结构水，例如碧玺、十字石、托帕石和磷灰石等。此外，在堇青石和绿柱石的平行于 C 轴的结构通道中通常会有一定数量的水，含量有一定的变化，其存在形式和结构状态到目前仍有待于研究。

习　题

1. 举例说明矿物化学成分可以分为哪些类型？
2. 什么是类质同像？类质同像可以划分为哪些类型？
3. 宝石矿物中的水可以分为哪些类型？举出各类型中宝石的实例。

第四章 晶体光学基础

第一节 光的本质

研究宝石材料的最重要内容之一是各种宝石的光学性质。要充分地了解光学性质及其在鉴定和质量评价等级时的作用,首先要了解光的本性以及它在各种宝石中的作用。光学性质指的是当光透过宝石或经宝石反射时所发生的现象,利用光学性质可以准确、无损、有效地鉴定宝石。

一、光的本质

可见光中无论是太阳、蜡烛或灯泡所发射的光,都是辐射能的一种形式。我们所能看得见的日光只是太阳全部辐射能的一小部分,其他波段的光是无法看见的。全部辐射能谱构成的电磁波谱是一个包括了全部波长,即从最长的无线电波到最短的宇宙射线的完整波谱:宇宙射线→γ射线→X射线→紫外光→可见光→红外光→短无线电波→无线电波→长无线电波。

各种辐射能之间并没有一个明显的界限,它们可以用波长来区别。无线电波可长达9.66km,而宇宙射线,在波谱的另一端,只有1cm的万亿分之几长。

这些形式的辐射有两个共同性质。

(1)它们在空气中以相同速度传播,即186 300m/s。

(2)它们可以看成是一种波动的传递。通常一个波峰到另一个波峰间的直线距离为波长(图4-1-1)。

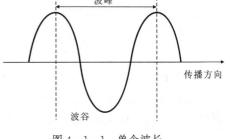

图4-1-1 单个波长

也就是说波长是相邻波中占据相同位置的两点之间的距离。度量波长的单位是纳米(nm),1nm=10^{-6}mm(百万分之一毫米)。

光波是一种横波,其振动方向垂直于光波的传播方向(图4-1-2,图4-1-3)。单个光波的传播方向和振动方向位于一个平面内。单个光波是指一条光线所取的直线传播方向,在相同速度下,波长越长,频率越低;波长越短,频率越高。

光在真空中的传播速度为$3×10^5$km/s。从太阳到达地球($1.4×10^8$km)只需8min。光在空气中的传播速度稍慢,进入固体(如宝石)后速度明显降低。

自然光与偏振光在宝石中应用较为普遍。自然光即一束光线是由朝同一方向传播的亿万条光波组成的,正常情况下振动方向是全方位的,即朝所有方向振动的光叫自然光;如果振动被局限于一个方向,则称为平面偏振光,也称偏振光。

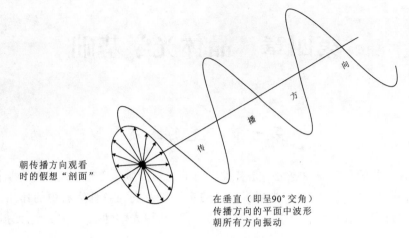

图 4-1-2　表示振动方向的波形图

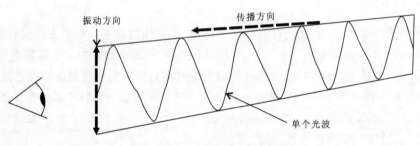

图 4-1-3　光波的振动与传播

二、电磁波

1. 可见光

与宝石学有关的是电磁波中的可见光。可见光从波长最长的红光起,经橙色、黄色、绿色、蓝色,直到最短的紫色光为止,将这些波混合起来就为白光。可见光的波长从红色的约 700nm 到紫色的 400nm,向两端可延伸至 380～780nm,因此可见光的波长范围为 380～780nm。

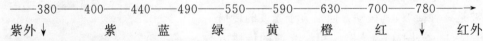

紫外↓　　　紫　蓝　绿　黄　橙　红　↓　红外

从长波到短波依次为红色、橙色、黄色、绿色、蓝色、紫色,两个相邻颜色之间可有一系列的过渡色。光谱中除了 572nm(黄色)、503nm(绿色)和 478nm(蓝色)的波长颜色不受光强度的影响外,其余颜色在光强度增加时都略向红色或蓝色偏移。

2. 电磁波

1)电磁波概念

电磁波是能量的一种,是电磁场的一种运动形式,电磁波在空间的传播形成了电磁波。按频率分,从低频到高频:无线电磁波、微波、红外线可见光、紫外线、X 射线和 γ 射线。谱中的各能量段被称为不同的名称,取决于人们对能量研究和利用的方式。这些能量段中的每一个段被分别称为波、线(射线)或以能量单位表示(图4-1-4)。能量单位通常以电子伏特(eV)来表示。

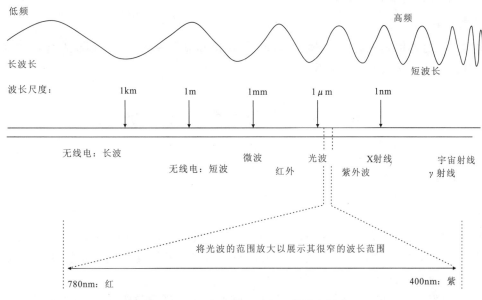

图4-1-4 电磁波以波长和能量来划分

2)电磁波在宝石学中的应用

(1)红外(IR)(1 000 000~780nm)辐射用于反射仪,作为宝石鉴定的辅助手段。红外光分光光度计被用在实验室中测定一些宝石材料和经处理的宝石材料对红外光谱的吸收。

(2)可见光(780~380nm)辐射展示了宝石的颜色和瑰丽。可见光为测试和鉴定大多数宝石提供了最方便的手段。

(3)紫外(UV)辐射(400~10nm)用于检测某些宝石产生的荧光效应。紫外光分光光度计被用在实验室中测定一些宝石材料的紫外光谱吸收。

(4)X射线(10~0.01nm)能用于区别各种类型的珍珠。它能激发材料发出荧光,还能用于某些宝石材料的人工改色。

(5)γ射线(0.01~0.000 1nm)可用于改变某些宝石的颜色。

三、光在宝石中的重要性

1. 光和颜色

光对宝石的作用是非常重要的,正是由于光的作用使宝石产生五颜六色的光泽,显示出宝石的瑰丽,而深得人们的喜爱。

2. 光的透射

当光穿过宝石时,有的宝石让全部光穿过,有的宝石使部分光被阻挡而只有部分光穿过,有的宝石使全部光被阻挡,这是由宝石的结构、构造及杂质决定的。光线穿过宝石后透光的程度叫透明度。宝石根据透光程度分为透明、半透明、微透明和不透明。

3. 宝石加工

宝石工匠通过切磨、抛光使宝石的瑰丽得以充分显示,如颜色、光泽、亮度、火彩以及星光、猫眼、晕彩等各种特殊光学效应。

4. 宝石鉴定

鉴定宝石时常用偏光镜、分光镜、折射仪、二色镜和显微镜等常规仪器检测宝石的光学性质,可方便、快捷和无损地鉴定宝石。

第二节 光的折射及全反射

一、光的折射

1. 光密度

光密度是宝石矿物所具有的能减缓光的传播速度并产生折射(折光)效应的一种复杂的特性,可用折射率的高低来评价。当光线进入两种具有完全相同光密度的介质时,没有折射发生,因为这时的光速没有变化。

(1)一种宝石矿物的光密度越大,从空气入射光的速度减缓越明显,该宝石矿物的折射率越高;反之,宝石矿物的光密度越小,入射光速度的减缓越不明显,该宝石矿物的折射率越低。

(2)光密度与相对密度不是一个概念,例如,水的相对密度大于酒精,但水的折射率却小于酒精,故水的光密度也小于酒精。

2. 光密介质

两种介质相比较,光的传播速度较小(折射率较大)的介质叫光密介质。介质的光密与光疏是相对的,例如水对空气来说,水是光密介质。

3. 光疏介质

两种介质相比较,光的传播速度较大(折射率较小)的介质叫光疏介质。介质的光疏与光密是相对的,例如水对玻璃来说,水是光疏介质。

当光波从一种介质传到另一种具有不同光密介质时,在两种介质的分界面上将发生分解(其传播方向发生改变),产生折射(图4-2-1)和反射现象。反射光按反射定律返回原介质中,折射光按折射定律折射进入另一介质。当光线从光疏介质进入光密介质时,光线偏向法线($N-N_1$)折射,折射角(r)小于入射角(i)(图4-2-2);当光线从光密介质进入光疏介质时,光线偏离法线折射,折射角大于入射角(图4-2-3)。

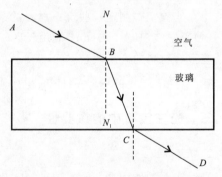

图4-2-1 光在不同光密介质中的折射

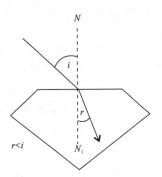 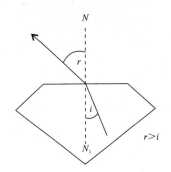

图 4-2-2 光从光疏介质进入光密介质　　　图 4-2-3 光从光密介质进入光疏介质

二、折射定律（斯涅尔定律）

1621 年，德国科学家威里布里德·斯涅尔提出：对于给定的任意两种相接触的介质和给定波长的光来说，入射角的正弦与折射角的正弦之比为一常数（图 4-2-4）。入射线、折射线、法线在同一平面内，这个比值称为折射率。折射率对各种材料是一个固定的比值，也可表示为光在空气中的传播速度与在某宝石材料中的传播速度之比。即：

折射率（RI）＝光在空气中的传播速度/光在某宝石材料中的传播速度＝$\sin i / \sin r$

其中：i＝入射角；

r＝折射角；

$\sin i = b/a$；

$\sin r = c/d$；

$\sin i / \sin r$＝常数。

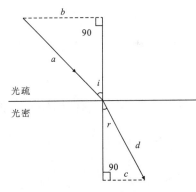

图 4-2-4 入射角的正弦与折射角的正弦之比

三、折射率

对透明宝石矿物的研究，主要涉及折射光。在测试中无法测量光在介质中的传播速度。知道入射角和折射角，通过计算，即可得出宝石材料的折射率。宝石折射率大小取决于光波在该宝石中的传播速度，光波的传播速度又取决于光与宝石介质的相互作用。

各种宝石（介质）都有其特征的折射率或折射率范围。测定折射率是鉴定宝石材料的重要方法。如钻石折射率为 2.417，即光在空气中的传播速度为在钻石中的 2.417 倍。自然界中不同的宝石品种，光密度不一样，光进入宝石后的传播速度不同，折射率值大小也不同，这种差别构成了鉴定宝石的一个重要依据。由于折射率值是一个常数，故可以在折射仪上直接读取。

四、光的全反射及临界角

当光线从光密介质进入光疏介质时,光线偏离法线折射,折射角大于入射角;当光线的入射角继续增大,折射光线沿两介质界面通过,折射角等于 90°时的入射角为全反射临界角;当光线的入射角继续增大,大于临界角时,入射光不再发生折射,而是全部反射回到入射介质中,且遵循反射定律:反射角＝入射角($r=i$)。这一现象称为光的全反射(图 4-2-5)。

入射光的能量将只能全部变为反射光的能量,即入射光的全部能量将以反射光形式按反射定律全部反射回入射介质中,反射线强度随着折射线的消失而出现一突变性的飞跃增强。

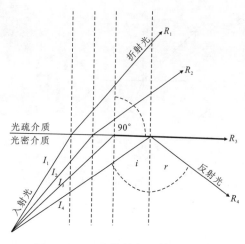

图 4-2-5 光线的全反射及临界角

第三节 光波在均质体和非均质体宝石中的传播特点

一、光波在均质体宝石中的传播特点

特定频率的光波在均质体宝石中传播时,其传播速度不因光波在晶体中振动方向的不同而发生改变。均质体的折射率值不因光波在晶体中振动方向的不同而发生改变,其折射率值只有一个。自然光入射均质体后,基本上仍为自然光;偏光入射均质体后仍为偏光,而且其振动方向基本不变。

等轴晶系和非晶质结构的宝石,允许光线朝各个方向以相同的速度通过,这类宝石材料在任意方向上均表现出相同的光性(各向同性),只有一个折射率值。

二、光波在非均质体宝石中的传播特点

三方、四方、六方、斜方、单斜、三斜六个晶系的宝石均表现出定向的光性(各向异性)。光线通过这类非均质体宝石时,入射光线将分解为两条传播方向不同、振动方向相互垂直的平面偏振光(图 4-3-1),不同的平面偏振光的传播速度不同,即有不同的折射率值,两个折射率值之间的差值称为双折射率值。

各向异性宝石的双折射率,用最大折射率值($RI_大$)和最小折射率值($RI_小$)的差值来表示。DR(双折射率)＝$RI_大$－$RI_小$。

三、光轴

所有具有双折射的宝石晶体都有一个或两个不发生双折射的方向,这些方向称为光轴。

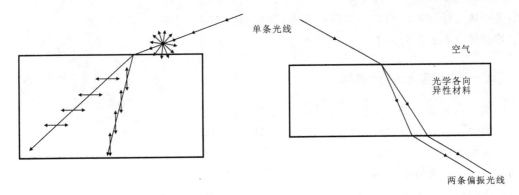

图 4-3-1 自然光进入各向异性宝石中分解成相互垂直振动的两束光

三方、四方、六方晶系的宝石有一个方向不发生双折射,有一个光轴方向,称为一轴晶;斜方、单斜、三斜晶系的宝石有两个方向不发生双折射,有两个光轴方向,称为二轴晶。等轴晶系无光轴。

各种宝石的光性特征见表 4-3-1。

表 4-3-1 宝石的光性特征

光 性	光 轴	晶 系	宝石品种
各向同性	无	等轴晶系	钻石、石榴石族、尖晶石、萤石、合成立方氧化锆、钇铝榴石、钆镓榴石、方钠石
各向异性	一轴晶 (一个光轴)	四方晶系	锆石、方柱石、符山石
		三方晶系	刚玉族、石英族、碧玺、方解石、蓝锥矿、菱锰矿、硅铍石
		六方晶系	绿柱石族、磷灰石
各向异性	二轴晶 (两个光轴)	斜方晶系	橄榄石、托帕石、金绿宝石、堇青石、红柱石、赛黄晶、柱晶石、黝帘石
		单斜晶系	月光石、翡翠、软玉、透辉石、锂辉石
		三斜晶系	绿松石、蔷薇辉石

第四节 光率体

光率体是表示光波在宝石晶体中传播时,折射率值随光波振动方向变化的一种立体图形,是光波振动方向与相应折射率值之间关系的一种光性指示体。自宝石晶体中心起,沿光波振动方向按比例截取相应的折射率值,每一个振动方向都能作出一个线段,把各个线段的端点连接起来便构成一个立体图形,此立体图形即为光率体。

一、均质体宝石的光率体

均质体包括等轴晶系和非晶质类的宝石,这类宝石仅有一个折射率值。

光波在均质体宝石中传播时,向任何方向振动,其传播速度不变,折射率值相等。因此,均质体宝石的光率体是一个圆球体(图4-4-1)。均质体宝石的光率体在任何方向的切面都是圆切面,圆切面的半径代表均质体宝石的折射率值。

二、一轴晶宝石的光率体

中级晶族包括三方、四方、六方晶系,属于一轴晶宝石。这类宝石晶体有最大和最小两个主折射率值,分别以符号 Ne 和 No 表示。光波振动方向平行 Z 轴(晶体 C 轴方向)时,相应的折射率为 Ne;光波振动方向垂直 Z 轴时,相应的折射率为 No;光波振动方向斜交 Z 轴时,相应的折射率值大小递变于 Ne 与 No 之间(图4-4-2)。

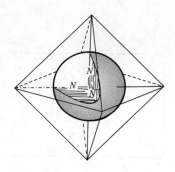

图4-4-1 均质体的光率体

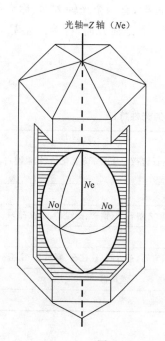 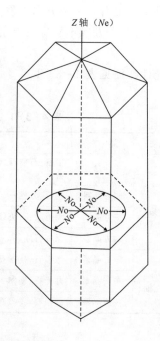

图4-4-2 一轴晶光率体构成

一轴晶光率体是一个以 Z 晶轴为旋转轴的旋转椭球体,有正负光性之分。无论是正光性或负光性,其旋转轴(直立轴)都是 Ne 轴,其水平轴都为 No 轴(图4-4-3)。Ne 与 No 代表一轴晶宝石折射率的最大值与最小值,称主折射率。当 $Ne>No$ 时,其光性为正;当 $Ne<No$ 时,其光性为负(图4-4-4)。Ne 与 No 的差值为一轴晶宝石的最大双折射率。

1. 一轴晶正光性

一轴晶正光性以水晶为例,当光波平行水晶晶体的 Z 轴射入晶体时,不发生双折射,在宝石折射仪上测得垂直入射光的各个振动方向上的折射率值为1.544,即 $No=1.544$。以此数值为半径构成一个垂直入射光波的圆切面。当光波垂直水晶 Z 轴射入晶体时,发生双折射,分解形成两种偏光。其中一种振动方向垂直 Z 轴(常光),测得其折射率值为1.544,即 $No=$

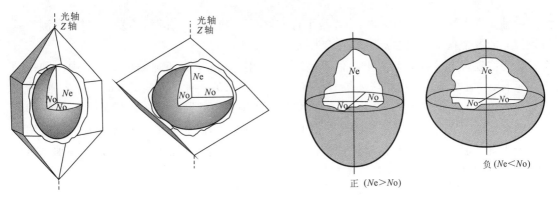

图 4-4-3 中级晶族晶体的光性方位　　　图 4-4-4 一轴晶光率体

1.544；另一种偏光振动方向平行 Z 轴（非常光），测得其折射率值为 1.553，即 $Ne=1.553$。构成以 Z 轴为旋转轴的一个长形旋转椭球体，即水晶的光率体，其旋转轴为光轴。

　　光率体的特征是旋转轴为长轴，光波平行 Z 轴（光轴）振动时的折射率值总是大于垂直 Z 轴振动时的折射率值，即 $Ne>No$。凡具有这种特点的光率体称为一轴晶正光性光率体，相应的宝石称为一轴晶正光性宝石（图 4-4-5）。

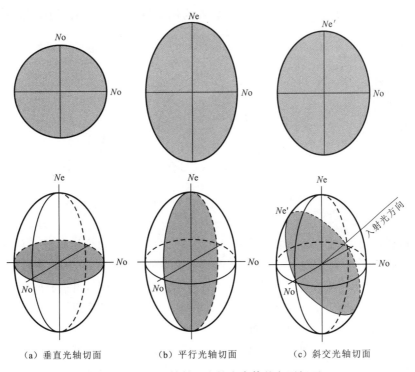

(a) 垂直光轴切面　　(b) 平行光轴切面　　(c) 斜交光轴切面

图 4-4-5 一轴晶正光性光率体的主要切面

第四章　晶体光学基础

2. 一轴晶负光性

一轴晶负光性以方解石为例,当光波平行方解石 Z 轴射入晶体时,不发生双折射,测得垂直入射光的各个振动方向的折射率值均为1.658,即 $No=1.658$。

当光波垂直方解石 Z 轴入射晶体时,发生双折射,分解形成两种偏振光。其中一种振动方向垂直 Z 轴(常光),测得相应的折射率值 $No=1.658$;另一种偏光振动方向平行 Z 轴(非常光),测得相应的折射率值 $Ne=1.486$。其构成以 Z 轴为旋转轴的一个扁形旋转椭球体,即方解石的光率体。它与水晶光率体的区别在其旋转轴为短轴,光波平行 Z 轴振动时折射率总是小于垂直 Z 轴振动时的折射率值,即 $Ne<No$。凡具有这种特征的光率体称为一轴晶负光性光率体,相应的宝石称一轴晶负光性宝石。

三、二轴晶宝石的光率体

1. 二轴晶宝石光率体构成

低级晶族(斜方、单斜、三斜晶系)属于二轴晶宝石。这类宝石晶体的三根结晶轴轴长不相等 $(a\neq b\neq c)$,三维空间方向不均一。这类宝石都具有大、中、小三个主折射率值,它们分别与相互垂直的三个振动方向相当,通常以符号 Ng、Nm、Np 代表大、中、小三个主折射率值。当光波沿其他方向振动时,相应的折射率值递变于 Ng、Nm、Np 之间,一般以符号 Ng' 和 Np' 表示,它们与 Ng、Nm、Np 的相对大小关系是:$Ng>Ng'>Nm>Np'>Np$。因此,二轴晶光率体是一个三轴不等的椭球体,以斜方晶系中的橄榄石为例说明二轴晶光率体的构成(图4-4-6)。

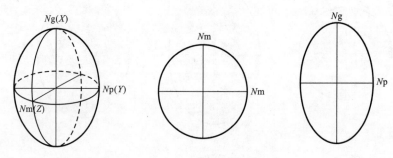

图4-4-6 二轴晶光率体的构成

光波沿橄榄石 Z 晶轴(Nm 轴)方向射入晶体时,发生双折射分解形成两种偏振光:其中一种偏光振动方向平行 X 晶轴(Ng 轴),测得其折射率值等于1.687;另一种偏光振动方向平行 Y 晶轴(Np 轴),测得其折射率值等于1.651。在 X 晶轴方向上,由中心向两边按比例截取折射率值1.687,在 Y 晶轴方向上按比例截取折射率值1.651。以此两线段为长短半径构成垂直入射光波(即垂直 Z 晶轴)的椭圆切面(图4-4-7)。

光波沿橄榄石 X 晶轴方向射入晶体时,发生双折射分解形成两种偏振光:其中一种偏光振动方向平行 Y 晶轴,测得其折射率等于1.651;另一种偏光振动方向平行 Z 晶轴,相应的折射率值等于1.668。以同样的方法构成垂直入射光波(垂直 X 晶轴)的椭圆切面。同理,光波沿橄榄石 Y 晶轴方向入射晶体时,即构成垂直 Y 晶轴的椭圆切面。

把这三个椭圆切面,按照它们的空间位置联系起来,便构成了橄榄石的光率体。它是一个

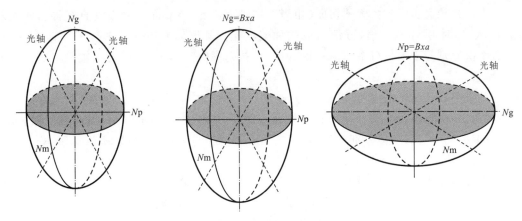

图 4-4-7 二轴晶光率体的主要切面

三轴不等的椭球体,即三轴椭球体。从橄榄石三个主要方向切面测定出大、中、小三个主折射率值,分别为 Ng=1.687、Nm=1.668、Np=1.651。它们的振动方向分别平行 X、Z、Y 结晶轴。二轴晶光率体中,三个互相垂直的轴代表二轴晶矿物的三个主要光学方向,称光学主轴,简称主轴,即 Ng 轴、Nm 轴和 Np 轴。包括两个主轴的切面称主轴面(主切面),即 Nm-Ng 面与 Nm-Np 面。

二轴晶光率体有三个互相垂直的主轴面,即 Np-Ng 面、在光率体中总可以找到半径相当于 Nm 的两个圆切面,光波垂直这两个圆切面入射时,不发生双折射,因而这两个方向是光轴方向,以符号"OA"表示。通过光率体中心,只能截出两个圆切面,即只有两个光轴,故称二轴晶。两个光轴之间所夹的锐角称为光轴角,以符号"2α"表示。两个光轴之间锐角的平分线称锐角等分线,以符号"Bxa"表示(图 4-4-8);两个光轴之间的钝角平分线称钝角等分线,以符号"Bxo"表示。

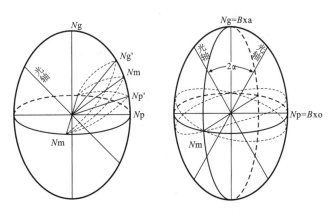

图 4-4-8 二轴晶光率体的圆切面及光轴

根据 Ng、Nm、Np 所测的折射率值的相对大小确定二轴晶矿物的光性符号。两个光轴之间的锐角等分线(Bxa)必定是 Ng 轴。当 Ng-Nm>Nm-Np 时,为正光性;当两个光轴之间的锐角等分线(Bxa)是 Np 轴,Ng-Nm<Nm-Np 时,为负光性。因此二轴晶的光性符号在 Bxa=Ng 时为正光性,Bxa=Np 时为负光性。

2. 二轴晶光率体的主切面与折射率的相关性

(1)垂直光轴切面。为圆切面,其半径等于 Nm。光波垂直这种切面入射时(沿光轴入射),不发生双折射,也不改变入射光波的振动方向,其折射率值等于 Nm,双折射率值等于零。

第四章　晶体光学基础

(2)平行光轴面切面。为椭圆切面（相当于主轴面 $Ng-Np$ 面），光波垂直这种切面入射（沿 Nm 入射）时，发生双折射，分解形成两种偏振光。其振动方向分别平行于 Ng 轴和 Np 轴，折射率值分别等于主折射率值 Ng 和 Np。双折射率等于 $Ng-Np$，为二轴晶宝石的最大双折射率值。

(3)垂直 Bxa 切面。为椭圆切面，正光性宝石相当于主轴面 $Nm-Np$ 面，负光性宝石相当于主轴面 $Ng-Nm$ 面。光波垂直这种切面入射时（即沿 Bxa 方向入射）发生双折射，分解形成两种偏振光。折射率值分别等于 Nm 与 Np 或 Nm 与 Ng。双折射率值等于 $Nm-Np$ 或 $Ng-Nm$，其大小介于零与最大值之间。

(4)垂直 Bxo 切面。为椭圆切面，正光性宝石相当于主轴面 $Ng-Nm$ 面，负光性宝石相当于主轴面 $Nm-Np$ 面。其所得折射率分别等于 Ng 与 Nm 或 Np 与 Nm，双折射率值等于 $Ng-Nm$ 或 $Nm-Np$，其大小介于零与最大值之间。

(5)斜交切面。这种切面有无数个，为椭圆切面（非主轴面）。这种切面长短半径中总有一个是 Nm，另一个半径是 Ng' 或 Np'。

习 题

1. 简述可见光的特征及电磁波在宝石中的用途。
2. 什么叫光密介质？什么叫光疏介质？什么叫临界角？
3. 借助示意图描述一轴晶宝石光率体的特点。
4. 解释术语：各向同性、各向异性、光轴。

第五章 宝石的颜色

第一节 宝石颜色的分类

一、颜色

宝石因艳丽多彩而给人以美的享受,故颜色一直是决定宝石价值高低的基本和首要因素。颜色不是物体的一种特性,它只是光作用于人的眼睛而在头脑中产生的一种感觉。激发人眼睛与大脑感知颜色要具备三个条件:①(白)光源;②反射、散射及改变这种光的物体;③接受光的人眼和解释它的大脑。三个条件缺一不可,否则就无颜色。

二、颜色的分类

宝石的颜色丰富多彩,几乎涵盖了所有的颜色。如红色、橙色、黄色、绿色、蓝色、紫色、黑色、白色及无色。根据颜色分布特征,人们将宝石的颜色划分为彩色宝石和其他色宝石系列,但钻石自成体系。

1. 彩色宝石

当宝石对不同波长的可见光选择性吸收时,宝石就产生了颜色。所呈现的颜色是剩余光中各色光的混合色。在剩余光中所占比例最大的光波决定了宝石颜色的主色调,次要波段的光决定着宝石的辅色调。如红宝石,大部分波段的光均被吸收,剩余为红色光和蓝色光透过。红色为主色调,蓝色光和红色光混合后,使红宝石为红中带紫色调。

2. 其他色(非彩色)宝石

非彩色宝石也称黑色、白色、灰色宝石。当宝石对可见光中不同波长的反射比一样,没有吸收或均匀吸收时,宝石呈现出白色、灰色、黑色。如反射率达到80%～90%以上时,呈现白色;吸收率在80%～90%以上时,呈现黑色;介于二者之间则呈现灰色。

3. 钻石

自然界用于首饰中的钻石主要为无色至淡黄色,或淡灰色,或淡褐色。钻石的颜色有独立的评价体系,尽管钻石也有红色、紫红色、绿色、蓝色,但由于自然界产出十分稀少,因此,彩色宝石不包括钻石。

三、宝石的体色

颜色实际上是一定波长的电磁波谱辐射,当这种电磁波进入人眼刺激视神经时便产生了颜色的感觉。

1. 选择性吸收

所有的有色物体具有吸收(捕获)可见光中某些波长的物理性能。宝石中由于存在着一些致色离子或晶格缺陷,让它们对光产生一种选择性的吸收,当这种选择性吸收发生之后,所残余的颜色汇集到人眼就有了色觉。

2. 体色

宝石对某些波长的光谱吸收,对某些波长的光透射,正是有了这种选择性的吸收,残余光波透射后的剩余色,称为宝石的体色。

因此,宝石的颜色丰富多彩,要了解宝石的颜色,首先需要对自然光中最大的光源,即可见光光谱及人眼的分辨能力进行了解(可见光光谱详见第四章第一节)。

第二节 宝石中的致色元素及晶格缺陷

一、宝石中的致色元素

1. 致色元素

绝大多数宝石含有能导致光的选择性吸收的某些元素,它们既可以宝石的主要化学成分存在,也可以微量元素的形式存在。其中最主要的致色元素为:钛(Ti)、钒(V)、铬(Cr)、锰(Mn)、铁(Fe)、钴(Co)、镍(Ni)、铜(Cu)及某些稀土元素。这些过渡族的金属元素及稀土元素都是宝石产生颜色的物理基础。根据致色元素在宝石成分中存在的形式分为自色宝石和他色宝石。

2. 自色宝石

致色元素以宝石的主要成分出现,并能使宝石致色的元素称为自色宝石。如菱锰矿($MnCO_3$)的粉红色是由主要化学成分中的锰(Mn)元素致色,橄榄石(($Mg,Fe)_2SiO_4$)黄绿色的颜色是由主要成分中的铁(Fe)元素致色。

3. 他色宝石

致色元素以微量元素的形式出现,并能使宝石致色的微量元素称为他色宝石。如刚玉Al_2O_3,当它的化学成分纯净时,则呈现无色;只有当成分中含有微量元素铬(Cr)时,才能形成红色,称为红宝石;当化学成分中含有微量元素铁(Fe)、钛(Ti)时,则形成蓝色,称为蓝宝石。

自色宝石和他色宝石见表5-2-1。

二、晶格缺陷导致宝石产生颜色

宝石晶体中产生的晶格缺陷是某些宝石品种的主要致色原因,如萤石、紫晶、烟晶、蓝色托帕石、彩色锆石、天河石、钻石等;宝石晶体中的晶格缺陷也是某些宝石品种辐射改色的原因,如钻石、蓝宝石、马克西西型绿柱石的改色。

通常宝石晶体在生长过程中,由于种种物理、化学因素的影响,在晶体局部范围内,质点的排列偏离了晶格的周期性重复规律,形成晶格缺陷。晶体中能够选择性吸收可见光的点缺陷,称为"色心"。宝石学中常见的色心致色分为电子色心和空穴色心两种。

表 5-2-1 自色宝石和他色宝石一览表

自色宝石			他色宝石		
致色元素	宝石	颜色	致色元素	宝石	颜色
Cr	钙铬榴石	绿色	Ti	蓝锥矿	蓝色
Mn	锰铝榴石	橙色	Ti、Fe	蓝宝石	蓝色
Mn	菱锰矿	粉红	V	绿色绿柱石	绿色
Mn	蔷薇辉石	粉红	Cr	红宝石、红色尖晶石	红色
Fe	橄榄石	黄绿	Cr	祖母绿	绿色
Fe	铁铝榴石	暗红	Cr	变石	红、绿
Cu	绿松石	天蓝	Cr	玉髓、翡翠	绿色
Cu	孔雀石	绿色	Mn	红色绿柱石	粉红
Cu	硅孔雀石	蓝绿	Fe	海蓝宝石	蓝和绿
			Fe	碧玺(电气石)	绿和褐
			Fe	蓝色尖晶石	蓝色
			Ni	绿玉髓	绿色
注意:Cu 在他色宝石中极少作为致色元素出现			Co	蓝色尖晶(极纯)	蓝色
			Co	合成蓝色尖晶石	蓝色

1. 电子色心

电子色心使宝石产生颜色的原因是宝石晶格中由于电子占据了阴离子空位时所产生的色心。也可认为电子被俘获并占据了通常情况下本不应有电子存在的位置时,就形成了电子色心。当阴离子空穴俘获一个电子后,该电子便处于其周围离子所形成的晶体场中,能级发生变化,当可见光照射宝石时,该电子产生由基态到激发态的跃迁,并在跃迁中对可见光产生选择性吸收,进而使宝石呈色。如萤石的紫色是由电子色心所致色。

萤石为等轴晶系,化学成分 CaF_2,在立方体晶胞中每个 Ca^{2+} 与 F^- 联结(相联);当物理、化学条件改变时,部分位置 F^- 缺失而形成空穴,为保持电价平衡,F^- 留下的空穴可俘获一个电子。俘获电子受周围所有的离子包括 F^- 和 Ca^{2+} 所成的晶体场影响,当可见光照射到萤石上时,便使俘获电子发生从基态到激发态的跃迁,在跃迁的过程中,吸收了可见光中的大部分光即红色、黄色、绿色、蓝色等光,仅透过紫色光,使萤石呈现紫色。

2. 空穴色心

空穴色心使宝石产生颜色的原因是宝石晶格中由于阳离子缺失而相应产生的电子空位。也可认为一个本该存在电子的位置上缺少一个电子,留下一个"空穴"和一个能吸收光的未配对的电子,这种缺陷称为"空穴"色心。

当宝石晶体中阳离子"空穴"形成后,为了达到电价平衡,阳离子在外来能的作用下抛出电子,同时剩下未成对电子,吸收可见光,便产生了颜色。如烟晶和紫晶的颜色是由空穴色心所致色。烟晶的颜色取决于铝离子对晶格中某些硅离子的置换作用和由此发展而伴生的晶格缺陷。SiO_2 由 $Si^{4+} \rightarrow 2O_2^-$ 达到平衡,而当 $Al^{3+} \rightarrow Si^{4+}$ 时缺少一个电子,结构的电中性必须靠存在具有一个正电荷并能占据附近某处间隙位置的另一个离子来保持。其结果为:靠近铝离子的一个氧的某个电子所受到的吸引力减弱,若有足够的能量,它就会被移位,留下一个空穴来致色。另有紫晶的颜色形成过程为:少量 Fe^{3+} 以类质同像的形式替代了少量的 Si^{4+},辐射作用将 Fe^{3+} 周围的氧原子电离,氧中一个电子转移,与 Fe^{3+} 形成 FeO_4^{4-} 团,此团即为色心,它对可见光选择性吸收使紫晶呈现出紫色。

三、物理呈色

物理呈色是指并非因宝石化学组成对可见光的选择性吸收,而是因宝石特殊的结构、构造引发的物理学现象。如色散、干涉、衍射等所导致的颜色效应,也称"结构性颜色"。它常常叠加在宝石因选择性吸收而呈现的体色上,并非宝石真正的颜色,有时也可增加宝石的美丽。如欧泊、拉长石、月光石、日光石、东陵石和色散高的无色宝石等。

欧泊五彩斑斓的颜色色斑由特殊的结构及干涉、衍射的共同作用而产生;拉长石和月光石产生的颜色是两种长石组分构成的特殊结构由衍射作用产生(晕彩);日光石和东陵石的颜色则是由宝石包裹了红色的赤铁矿片和绿色的铬云母片对光的反射产生的颜色;钻石的颜色是因色散值高(0.044),当加工成标准圆多面型时,光进入钻石,在钻石内发生分解而使无色钻石产生五光十色的"火彩"。

四、宝石颜色的呈色机理

宝石能产生各种颜色的原因除了晶体缺陷和物理呈色外,其中最重要的因素是与宝石化学成分中的致色元素和稀土元素有关。根据它们呈色的原因,专家们利用晶体场理论、电荷迁移和能带跃迁理论来进行宝石相关呈色机理的解释。

1. 晶体场理论

1)颜色的产生

在过渡金属元素铁、铬、铜等中存在一种特殊的电子态。其原子有未被电子填满的内壳层,这些未被填满的内壳层保持有不成对的电子,在晶体静电场的作用下发生分裂,形成可以吸收的可见光,产生范围很宽的鲜明颜色,这种作用产生的颜色被称之为晶体场颜色。

宝石中只要存在带有不成对电子的离子就会产生晶体场颜色。如红宝石的鲜红色是由微量的杂质铬离子(Cr^{3+})替换了铝离子(Al^{3+})而呈色。微量元素铬能使许多宝石致色,其中红宝石、祖母绿和变石的吸收性特征较明显。海蓝宝石的海水蓝色是由微量过渡金属杂质铁离子(Fe^{2+})引起的。绿松石的瓷松色是由过渡金属铜(Cu^{2+})引起的。

2)晶体场理论基础

晶体场理论认为晶体场是一种静电模型,把晶体看成是一种正负离子间的静电作用,将带有正电荷的阳离子称为"中心离子",带有负电荷的阴离子称为"配位体",配位体形成的电场(也称晶体场)对中心离子的作用,影响到宝石晶体的各种颜色的形成。

在宝石晶体的结构中,中心离子与配位体形成一个静电势场,中心离子位于势场中,配位体为点电荷。通常过渡元素的电子层结构一般形式为 $ns^2np^6nd^{1-10}$,可具有 5 个 d 轨道,5 个 d 轨道具有相同的能量,电子占据任一轨道的几率相同。当一个过渡元素离子进入宝石晶体中的配位位置,即处于一个晶体场中,d 轨道在配位场的影响下,发生分裂,导致一部分 d 轨道的能量状态降低,而另一部分 d 轨道能量增高,其分裂状态取决于配位体的种类和配位多面体的形态。当 d 轨道发生分裂后,其各组(A、B、C、D)的能量不再相同(图 5-2-1),其最高能级(D)与最低能级(A)之差称为晶体场分裂能,用△表示。分裂能的大小正好处于可见光能量范围。当含有过渡金属元素的宝石晶体受到外界能量激发时,其内部处于最低能级(基态)的 d 轨道的电子可吸收光辐射的能量变为激发态电子,并从基态跃迁到较高能级的 d 轨道上,这种现象称为 d—d 跃迁,在 d—d 跃迁过程中未被吸收的光辐射就呈现为宝石的颜色。将未配对电子激发到更高的能级需要很大的能量,将未配对电子激发到较高能级所需能量要小得多,并且能与可见光谱的某些部分相吻合。

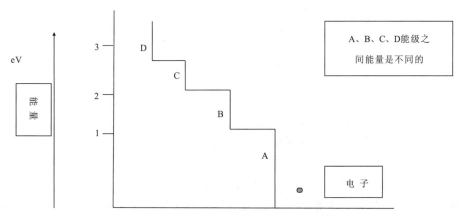

图 5-2-1 d 轨道发生分裂后 A、B、C、D 的能量不同示意图

3)宝石致色实例

微量元素能使宝石产生颜色时,也称活化剂。微量元素铬的存在能使许多宝石致色,其中红宝石、祖母绿和变石的吸收性特征较明显。微量元素铬的外层轨道存在未配对的电子,这些电子保留在母核上,由于吸收激发源提供了能量,可被激发到较高能级。Cr 外层电子的排列为 $3d^5 4s^1$,这 6 个未配对电子中有 3 个作为共价键配对电子,3 个为自由电子(Cr^{3+})。

(1)红宝石。主要化学成分 Al_2O_3,当微量的 Cr_2O_3 加入时,铬(Cr^{3+})以类质同像置换了部分铝(Al^{3+}),在畸变的氧配位八面体的作用下,原子的 d 轨道发生能量分裂,形成多个能级。当电子从 A 能级(基态)跃迁到较高能级 C 时所需能量约 2.25eV,这与黄绿光相当,即电子吸收了黄绿色光;当电子从 A 能级跃迁到最高能级 D 时所需能量约 3.0eV,这与紫光相当,即电子吸收紫光(图 5-2-2)。

无数的电子进入这一过程,某些电子吸收紫色光,而另一些电子吸收黄绿色光,能量小于 2eV 的红色光被透过,所以 d—d 跃迁的结果,使红宝石呈现鲜艳的红色,微量的蓝色光使红宝石略带紫红色调。

(2)祖母绿。也由微量元素铬(Cr^{3+})致色,呈色机理与红宝石相似,所不同的是 Cr^{3+} 分裂后的能级和能量略下降,致使祖母绿呈现绿色。当微量元素 Cr^{3+} 进入祖母绿晶体的晶格中替代了祖母绿中的 Al^{3+} 时,d 轨道在氧八面体晶体场作用下发生能级分裂,形成 4 个能级。另外祖母绿成分中 Be^{3+} 和 Si^{4+} 的存在,使金属离子周围配位体电场分裂能减弱。当电子从 A 能级

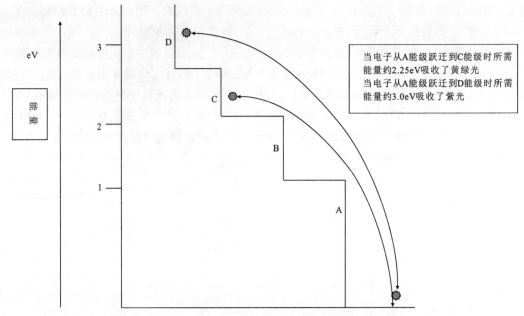

图 5-2-2 电子从基态到激发态跃迁时所需能量示意图

(基态)跃迁到 C 能级时所需能量为 2.05eV,各个能级的能量与红宝石各能级能量相比都有所降低。d 电子的吸收带向下移动,两个吸收带分别吸收了紫色光和黄红色光,从而使蓝绿色光透过,形成了祖母绿的绿色。

(3)变石。在变石的晶体结构中,同样存在着微量元素铬(Cr^{3+}),作用于铬离子的能量强度介于红宝石和祖母绿之间,因而当电子从 A 能级(基态)跃迁到 C 能级时所需能量也介于二者之间,对于红色光、绿色光的吸收作用达到极好的平衡,以致透过宝石的颜色取决于用观察宝石的光源来决定。在白天观察时,日光中绿色光透过率强则产生绿色,白炽灯下红色光透过率强则产生红色。

2. 电荷迁移

1)颜色的产生

电荷迁移是指两个不同的过渡元素之间或具有不同价态的同一元素的两个离子之间所发生的价态变化,也是它们之间发生了未配对电子(电荷)的迁移。电子的不断运动需要吸收能量,选择性吸收一部分波长的光,剩余的那些能量(波长)组成宝石所需的颜色。

2)电荷迁移的理论基础

分子轨道理论认为当原子形成分子后,电子的运动也不再局限在单一的原子轨道之中,而是在相应的分子轨道中运动。当两个或两个以上的原子组成分子后,各原子轨道按照一定的规则组成分子轨道,不同原子内的电子可以从一个原子的轨道跃迁到另一个原子的轨道上,即产生电荷转移,这种电荷转移对可见光产生了强烈的选择性吸收,使宝石呈色。电荷的转移有多种形式,它可以在同核原子价态之间,如蓝色和绿色的碧玺、海蓝宝石也是由于 Fe^{2+}—Fe^{3+} 间转移呈色。也可发生在异核原子价态之间,如蓝色黝帘石、褐色红柱石呈色的原因。

3)宝石致色实例

(1)金属-金属原子间的电子转移。

①同核原子价态之间的电子转移。当两个不同价态的同核原子分布在不同类型的格点中,且两者之间有能量差时,电子可发生转移,并产生光谱吸收带,从而使宝石呈现颜色。如堇青石的颜色与成分中含有致色离子铁元素有关,Fe 元素可以存在两种价态 FeO→Fe^{2+} 和 Fe_2O_3→Fe^{3+}(图 5-2-3)。堇青石中 Fe^{3+} 和 Fe^{2+} 分别处于四面体和八面体位置中,两个配位体以棱相接,当可见光照射到堇青石时,其中 Fe^{2+} 的一个 d 轨道中的电子吸收一定能量的光跃迁到 Fe^{3+} 上,此过程的吸收带位于 17 000cm^{-1}(相当于黄色光),使堇青石呈现蓝色。蓝色和绿色的碧玺、海蓝宝石也是由于 Fe^{2+}—Fe^{3+} 电子间转移而呈色。

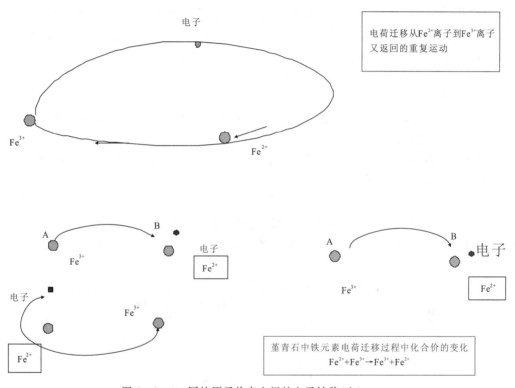

图 5-2-3 同核原子价态之间的电子转移(上);
堇青石中铁元素电荷迁移中化合价变化示意图(下)

②异核原子价态之间的电子转移。最典型的实例为蓝宝石。在蓝宝石中 Fe^{2+} 与 Ti^{4+} 分别位于相邻的四面体连接的八面体中,Fe^{2+} 与 Ti^{4+} 的距离为 0.265nm,二者的 d 轨道沿结晶轴 C 轴重叠,当电子从 Fe^{2+}→Ti^{4+} 中时,Fe^{2+} 转变成 Fe^{3+}、Ti^{4+} 转变为 Ti^{3+},即:Fe^{2+} + Ti^{4+} →Fe^{3+} + Ti^{3+}。电子转移的这一过程,光谱吸收能量为 2.11eV,吸收带的中心位于 588nm,其结果是在蓝宝石的 C 轴方向以棱相连接时,这时电荷转移吸收带略向长波方向位移,使蓝宝石在非常光方向呈现蓝绿色。异核原子价态之间的电子转移,也是蓝色黝帘石、褐色红柱石呈色的原因。

(2)其他类型的电子转移。指非金属与金属原子之间的电子转移,以及非金属与非金属原子之间的电子转移。宝石中常见的非金属与金属原子之间的电子转移为 O^{2-}→Fe^{3+}。在 O^{2-}

与 Fe^{3+} 之间的电子转移对可见光光谱中紫色、蓝色光强烈吸收,导致宝石呈金黄色。如金黄色绿柱石、金黄色蓝宝石的颜色均由 O^{2-} 至 Fe^{3+} 之间的电子转移所引起。

3. 能带跃迁理论

(1)能带理论。主要讨论非局域状态之间的电子跃迁,宝石中的电子不是属于某一个原子的,而是在整个晶体中运动,在晶体周期性晶格势场中,相邻原子的原子轨道重叠形成具有一定能级宽度的能带。单个电子的能级被拓宽成能带,每个能带包括许多相连的能级。能带可分为价带和导带。

由已充满电子的原子轨道能级所形成的低能量能带,称为"价带"。此带充满电子也称"满带"。由未充满电子的能级所形成的高能量带,称为"导带"。此带未充满电子也称"空带"。价带和导带之间的能量差很大,这个能量间隔称为"带隙"或"禁区"。带隙的宽度为 Eg。

(2)呈色原因。宝石的颜色取决于电子从价带到导带跃迁时所吸收的辐射能,而所需辐射能的大小取决于带隙的宽度,带隙太宽可见光全部通过,带隙太窄可见光全部被吸收。

黑色:当带隙宽度小于可见光能量时,所有可见光用于电子从价带到导带激发时,均被吸收,宝石呈黑色。

无色:当带隙宽度大于可见光能量时,电子无法被可见光激发而跃迁至导带,因此可见光全部通过,宝石呈无色透明,如钻石、无色刚玉等。

其他色:当带隙宽度大致等于可见光能量时,可见光中能量较高的波长被吸收,能量较低的波长可通过宝石,使宝石呈现颜色。

(3)钻石的致色原因。

无色:当钻石成分碳(C)纯净无杂质时,其带隙宽度为 5.5eV,此时只吸收紫外光,而不吸收可见光,钻石呈无色。因为 5.5eV 能量已经超出可见光 3.10~1.77eV 的范围(图 5-2-4)。

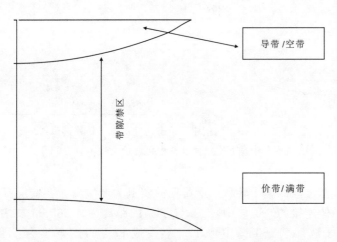

图 5-2-4 带隙太宽所需的能量为 5.5eV 的示意图

黄色:当钻石成分中含杂质元素氮(N)时,N^{5+} 的外层电子比 C^{4+} 多一个电子,在带隙中生成一个"杂质能级"(图 5-2-5),也称"施主能级"。此能级比带隙低 4eV,吸收紫外光和可见光中的紫色光,使钻石呈现出黄色。

蓝色:当Ⅱb型钻石成分中含杂质元素硼(B)时,B^{3+} 比 C^{4+} 少一个电子产生一个空穴,在带隙中产生一个"杂质能级"(图5-2-5),也称"授主能级"。当价带中的电子激发向"授主"能级跃迁时,使钻石呈现蓝色。

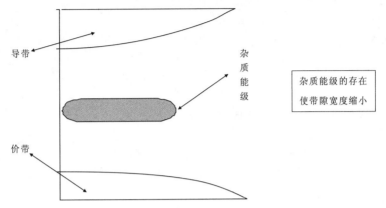

图5-2-5 钻石成分中含杂质元素时生成的杂质能级使带隙宽度缩小示意图

第三节 宝石颜色的命名及描述方法

一、颜色的特点

宝石对白光中各种颜色光的波长不等量吸收和选择性吸收后所呈现的颜色,遵从色光的混合互补原理。图5-3-1为三原色互补原理示意图。

如图5-3-1所示,红、绿、蓝三种色光称为原色光。这三种原色光按不同比例混合,就可得到白光中除红光、绿光、蓝光以外的其他主要色光,如橙、黄、青、紫等色光。例如三种原色光中,红光与绿光、红光与蓝光、绿光与蓝光,以等比例两两混合,则相应的产生黄光、品红光及青光。若改变这三种原色光混合的比例,则可产生其他颜色的光。例如红光多于绿光混合形成橙光;蓝光多于红光混合形成紫光等。

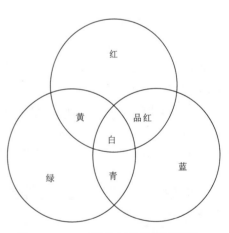

图5-3-1 三原色互补原理示意图

当两种色光混合后呈现白色,则称这两种色光为互补色光。红光与青光、绿光与品红光、蓝光与黄光等都是互补色光。如宝石矿物对白光中的黄光全部吸收,对其他色光吸收程度相近,则呈现出蓝色。宝石矿物颜色的深浅,也取决于宝石对各色光波吸收的总强度。吸收的总强度大,颜色就深,反之颜色则浅。而吸收的总强度同时也取决于宝石矿物本身的性质和加工形态的厚度,对于同种宝石来说,加工形态厚度越大,颜色则愈深。

二、颜色的描述

可见光经物体选择性吸收后,其残余色的混合光即是该物体的颜色。色度学中通常使用色调、明度、饱和度三要素来描述物体的颜色特征。

1. 色调(色彩)

色调指颜色的种类,彩色宝石的色调取决于光源的光谱组成和宝石对光的选择性吸收,也是彩色间相互区分的特性,如红色、绿色和蓝色(图5-3-2)。通常对颜色的命名方法是将主色调放在后面,修饰词如带"绿""黄"等以及"强""弱"放在前面,并给予缩写代号。如强黄绿(styG)、弱紫红(slpR)、极弱绿蓝(vslgB)等。

在孟塞尔表色系统中将色调分为10种,分别用英文名称的字头表示:红(R)、黄(Y)、绿(G)、蓝(B)、黄红(YR)、绿黄(GY)、蓝绿(BG)、紫蓝(PB)、红紫(RP)。细分时每种色调又分为10个等级,分别为从1到10。

2. 明度(亮度)

明度是指人眼对颜色明暗度的感觉,也称宝石颜色的明暗程度。孟塞尔表色系统中将明度分为0到10共11个等级(表5-3-1)。对透明有色宝石,其级别都在2~8级之间。两端的级别对于彩色宝石在分级中无太大的商业价值。宝石明度的强弱取决于宝石对光的反射或透射能力,即宝石折射率的大小、加工工艺和宝石本身颜色的深浅。明度与宝石折射率和加工工艺呈正相关,与颜色深浅呈反相关。

3. 饱和度

饱和度指颜色的纯净度和鲜艳度。彩色宝石的饱和度取决于宝石对可见光光谱选择性吸收的程度。可见光光谱中各种单色光的饱和度最高,饱和度值为1,颜色中白光的饱和度值为0。美国宝石学院在有色宝石颜色的分级中,将饱和度分为6级(表5-3-2)。暖色系宝石在低色度时(1、2、3级)颜色中带褐色,而冷色系的宝石看上去带灰色。在第4级时,颜色不再带灰色或褐色。

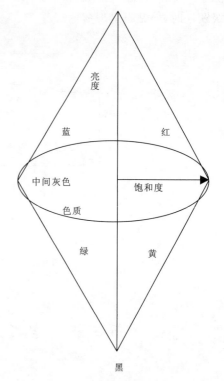

图5-3-2 色彩锥体

表5-3-1 颜色明度分级表

0	无色或白色	6	中深
1	极浅	7	深
2	很浅	8	很深
3	浅	9	极深
4	中浅	10	黑
5	适中		

表 5-3-2 颜色饱和度分级表

1	灰(褐)	4	中浓
2	浅灰(淡褐)	5	浓
3	极淡灰(极淡褐)	6	鲜艳

习 题

1. 简述宝石的颜色成因类型。
2. 宝石中的致色元素主要有哪些？它们对宝石的颜色起到什么样的作用？
3. 解释下列与颜色相关的定义：色心、电子色心、空穴色心、色调、明度、饱和度。

第六章 宝石的物理性质

第一节 宝石的光学性质

一、光泽

光泽是指宝石表面对光反射的能力。反射能力越大,光泽越强。光泽实质上是一种表面辉光,它在很大程度上取决于宝石的折射率大小,同时也取决于宝石的抛光程度。

由于各种宝石的质地不同,以及对光能的吸收、反射程度不同,所以表现的光泽也不同。通常宝石对光的吸收多、反射少,则光泽弱;宝石对光的吸收少、反射多,则光泽强。在折射率大于1的情况下,反射率与折射率成正比,折射率越大,反射率也越大,光泽也越强,并根据折射率的大小把光泽分成4级(表6-1-1)。

表6-1-1 宝石光泽的等级划分

折射率	光泽	宝石矿物
折射率＞3	金属光泽	铂、金、银、铜
折射率2.6～3	半金属光泽	乌刚石(针铁矿)、闪锌矿
折射率1.9～2.6	金刚光泽	钻石、锆石(亚金刚光泽)
折射率1.3～1.9	玻璃光泽	绝大多数宝石属于此类光泽

另外,宝石中对光泽的描述还有油脂光泽(软玉)、蜡状光泽(绿松石)、珍珠光泽(珍珠)、丝绢光泽(虎睛石)、树脂光泽(琥珀)、土状光泽等。

(1)金属光泽。由铂、金、银、铜等金属以及抛光的黄铁矿等宝石材料所显示的表面非常强而明亮的光泽。

(2)半金属光泽。呈弱的金属状的光泽。宝石材料中极少数供收藏的品种,如辰砂、乌刚石和黑色闪锌矿具半金属光泽。

(3)金刚光泽。光在宝石表面反射出较强的光亮,如当光照射到钻石表面所显示的很明亮的光泽。

(4)亚金刚光泽。通常当光照射到锆石和翠榴石等高折射率宝石所显示的明亮光泽。

(5)玻璃光泽。大多数宝石的表面反射出的光泽都在此范围内。根据折射率的大小和宝石抛光面上反射光的明亮度描述,如石榴石族、刚玉族和金绿宝石等为强玻璃光泽或明亮玻璃光泽,其他宝石如祖母绿、碧玺、托帕石、水晶和橄榄石等均为玻璃光泽。

(6)油脂光泽。在一些颜色较浅,具玻璃或金刚光泽的宝石的不平坦表面上或颗粒集合体表面上所见到的类似油脂状的表面反光。如钻石抛光后为金刚光泽,而有些钻石的原石表面具油脂状特征也常被描述为油脂光泽。软玉常被描述为油脂光泽。

(7)蜡状光泽。在一些半透明或不透明、低硬度的隐晶质或非晶质块状集合体表面所呈现的一种类似于石蜡状的表面反光,如块状叶蜡石、绿松石等。

(8)珍珠光泽。天然和养殖珍珠都由晶质层组成,光从表面和近表面的晶质层反射。有时这种微细的结构引起晕彩。珍珠的这种光泽常称为珍珠光泽。一些宝石的解理面显珍珠光泽,这是因为紧靠表面下方的初始解理引起了横跨解理面的普遍的晕彩。

(9)丝绢光泽。木变石、石膏和孔雀石等一些纤维状矿物,在断口处或纤维结构明显的地方可见丝绸般的光泽,而被描述为丝绢光泽。

(10)树脂光泽。具低折射率的琥珀等有机宝石显示树脂光泽。

(11)土状光泽。呈粉末状或土状集合体的矿物或材料,其表面光泽黯淡如土,如绿松石(失水后的泡松品种)、高岭石、褐铁矿等。

二、亮度

亮度是指光从已切磨成刻面型宝石的亭部小面反射而导致的明亮程度。宝石的亮度既取决于宝石本身使光充分传播的能力,同时也取决于宝石使光充分反射的能力,所以最大的亮度也取决于宝石总的透明度。

一块透明宝石被切磨成刻面型时,如果按照正常比例切磨,光进入亭部后会产生全内反射,使宝石看上去非常明亮。如果加工比例不正确,会使进入宝石内的光直线通过宝石,从宝石的亭部散失,而使宝石明亮度降低,给人一种呆板无生机的感觉。

宝石的亮度还与宝石本身的折射率值的高低有关,高折射率的宝石能显示高的亮度。如钻石,折射率值2.417,正确的加工比例使钻石不漏光且格外明亮。折射率值越高,加工比例越正确,宝石的透明度和亮度就越好。

三、透明度

透明度是指宝石透过光的强弱的一种表现量。吸收性强,透明度弱;吸收性弱,透明度强。根据透明度的强弱分为四个级别。

(1)透明。能完全清晰地透视其他物体。如钻石、红宝石、蓝宝石等能允许绝大部分的可见光透过晶体。

(2)半透明。在一般厚度下,能模糊地透视其他物体的轮廓。如玛瑙、芙蓉石等能允许部分光透过晶体。

(3)微透明。在一般厚度下,能透过光,但看不清透过的物像。如软玉、独山玉、岫玉等。

(4)不透明。宝石的晶体或块体基本上不透光。如青金岩、绿松石、珊瑚等。

透明度对宝石的质地、颜色起着烘托作用,尤其是多晶质宝石品种,透明度好时可以把宝石材料的质细、色美衬托得更完美,反之就会减弱质细、色美的光彩。另外,宝石的颜色深浅直接影响透明度的强弱。我国玉器行业中,常把透明度好的称为"水头足""地子灵"或"坑灵"。透明度差的称为"干""地子闷""闷坑"。

四、色散

色散是指白光照射到透明物体的倾斜平面时，分解成它的组成色（波长），如图 6-1-1 所示。通常以相当于弗朗霍菲光谱中 B 线和 G 线的光所测得的折射率的差值来表示。

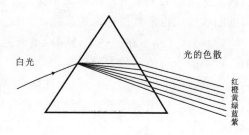

图 6-1-1 利用棱镜产生的单色光

色散是可以测量的，理论上相当于光谱带中红色、紫色两端所测得的宝石折射率的差值。实际上色散的测量通常是在可见光光谱中两个最明显的波长之间进行。

在红光中波长为 686.7nm，相当于太阳灯光谱中的 B 线；紫光中波长为 430.8nm，相当于太阳灯光谱中的 G 线。人们把它们之间的差值称为 B-G 间隔。

高色散的宝石，加工成刻面型宝石后，各个小面上可闪烁出五颜六色的火彩。如钻石色散值为 0.044，为高色散宝石，按理想比例加工成圆多面形，在冠部小面可闪烁出橙黄色、蓝色等颜色的火彩来。因此人们将具有高色散值的宝石，通过小刻面所闪烁出各种颜色的现象称为"火彩"。对有颜色的高色散宝石，体色会掩盖"火彩"的出现，必须通过不断地旋转宝石从小刻面观察闪烁的"火彩"。各种宝石的色散数量是不同的（表 6-1-2），从萤石（0.009）微不足道的色散到钛酸锶（0.19）及合成金红石（0.28）的强烈色散。人们通常将宝石所测得的色散值划分为高、中、低色散。色散值 0.030 以上的为高色散宝石，色散值 0.020~0.030 为中等色散的宝石，色散值 0.020 以下的为低色散宝石。绝大多数宝石为低色散宝石，高色散宝石较少，因此，色散值高的宝石，被加工成型后，通常火彩较好，而色散值也成为了鉴别特征之一。

表 6-1-2 部分天然宝石色散值

色散级别	宝石种（部分天然宝石）	色散值范围
高色散 0.030 以上	金红石	0.280
	翠榴石	0.057
	钻石	0.044
	锆石（高型锆）	0.039
中等色散 0.020~0.030	铁铝榴石	0.024
	镁铝榴石	0.022
	尖晶石	0.020
	橄榄石	0.020
低色散 0.020 以下	红、蓝宝石	0.018
	祖母绿	0.014
	碧玺	0.015
	托帕石	0.014
	水晶	0.013

五、单折射与双折射

1. 单折射宝石

单折射宝石包括等轴晶系宝石和非晶质宝石两类。等轴晶系和非晶质结构的宝石,允许光线朝各个方向以相同的速度通过,这类材料在任意方向上均表现出相同的光性(各向同性),只有一个折射率值。等轴晶系的宝石有钻石、尖晶石、石榴石族及人造宝石立方氧化锆、钇铝榴石、钆镓榴石等,非晶质宝石有欧泊、琥珀、各种天然和人造玻璃、塑料等。但这类宝石有时也表现出异常光性现象,也称异常双折射。

异常双折射是指等轴晶系和非晶质体宝石,常常在正交偏光下出现波状消光,旋转宝石360°出现明暗相间条纹或斑点、黑十字、黑色弯曲带等,这种现象是由宝石内部应变产生的,显示异常双折射的有色透明宝石不具有多色性。

2. 双折射宝石

双折射宝石包括三方、四方、六方、斜方、单斜、三斜六个晶系的宝石。当光线通过这类非均质体宝石时均表现出定向的光性(各向异性),入射光线被分解为彼此完全独立、传播方向不同、振动方向相互垂直的平面偏振光。不同的平面偏振光的传播速度不同,即有不同的折射率值,两个折射率之间的差值称为双折射率值。双折射宝石包括一轴晶宝石和二轴晶宝石。一轴晶宝石(三方、四方、六方)有一个方向不发生双折射,有一个光轴方向,称为一轴晶;二轴晶宝石(斜方、单斜、三斜)有两个方向不发生双折射,有两个光轴方向,称为二轴晶。

六、颜色及多色性

1. 颜色

颜色对于宝石来说尤其重要,对于宝石学家来说,则要敏锐察觉宝石颜色的鲜艳、纯正和色调的深浅与浓淡,探其颜色的类型及成色机理。宝石正是因为颜色的丰富多彩和艳丽美妙而被人们所欣赏,并被广泛收藏。自然界珍贵的宝石都有其特征的颜色,如鸽血红、矢车菊兰、祖母绿等,它们是决定宝石档次、品质级别的重要特征及标准。而宝石颜色的纯正、匀净与否,又是划分宝石价值高低的重要因素。在宝石的鉴定中,颜色及色调有时也是区别各类宝石品种、天然与合成、天然与优化处理的重要标志之一。大多数宝石的颜色都是成分中的致色元素对光选择性吸收所造成,也有部分宝石的颜色由物理性质呈色。对于大多数自色宝石来说,颜色较为固定且单一;而他色宝石则颜色丰富多彩,颜色的变化取决于成分中的微量的致色元素。对于有色的各向同性宝石,从各个方向观察,颜色是一致的;而对于各向异性宝石来说,有些有色宝石会出现方向性颜色的变化。这一具有方向性颜色的变化特征则称为多色性。

2. 多色性

多色性一词是用来描述在某些双折射、彩色、透明的宝石中看到不同方向性颜色的通用术语,它包括二色性和三色性。根据宝石的方向性颜色的变化明显程度划分为强、明显、弱和无四个级别(表6-1-3)。

表 6-1-3 宝石的多色性

多色性级别	宝石名称	光性	基本体色	多色性颜色
强多色性	红宝石	U(－)	红色	红色和橙红色
	蓝宝石	U(－)	蓝色	蓝色和蓝绿色
	红柱石	B(－)	绿褐色	红、绿和橙褐色
	堇青石	B	蓝色	紫蓝、淡蓝和淡黄褐色
	变石	B(+)	绿色、红色	红色、绿色和黄色
	蓝锥矿	U(+)	蓝色	蓝色、灰色
明显多色性	祖母绿	U(－)	绿色	绿色和黄绿色
	海蓝宝石	U(－)	浅蓝色	无色和浅蓝色
	锆石(蓝)	U(+)	浅蓝色	浅蓝和蓝色
弱多色性	橄榄石	B(+)	黄绿色	体色深浅略有变化
	黄水晶	U(+)	黄色	体色深浅略有变化

(1) 二色性。为双折射的一轴晶宝石，光线进入一轴晶宝石中分解成振动方向相互垂直的两条平面偏振光，其中一条光线为常光线，垂直光轴（晶体 C 轴）振动；另一条光线为非常光线，平行光轴振动。如果双折射宝石有颜色伴随，这两个方向会出现不同的颜色。

以红宝石为例，常光线（No）方向为红色，非常光线（Ne）方向为橙红色。因为这两条光线振动方向不同，平行于这两个方向晶体的原子结构有所不同，并以不同方式影响这两条光线，影响着光的折射路径，也就决定了两条光线中每一条的残余色（图 6-1-2）。

(2) 三色性。双折射的二轴晶宝石，通常具有三个方向性的颜色（分别为 Ng、Nm、Np 方向），常称为三色性。如变石的三色性为红色、绿色和黄色。

(3) 多色性的作用。某些宝石显示不同的多色性，对鉴定宝石有帮助。显示多色性的宝石，必定具有双折射，可帮助确定为双折射宝石；显示三色性的宝石为二轴晶宝石。具有明显多色性的宝石在加工中必须正确定向，如红宝石、蓝宝石在加工中台面必须垂直晶体 C 轴方向，方可显示最好的颜色。

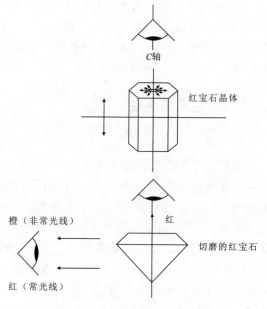

图 6-1-2 多色性一轴晶宝石
——光平行于主要振动方向

七、发光性

发光性是指一些宝石矿物能在 X 射线或紫外线照射下发射出并呈现一定颜色的可见光

的现象。

宝石的发光性是由于宝石矿物的原子或离子受到激发时发出可见光,这一现象称荧光和磷光。

荧光是指宝石在激发源消失时,某些宝石发光现象也随之消失;磷光是指宝石在激发源消失时,某些宝石能保持较长一段时间内继续发光。宝石的发光性可用来鉴定宝石,在宝石鉴定中为一种辅助鉴定方法。其中最快速、最方便、最经济的仪器为紫外荧光仪。大多数宝石在鉴定中主要是检测宝石在紫外线下的发光现象。宝石的荧光检测可帮助区分某些天然宝石和人造宝石,如天然蓝宝石无荧光,合成蓝宝石发红色荧光;可帮助区分群镶钻石及钻石仿制品,群镶钻石在长波下发出的荧光强度和荧光的颜色有差异,群镶钻石仿制品发出均匀性荧光;可帮助鉴别某些人工处理宝石,翡翠在紫外光下发出浅色荧光,有些B货翡翠在紫外光下注胶的地方发出不均匀性荧光。

X射线下天然珍珠不发荧光(除淡水或某些澳大利亚海水珍珠发出浅黄色光外),人工养殖珍珠X射线下发出强的荧光和磷光。

八、宝石的特殊光学效应

1. 猫眼效应

琢磨成弧面型的某些宝石表面出现的从一头到另一头的明亮光带,这条明亮光带由来自平行定向的反射光产生。

当宝石含有极其丰富的包裹体,且具备以下条件时,便可产生显著的猫眼效应:①一组针管状包裹体密集而平行地排列;②琢磨的宝石使其底面平行于包裹体的方向。这些平行排列的包裹体可以是矿物的针状体,也可以是这种针状包裹体留下的洞穴,偶尔微小的片晶也可能引起猫眼效应。在加工时,可将宝石琢磨成具有光滑的弧形顶面,以便使入射光能从宝石次表层的针状包裹体、洞穴或片晶中反射出来,所反射的光线垂直于包裹体方向(图6-1-3)。能产生猫眼效应的宝石有金绿宝石、碧玺、绿柱石、磷灰石、石英、方柱石、红柱石等,其中以金绿宝石产生的猫眼效果最佳。

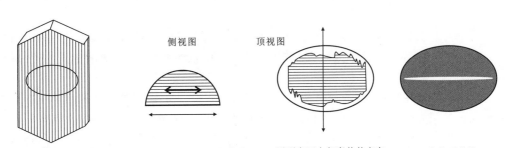

具平行包裹体的晶体　　弧面宝石的底面平行于包裹体　　弧面宝石内包裹体的方向　　光的反射线

图6-1-3　猫眼效应的产生与平行排列的针管状包裹体和加工有关

2. 星光效应

在琢磨成弧面型的某些宝石中,可见到四道或六道星状光线效应。星光是由几组定向排列的针管状包裹体对光的反射所造成的。

当宝石中含有大量的针管状包裹体,并具备下列条件时,能产生星光效应:①宝石具有至少两个方向和定向排列的针管状包裹体;②琢磨的宝石使其底面平行于包裹体的平面(图6-1-4)。

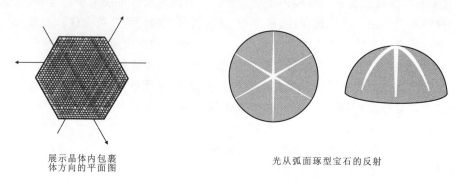

展示晶体内包裹
体方向的平面图

光从弧面琢型宝石的反射

图6-1-4 星光效应与定向排列的针管状包裹体和加工方向有关

能显示出星光效应的宝石有红宝石、蓝宝石、铁铝榴石、尖晶石、透辉石、芙蓉石等。以刚玉为例解释星光的产生。刚玉宝石的一些晶体中含有三组与横轴平行排列,与纵轴垂直相交的包裹体,各组包裹体相互间呈现60°交角。当宝石琢磨成弧面型且底面与这些包裹体的平面相平行时,光便从宝石中反射出而产生六道星光效应。

许多宝石,尤其是刚玉,虽具有定向排列的包裹体,但因数量不足而不能显示出星光。这类宝石经过琢磨后,偶尔可见从这些少量包裹体中反射出的光,这种光被称为"丝光"。

3. 变彩

变彩实际上是一种干涉及衍射效应,指光线从薄膜或欧泊所特有的结构中反射出,经过干涉或衍射作用而产生的颜色或一系列颜色,也称晕彩。

当两条光线(A、B)在相同方向上传播时,频率相同、相位相同并沿同一条光路传播,两光波的电矢量加强,波峰与波谷均重合时,它们相互增强,A、B两光线相加,合成光波C,以至光强度增大。

当两条光线在相同方向上以同等强度传播时,一条光线的波峰与另一条光线的波谷相重合时,彼此间相互抵消,A、B两光线发生相消干涉,合成直线光线C,合成波消失,光便完全消失。

上述只是两条单独的光线,而且他们具有相同的波长。事实上,宝石中所见到的干涉色是发生在无数条白光光线受到干涉的情况下,而白光又是由无数不同波长的波(颜色)所组成。当某些波长的波(颜色)被破坏,某些在强度上减弱或加强就会产生一系列干涉,出现变彩效应。变彩可分多色变彩和单色变彩。

(1)多色变彩。欧泊具有艳丽的色彩,当转动宝石时光彩变幻,闪耀迷人。欧泊的变彩是一种天然衍射光栅,导致白光衍射而呈现的一种光学效应。欧泊是由二氧化硅和少量的水形成的圆球,按三维点阵紧密排列组合在一起,球体间间隔约$250\mu m$,填充球间空隙的是半透明或透明基体,它与球的成分类似而折射率略有不同。当白光进入三维衍射光栅时,被均匀而规则的二氧化硅球体衍射呈现很纯的颜色,随着光线入射角度的不同,某些光波消失,某些光波

加强,某些光波减弱。当转动宝石时就会出现多种颜色。

(2)单色变彩。如月光石,单色变彩为蓝色,给人一种柔和、静雅的感觉。当光线进入月光石时,由于内部细小的出溶体对光线的衍射造成定向辉光。由微细结构或微细包裹体对光的散射形成的半透明混浊质感则被称为乳光效应。

4. 砂金效应

半透明的单晶宝石中含有片状包裹体,当光照射时因反射作用而闪闪发亮,这种现象称为砂金效应。

如日光石内含有大量的赤铁矿小薄片或东陵石中有无数铬云母片,在光照射下,光亮闪闪。仿宝石中金星石多属人工玻璃,SiO_2 成分中混有纯铜碎片,烧结后琢磨成各种工艺品,也称"砂金石",颜色有黄褐色、暗蓝色。

5. 变色效应

金绿宝石变石品种在日光和灯光下观察,出现截然不同的两种颜色,日光下呈现绿色,灯光下呈现红色。

变色成因的最佳解释是一种颜色的平衡,变石成分中含有微量元素铬(Cr),铬元素在红宝石中形成红色,在祖母绿中形成绿色,而在变石中铬元素需要的能量正好处于红色和绿色之中,因此宝石的颜色取决于所观察的光源。变石在绿光充足的日光下呈现绿色,在红光充足的烛光中呈现红色。

第二节 宝石的力学性质

一、硬度

宝石抵抗外来机械作用力——研磨、刻划或压入的能力称为硬度。

硬度是物质成分与结构牢固性的一种表现,主要决定于化学键的类型和强度,也就是说,取决于矿物内部结构中质点间联结力的强弱。一般分子键的键力很弱,硬度就低;纯共价键,因键力强,硬度就大。

不同的硬度测量方法有:摩氏硬度、维氏硬度(压入)和研磨硬度。

1. 摩氏硬度(H)

德国矿物学家弗莱德奇·摩氏在1822年为了评价矿物的硬度而提出一种实用的分类表,实际上是一种刻划硬度,也称为相对硬度,常用 H 表示,矿物硬度分为十级(表6-2-1)。

表6-2-1 矿物硬度级别

1. 滑石	2. 石膏	3. 方解石	4. 萤石	5. 磷灰石
6. 正长石	7. 石英	8. 黄玉	9. 刚玉	10. 金刚石

利用这10种矿物硬度来鉴别未知矿物的硬度是十分方便的,这只是相对硬度,硬度计的硬度级差并不是均衡的。为了方便测量硬度,可利用"硬度笔"。"硬度笔"是利用已知矿物的碎片镶在金属笔尖上制成,这种硬度笔的硬度有七种,分别为10、9、8.5、8、7.5、7和6。

图6-2-1　10种矿物分别代表的硬度级别也称摩氏硬度

2. 维氏硬度(H_v)

维氏硬度为一种抗压硬度,根据矿物表面(晶面、解理面)上所承受的压力来测定,计量单位为 g/mm^2,可换算为 kg/mm^2。在应用对比时可换算成摩氏硬度,其换算公式为 $H=0.675\sqrt{H_v}$。

这种方法常用于材料学研究,目前宝石学上研究还不普遍。

3. 研磨硬度

研磨硬度指物体抵抗研磨的能力,主要用于机械工业,如磨床和油石等的硬度。

另外,宝石晶体由于不同晶面质点排列的密度不同,沿着质点排列的行列硬度稍小,而垂直质点排列的行列硬度稍大,从而出现了在同一晶体的不同方向其硬度的大小有差异,常被称为差异硬度。

也就是说某些宝石晶体由于晶体不同方向的结晶差异性,反映为在相同矿物的不同方向的单晶面上的硬度不同。宝石矿物在垂直解理面的方向上具有较高的硬度。如钻石是已知最硬的天然矿物,其硬度在平行于八面体面的方向上大于立方体面;蓝晶石在(100)晶面上,沿晶体延长方向上,摩氏硬度为4.5,垂直延长方向摩氏硬度为7.5。

二、韧性

韧性是宝石抗御锤击、压冲、切割而不易分裂、破碎的性能。钻石是世界上最硬的天然矿物,却硬而不韧,一颗很小的钻石能刻划钢锤,但经不起钢锤的一击;而软玉、翡翠等宝石硬度虽比钻石低得多,但能经受起钢锤敲击,正是因为软玉具有强韧性。一般中高硬度的宝石矿物结晶体远不及多晶质集合体宝石的韧度高。

多晶质集合体宝石的韧性较大,如软玉、翡翠等,都为致密块状体,质地细腻,密实而坚韧,特别适用于雕琢各种新颖别致的玉器工艺品。玉雕大师们可在这类多晶致密的宝石上精雕细琢,大展才艺。

三、解理

1. 定义

结晶物质在外力的作用下平行于一定方向裂开,产生较平滑的平面,沿解理所裂开的面,称为解理面。

组成宝石原石的原子点阵和原子间键力的相对强度,决定了宝石破裂或裂开的方式,在晶体的内部结构中,总是沿着平行于由原子构成的面网方向裂开。原子面网之间联结力量弱的方向,最容易产生解理。

钻石的解理是平行于最常见的晶形——八面体的晶面。托帕石具有完全解理,其解理面平行于柱状晶形的底面。

根据解理面的光滑程度,将解理分成五个等级。

(1)极完全解理:晶体受力后,极易沿解理面分裂成薄片,解理面平整光滑。

(2)完全解理:晶体受力后,总是沿解理面分裂,解理面平整。

(3)中等解理:晶体受力后,常沿解理面分裂,解理面明显,但不很平整。

(4)不完全解理:晶体受力后,沿解理面分裂困难,解理面不平整也不明显。

(5)极不完全解理:晶体受力后,极少沿解理面分裂,肉眼一般看不到解理面。

2. 解理在宝石中的应用

(1)解理对宝石鉴定是有帮助的,鉴定时主要针对解理较为发育的宝石。

(2)宝石在加工中,利用解理能够较容易除去硬度较高、质量较次的部分。

(3)平行解理方向不能抛光宝石,一般要错开解理面几度,如托帕石加工时台面至少与解理方向有5°倾斜,否则,细磨抛光工序均可导致整个原子构成的平面"隆起",产生粗糙不平的抛光面。

四、裂理

有些矿物的双晶结合面、出溶体分布面的结合力较弱,受到外力作用易于裂开,形成光滑的破裂面,称为裂理。例如红宝石、蓝宝石等,常因结晶体的聚片双晶发育,产生平行于底面和菱面体面的裂理。

五、断口

断口是指宝石的晶质材料或非晶质材料在外力作用下发生的无方向性的破裂。根据断裂面的特征,断口可划分为贝壳状断口、锯齿状断口、平坦状断口、参差状断口、阶梯状断口等。水晶为贝壳状断口,软玉为锯齿状断口,绿松石为平坦状断口。

断口与解理是相对的,都是宝石晶体在外力的作用下出现了破裂,有光滑平面的称为解理,随机破裂的称为断口。

六、相对密度

相对密度是指在4℃温度及标准大气压的条件下,材料的质量与等体积水的质量之间的比率。每种宝石都有相对密度值(参见附录表三宝石常数表),相对密度值的大小是由宝石的化学成分、内部结构及组成元素的原子量来决定,也与原子或者离子半径的堆积方式有关。另外,宝石形成时的温度和压力对相对密度的变化也起重要的作用。温度升高,阳离子配位数降低,则有利于相对密度小的宝石形成;压力加大则有利于相对密度大的宝石形成。因此,同一种宝石,由于生长环境的不同,会造成化学成分的变化,加之类质同像混入物的替代、机械混入物及包裹体的存在等因素都会造成宝石相对密度值发生一定的变化。

通常根据相对密度值的大小可分三级:相对密度值小于 2.5 为轻级,如火欧泊(2.00)、欧泊(2.10)、天然玻璃(2.3~2.5)等;相对密度值 2.5—4 为中级,大多数宝石在此级别范围内,如月光石(2.56)、水晶(2.65)、绿柱石(2.7~2.9)、翡翠(3.30~3.36)、钻石(3.52)、金绿宝石(3.72)、红蓝宝石(3.99~4.01);相对密度大于 4 则为重级,如锰铝榴石(4.16)、锆石(4.68)、合成立方氧化锆(5.6~6)等。测定宝石相对密度值的方法有静水称重法和重液法。

习 题

一、选择题

1. 宝石的颜色决定着它的名贵和价值的高低,绝大多数颜色都是由致色元素所致,宝石中最常见的致色元素有几种?
   a. 七种　　　　　b. 十种　　　　　c. 八种　　　　　d. 九种
2. 致色元素根据在宝石中的分布状态,可作为主要成分,也可作为微量元素形式出现,人们将此称为:
   a. 自色和他色　　b. 自色和假色　　c. 他色和次生色　d. 假色和次生色
3. 致色元素中只有一种元素在他色宝石中极少出现,它是:
   a. Fe 元素　　　 b. Cu 元素　　　 c. Mn 元素　　　 d. Cr 元素
4. 光泽是指宝石表面对光的反射能力,宝石中最多见的光泽为:
   a. 油脂光泽　　　b. 金刚光泽　　　c. 蜡状光泽　　　d. 玻璃光泽
5. 透明度是宝石对光透过强弱的一种表现量,根据透明度的强弱分为:
   a. 三个级别　　　b. 五个级别　　　c. 四个级别　　　d. 六个级别
6. 宝石品种中具有星光效应时为特殊光性,常见的六射星光出现于:
   a. 透辉石　　　　b. 刚玉　　　　　c. 芙蓉石　　　　d. 铁铝榴石
7. 自然界中能产生猫眼效应的宝石较多,其中猫眼效应最佳、价值最昂贵的宝石品种为:
   a. 矽线石　　　　b. 绿柱石　　　　c. 碧玺　　　　　d. 金绿宝石
8. 变色是在某些宝石中出现截然不同的两种颜色,如金绿宝石中的变石品种,变色的原因是由哪种微量元素所造成?
   a. 铬元素　　　　b. 铁元素　　　　c. 锰元素　　　　d. 铜元素
9. 当某一种宝石中观察到三色性时,可以帮助确定该宝石为:
   a. 一轴晶　　　　b. 非晶质　　　　c. 二轴晶　　　　d. 均质体
10. 折射率表现为一个常数,在折射仪上可直接读数,哪类宝石在折射仪上仅有一个折射率值?
    a. 一轴晶和二轴晶　　　　　　　　b. 等轴晶系和一轴晶
    c. 非晶质和二轴晶　　　　　　　　d. 等轴晶系和非晶质体
11. 宝石抵抗外来机械作用力、研磨、刻划或压力的能力称为硬度,通常根据机械作用力的性质不同可分为:
    a. 三大类　　　　b. 四大类　　　　c. 五大类　　　　d. 六大类
12. 作为贵重宝石硬度要求:
    a. 7 以上　　　　b. 8 以上　　　　c. 8.5 以上　　　d. 7.5 以上
13. 下列宝石中哪类品种韧性最大?

a. 钻石　　　　　　b. 翡翠　　　　　　c. 软玉　　　　　　d. 玛瑙
14. 解理是宝石中的一个重要的力学性质,根据解理完善程度分为:
   a. 三级　　　　　　b. 四级　　　　　　c. 五级　　　　　　d. 六级
15. 下列哪种宝石可发育裂理?
   a. 萤石　　　　　　b. 托帕石　　　　　c. 长石　　　　　　d. 刚玉
16. 根据宝石相对密度值的大小可分:
   a. 3级　　　　　　 b. 4级　　　　　　 c. 5级　　　　　　 d. 6级
17. 宝石的相对密度值由下列因素决定:
   a. 折射率　　　　　b. 颜色　　　　　　c. 化学成分　　　　d. 硬度
18. 具有特殊猫眼和星光效应的宝石品种,选择琢型款式为:
   a. 凸凹型　　　　　b. 弧面型　　　　　c. 弯曲表面　　　　d. 刻面型
19. 钻石加工工艺包括设计、分割(劈钻和锯钻)、粗磨、磨面四道工序,其中劈钻主要利用钻石的哪种性质?
   a. 高硬度　　　　　b. 高折射　　　　　c. 解理　　　　　　d. 相对密度
20. 阶梯型的四角被截断,以产生一个八边外形的矩形形式,在祖母绿中被广泛使用,主要考虑因素是:
   a. 脆性和颜色　　　b. 韧性和颜色　　　c. 脆性和内含物　　d. 内含物和颜色

二、解释下列名词

(1)单折射和双折射

(2)猫眼效应和星光效应

(3)多色性和变色效应

(4)变彩效应和砂金效应

(5)解理、裂理和断口

第七章 宝石的分类及命名

第一节 宝石的分类

一、宝石的定义

宝石是指可作精美装饰物和工艺品的一切矿物和矿物集合体(岩石),但是在宝石行业和国际市场上真正的宝石仍局限于少数几种,如钻石、祖母绿、红宝石、蓝宝石、翡翠、软玉和青金岩等。

宝石——颜色鲜艳纯正,透明到不透明,光泽强,硬度高,韧性大,化学性质稳定,符合加工工艺要求,自然界产出稀少的一切矿物和矿物集合体。

二、宝石分类的发展历史

人们根据宝石的应用领域、商业价值、质量等级、矿物晶体结构以及地质特征进行了一些笼统的分类。自1916年开始到目前,国内外专家对宝石的分类提出了不少方案,但目前尚无确定标准。因此,关于宝石的分类在国内外都是一个有待解决的问题。

1916年日本宝石学家铃木敏在《宝石志》中将宝石分为四类:正宝石、正宝石少见者、半宝石、准宝石;1927年日本宝石学家久米武夫在《通俗宝石学》中将宝石分为五类:正宝石、半宝石(著名者)、半宝石(比较著名者)、饰石(半透明到不透明,历史上著名者)、饰石(半透明到不透明);1932年日本西冈董佑在《宝石之话》中将宝石分为宝石、准宝石、饰石、金属矿石宝石、有机质宝石;1978年印度宝石学家施潘德按化学成分分为七大类:自然元素、氧化物、硫化物、卤化物、碳酸盐、硅酸盐、磷酸盐;1979年美国宝石学家S.H.考耐利乌斯在《宝石学》一书中将宝石分为五类:主要宝石、次要宝石、其他宝石和饰石、有机宝石、人造宝石;1980年苏联宝石矿床学家基也夫林科在《宝石和玉石矿床普查与评价》中将宝石分为宝石、宝石—玉石、玉石。

我国对宝石分类研究较晚,公开发表论著不多。1978年栾秉璈在《宝石和彩石的分类与鉴别》中将宝石分为三类:宝石、彩石、有机宝石;1979年梁永铭在《宝石和玉石》中将宝石分为三类:宝石、玉石、石雕材料与装饰石;1980年赵永魁在《玉石简介》一书中将宝石分为三类:宝石、玉石、彩石;1992年李娅莉、薛秦芳在《宝石学基础教程》一书中将宝石分为五类:常见宝石、不常见宝石、有机宝石、人造宝石、仿制宝石。

我国习惯将宝石(广义)分为:宝石(狭义)、玉石、彩石。这里的宝石(狭义)专指矿物单晶体和晶体碎块,玉石专指矿物集合体(岩石),彩石指装饰石材、雕刻石材和欣赏石等。这种分类人为地将宝石的档次分开,事实上,宝石的档次无严格的划分界限,如当翡翠质量特别好时,既是高档宝石又是高档玉石。宝石的高低档次完全由宝石的质量和世界产量来决定。为了规范市场,1996年11月我国珠宝玉石国家标准(简称国标)开始制定,并于1997年5月1日执行。通过几年的运作,2002年11月进行二次修改,2003年1月1日起执行。随后几年又对国标进行了第三次修改,三项珠宝玉石国家标准即《珠宝玉石 名称》(GB/T 16552—2010)、《珠宝玉石 鉴定》(GB/T 16553—2010)、《钻石分级》(GB/T 16554—2010)已于2010年9月26日由国家质量监督检验检疫总局、中国标准化管理委员会批准发布,并于2011年2月1日起开始实施。

三、我国宝石分类的国家标准

1. 制定标准的目的及适用范围

建立和制定《珠宝玉石 名称》(GB/T16552—2010)国家标准的目的是为了按照国际的先进标准规范我国的珠宝市场,提高生产、经营者水平和信誉,保护消费者的权益,使珠宝业走向正常、健康、发展的轨道,同时与国际接轨,使我国珠宝业适应国际发展潮流。制定珠宝玉石名称的目的是为了将珠宝行业中各类名称统一起来,做到有据可查,在中国范围内一切与珠宝业有关的活动,当涉及到珠宝玉石名称时,必须以《珠宝玉石名称》(GB/T16552—2010)附录一表1中所列的珠宝玉石名称为基础,按本标准所规定的定名总则进行确定。

《珠宝玉石 名称》(GB/T 16552—2010)标准中规定了珠宝玉石的类别、定义、定名规则及优化处理珠宝玉石的定名方法,并在附录中详列了常见珠宝玉石的基本名称与优化处理方法。该标准适用于中华人民共和国境内各行各业与珠宝玉石有关的所有活动。贸易、生产、鉴定、商检、海关、司法、管理、仲裁机构、科学研究及教育等单位,当涉及到珠宝玉石名称时必须遵守此标准。

2.《珠宝玉石 名称》(GB/T 16552—2010)标准的分类

《珠宝玉石 名称》(GB/T 16552—2010)中将宝玉石分为:天然珠宝玉石(天然宝石、天然玉石、天然有机宝石)、人工宝石(合成宝石、人造宝石、拼合宝石、再造宝石)、仿制宝石。

1) 天然珠宝玉石

(1) 天然宝石。指自然界产出的矿物单晶,这些产出稀少、晶莹美丽的晶体,经人工琢磨后即构成了天然珠宝玉石的主体。天然宝石根据它们产出的稀有程度分为常见宝石和稀少宝石两类,根据价值规律又有高档和中低档之分。

(2) 天然玉石。自然界产出的具有美丽、耐久、稀少性和工艺价值的矿物集合体及少数非晶质体(天然玻璃)统称为天然玉石。根据玉石材料和硬度、自然界产出量的多少以及工艺特点将玉石分为高档、中低档和雕刻石等几大类。

(3) 天然有机宝石。指自然界生物成因的固体,它们部分或全部由有机物质组成,其中的一些品种本身就是生物体的一部分,如象牙、玳瑁。人工养殖珍珠,由于其养殖过程的仿自然性及产品的仿真性,也划分在天然宝石中。

2) 人工宝石

人工宝石是指完全或部分由人工生产或制造的、用于制作首饰及装饰品的材料。根据产品的具体特点,又分为合成宝石、人造宝石、拼合宝石及再造宝石。

(1) 合成宝石。全部或部分由人工生产的无机岩矿材料,其物理性质、化学成分、原子结构,本质上与相对应的天然宝石相同,如合成红宝石、合成祖母绿等。

(2) 人造宝石。人造的无机岩矿材料,通常在外观上与某种天然宝石相像(与所仿宝石),

但化学成分、物理性质均不相同,没有天然对应物,如钇铝榴石、钆镓榴石。

(3)拼合宝石。指两种或两种以上材料经人工方法拼合在一起,在外形上给人以整体琢磨印象的宝石。

(4)再造宝石。将一些天然宝石的碎块、碎屑经人工熔结后制成的宝石。常见的有再造琥珀、再造绿松石。

3)仿制宝石

完全或者全部由人工生产的花样产品,它们模仿天然宝石或者人造宝石的效应、颜色和外观,但不具有所仿宝石的化学成分、物理性质以及晶体结构,如玻璃和塑料。

第二节 宝石的命名

宝石使用的历史悠久,最早颜色相近的宝石都称为同类宝石,如黄色水晶、黄色托帕石、黄色碧玺、黄色蓝宝石等统称为黄宝石,绿色祖母绿、绿色碧玺等统称为绿宝石。随后逐渐又有了一些区分,将绿色蓝宝石称为"东方祖母绿",绿色碧玺称为"巴西祖母绿"和许多其他的名称。名称的混乱,以至于使研究者无法对宝石进行分类、研究和应用,甚至有些不真实的名称违背了商业道德,侵犯了消费者的利益。

大多数天然宝石是矿物或者岩石,宝石名称统一使用矿物或岩石名称则不会出现混乱。国际宝石矿物协会力求用矿物名称来统一,但是多数从事珠宝事业的人员,对矿物和岩石名称陌生,反而某些反映宝石特点的工艺名称、商业名称,易被人们接受并长期使用。

对于那些引起混淆、含糊不清、发生误解的名词应停止使用,逐渐淘汰。如"绿宝石"为含糊不清的名称,应废除。"黄晶"为黄色托帕石和黄水晶共同之名,造成国际市场混乱,已废除。作为宝石工作者,应深知各种宝石名称及其对应的矿物或岩石,以利于找矿、开采、鉴别、加工和利用。

一、传统宝石名称的定名

在国家标准还未出台的时候,我国珠宝玉石的定名一部分参照国际上一些标准。另外我国传统的珠宝名称,加之行业上常使用的名称,有以下几个方面。

1. 以矿物名称命名

以矿物名称命名为最科学的命名,它是根据宝石的化学成分、晶体结构命名分类的,为国际所公认。以矿物名称命名的宝石有金绿宝石、橄榄石、软玉、绿松石、青金岩、紫晶、水晶、尖晶石、锆石、孔雀石、红柱石、符山石、石榴石。

2. 以工艺名称命名

以工艺名称命名的宝石有钻石、碧玺、翡翠、和田玉、丁香紫、红宝石、蓝宝石、芙蓉石、勒子石等。

3. 以音译命名

以音译命名的宝石有托帕石(Topaz)、欧泊(Opal)。

4. 以产地命名

澳洲玉：产于澳大利亚的绿玉髓。
坦桑石：产于坦桑尼亚的蓝色黝帘石。
独山玉：产于河南南阳独山的蚀变斜长岩。
密玉：产于河南密县含铁锂云母石英岩。
岫玉：产于辽宁岫岩县的蛇纹岩。
和田玉：产于新疆和田的优质软玉等。

5. 以人名命名

亚历山大石为金绿宝石变石。

6. 人造宝石的命名

人造宝石的命名一般会在宝石名称前加"人造"或"合成"以示区别，如人造钇铝榴石、合成红宝石等。

二、国家珠宝玉石标准的定名总则

国家标准《珠宝玉石 名称》(GB/T 16552—2010)和《珠宝玉石 鉴定》(GB/T 16553—2010)是相互补充、不可分割的整体，当使用《珠宝玉石 名称》(GB/T 16552—2010)在执行过程中凡涉及到珠宝玉石鉴定问题时，按《珠宝玉石 鉴定》(GB/T 16553—2010)中相关条文执行。

1. **标准名称定名规则**

《珠宝玉石 名称》(GB/T 16552—2010)是以表格的形式规定了绝大多数珠宝玉石的标准名称(详见附录一)，具有可操作性。该标准规定了各种珠宝玉石名称必须以附录一中所列基本名称为基础，按标准中规定的定名规则及附录二中的有关内容确定。附录一是"珠宝玉石名称"一览表，附录二是"常见优化处理珠宝玉石方法及类别"一览表，标准中规定的定名规则是指具体的定名规则、人造宝石定名规则等。

在名称表格的基础上，按定名规则可以衍生出其他符合本标准的正确名称。如"星光红宝石"是珠宝玉石中的一个重要品种，却没有列于珠宝玉石基本名称中，但根据标准中3.12.2条星光效应的定名规则，可以得到符合本标准的正确名称"星光红宝石"。

2. **传统名称的定名规则**

在珠宝玉石定名总则中对附录一基本名称未列入的其他名称，在使用时必须加括号，并在前注明附录一中所列出相应的矿物(岩石)或材料的珠宝玉石名称，这个名称代表准确名称。如萤石(软水紫晶)，软水紫晶为玉器行业中的传统名称，这种定名适应于我国实际情况，使一些非完全规范化名称逐渐过渡到规范化。

3. **正在开发和利用的宝石名称的定名规则**

在《珠宝玉石 名称》(GB/T 16552—2010)总则中对附录一未列入的其他矿物(岩石)名称可直接作为珠宝玉石名称，其目的是对那些新发现(开发)的珠宝玉石品种进行定名，在没有确定合适的珠宝玉石名称以前，以能表征其性质的矿物(岩石)的名称予以定名。如香花石达到宝石级时，香花石则作为其珠宝玉石的名称。

4. 英文名称的定名规则

与珠宝玉石名称对应的英文名称是根据国际珠宝玉石行业经常使用的天然宝石名称所确定的,不代表本标准中的矿物名称的英译文,如 Peridot 代表橄榄石的英文宝石名称,不代表橄榄石的英文矿物名称(Olivine),所列英文名称的确定参照了美国宝石学院(GIA)出版的《Gem Reference Guide》及国际珠宝首饰联合会(CIBJO)出版的《钻石、宝石、珍珠手册》。与天然宝石基本名称相对应的英文名称是为了在进行珠宝玉石国际贸易及相关活动时有所参照。

本书遵循国家标准分类原则及命名规则,结合国际惯例,将宝石分为常见单晶宝石(为首饰市场上较为常见的品种)、多晶质宝石(相当于国标中的天然玉石)、有机宝石、稀有宝石、合成宝石(有天然对应宝石者)、人造宝石(无天然对应宝石者)、仿制宝石。

习 题

一、选择题

1. 宝石的分类自 1916 年开始,国外各家对宝石的分类提出了不少方案,我国 1996 年 11 月国家标准开始制定(GB/T 16552—1996),随后进行了第三次修改,请问是在哪年开始执行?

  a. 2005 年 12 月 1 日   b. 2007 年 11 月 1 日

  c. 2009 年 5 月 1 日   d. 2011 年 2 月 1 日

2. 宝石使用历史悠久,宝石命名方式有工艺命名、音译命名、地名命名、人物命名、矿物命名,其中以哪种命名方式最科学?

  a. 矿物名称   b. 工艺命名   c. 音译命名   d. 地名命名

二、问答题

1. 简述宝石是如何进行分类的?珠宝玉石国家标准的宝石分类是如何进行的?
2. 珠宝玉石国家标准对宝石名称的定名规则有哪些?

第八章　宝石的内含物

在宝石的微观世界里,可以容纳整个自然的沧桑变化,让我们进入宝石的内部,利用数百万年甚至于数亿年形成的各种内含物特征,了解宝石形成的历史过程,了解地球形成时所发生的故事。

第一节　概　述

宝石中的内含物是在宝石生长过程中形成的,可以反映宝石的形成原因,同时在宝石的鉴定中也起着重要的作用,是区分天然与合成宝石、优化处理宝石的重要依据。

一、内含物的定义

内含物是指宝石在形成过程中,由于自身和外部因素所造成的、形成于宝石内部的特征,也可称为内部特征。宝石内含物和矿物包裹体的概念存在一定的差异。

(1)矿物包裹体指矿物中的异相物,主要是被包裹在寄主矿物中的成矿溶液、成矿融熔体和其他矿物,并与主矿物有着相的界限的那一部分物质,地质学上也称包裹体。

(2)内含物除包括上述的包裹体外,还包括影响宝石透明度的晶体生长结构,如色带、双晶纹、生长纹、解理、裂隙和生长蚀像等。

(3)根据内含物的物理性质,宝石中各种内含物种类有:①固相、液相和气相物质,相当于矿物学中的包裹体;②生长带、色带,主要是微小的杂质或者化学成分的变化引起的,不属于矿物学的包裹体范围,但在宝石学研究中有重要的地位;③双晶、双晶面、双晶纹或线(图8-1-1);④解理、裂隙和裂理属于晶体机械性的破裂。

图8-1-1　正交偏光下缅甸抹谷红宝石的聚片双晶

二、研究宝石内含物的目的及意义

(1)鉴定宝石的种类。有些宝石中含有特定的包裹体,如翠榴石中的"马尾丝"状包裹体。这些包裹体可以帮助我们鉴定宝石的种类。

(2)区分天然、合成及仿制宝石。天然宝石和合成宝石在各自的生长过程中都留下了生长痕迹,根据生长痕迹能有效地区分它们。

(3)检测某些人工优化处理的宝石。宝石优化处理方法很多,每个宝石可以有几种方法对其颜色、外观进行改善,在进行这些改善的同时,会造成新的内含物特征,给鉴定提供依据。

(4)宝石质量和价格的评价。内含物的多少、颜色的深浅、颗粒大小和分布状况等都对宝石的品质起着重要作用。内含物的特征可以帮助判定宝石品质的高低。

（5）了解宝石形成的环境。研究宝石的内含物，可以帮助了解宝石形成的环境，如生长温度、压力、介质成分等，还可以通过测定内含物的同位素年龄来了解宝石形成的地质年代。

（6）指导加工。根据内含物在宝石中所处的位置、数量、大小和分布状态等特点来指导加工，确定加工款式，保证所加工出的宝石能产生最大的经济价值。

第二节　宝石内含物的分类

宝石中的内含物，可以根据它们的成因、形成的时间、相态、形态以及与寄主宝石矿物的不同而进行分类。

一、原生包裹体

1. 定义

原生包裹体在寄主宝石形成之前就已经存在，并被后期形成的宝石而包裹于晶体中。

2. 特征

原生包裹体为固体包裹体，通常是各种矿物，如阳起石、透闪石、云母、磷灰石、钻石、铬铁矿、锆石、金红石、透辉石、橄榄石、石榴石等。如钻石包裹橄榄石，祖母绿包裹透闪石。

3. 宝石学意义

原生包裹体反映宝石矿床母岩的特征，可以作为天然宝石的鉴定特征和产地特征。例如斯里兰卡蓝宝石中的白云母、缅甸抹谷蓝宝石中的方解石都是反映母岩特征的原生包裹体，具有指示该宝石的产地意义。

二、同生包裹体

1. 定义

其与寄主矿物同时形成，在与寄主宝石晶体同时生长的过程中被包裹到寄主宝石中。

2. 特征

其特征表现在有气、液、固态的内含物，以及生长带、色带等生长结构。例如海蓝宝石中的管状包裹体、尖晶石中的八面体负晶、水晶中的六方双锥状气液两相包裹体、刚玉中的六方生长色带、孔雀石的环带构造（图8-2-1）等均为同生包裹体或内含物。

3. 宝石学意义

同生包裹体反映宝石矿床成矿作用的特征，可以作为天然宝石的鉴定特征和产地特征，例如哥伦比亚祖母绿含有典型的三相包裹体（图8-2-2）；可以形成独特的宝石品种，例如发晶；可以指示人工成因，例如合成蓝宝石、玻璃中的气泡、气相包裹体（图8-2-3，图8-2-4）。

图 8-2-1　孔雀石条带状构造

图 8-2-2　哥伦比亚祖母绿中的三相包裹体

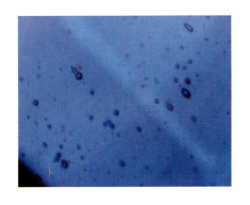
图 8-2-3　焰熔法合成蓝宝石中的气相包裹体

图 8-2-4　玻璃中的气泡和漩涡纹

三、后生包裹体

1. 定义

其形成的时间晚于寄主矿物,可因固溶体出溶作用、应力释放、充填作用等形成。

2. 特征

其特征为:①有各种出熔体、各种裂隙;②具有熔融、溶蚀特征的固体包裹体;③具有特殊图案或者现象的充填裂隙。

3. 宝石学意义

其最重要的意义在于指示优化处理,例如玻璃充填钻石中的异样闪光(图 8-2-5);其次可以形成特殊的宝石品种,如红宝石(图 8-2-6)和蓝宝石;最后,可以使某些宝石的特征包裹体具有鉴别宝石品种的作用。

图8-2-5 钻石的裂隙充填

图8-2-6 红宝石中金红石针出熔体

第三节 内含物的形成机制

一、原生包裹体的成因

1. 母岩的残余矿物

变质作用过程中新生的宝石晶体交代了原先的矿物,如果交代作用不完全,则留下原矿物的残余,形成包裹在宝石晶体中的原生包裹体。

2. 熔体或者溶液中结晶的顺序

在生长介质中较早结晶的晶体被体系中后结晶的宝石晶体所包裹形成原生包裹体。例如拉长石中暗色的普通辉石包裹体。在基性岩浆中普通辉石比拉长石早结晶,形成细柱状晶体,随着辉石的结晶,岩浆中的 Mg、Fe 成分减少,而 Al、Si 组分的浓度增大,导致普通辉石停止生长,拉长石开始结晶,并将早期形成的普通辉石细小晶体包裹起来形成包裹体,如图 8-3-1 所示。

3. 围岩矿物的渗入作用

在晶体生长过程中,围岩的组成矿物掉落,落到正在生长的宝石晶体上,由于宝石晶体的继续生长,把掉落的围岩矿物包裹到宝石晶体中。如水晶中沿水晶晶形分布的白云母、绿泥石等。

4. 未熔粉末

尚未充分熔融的合成宝石的粉末被包裹到生长的晶体中,成为熔体中合成宝石的鉴定证据。

二、同生包裹体的成因

1. 附着生长作用

纤维状晶体附着在寄主晶体的表面,与宿主矿物同时生长,形成晶体中的针状、线状或者纤维状包裹体,例如翠榴石中的石棉纤维状包裹体(图8-3-2)、津巴布韦祖母绿的纤维状透闪石包裹体(图8-3-3)、水晶的针状包裹体(图8-3-4)。

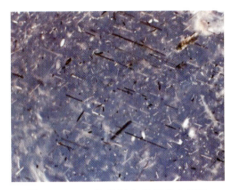

图8-3-1　拉长石中的暗色包裹体

图8-3-2　翠榴石的石棉纤维状包裹体

图8-3-3　津巴布韦祖母绿的透闪石包裹体

图8-3-4　水晶的针状包裹体

2. 晶体的生长习性

出现管状包裹体的宝石通常具有柱状的生长习性,其管状包裹体与晶体柱面延伸方向一致。

3. 快速生长

水热法合成宝石选择能够快速生长的面网作为种晶的生长面,这种生长通常导致多方向的生长台阶,在晶体中造成特殊的生长纹理,例如水热法合成祖母绿的箭头状纹理、水热法合成红宝石的波状纹理(图8-3-5)。

4. 晶体生长间断

宝石晶体在生长阶段,由于溶液组分的供给不足,会出现生长暂时停顿状况,并溶蚀已经形成的晶体,使得晶体表面形成凹坑。当生长体系中溶液再次达到过饱和,宝石晶体继续生长,溶液容易被包裹在凹坑中形成流体包裹体。

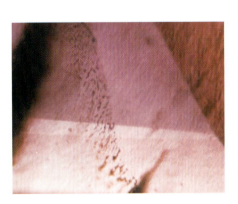

图8-3-5　水热法合成红宝石的波状纹理

第八章　宝石的内含物

5. 生长溶液过饱和度的变化

当生长宝石的溶液过饱和度适中时,宝石晶体缓慢生长结晶,形成透明度高、缺陷少的宝石晶体;当生长宝石的溶液过饱和度太高时,晶核的成核作用增强,生长速度加快,晶格缺陷增加,易与同生长的宝石晶体形成同生包裹体。

6. 生长过程中的温压变化

宝石晶体在生长过程中,由于温度、压力的变化也可以导致已经形成的晶体发生机械破裂,形成开放性裂隙,成矿流体进入裂隙,并在裂隙中生长,形成愈合裂隙。

三、后生包裹体的成因

1. 出溶作用

在较高温度下结晶的宝石,可以含有(或者溶解)浓度较高的杂质成分,温度降低后,宝石晶体中能容纳杂质的能力变小,从而要排出这些多余的成分。如果温度下降的速度比较慢,这些杂质就会沿主晶结构薄弱面析出,形成定向的小晶体,成为宝石中的包裹体。例如蓝宝石、石榴石中的金红石针。假如温度下降很快,晶体中的杂质来不及聚集成晶体,就不会形成包裹体。

2. 应力裂隙

寄主宝石中的包裹体往往和寄主宝石有不同的热膨胀系数,如果包裹体的热膨胀系数小,在温度降低后,由于寄主宝石的体积收缩大,包裹体的体积收缩小,在包裹体周围就形成内应力场,并引起破裂,形成圆盘状的裂隙。例如橄榄石中荷叶状的裂隙(图8-3-6)。

图8-3-6 橄榄石的荷叶状裂隙

锆石包裹体也容易引起应力裂隙,并被称为"锆石晕"。这是由于锆石中含有放射性元素,破坏锆石晶格,使之蜕晶化造成体积增大所致。

3. 裂隙的充填愈合作用

宝石晶体形成后的裂隙,可以被溶液充填,再结晶形成愈合裂隙。裂隙中也可以填充次生矿物,如铁、锰的氧化物等在玛瑙中形成苔藓状的包裹体(图8-3-7)。

4. 熔融作用

宝石如果经过高温处理,当温度超过固体包裹体熔点时会导致包裹体熔蚀,固体包裹体变成浑圆状,带有应力裂隙,并且熔融的熔体会充填到应力裂隙中形成各种图案(图8-3-8)。

5. 溶蚀作用

在高温处理中,原来的出熔体再次被寄主宝石不完全吸收,形成残晶,例如红、蓝宝石中的金红石针变得不连续。

图 8-3-7 玛瑙中的苔藓状的包裹体

图 8-3-8 高温处理的粉色蓝宝石中的浑圆状晶体包裹体及盘状裂隙

6. 后生充填作用

宝石晶体生长结束后形成的开放性裂隙，由后期的与寄主晶体生长无关的充填作用形成各种充填物，尤其是各类宝石的裂隙中所见的铁染物。

7. 人工充填作用

为了改善宝石的外观，提高宝石的净度，针对裂隙较多的宝石和多孔的多晶质宝石，采用注油、注塑、玻璃充填等方式弥合裂隙，来提高宝石的透明度。

四、多相包裹体的形成机制

1. 气液两相包裹体

形成宝石晶体的液体介质具有较高的温度和压力，其中水与二氧化碳等可以形成均一的流体相，被包裹到宝石晶体中后，随温度的下降，流体相分离，形成气相和液相包裹体。

2. 三相包裹体和多相包裹体

如果生长介质流体中溶解了很多的矿物质，如 NaCl、KCl 等，冷却后 NaCl、KCl 等从液体中结晶出来，就形成具有固相、液相和气相的三相包裹体。如果液体中二氧化碳、有机质的含量高，又可以分离成不溶于水的液相，就会形成有多个液相的包裹体，成为多相包裹体。

液相包裹体在形成时是开放的，随着宝石晶体的生长逐渐被封闭，形成所谓"缩颈现象"。

3. 固气两相包裹体

宝石晶体在熔体的介质中生长，可以形成固气两相包裹体。包裹体形成时是流体相，温度降低后凝固成固相，由于体积的收缩形成收缩泡。如果固相物质发生重结晶，则从玻璃体转化成多晶集合体，这种包裹体是助熔剂法合成宝石的特征（图 8-3-9，图 8-3-10）。

图8-3-9 马赛克状的助熔剂包裹体

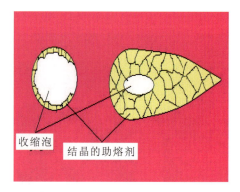
图8-3-10 助熔剂包裹体的结构图

第四节 内含物的鉴别及鉴定方法

一、肉眼及10倍放大镜下观察

1. 色带

宝石中典型的色带可帮助鉴定。如蓝宝石中的六方生长色带，碧玺中的球面三角形色带，玛瑙中的同心环色带等。

2. 特征包裹体

如水晶中的黄铁矿、发晶中的金红石针、东陵石中的铬云母片、日光石中的赤铁矿片（图8-4-1）、玛瑙中的"水胆"、琥珀中的昆虫（图8-4-2）等都属于特征包裹体。

图8-4-1 日光石中的赤铁矿

图8-4-2 琥珀中的昆虫和气泡

3. 解理和裂理

解理和裂理较发育的宝石，阶梯状断口和平整裂隙面有助于区分宝石。例如红宝石和蓝宝石通常有较发育的裂理，而助熔剂合成的红、蓝宝石没有裂理，只出现面纱状愈合裂隙。

4. 充填裂隙

充填裂隙有各种特征,如祖母绿的充油和充胶裂隙、钻石和红宝石的玻璃充填裂隙往往都有闪光效应,以及充填物中的气泡等。

二、显微镜观察

显微镜是研究宝石包裹体最基础的手段,可以确定包裹体的颜色、大小及分布状态、类型和种类,为鉴定宝石种类提供有用的信息。显微镜观察包裹体有以下几种照明方式。

(1)暗域照明:内含物在深色的背景下明亮可见,易于观察。
(2)透射光:大量气液包裹体在透射光下易于观察。
(3)斜向/侧光照明:检测不透明宝石材料,也可检测裂隙处的薄膜干涉色。
(4)顶光照明/针点照明:检测不透明宝石材料的表面特征。
(5)油浸法:将宝石材料浸入浸液中,排除表面反射的干扰。

三、包裹体的分析技术

包裹体一般都较为细小,要准确鉴定包裹体需要应用微区分析的技术来测定包裹体的化学成分或物相性质。

1. 激光拉曼光谱分析

激光拉曼显微镜可以把激光聚焦到千分之几毫米的光斑,测试微小样品的拉曼光谱,确定样品的分子类型。激光拉曼显微镜又称为激光拉曼探针,是一种微区微量的无损分析技术,可以分析出露到表面的包裹体,也可以分析近表面的包裹体。

2. 电子探针成分分析

电子探针可以把电子束的直径收缩得更小,分析出露到宝石表面包裹体的化学元素组成,也是常用的研究包裹体的手段。

3. 离子探针及质谱分析

离子探针及质谱分析和电子探针类似,分析出露到宝石表面包裹体的化学元素组成,可以进一步分析同位素组成,比电子探针的作用更大,但测试的成本很高。

4. 激光显微发射光谱分析

激光显微发射光谱分析和电子探针类似,也只能分析出露到表面的包裹体,并且对样品有轻微的破坏。与电子探针相比,优点是可分析样品中高含量元素、微量元素及原子序数较低的元素。

5. 包裹体测温测压

同生的多相包裹体通常也称地质温度计。原理是认为在多相包裹体形成时是均一的流体相,所以把多相包裹体加热使之成为均一相的温度,就相当于包裹体形成的最低温度。这项测试工作需要在显微镜下用热台进行。

习 题

1. 什么叫内含物？研究内含物的目的和意义是什么？
2. 简述内含物的类型，如何鉴别内含物？

第九章 宝石鉴定仪器

第一节 常规宝石鉴定仪器

宝石鉴定实验室中的常备仪器有折射仪、分光镜、二色镜、偏光镜、显微镜、滤色镜、紫外荧光仪、天平、热导仪和反射仪等(图9-1-1)。这些仪器的特点是仪器价格较低,适宜个人配置;操作技术简单,测试环境要求不高。除宝石显微镜外,其他仪器都较小巧,便于随身携带。作为珠宝鉴定工作者,都应熟练掌握这些仪器的使用性能及操作方法。

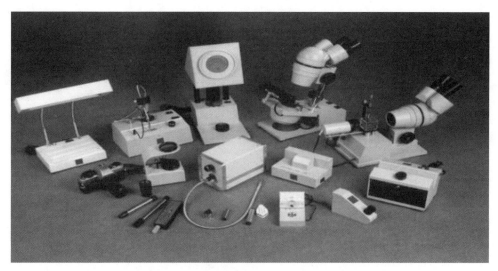

图9-1-1 由中国地质大学(武汉)珠宝学院生产的常规宝石鉴定仪器

一、折射仪

折射仪是宝石鉴定中获取信息最多,且可定量测定的一种重要的鉴定仪器。

(一)折射仪的工作原理及结构

1. 折射仪的工作原理

折射仪的工作原理是建立在全内反射的基础上,测量宝石的临界角值,并将读数直接转换成折射率值的仪器。

(1)临界角。当光线从光密介质进入光疏介质时,依据折射定律,折射角大于入射角。将折射角等于90°,即折射光线沿着界面传播时所需的入射角称为临界角(α)。

(2) 全反射。光线从光密介质向光疏介质运移时,光线全部被反射回光密介质的现象。全反射发生在入射角大于临界角时,且光的传播遵循反射定律(图9-1-2,图9-1-3)。

(3) 全反射公式:

宝石样品的折射率(光疏介质)/(临界角)折射仪棱镜的折射率(光密介质)=sinα

测出宝石样品的临界角,已知棱镜折射率,可计算出宝石样品的折射率。折射仪已经把临界角转换为折射率值,可以通过折射仪直接读出样品的折射率。

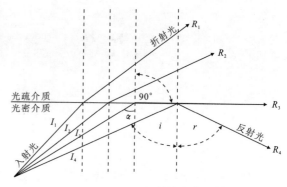

图9-1-2 由折射转为全反射

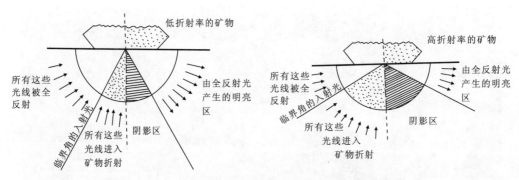

图9-1-3 折射仪棱镜上不同折射率的宝石有不同的临界角

折射仪产生全反射的前提条件:①折射仪的高折射率棱镜必须为光密介质;②待测宝石为光疏介质;③光线从折射仪棱镜(光密介质)向待测宝石(光疏介质)运移;④接触液(折射油)使棱镜与待测宝石之间形成良好的光学接触(图9-1-4)。

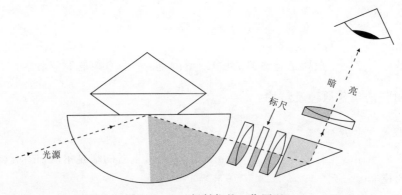

图9-1-4 折射仪的工作原理

2. 折射仪的结构

折射仪的主要部件为高折射率的棱镜,是由铅玻璃或立方氧化锆磨制而成的,仪器的其余光学系统由一系列透镜所构成,直角全反射棱镜将所测宝石的临界角边缘聚焦于目镜上,由标尺读出读数(内标尺或外标尺),观察者可从折射仪的目镜中直接获取所测宝石的折射率值。

(二)折射仪的主要配置

1. 棱镜类型

棱镜是折射仪的重要组成部分,是决定折射率测试范围、折射率准确读数和分辨率的首要因素。要求折射仪棱镜材料为单折射、折射率高并且无色透明,高硬度的棱镜材料可延长折射仪的使用寿命。

棱镜的主要类型有:玻璃棱镜、合成立方氧化锆棱镜、金刚石棱镜、闪锌矿棱镜、尖晶石棱镜。

(1)玻璃棱镜。主要为铅玻璃,单折射,折射率1.96,硬度低,表面易磨损。与折射油配合使用可测得折射率为1.81以下范围内的宝石。目前国外进口的折射仪大部分采用铅玻璃棱镜。

(2)合成立方氧化锆棱镜。单折射,折射率2.17,硬度8.5。在使用频率较高的情况下,采用合成立方氧化锆的棱镜,折射仪表面耐磨性好的优势尤其明显。

(3)金刚石棱镜。折射率2.417,硬度10,为自然界最硬的物质,棱镜表面耐磨性极好。由于金刚石成本高,不被广泛使用。

(4)闪锌矿棱镜。折射率2.37,硬度低,仅为3.5,棱镜表面耐磨能力很差,因而不被广泛使用。

(5)尖晶石棱镜。折射率在1.70左右,硬度8,由于折射率低,测定范围较小,仅可测折射率为1.65以下范围内的宝石。大多数宝石的折射率超过此范围,在鉴定中无法提供相关宝石定量数据的测定。尖晶石棱镜仅在早期制作的折射仪中使用。

金刚石棱镜和闪锌矿棱镜的折射率值高,所需的接触液的折射率也高,因而毒性也就越大,在平时的使用中危险性也越大。

2. 接触液(折射油)

宝石表面与折射仪棱镜之间需要有接触液,使其形成良好的光学接触。通常选用色浅、透明、毒性小、黏度低、化学性质稳定、不易挥发并与宝石不起反应的液体(图9-1-5)。

在宝石测试中,大多数情况下选择二碘甲烷(亚甲基碘)和溶解硫混合,折射率值达1.79,或者二碘甲烷(亚甲基碘)和溶解硫以及四碘乙烯(C_2I_4)混合,折射率值可达1.81。

标准接触液含溶解硫,易在棱镜及宝石表面结晶留下硫的薄壳,测试完后,应稍加清洗,以免引起不正确的读数。

图9-1-5 折射油

3. 偏光目镜

为了达到准确读数的目的,在折射仪目镜上往往配一偏光片,帮助准确读数。偏光目镜的主要作用是增强阴影边界观察效果。特别是在测试双折射宝石时,便于使阴影边界看得更清楚,两条阴影边界可分别读数。

4. 单色光源

折射仪中通常使用的光源为钠光源。钠光源的波长为589nm,呈黄色单色光。利用黄光二极管或单色滤色镜可获得标准光源。

(三)折射仪的测试方法

该方法主要适用于单晶和多晶的透明、半透明、不透明的具有光滑(已抛光)平面的宝石。可精确测出宝石的折射率、双折射率值,还可确定宝石的轴性和光性。

1. 操作步骤(图9-1-6)

(1)接通电源、打开仪器。

(2)检查仪器、光源及视域清晰程度,再用酒精清洗宝石和棱镜。

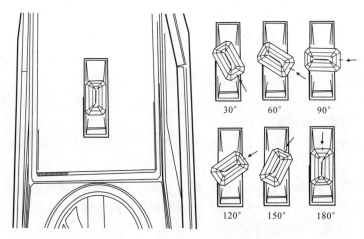

图9-1-6 宝石折射率值测试的操作过程

(3)在折射仪棱镜上点一滴接触液(直径约2mm为宜),使用钠光照明,可见接触液的阴影边界。

(4)将宝石的待测面放在金属测台上,用食指将宝石推上棱镜,浸油使宝石和棱镜之间形成良好的光学接触。

(5)眼睛靠近目镜,观察阴影区和明亮区界线,转动宝石,观察阴影边界的数量及变化情况,分别记录最大和最小折射率数值,读数至小数点后第三位。测试时按顺序转动宝石360°进行观察和读数。

(6)测试完毕,用双手将宝石轻推至金属台上,取下宝石。

(7)清洗宝石和棱镜。

2. 单折射宝石折射率的测试及结果解释

单折射宝石包括等轴晶系和非晶质体宝石。

当光进入单折射宝石后,光不发生分解,且在各个方向传播速度相等,只有一个固定不变的折射率值。只要是磨成光滑平面的单晶宝石,且折射率在可测试范围内,可以在折射仪上获取精确的折射率值。

在折射仪上转动宝石360°时,始终只有一条阴影边界,即固定不变的阴影边界,说明该宝石为单折射宝石。当无阴影边界时,说明宝石的折射率数值超出折射仪测试范围,此现象则为负读数。各种宝石的折射率值见表9-1-1。

表9-1-1 单折射宝石的折射率值

宝石名称	折射率	轴性	光性
火欧泊	1.40	非晶质	均质体
萤石	1.434	等轴晶系	均质体
欧泊	1.45	非晶质	均质体
方钠石	1.48	等轴晶系	均质体
青金岩	1.50	等轴晶系	均质体
莫尔道玻陨石	1.50	非晶质	均质体
琥珀	1.54	非晶质	均质体
象牙	1.54	非晶质	均质体
玳瑁	1.55	非晶质	均质体
尖晶石	1.712~1.730	等轴晶系	均质体
合成尖晶石	1.727	等轴晶系	均质体
钙铝榴石	1.74~1.75	等轴晶系	均质体
镁铝榴石	1.74~1.76	等轴晶系	均质体
铁铝榴石	1.76~1.81	等轴晶系	均质体
锰铝榴石	1.80~1.82	等轴晶系	均质体
钇铝榴石(人造)	1.83	等轴晶系	均质体
钙铬榴石	1.87	等轴晶系	均质体
翠榴石	1.89	等轴晶系	均质体
钆镓榴石(人造)	1.97	等轴晶系	均质体
立方氧化锆	2.15~2.18	等轴晶系	均质体
钛酸锶(人造)	2.41	等轴晶系	均质体
钻石	2.417	等轴晶系	均质体

3. 双折射宝石折射率的测试

双折射宝石包括三方晶系、四方晶系、六方晶系、斜方晶系、单斜晶系和三斜晶系的宝石。

当光进入双折射宝石后,光会发生分解,分解成两束相互垂直振动的光,由于分解后的光的传播速度不同,其折射率的大小也不同,因此出现一轴晶宝石有两个主折射率值 Ne、No,二轴晶宝石有三个主折射率值 Ng、Nm、Np。

(1)一轴晶宝石。包括三方晶系、四方晶系、六方晶系的宝石。待测宝石在折射仪上转动360°时,出现两条阴影边界,其中一条阴影边界移动,另一条阴影边界固定不变,该宝石为一轴晶宝石。可移动的值代表非常光 Ne 方向(光轴方向),固定不变的值为常光 No 方向(与光轴垂直)。

一轴晶宝石光性定义为:$Ne>No$ 为正光性,$Ne<No$ 为负光性。表9-1-2列出了部分一轴晶宝石的折射率及双折射率值。

表 9-1-2 一轴晶宝石的折射率及双折射率值

宝石名称	折射率	双折射率	光性
方柱石	1.54~1.58	0.004~0.037	一轴晶(-)
水晶	1.544~1.553	0.009	一轴晶(+)
绿柱石	1.56~1.59	0.004~0.009	一轴晶(-)
菱锰矿	1.58~1.84	0.022	一轴晶(-)
碧玺	1.62~1.65	0.018	一轴晶(-)
磷灰石	1.63~1.64	0.002~0.006	一轴晶(-)
硅铍石	1.65~1.67	0.016	一轴晶(+)
符山石	1.70~1.73	0.005	一轴晶(+/-)
蓝锥矿	1.75~1.80	0.047	一轴晶(+)
刚玉	1.76~1.78	0.008	一轴晶(-)
锆石	1.93~1.99	0.059	一轴晶(+)
金红石	2.61~2.90	0.287	一轴晶(+)

(2)二轴晶宝石。包括斜方晶系、单斜晶系和三斜晶系的宝石。待测宝石在折射仪上转动 360°时,折射仪上表现为两条都移动的阴影边界,说明该宝石为二轴晶。二轴晶宝石有三个主折射率值,高值 $Ng(\gamma)$、中间值 $Nm(\beta)$、低值 $Np(\alpha)$。

二轴晶宝石的光性定义为:$Ng-Nm > Nm-Np$ 为正光性,$Ng-Nm < Nm-Np$ 为负光性。表 9-1-3 列出了部分二轴晶宝石的折射率及双折射率值。

表 9-1-3 二轴晶宝石的折射率及双折射率值

宝石名称	折射率	双折射率	光性
正长石/月光石	1.52~1.53	0.006	二轴晶(-)
微斜长石	1.52~1.54	0.008	二轴晶(-)
日光石	1.53~1.54	0.007	二轴晶(-)
堇青石	1.54~1.55	0.008~0.012	二轴晶(-)
拉长石	1.56~1.57	0.009	二轴晶(-)
葡萄石	1.61~1.64	0.030	二轴晶(+)
托帕石	1.61~1.64	0.008~0.010	二轴晶(+)
红柱石	1.63~1.64	0.010	二轴晶(-)
赛黄晶	1.63~1.64	0.006	二轴晶(+/-)
顽火辉石	1.65~1.68	0.010	二轴晶(+)
橄榄石	1.65~1.69	0.036	二轴晶(+)
锂辉石	1.66~1.68	0.015	二轴晶(+)
柱晶石	1.67~1.68	0.013	二轴晶(+)
透辉石	1.67~1.70	0.025	二轴晶(+)
硼铝镁石	1.67~1.71	0.038	二轴晶(+)
黝帘石(坦桑黝帘石)	1.69~1.70	0.009	二轴晶(+)
蓝晶石	1.71~1.73	0.017	二轴晶(-)
金绿宝石	1.74~1.75	0.009	二轴晶(+)
榍石	1.89~2.02	0.13	二轴晶(+)

测试时,折射仪中的现象总结如图9-1-7、图9-1-8所示。

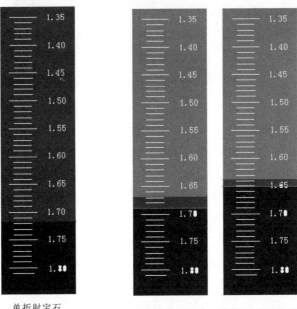

单折射宝石尖晶石的阴影边界　　二轴晶双折射宝石橄榄石的阴影边界

图9-1-7　折射仪中的测试结果

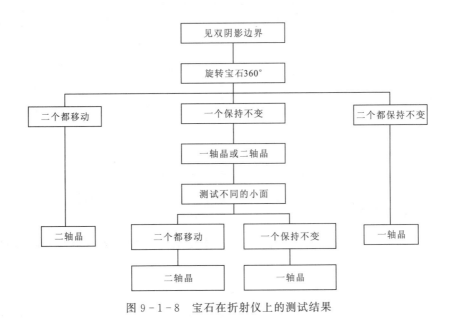

图9-1-8　宝石在折射仪上的测试结果

4．近似折射率值的测定

点测法：对于弧面型宝石和小刻面宝石，都可以采用点测法来获取宝石的近似折射率值（图9-1-9）。

第九章　宝石鉴定仪器

77

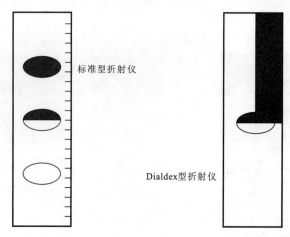

图 9-1-9 点测法——宝石在折射仪上测试近似折射率值

具体的做法是:清洗宝石和棱镜,在金属台上点一小滴接触油,手持宝石,用弧面或小刻面接触金属台上的接触油,油滴直径 0.2mm 为宜,将沾有油滴的宝石轻置于棱镜中央,眼睛距目镜 25~45cm,前后平行移动头部,观察油滴半明半暗或由明变暗的交界处,读数并记录,读数保留小数点后两位。表 9-1-4 为部分宝石的近似折射率值。

表 9-1-4 宝石近似折射率值

宝石名称	近似折射率	宝石名称	近似折射率
硅孔雀石	1.50	软玉	1.62
青金岩	1.50	绿松石	1.62
玉髓	1.53~1.55	硬玉(翡翠)	1.66
琥珀	1.54	煤精	1.66
象牙	1.54	水钙铝榴石	1.70~1.73
滑石(块滑石)	1.55	玉符山石	1.70~1.73
玳瑁壳	1.55	孔雀石	1.85
蛇纹石玉	1.56~1.57		

(四)折射仪的用途

在宝石鉴定中,折射仪是一种重要的测试仪器,是在宝石鉴定中获取信息最多的一种仪器。折射仪的主要用途有以下几种。

1. 测试宝石的折射率值(RI)

折射仪可测定 RI 在 1.35~1.81 之间的宝石折射率值。在宝石鉴定中,绝大多数宝石的折射率在此范围内,只要具有光滑平面都能得到定量的数据。

2. 测定宝石的双折射率(DR)

一轴晶和二轴晶宝石都有双折射,双折射率值的准确测定对区分折射率值范围重叠的宝石尤为重要。

3. 确定宝石的轴性和光性符号

根据宝石在折射仪上阴影边界的移动情况,可判定宝石是各向同性,还是一轴晶或二轴晶。

4. 测定宝石的近似折射率值

利用点测法可测得弧面型宝石、雕件、小刻面宝石和抛光不好的宝石的近似折射率值。如特殊光学效应的宝石、多晶质宝石等。

(五)折射仪测试中的局限性

折射仪在宝石鉴定中能提供较多的有用信息,但同样也有无法提供的信息,因此任何仪器在鉴定中都不是万能的,都需要有效地配合其他仪器的使用。

1. 所测宝石一定要有抛光面

如无光滑平面,宝石无法与折射仪棱镜保持良好的光学接触。镶嵌宝石金属边比宝石台面高时也无法测试。

2. 宝石的 RI<1.35 或者 RI>1.81 都无法读数

如高于接触液的测试范围,折射仪上表现为负读数。

3. 不能区分某些人工处理宝石

如天然蓝宝石与热处理蓝宝石,两者在折射仪上所表现的折射率、双折射率、轴性和光性符号都相同,需要配合其他仪器的测试。

4. 不能区分某些合成宝石

如天然红宝石与合成红宝石虽然在许多方面有差异,但折射仪上所表现的折射率、双折射率、轴性和光性符号完全相同,需要配合其他仪器的测试。

(六)折射仪测试的注意事项

1. 玻璃棱镜硬度低

折射仪的玻璃测台硬度低,操作时要非常小心,防止台面受损。通常大多数宝石材料比玻璃测台硬度大得多,所以,在玻璃测台上转动所有宝石材料都要非常小心。

2. 清洁测试台面

宝石和测台在测试和读数前都要用柔软的薄纱纸擦净。测台或宝石表面的尘埃或油污会减弱或妨碍光学接触。

3. 适量的接触液

接触液使用量要适当。若使用量过多,小的宝石会浮在液体表面,不能形成良好的光学接触;若使用量过少,同样不能形成良好的光学接触。

接触液放置过久会风干,硫晶体会析出,将越来越难获得清晰的读数。这时要仔细地洁净宝石和玻璃测台并重新开始操作。

4. 正确的测试姿势

操作时尽量保持宝石在测台中部位置读数,同时注意在观察时让眼睛尽可能地靠近目镜,在获取所有读数时,眼睛都需要保持同样的位置,这样才可避免因阴影边界的光学位移而导致折射率读数的可能变化。

二、分光镜

分光镜可用来观察宝石的吸收光谱,从而帮助判定宝石中的致色元素,检测某些人工处理的宝石,尤其是对具有典型光谱的宝石种类,可以用来确定宝石的名称。

(一)吸收光谱

1. 可见光

可见光处于电磁波谱中很窄的一个区段,波长范围为780~380nm(表9-1-5),可见光由一系列的颜色混合而成白色。利用玻璃棱镜可将白光分解成不同波长的单色光,则构成连续的可见光光谱:红、橙、黄、绿、蓝、紫。实际观察中常将可见光范围定为700~400nm。

表9-1-5 可见光组成颜色的大致波长范围

颜色	红	橙	黄	绿	蓝	紫
波长	780~630nm	630~590nm	590~550nm	550~490nm	490~440nm	440~380nm

2. 吸收光谱

利用分光镜观察宝石的残余色时,某些致色元素吸收了特定波长的光而产生了光谱间断,在可见光谱中出现垂直黑带(吸收带)或垂直黑线(吸收线)。根据吸收带或吸收线的位置和宽度,可以帮助确定宝石的致色元素,有助于区分宝石和了解宝石的致色成因。

(二)分光镜的工作原理

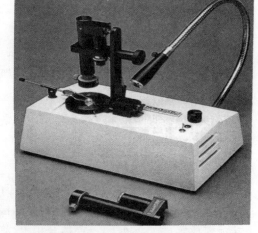

分光镜(图9-1-10)用来测试宝石的吸收光谱,在宝石的鉴定中仅对具有典型光谱的宝石有用。

(1)色散元件产生单色光。利用色散元件(三棱镜或光栅)便可将白光分解成不同波长的单色光,即红、橙、黄、绿、蓝、紫的连续光谱色,且构成连续的可见光光谱(图9-1-11)。

(2)致色元素的选择性吸收。宝石中所含的各种色素离子(过渡族元素、某些稀土元素、放射性元素),对可见光光谱中特定的位置具有不同程度的选择性吸收,由此形成不同的吸收谱线或谱带。

图9-1-10 分光镜的外观

(3)固定的吸收位置。宝石光谱中的吸收带、吸收线都具有固定的吸收位置,可观察这些吸收谱线或吸收带的位置和组合,由此提供鉴定宝石的信息。这一特点可用来鉴定宝石品种,帮助指出宝石致色的原因。

(三) 分光镜的结构类型及光源

1. 结构类型

根据分光镜所利用的色散元件不同分为棱镜式分光镜和光栅式分光镜。

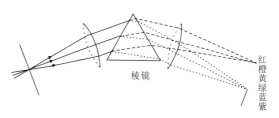

图 9-1-11　利用棱镜产生单色光

(1) 棱镜式分光镜。在设计中采用了一组棱镜系列，以便产生较直的光路路径，而这些三角形棱镜彼此间呈良好的光学接触，它们的折射边按照相反的方向排列(图9-1-12)。所采用的色散元件是棱镜。棱镜常采用铅和无铅两种玻璃制成，其特点是光谱的蓝紫区相对扩宽，红光区相对压缩，透光性好可产生一段明亮光谱。不足之处是红光区分辨率要比蓝光区的差。

(2) 光栅式分光镜。所采用的色散元件是衍射光栅，在衍射光栅上，每1cm内要刻600～800条细线(图9-1-13)。其特点：所产生光谱各色区大致相等；红光区分辨率比棱镜式要高；不足之处是透光性差，需要强光源照明。

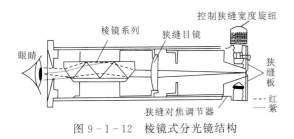

图 9-1-12　棱镜式分光镜结构

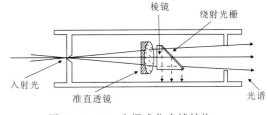

图 9-1-13　光栅式分光镜结构

2. 光源 (光纤灯)

观察宝石的吸收光谱，目前主要采用的光源为光纤灯，以其强光源和弯曲传光的特点观察宝石。光纤灯是由强的点光源和传导光的玻璃纤维或石英纤维、塑料纤维所构成，纤维丝的直径在几微米到几十微米之间，当光线射到光导纤维端面而折射进入内部时，经光纤管内的芯料与涂层间的界面多次全反射后，从光导纤维的另一端面射出，而不从光纤管的周壁逸出。光导纤维的材料要求聚光能力强，传光性能好，分辨本领高。

(四) 分光镜的适用范围

分光镜主要适用于具有典型光谱的有色宝石，无色宝石除锆石、钻石、顽火辉石外无明显的吸收光谱，故不适用。

1. 显铬谱的宝石

宝石由于含有微量的铬元素，使宝石多呈现出鲜艳的红色和绿色。铬常以少量类质同像置换方式置换铝而进入宝石的晶格中，所以铬谱的存在常表明该宝石材料是含铝的。它也是引起红宝石、合成红宝石、红色尖晶石、变石、祖母绿、铬透辉石、翡翠和翠榴石等宝石颜色的主要致色元素。铬在这些宝石中所产生的光谱略有差异。吸收光谱特征大致为紫区吸收带、黄绿区宽的吸收带、红区吸收线。另外，在红宝石和合成红宝石中能见到明显的蓝色谱线。

▲红宝石:红区处有双吸收线,692nm、668nm 吸收线,黄绿区有以 550nm 为中心宽的吸收带,蓝区有 476nm、475nm 和 468nm 三条吸收线,紫区吸收。

▲红色尖晶石:红区有吸收线,黄绿区有吸收带,紫区吸收。

▲变石:红区有吸收线,黄绿区有吸收带,蓝区有一条吸收线,紫区吸收。

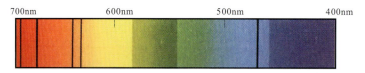

▲祖母绿:红区有吸收线,橙黄区有弱吸收带,蓝区(477nm)弱吸收线,紫区吸收。

▲翡翠:红区有三条阶梯状吸收线(630~690nm 之间),紫区 437nm 处有吸收线(绿色鲜艳无杂质时,437nm 吸收线可能缺失)。

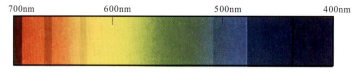

▲翠榴石:红区(701nm 处)有双线,紫区吸收(光谱区被截短)。
▲铬透辉石:红区有一双线(690nm)和 635nm、655nm、670nm 三条弱吸收带;蓝绿区 508nm、505nm 处有吸收线,490nm 处有一吸收带。

2. 显铁谱的宝石

铁元素在宝石中以 Fe^{2+} 和 Fe^{3+} 形式存在。Fe^{2+} 产生红色、绿色和蓝色的宝石。如蓝宝石、金绿宝石、铁铝榴石、橄榄石、顽火辉石、符山石等,光谱吸收带主要分布在绿区或蓝区内。Fe^{3+} 通常使宝石呈现出黄色、蓝色或绿色。如黄绿色、绿色及蓝色的天然蓝宝石及金绿宝石、翡翠等,吸收带常位于黄区、绿区和蓝区。

▲蓝宝石:蓝区有 450nm、460nm、470nm 三条吸收窄带。

▲橄榄石:蓝区有453nm、473nm、493nm三条吸收窄带。

▲金绿宝石:蓝区444nm有一条强的吸收窄带。

▲铁铝榴石:黄绿区有三条强吸收窄带(505nm、527nm、576nm),蓝区和橙黄区有弱吸收带。

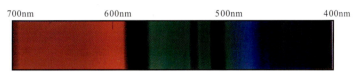

▲顽火辉石:绿区506nm处吸收线为诊断线。

3. 显钴谱的宝石

钴元素是合成蓝色尖晶石常用的致色元素,合成蓝色尖晶石和蓝色玻璃由钴致色,在橙、黄和绿区有三条明显的强吸收带为特征光谱。在合成蓝色尖晶石内,强吸收带位于630nm、580nm和543nm处,其中间带(580nm)吸收带最宽。在蓝色玻璃中,强吸收带位于656nm、590nm和538nm处,其中间带(590nm)吸收带最窄。

▲合成蓝色尖晶石:绿、黄和橙黄区有三条强的吸收带,绿区吸收带最窄。

▲钴玻璃:绿、黄和橙黄区有三条强的吸收带,黄区吸收带最窄。

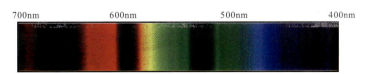

4. 其他吸收谱

(1) 锰谱。锰是引起菱锰矿、蔷薇辉石、锰铝榴石和某些碧玺呈红色的主要原因。吸收光谱在紫区和蓝区出现宽的吸收带。其中锰铝榴石为典型吸收光谱。

(2) 铜谱。铜元素在低价状态(亚铜)时呈红色,而在变价(铜)状态时呈蓝色或绿色。绿松石的天蓝色是由铜致色,在460nm处有一弱的吸收带,在紫区432nm处有一强吸收带,该吸收带为绿松石的诊断带。

(3) 稀土金属钕和镨。钕和镨两者总是共生在一起,它们是引起黄色磷灰石的主要致色元素,磷灰石光谱在黄区和绿区有数条密集的吸收线,这些吸收线可以作鉴别磷灰石含钕和镨的依据。

(4) 铀谱。放射性元素铀,通常能使锆石产生1~40条的吸收线,并在各个色区均匀分布。有些产地的锆石能在653.5nm处出现清晰的吸收线,这条吸收线为锆石的诊断线,但红色锆石通常无此吸收线。

(5) 硒元素。硒(或者同硫化铬一起)可使玻璃产生一种红色,吸收光谱为在绿区中出现的一条宽吸收带,但大多数红色玻璃的吸收带则出现在532nm、537nm、540nm和560nm处。

(6) 钒元素。合成变色刚玉中经常加入微量元素钒。含钒的合成刚玉往往在蓝区475nm处出现一条清晰的吸收线,可作为合成变色刚玉的诊断线。

▲钻石(无色):紫区415.5nm处吸收线为诊断线。

▲锆石(无色):红区653.5nm吸收线为诊断线。

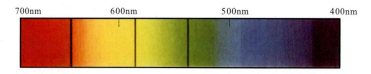

▲锆石(有色):红区653.5nm吸收线,1~40条吸收线均匀地分布在各个色区。

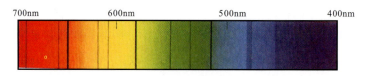

▲锰铝榴石:紫区432nm吸收窄带为诊断带。

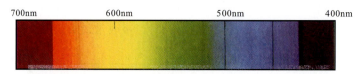

(五) 分光镜的操作方法及步骤

1. 透射法

透射法适用于透明至半透明的宝石(图9-1-14)。

测试时先擦净宝石,将宝石置入光源上方,使光透过宝石;然后将分光镜对准透过宝石光源最亮的部分进行观察,不断调整分光镜角度(狭缝及焦距)直至看清光谱为止。

2. 内反射法

内反射法适用于颜色浅、颗粒小的透明刻面型宝石(图9-1-15)。

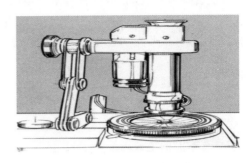

图9-1-14 透射法观察宝石的吸收光谱

测试时先擦净宝石,将光线从宝石斜上方的某一位置射入,并使之从宝石的另一侧面反射出来;将分光镜直接对准反射光最明亮的部位;不断调整分光镜角度(狭缝及焦距),直至看清光谱为止。

3. 表面反射法

表面反射法适用于不透明或透明度差的宝石(图9-1-16)。

图9-1-15 内反射法观察宝石的吸收光谱

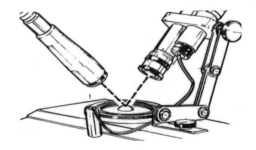

图9-1-16 表面反射法观察宝石的吸收光谱

测试时先擦净宝石,使光线从样品表面反射出来;将分光镜对准反射出来的光线;不断调整分光镜角度(狭缝及焦距),直到看清光谱为止。注意:用这种方法观察时,光谱观察到的现象差于前两种方法。

(六) 分光镜的用途及局限性

(1)可帮助确定具有典型光谱的宝石名称,为具有特征吸收光谱的宝石提供准确的鉴定依据。如锆石653.5nm典型吸收线具有鉴定意义,钻石415.5nm典型吸收线具有鉴定意义。

(2)可帮助区分某些天然宝石与优化处理的宝石。大多数热处理蓝宝石,往往缺少蓝区450nm的吸收窄带,而天然蓝宝石则有蓝区450nm的吸收窄带。染色的绿色翡翠,红光区(660～680nm)显模糊吸收带,而天然绿色翡翠红光区(630～690nm)显三条阶梯状吸收窄带。

(3) 可帮助区分某些天然宝石与合成宝石。合成蓝宝石 450nm 的吸收带通常缺失或较模糊；合成祖母绿，由于铬元素含量大于天然祖母绿的铬元素的含量，而导致蓝区 477nm 有明显的吸收线；合成蓝色尖晶石，具有典型的钴谱。

(4) 可帮助区分颜色相似的宝石。如红宝石、红色尖晶石、镁铝榴石等具有典型的铬谱，但它们的吸收线和吸收带的位置有较大的差异，为区分颜色相似的宝石提供了鉴定依据。

(5) 可帮助确定宝石中的致色离子。宝石中的部分微量的致色元素，在宝石中所产生的光谱吸收带和吸收线都有较为固定的位置，可根据宝石所显示光谱的特点来判定宝石中的致色元素。如红宝石显铬谱、橄榄石显铁谱、合成蓝色尖晶石显钴谱、锆石显稀土谱。

(6) 不能区分某些天然宝石与合成宝石，如天然红宝石与合成红宝石具有相似的光谱。尽管它们具有不同的生长环境和生长过程，但它们都由微量的铬元素致色，导致吸收光谱完全相同。因此，利用分光镜无法区分天然红宝石和合成红宝石，而需要利用其他的仪器及测试方法进一步测试。

三、二色镜

二色镜是用来观察宝石多色性的一种仪器。具备多色性的宝石的前提条件是必须为有颜色、透明、双折射的单晶宝石。

当光线进入某些各向异性的有色宝石中时可显示两种或三种体色现象。通常一轴晶宝石可能出现两种颜色，称为二色性；二轴晶宝石出现三种颜色，称为三色性。二色性和三色性统称为多色性。

(一) 二色镜的工作原理

(1) 利用冰洲石高双折射率或者互相垂直的两个偏振片，将来自非均质体宝石的两条平面偏振光分离开。每一条偏振光各自的吸收特点即代表其多色性。

(2) 把这两条光线并排在一起观察，可以识别出微小的颜色差异。

(3) 当来自宝石的两条偏振光的振动方向与冰洲石主折射率的振动方向一致时，多色性最强；二者呈 45°角相交时，无多色性。

(二) 二色镜的结构

1. 冰洲石二色镜

常用的二色镜由玻璃棱镜、冰洲石菱面体、窗口和目镜所组成。二色镜是利用冰洲石双折射率大的特性，将穿过非均质宝石的两束平面偏振光进一步分开，两条光线的颜色可以在并排的窗口上同时观察到，并将两束光线的颜色进行对比。

二色镜结构：外形为一个圆形的金属套筒，其内装有一个极小的矩形或正方形窗口，以使穿过宝石的光线射入镜内，中央有一块菱面体冰洲石片，其长度正好可使观察者通过目镜看到所分离的两束平面偏振光在小孔中所显示的两幅图像(图 9-1-17)。

2. "伦敦二色镜"

(1) 制作。用两片具有相互垂直振动方向的偏振滤光片相拼接制作成(图 9-1-18)。

(2) 特点。①仪器小而轻巧；②可用于原石、晶体及较大的成品宝石，成包的小宝石可一道

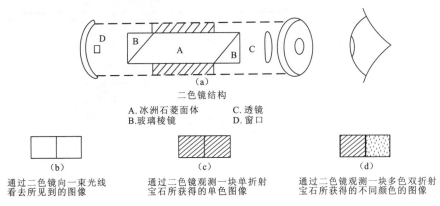

图 9-1-17 二色镜结构及观测图像

图 9-1-18 "伦敦二色镜"结构

观察;③只要转动二色镜检查所有宝石的振动方向即可;④这种偏振滤光片二色镜可有效地与低倍显微镜联用。

(三)二色镜的应用

二色镜是宝石鉴定中的一种辅助鉴定仪器,主要用来测试一些具有双折射的有色透明宝石。根据多色性显示程度不同分为:强多色性、明显多色性、弱多色性、无多色性。宝石的多色性见表 9-1-6。

(四)二色镜的主要用途

(1)帮助鉴定具有强多色性的宝石。如堇青石三色性显著(蓝色、紫蓝色、浅黄色)。

(2)区分各向同性与各向异性宝石。如红宝石与红色尖晶石外观上有相似之处,红宝石的二色性明显,红色尖晶石无多色性。

(3)指导加工。确定宝石晶体最佳的颜色方向。了解宝石多色性的明显程度,对切磨宝石时准确定向很有帮助。如红宝石为获取最佳颜色,通常在加工时使台面垂直光轴方向,以便将宝石的最佳颜色通过台面显示出来。

(4)某些宝石优化处理的鉴定。如扩散处理、染色处理等使宝石的颜色不显该类宝石应有的多色性。

表 9-1-6 宝石的多色性

宝石名称	多色性明显程度	多色性的颜色
红宝石	强	浅黄红、红
蓝宝石	强	浅蓝绿、深蓝
绿色蓝宝石	强	浅黄绿、绿
紫色蓝宝石	强	浅黄红、紫
变石	强	深红、橙黄、绿
变石(缅甸)	强	紫色、草绿、蓝绿
红碧玺	强	粉红、深红
绿碧玺	强	浅绿、深绿
蓝碧玺	强	浅蓝、深蓝
褐碧玺	强	浅黄褐、深褐
红柱石	强	浅黄、灰绿、褐红
蓝锥矿	强	无色、靛蓝
绿帘石	强	浅黄绿、绿、黄
堇青石	强	浅黄、浅蓝、蓝紫
锂辉石(粉)	强	无色、粉红、紫
锂辉石(绿)	强	淡蓝绿、草绿、浅黄绿
锂辉石(黄)	强	浅黄、黄、深黄
黝帘石(蓝)	强	灰绿、紫红、蓝
祖母绿	明显	浅黄绿、蓝绿
海蓝宝石	明显	无色、淡蓝
铯绿柱石	明显	浅粉红、深蓝粉红
金色绿柱石	明显	柠檬黄、褐
金绿宝石	明显	淡红黄、浅绿黄、绿
猫眼	明显	无色、淡黄、柠檬黄
黄色托帕石	明显	浅红黄、草黄、蜂蜜黄
蓝色托帕石	明显	无色、淡红、蓝
粉红色托帕石	明显	无色、淡粉红、粉红
绿色托帕石	明显	无色、浅蓝绿、淡绿
紫晶	明显	浅紫红、紫红
锆石(蓝色)	明显	淡红褐、褐
磷灰石(蓝、绿)	明显	浅黄、蓝
顽火辉石	明显	浅黄绿、绿、淡褐绿
蓝晶石	明显	淡蓝、蓝、蓝黑
方柱石(紫)	明显	淡蓝紫、紫红
橄榄石	弱	淡黄、浅绿
黄水晶	弱	淡黄、黄
烟晶	弱	浅红褐、褐
芙蓉石	弱	淡粉红、粉红
锆石(褐色)	弱	浅蓝、深蓝

(五)二色镜的操作步骤及注意事项

(1)观察时采用透射光,光源应为白光或自然光,绝不能用单色光或偏振光。
(2)待测样品一定为有色、透明、具有双折射的宝石。
(3)待测样品尽量靠近二色镜窗口部位,眼睛紧靠目镜部位进行观察。
(4)边观察边转动宝石和二色镜。等轴晶系宝石、非晶质宝石和无色各向异性宝石等不显多色性,有色各向异性宝石垂直光轴方向不显多色性。
(5)如二色镜窗口出现两种颜色,则证明所测宝石为双折射宝石(各向异性);如出现三种颜色,则表明宝石为二轴晶宝石。
(6)多色性的缺失,不能断定该宝石是各向同性宝石。
(7)宝石的两个振动方向与冰洲石棱镜的两个振动方向呈45°角时不显多色性。
(8)多色性的强弱与双折射率大小无关。
(9)不要将宝石直接放在光源上,某些宝石受热后多色性可能会发生改变。
(10)对弱多色性现象应持怀疑态度,如不能肯定测试结果,则应忽略本项测试。

四、偏光镜

宝石按结晶程度分为各向同性和各向异性宝石。偏光镜是能快捷使用的简单仪器,它用于测试透明宝石材料的各向同性和各向异性特征。根据所测宝石在偏光镜下呈现出全消光和异常消光现象,可确定所测宝石为各向同性宝石。如出现四明四暗现象,则为各向异性宝石,再根据干涉图的不同可确定为一轴晶宝石或二轴晶宝石。当视域全亮时,可能为多晶质宝石或裂隙、杂质较多的单晶宝石。

(一)偏光镜的工作原理

偏光镜的光源为白色的自然光,利用偏振滤光片只允许入射光从一个振动方向通过,来获取平面偏振光。

1. 自然光

从光源直接发出的光,一般都是自然光,如太阳光、灯光等。一束光线是由朝同一方向传播的亿万条光波组成的,正常情况下,自然光的振动特点是:随机的振动方向,在垂直光波传播方向的平面内,各个方向上都有等振幅的光振动,也称为非偏振光。

2. 偏振光

自然光经过反射和折射、双折射、选择性吸收作用或通过特制的偏振滤光片以后,改变了光的振动方向,使其成为只在一个固定方向振动的光波,即偏振光。偏振光的振动特点是:一致的振动方向(图9-1-19)。

(1)平面偏振光。平面偏振光又称直线偏振光,这种光波的振动沿一个特定方向固定不变。直线偏振光的振动方向与传播方向组成的平面叫作振动面,与振动方向垂直并包含传播方向的面叫偏振面。使自然光通过偏光镜可以获得直线偏光,其在宝石学的研究中经常使用。

(2)正交偏光。由两个平面偏振滤光片组成,当二者振动方向一致时,仅有一个方向的光通过;当两个偏振滤光片振动方向相互垂直时,光无法通过,这时观察的视域为全暗现象(全消光),此时称为正交偏光(图9-1-20)。

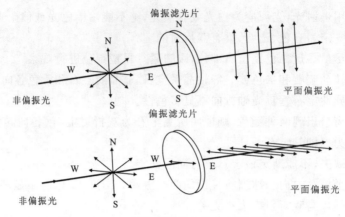

图9-1-19 利用偏振滤光片产生平面偏振光

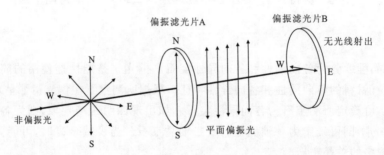

图9-1-20 由处在正交位置的偏振滤光片所产生的全消光

(二)偏光镜的结构

偏光镜由一个装灯的铸件和两个偏光片所构成(图9-1-21,图9-1-22),即上偏光片(上偏振滤光片)可以转动,又称检偏镜,检查透过样品的偏振光的方向;下偏光片(下偏振滤光片)固定不动,又称起偏镜,使光源的自然光成为线性偏振光。在用上偏振滤光片、下偏振滤光片测试宝石时,首先使上、下偏光处于正交位置(视域黑暗)再进行观察。

(三)偏光镜的消光类型、操作步骤及结果解释

1. 消光类型

根据轴性和结晶特点的不同,宝石在正交偏光下表现出的现象可分为全消光、四明四暗、集合消光和异常消光等。

(1)全消光。宝石在正交偏光下呈现黑暗为消光现象。均质体宝石在正交偏光下转动360°,宝石呈消光现象不变,称为全消光。

(2)四明四暗。当非均质体宝石(垂直光轴方向除外)的两个主折射率方向与偏光镜的振动方向一致时,呈现出消光现象。当两个主折射率方向与偏光镜的振动方向斜交时(45°时最明亮),呈现出明亮现象。因此,对非均质体宝石,当转动物台一周有四次黑暗和四次明亮相间

图 9-1-21 偏光镜的外观

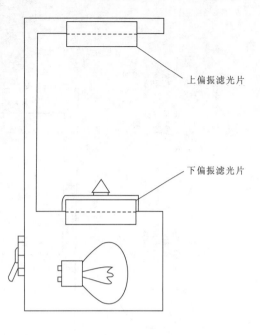
图 9-1-22 偏光镜的结构

出现时,则称为四次消光或四明四暗现象。

(3)集合消光。在正交偏光下,各向异性的多晶质(包括细粒、微晶和隐晶)集合体的半透明至亚半透明宝石旋转一周时,出现始终明亮的现象。如翡翠、软玉、玉髓、东陵石、独山玉等。其原因是,不论旋转到任何位置,都会有许多晶粒处于不消光状态,也称集合消光现象。

(4)异常消光。均质体宝石(包括等轴晶系宝石和非晶质类)在正交偏光下,应为消光现象不变;当其呈现出不规则的明暗变化时,则为异常消光,往往呈现出格子状、斑纹状或无色圈的黑十字等异常消光现象。

2. 操作步骤及结果解释

(1)清洗宝石,接通电源,打开开关转动上偏光镜,使视域黑暗即处于消光位置。

(2)待测宝石放在下偏光片上,旋转宝石并观察,注意将宝石转动几个方向进行观察。

(3)转动宝石 360°视域全暗为均质体宝石(非晶质、等轴晶系)。

(4)转动宝石 360°视域全亮为多晶质宝石(翡翠、软玉等)。

(5)转动宝石 360°视域四明四暗为双折射宝石(一轴晶或二轴晶)。

(6)转动宝石 360°视域出现弯曲色带、黑十字(无色环)、格子状消光、斑块状消光等异常消光,多为玻璃、塑料仿制品。

(四)干涉球及操作步骤

单晶透明的双折射宝石在正交偏光镜下,沿其光轴方向,借助干涉球,可观察宝石的干涉图(图 9-1-23)。干涉图是双折射宝石与聚合偏光相互作用而产生的一种光学效应。通常一轴晶宝石干涉图为"黑十字"或"牛眼"干涉图,二轴晶宝石为"双臂"或"单臂"干涉图(图 9-1-24,图 9-1-25)。

偏振滤光片的振动方向

上偏振滤光片振动方向

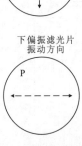
下偏振滤光片振动方向

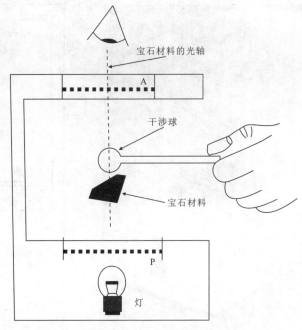

图 9-1-23　在正交偏光下利用锥光镜观察宝石的干涉图
(P:下偏振滤光片;A:上偏振滤光片)

一轴晶干涉图　　　　　　牛眼状一轴晶干涉图

二轴晶干涉图　　　　　　　二轴晶干涉图
（单光轴）　　　　　　　　　（双光轴）

图 9-1-24　一轴晶宝石和二轴晶宝石的干涉示意图

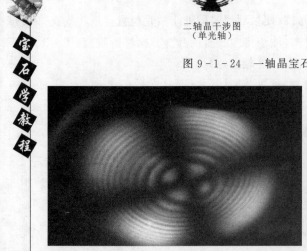
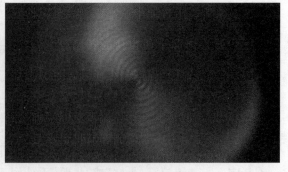

图 9-1-25　双折射宝石的干涉图(左为一轴晶干涉图,右为二轴晶干涉图)

干涉球的适用范围及操作步骤如下。
(1)主要适用于单晶透明的双折射宝石。
(2)在正交偏光下寻找待测宝石的光轴,使其与光的传播方向一致时,常可见到干涉色圈。
(3)推入干涉球,调整宝石方位,观察干涉图案变化,寻找干涉色圈中心。
(4)根据干涉图,帮助判定所测宝石的轴性。

(五)偏光镜的主要用途及局限性

偏光镜在使用过程中要求所测宝石的样品为透明或半透明。
(1)可区分各向同性与各向异性宝石。
(2)可区分多晶质、隐晶质和单晶质宝石。
(3)正交偏光下,利用干涉球下出现的干涉图可区分一轴晶和二轴晶宝石。
(4)不适用于不透明宝石和暗色宝石。
(5)不适用于裂隙和瑕疵太多的宝石。

(六)偏光镜使用中的注意事项

(1)各向异性宝石中,沿光轴旋转测试现象不变时,应多测几个方向。
(2)聚片双晶在宝石中是全亮,并不是多晶质现象。
(3)裂隙太多的透明宝石视域也为全亮。
(4)异常双折射应注意观察,有时也可配合使用其他仪器,如红色石榴石出现明暗变化时,观察是否有多色性。

五、宝石显微镜及 10 倍放大镜

宝石显微镜和 10 倍放大镜通过一系列光学放大来观察宝石的内部和外部特征,还可测试宝石的近似折射率,当附加一些元件时,可拓展其使用功能,是宝石鉴定和研究的重要仪器,也是区分天然宝石、合成宝石及仿制宝石的重要手段之一。

(一)宝石显微镜的放大倍率

宝石显微镜的放大倍率可在 10~70 倍之间变化,并可连续变焦,若使用双倍物镜可放大 140 倍。放大倍率=目镜放大倍率×物镜放大倍率×变倍指数。

(二)宝石显微镜的组成

宝石显微镜由目镜、可变放大物镜、显微镜支架和光源系统四个部分组成。宝石显微镜类型有单筒显微镜、双筒显微镜、双筒立体显微镜、双筒立体变焦显微镜等(图 9-1-26,图 9-1-27)。按结构又可分为立式和卧式两种。其中立式双筒立体变焦显微镜,其工作距离较大,镜下物像呈现三维立体图像;卧式显微镜又称水平油浸显微镜,宝石置于油槽中观察,并可通过光源移动提供多种照明方式,有利于观察宝石中的各种内部特征。

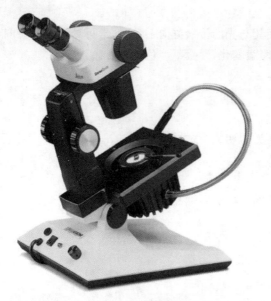 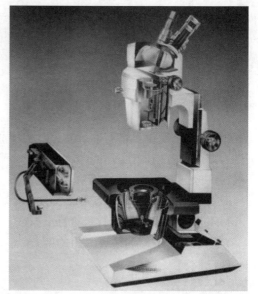

图 9-1-26　宝石双筒(目)显微镜　　　　图 9-1-27　宝石双筒(目)显微镜剖面图

宝石显微镜无论是哪种类型，其结构大致相同，通常由以下部分构成。

(1)目镜。单筒(目)或者双筒(目)，放大倍数一般有 10 倍和 20 倍两种。

(2)物镜。放大倍数一般为 0~4 倍，可连续变焦。通常由操作者按照需要，利用变焦调节旋钮连续调节物镜的放大倍数。

(3)调焦旋钮。调节物镜与被测宝石之间的工作距离，使被测宝石的局部清晰对焦。

(4)光源。由底光源和顶光源共同构成。底光源(底灯)，底部照射光源，一般为白炽灯，内置，方向不可调，光强可通过滑键调节；顶光源(顶灯)，表面垂直照射光源，一般为日光灯，方向可调，并可利用锁光圈来控制底光源照射的光量大小，同时挡光板可改变底光源的照明方式(亮域/暗域)。

(5)宝石镊。夹持宝石用，可上下、左右、前后移动及自身旋转

(三)宝石显微镜的照明方式

1. 暗域照明

以无反射的黑暗为背景，用侧光照明。宝石中的有些内含物，在暗色背景下显得更加清晰，如维尔纳叶法合成刚玉中的弯曲生长纹，用该方法很容易观察到[图 9-1-28(a)]。

2. 亮域照明

光源由宝石的底部直接照射。这种方法一般光圈锁得较小，可使宝石中的有些内含物在明亮的背景下呈现黑色影像。这也是观察弯曲生长纹或其他低突起宝石的有效方法[图 9-1-28(b)]。

3. 垂直照明

垂直照明法也称顶光照明，光源从宝石的上方进行照明，这种方法针对不透明或微透明宝

石,主要用来观察宝石的表面特征[图 9-1-28(c)]。

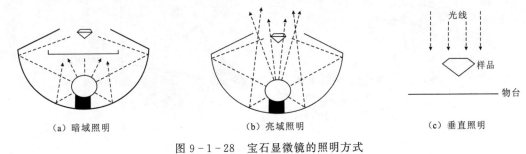

图 9-1-28 宝石显微镜的照明方式

4. 散光照明

在宝石和光源之间放一块表面呈纤维状或半透明状的板,使光漫散射并变得柔和,有助于观察宝石中的颜色分布。

5. 斜射光照明

在一个倾斜的角度,用一个窄的光束照在宝石上,即光线在垂直和水平之间的角度照明,便于观察某些类型的包裹体及部分光学效应。

(四)宝石显微镜的观察方法及用途

在显微镜下观察宝石时,首先清洗待测宝石表面的油污,然后用镊子夹住宝石,先从大的台面观察,透明宝石常使用暗域照明,不透明宝石或观察宝石表面特征则选择顶光照明。放大倍率的选择,先采用低倍放大镜下对宝石进行360°全方位的仔细观察,锁定主要目标逐渐放大观察,对有些现象可通过提升或下降镜筒,直至宝石最清晰时才加以确认。

1. 检查宝石表面特征

检查宝石表面划痕、蚀象、破损、拼合面(气泡、光泽差异)等(图 9-1-29)。

2. 观察宝石内部特征

内含物的种类、形态、数量、双晶面、生长纹、颜色及色形分布特点等(图 9-1-30),对含有特殊内含物的宝石具有鉴定意义。

3. 观察宝石后刻面棱重影

双折射率大的宝石,如锆石(双折射率 0.059)(图 9-1-31)、橄榄石(双折射率 0.036)、碧玺(双折射率 0.018)等宝石的刻面棱重影现象比较明显而清晰。

4. 近似折射率的测定

如宝石为晶体碎块,无光滑平面供折射仪测试时,可在显微镜下用一种浸液,测得宝石的近似折射率,主要方法有贝克线法、柏拉图法和真视厚度法。

5. 吸收光谱的观察

以手持式分光镜代替目镜,并使用透射照明来检测宝石的光谱特征。

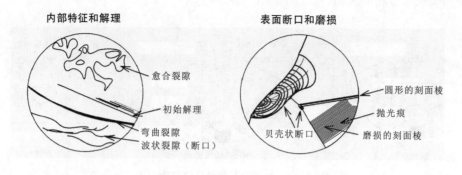

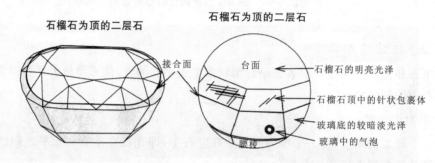

图 9-1-29 放大观察所呈现出的宝石表面和内部特征

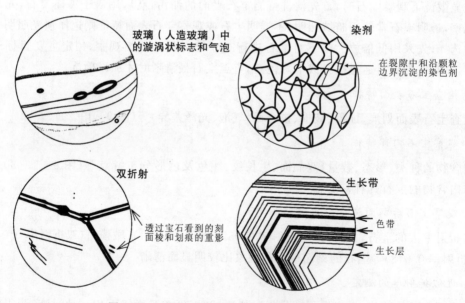

图 9-1-30 放大观察所呈现出的宝石内部特征

6. 干涉图

利用两片偏振片使其正交,用物台下聚光镜提供收敛光,可检查宝石的干涉图,待测宝石需浸没于与其折射率相近的浸液中,并用宝石夹夹住宝石,直至干涉图出现为止。

7. 显微照相

在目镜上装一照相机,可直接拍下宝石中所观测到的现象,以提供永久性照相记录。

(五)10倍放大镜

10倍放大镜是宝石工作者的必备工具。高质量的放大镜要求消除球像差和色像差。

图9-1-31 锆石中的刻面棱双影

1. 球像差

消除球像差使用消球面像差透镜。球像差是因为通过单透镜中心和边缘的光线不聚焦于一点,表现为物体的成像模糊或变形。为克服这种像差,常采用不同曲度的单透镜拼合成复合透镜。

2. 色像差

消除色像差使用消色像差透镜。色像差是单透镜色散的结果,表现为所观察的物体的像出现彩色边缘。为消除这种色像差,常采用由色散不同的玻璃制成的一个双凸透镜和一个双凹透镜拼合成一个复合透镜。

3. 放大镜的结构

(1)单透镜放大镜。放大倍率越大其像差越明显,大于3倍的单透镜就有肉眼可见的像差了。

(2)组合透镜放大镜。一般采用双组合镜或者三组合镜,目的是更有效地消除球像差和色像差,大多数10倍放大镜采用的是三组合透镜。

10倍放大镜是将一个物体的直径放大10倍、面积放大100倍的复合透镜。宝石学中所使用的10倍放大镜是由两个平凸透镜组成的双合透镜,或是由两个铅玻璃透镜与中间的一个无铅玻璃双凸透镜组成的三合镜。

4. 放大镜的主要用途

(1)观察宝石的表面特征。

与宝石性质有关的特征:宝石表面的光泽强弱、刻面棱的尖锐程度、表面平滑程度、原始晶面、蚀像、解理、断口等。

与宝石加工质量有关的特征:宝石表面的划痕、棱角的破损、抛光质量、加工的形状及小面的对称性等。

(2)观察宝石内部特征,即宝石中内含物的形态、内含物的数量、双晶面、生长纹、色带、拼合面及拼合线等。

六、相对密度(SG)测定

由于宝石的晶体结构不同,导致宝石的相对密度值不同。相对密度是单位体积物质的质量,常采用静水称重法获取宝石相对密度值的定量数据,为准确鉴定宝石提供可靠依据。如用重液法则得出宝石的近似相对密度值。宝石在折射率值无法测试,又无典型光谱可鉴定时,相对密度值的测试就显得尤其重要。

(一)定义

相对密度是指4℃时标准大气压下,物质的质量与同体积水的质量的比值。

相对密度＝物质的质量/同体积水的质量

对任何一种物质,不论采用什么质量单位,其相对密度值是相同的。相对密度值是一个常数。相同的体积不同的相对密度,其质量差别很大(图9-1-32)。每个宝石的相对密度值是固定的,通过静水称重法测定可定量测出每个宝石的相对密度值。如红宝石相对密度为4.00,钻石相对密度为3.52,水晶相对密度为2.65。

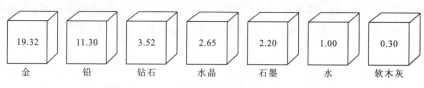

图9-1-32 材料体积相同其质量则不同

宝石中常用的一些重要材料的相对密度值如表9-1-7所示。

表9-1-7 部分材料的相对密度值

铂	21.35	刚玉	4.00
金	19.32	翡翠	3.30～3.36
银	10.50	粉色碧玺	3.05
铅	11.30	石英	2.65
钻石	3.52	饱和盐水	1.33
石墨	2.20	水	1.00

(二)阿基米德定律

当物体完全浸入液体中时所受到的上浮力相当于所排开液体的质量。测定宝石的相对密度值就是将阿基米德定律作为工作原理。

(三)静水称重法

静水称重法是利用单盘天平、双盘天平、电子天平、弹簧秤、比重计和克拉秤,测定宝石在空气中的质量和宝石完全浸没在水中的质量,根据公式计算出宝石的相对密度值(图9-1-33)。

相对密度＝$W/(W-W_1)$＝宝石在空气中的质量/(宝石在空气中的质量－宝石在水中的质量)＝宝石在空气中的质量/同体积水的质量

1. 高灵敏度天平(双盘或单盘天平、电子天平)

要求灵敏而精确,适用于质量小于3ct的宝石,这种方法快速而精确(图9-1-34,图9-1-35)。

图 9-1-33 双盘天平的外观

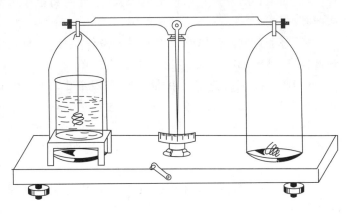

图 9-1-34 双盘天平

现在越来越多的电子天平应用于静水称重的测试中,它的优点是操作更方便,读数更精确,在操作中比分析天平要简单很多。通常接通电源,调天平至零,在空气中称重,然后放上阿基米德架、装有液体的烧杯和金属丝兜,此时在液体中的金属丝兜会产生微小的质量,对电子天平而言,将电子天平所产生的质量重归于零,然后将宝石放入金属丝兜内称重就可获得宝石在水中的质量。电子天平可将所测的数据代入相对密度公式。如果是单盘或双盘的分析天平,调平至零位较麻烦,而且在宝石的称重过程中,相对密度公式中得将宝石在空气中的质量减去宝石在水中的质量和金属丝兜的质量,即相对密度=$W/(W-W_1-$金属丝兜的质量$)$=宝石在空气中的质量/(宝石在空气中的质量-宝石在水中的质量-金属丝兜的质量)=宝石在空气中的质量/同体积水的质量。

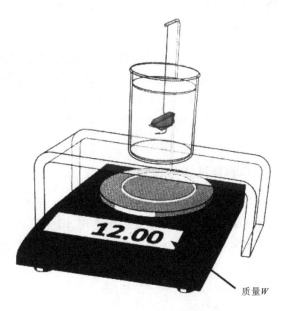

图 9-1-35 电子天平

2. 手持式弹簧秤

可称重10～1 000g样品的相对密度,对大原石和非常大的球型宝石、小的雕件,这种方法快速而方便(图9-1-36)。

3. 操作步骤

(1)接通所测试的双盘天平或电子天平的电源,调至归零状态。

(2)备好阿基米德支架、玻璃烧杯(带2/3左右的液体)及金属丝做的挂兜。

(3)将待测宝石清洗干净,放入空气中称重,称出宝石的质量W,取下宝石,并做好记录。

(4)放好阿基米德支架,在支架杆上挂上金属丝兜、玻璃烧杯(带2/3左右的液体),如果是电子天平,此时将电子天平再次归零。

(5)将宝石放入金属丝兜内并浸入液体中称重,称出宝石在液体中的质量 W_1。取下宝石,并做好记录。

(6)将所测宝石在空气中质量 W 和浸液中质量 W_1 代入相对密度公式,计算出待测宝石的相对密度值。

如某宝石样品:空气中称重 1.2g,浸入水中称重 0.9g,代入相对密度公式得相对密度为 4.00,这说明该样品为刚玉(红、蓝宝石)。

为了得到较为精确的密度值,最有效的办法是对所测宝石可重复测两至三次。

如果所测试的宝石样品太大,可以采用弹簧秤或者杆秤进行空气中的称重和水中的称重,获得样品质量后再代入相对密度公式进行计算,从而获取相对密度值。

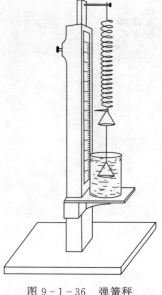

图 9-1-36 弹簧秤

4. 注意事项

在静水称重的测试过程中,为确保宝石的测量更准确,首先需要擦净宝石,使宝石表面没有油脂,然后用细刷子除去可能附在兜或样品上的任何气泡。该方法不适用于多孔隙材料,因为多孔隙的宝石材料易吸水,导致所测试的相对密度值误差较大从而影响宝石的准确定名。如果所测试的宝石颗粒太小(小于 1ct),误差范围也较大,不宜选择此方法。

(四)重液法

重液法可快速而方便地区分外观非常相似的宝石材料,测定宝石的近似相对密度值。实验室中可以用多种浸液来作重液用,因此在选择重液时需考虑它的适用性,也需要知道作为重液的相对密度值。为方便起见,在配备各种不同相对密度值的重液时,可用标样检测。这种方法的优点:能精确测定较小宝石的相对密度。缺点:其中一些重液属于危险品,或价格昂贵,应在通风设备好的实验室中使用。

1. 标样

标样是配制重液时用来检查重液相对密度值所用的标准块,为一组具稳定的已知相对密度且不含包裹体的矿物小块,如水晶、绿柱石、粉红色碧玺、萤石、翡翠和刚玉等,也有专门制备的一套玻璃标样。

2. 重液

实验室最常用的一套重液,主要为二碘甲烷和三溴甲烷以及它们的稀释液(表 9-1-8)。为使用方便,当大多数宝石折射率值处于重叠时,为快速鉴定宝石可用重液对宝石的相对密度值进行测量并加以区分。所选重液的毒性要求较低,使用安全。通常二碘甲烷的稀释液用三溴甲烷,三溴甲烷的稀释液可用甲苯。

表 9-1-8　实验室中常使用的重液

重液名称	相对密度	指示矿物
三溴甲烷(稀)	2.65	水晶
三溴甲烷	2.89	绿柱石
二碘甲烷(稀)	3.05	粉红色碧玺
二碘甲烷	3.32	翡翠

3. 操作方法

将待测宝石在酒精中清洗干净,用镊子夹住宝石轻轻地放入所选取的重液中,从侧面观察宝石在重液中的表现情况,来确定宝石的近似相对密度值。如所测宝石在重液中漂浮,说明宝石相对密度值小于重液相对密度值;如果所测宝石在重液中悬浮,说明宝石相对密度值与重液相对密度值相等,此时所测重液的相对密度值则为该宝石的近似相对密度值;如果所测宝石在重液中下沉,说明宝石相对密度值大于所测重液的相对密度值(图9-1-37)。

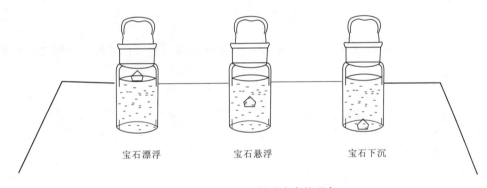

图 9-1-37　宝石在重液中的现象

4. 注意事项

在实验室操作过程中尽量使用毒性较小的重液,重液测试的前后都需将宝石放在酒精中进行清洗;进行重液测试时实验室必须具备有良好的通风条件。

(五)比重计(相对密度瓶)法

比重计是一种简单的、配有毛玻璃瓶塞的长颈瓶,有一个狭窄的小孔通过瓶塞。当瓶塞插入瓶中时,过量的液体可从长颈中排出,这样就可以保证长颈瓶是充满的。该瓶容量通常为$25cm^3$。比重计法是先调配重液,使其与待测宝石的相对密度值一致(待测宝石在重液中呈悬浮状态),然后再用相对密度瓶来测定重液的相对密度,进而得出宝石的相对密度值。

七、紫外荧光仪

紫外荧光仪是通过荧光灯中的特殊灯管发出紫外线来激发宝石荧光的一种仪器,主要用来检测宝石是否具有荧光和磷光。这种方法对于某些宝石的鉴定有重要意义,如群镶钻石的检测、天然蓝宝石和合成蓝宝石的鉴别,但对于大多数宝石的鉴定仅为一种辅助鉴定。

(一)紫外荧光

紫外光照射宝石时产生的荧光,也称紫外线产生的荧光。为形成紫外光,采用了专门的能同时发射紫外线和可见光的光源,而大部分可见光波段用滤光片去除。在宝石学中使用的滤光片可以产生两个波段的紫外光:长波段具有365nm的主波长,短波段具有254nm的主波长。

1. 紫外线

紫外线是一种比可见光波(380~780nm)还短的光线,其波长范围在10~400nm之间。由于其波长短于可见光紫光,习惯上称之为紫外线。

2. 荧光

荧光是宝石材料被辐射能激发到较高能级的电子回落到较低能级时所释放的能量。当某些宝石材料在受到高能辐射时,如紫外线、X射线等,会发出可见光,而当激发源关闭后,发光现象也随之消失,这种现象称为荧光。

3. 磷光

当关闭高能辐射源时,具有荧光的宝石材料在短时间内继续发光的现象则称之为磷光。

(二)紫外灯波长范围

紫外线波长范围为10~400nm之间,宝石学中常用200~400nm之间的紫外线,为使用方便,又将200~400nm之间的紫外线划分为三个部分。

(1)短波范围:200~280nm,主波长为254nm。
(2)中波范围:280~315nm。
(3)长波范围:315~400nm,主波长为365nm。

(三)紫外灯的结构

紫外灯是由灯头和暗箱式样品室及观察目镜构成。紫外灯管经过特制滤光片后,仅射出主波长365nm和254nm的紫外光。

(1)外观。由金属外壳构成,有控制电源的开关,配有红、绿两个按钮,通常红为长波按钮,绿为短波按钮,并有一块起封闭作用的可移动的黑色挡光板。(图9-1-38)

(2)灯头。内装长波紫外灯管,波长365nm;短波紫外灯管,波长254nm。

(3)暗箱式样品室。为密封状态,所测样品的环境处于黑暗状态,需要通过观察窗口或者观察目镜来观测宝石是否有荧光或磷光。

(四)操作要领

(1)将待测宝石置于紫外灯下。
(2)打开光源,选择长波(LW)或短波(SW),观察宝石的发光性。
(3)若有荧光,宝石则整体发光。如有些钻石在长波紫外光下产生蓝白色荧光。
(4)根据荧光强弱常分为强、中、弱、无四个等级。强至中等级荧光可帮助鉴定宝石。

图 9-1-38 紫外荧光仪（中国地质大学（武汉）珠宝学院仪器室生产）

(5) 如局部发光可能为内含物、后期充填物所致。如青金岩中的方解石、酸处理翡翠中的胶。

(6) 关掉紫外灯后，宝石仍继续发光则具有磷光。

(7) 紫外光对眼睛有危害作用，切记在操作过程中不可眼睛直视紫外灯。

(五) 主要用途

(1) 帮助鉴定宝石品种。测定宝石的荧光强度和颜色，尤其是某些强荧光的宝石，如红宝石有红色荧光。

(2) 帮助区别某些天然宝石与合成宝石。如大多数天然蓝宝石无荧光，维尔纳叶法合成蓝宝石有蓝白色的（辉光）荧光。

(3) 帮助区别某些天然宝石与人工处理宝石。部分酸洗充胶处理翡翠有较强的荧光。

(4) 帮助鉴别钻石及仿制品。钻石荧光颜色、强度变化较大，并呈现不同的颜色，如蓝色、绿色、黄色、粉红色，强度可呈强、中、弱、无，这一现象对群镶钻石的鉴别具有意义。而仿钻材料如群镶时则发出均一性的荧光。

八、滤色镜

滤色镜主要由彩色滤色片组成，这些组合的滤色片仅允许部分波长的光波通过。滤色镜在宝石的鉴定中具有较大的局限性，为一种辅助鉴定仪器，该测试方法也为辅助鉴定手段之一。

(一)查尔斯滤色镜

查尔斯滤色镜最早由英国宝石测试实验室研制,首先在查尔斯工业学校使用。查尔斯滤色镜最主要的作用是鉴定绿色、蓝色宝石以及某些染色宝石。早期主要用于区分某些产地的祖母绿和检查某些蓝色的人造宝石。

1. 查尔斯滤色镜的原理

查尔斯滤色镜是由两片仅让深红色(约 690nm)和黄绿色(约 570nm)的光通过的滤色片构成,而其他的光全部被吸收,其作用是使宝石的颜色经过滤色镜的滤色后,色调发生变化,借此识别宝石。(图 9-1-39)

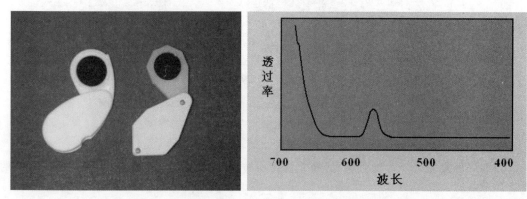

图 9-1-39 查尔斯滤色镜(中国地质大学(武汉)珠宝学院仪器室生产)

2. 查尔斯滤色镜的主要用途

(1)帮助鉴定宝石品种。如某些产地的天然祖母绿、东陵石、青金岩、独山玉、水钙铝榴石、翠榴石在查尔斯滤色镜下变红。

(2)帮助区分某些天然与人工处理宝石。绿色翡翠在查尔斯滤色镜下不变红,用铬盐染成绿色的翡翠在滤色镜下变红;由镍致色的绿玉髓不变红,染成绿色的玉髓在滤色镜下变红。

(3)帮助区分某些天然宝石与合成宝石。天然蓝色尖晶石在查尔斯滤色镜下不变红,合成蓝色尖晶石(Co 致色)在滤色镜下变红。

3. 操作要领

将待测宝石置于强的反射光下观察,光源可采用光线集中的光纤灯、笔手电筒。滤色镜应靠近眼睛来观察待测宝石是否发生颜色变化,通常宝石在滤色镜下产生红色或红褐色时,说明宝石在滤色镜下有反应。所测试的结果仅为辅助鉴定依据,需要用其他鉴定手段来加以鉴别。

(二)交叉滤色镜

交叉滤色镜用于检查含有铬离子的宝石的发光性。它是由一片红色滤色片和一片蓝色滤色片构成,蓝色滤色片常用硫酸铜溶液所代替。当白光通过交叉滤色镜时将全部被吸收(图 9-1-40)。这种仪器目前在宝石鉴定中很少使用,所测试的结果仅能作为辅助性鉴定特征,必要时得用其他鉴定手段来加以鉴别。

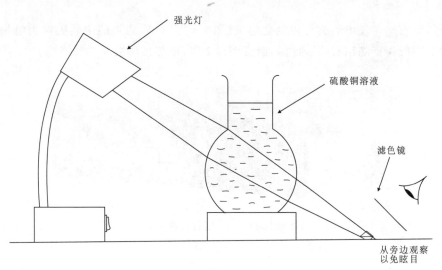

图 9-1-40 交叉滤色镜

1. 特点

大多数交叉滤色镜在制作时,蓝色滤色片常用一瓶硫酸铜溶液代替。交叉滤色镜可帮助鉴定所有呈红色荧光的宝石,如红宝石、红色尖晶石、变石、某些产地的祖母绿。

2. 工作原理

当光穿过硫酸铜溶液时,除蓝光外,全部被吸收,红色滤色片则吸收所有的非红光。因此,若一束白光依次穿过硫酸铜溶液和红色滤色片后,将被全部吸收。若在红色滤色片前放置宝石,此宝石在蓝光照射下发出红色荧光,大量的红光通过滤色片,宝石看上去显红色,交叉滤色镜实际上是一种检验宝石荧光性的仪器。

九、热导仪和反射仪

(一)热导仪

热导仪是专门为鉴定钻石及其仿制品而设计的一种仪器,宝石中热导率最高的为钻石,在室温下钻石的热导率从Ⅰ型的 100W/(m·℃)变化到Ⅱa 型的 2 600W/(m·℃)。次高的为刚玉,其热导率为 40W/(m·℃)。近年来出现的合成碳硅石的热导率高,仅次于钻石,在该仪器下有反应。热导仪正是利用钻石这一热学性质设计的一种能快速测试钻石与仿钻石的仪器,用来鉴定钻石及其除合成碳硅石以外的钻石的仿制品。操作较方便,结果较直观。

1. 基本原理

(1)导热性。导热性是指物体将热从一个区域传向另一个区域的能力。

(2)宝石的热导率。钻石＞银＞金＞刚玉＞黄玉＞尖晶石＞玻璃,钻石的热导率最大,比无色透明的蓝宝石大 40 倍。

2. 热导仪的结构

典型的钻石热导仪由测头与控制盒组成(图9-1-41),测头的金属尖端为电加热,当加热的金属尖端触探待测钻石的表面时,温度明显下降,电热传感会发出蜂鸣声。

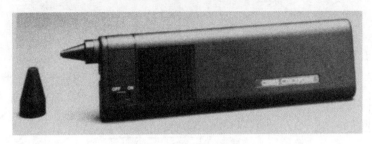

图9-1-41 钻石热导仪

3. 热导仪的操作

(1)清洁宝石样品,打开热导仪的电源开关,预热,使热导仪处于测试状态。

(2)据环境温度及钻石大小,调节光标至相应位置。

(3)将样品放在散热板上,用热针垂直接触样品的表面并均匀地轻加压力。如果所测的样品为钻石,当热探头靠近其表面时,会发出连续的蜂鸣声;如果所测的样品为钻石仿制品(合成碳硅石除外),当热探头靠近其表面时,热导仪无反应。

(4)观察所测宝石样品的反应结果,并记录结果。

(5)取回样品并关闭电源。

4. 热导仪注意事项

(1)热导仪探针的表面不能有氧化膜,否则影响测试结果。

(2)热导仪测试时探针尽可能地垂直于所测宝石样品的刻面。

(3)勿连续多次测量同一样品或不同样品。

(4)所测的宝石样品表面要干净,不能有油污、涂层和镀层。

(5)测试所在的环境中不能有风。

(6)不能区分钻石与碳硅石,也要提防大块的冷的无色蓝宝石。

(二)反射仪

1. 反射率

反射率指宝石矿物对垂直照射于其表面光线的反射能力。表示反射能力大小的数值称为反射率,通常以百分数来表示。

2. 反射率与折射率的关系

19世纪法国物理学家菲涅耳(Fresnel)推导出了利用折射率计算反射率的理论公式。
当周围介质为空气时,对于透明材料,该公式可写成:

$$R = (n-1)^2/(n+1)^2$$

式中:R代表反射率;n代表折射率。从公式可看出,宝石材料的折射率越高其反射率也越高。反射仪就是用来测定宝石材料的反射率值的一种仪器(图9-1-42)。

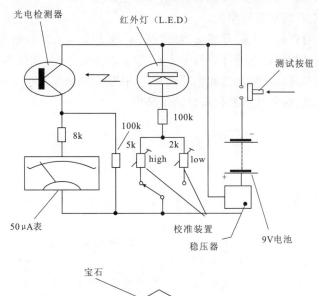

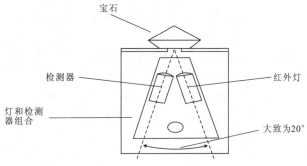

图9-1-42 反射仪示意图

3．反射仪的基本原理

(1)反射率。特定的入射角范围内反射光与入射光强度之比。

(2)透明宝石的反射率与折射率的关系：反射率 $=(n-1)^2/(n+1)^2$，通过测定反射率可以计算出样品的折射率。

4．反射仪的操作

(1)接通电源，使反射仪处于测试状态。

(2)用绒布清洁宝石样品的待测刻面，选取所测宝石样品平坦并且抛光最佳的刻面。

(3)待所测宝石刻面放在仪器的测试小孔上，尽量使小孔位于刻面的中央位置。

(4)按下测试开关按钮，观察仪器显示的结果，并记录所测读数。

(5)稍微移动样品，重复测试两次，得出样品的反射率或者折射率的平均值。

5．反射仪用途和注意事项

(1)用来测试折射率大于1.81的宝石的近似折射率。

(2)可以帮助区分钻石及某些钻石仿制品。

(3)可以帮助区分钻石和合成碳硅石。

(4)测试中要求所测宝石样品具有良好的抛光平面。

(5)测试中不能获得所测宝石的精确折射率数据。

(6)无法测试宝石的双折射率值。

宝石的反射率与折射率之间存在着准线性关系,故测量宝石的反射率有助于宝石鉴定,特别是那些折射率超过测试范围的高折射率宝石,该方法更为有用,如锆石、钻石和人工宝石(钇铝榴石、钇镓榴石、合成立方氧化锆和铅玻璃)等。在使用反射仪测试宝石时需注意:反射仪既不能得到精确的读数,也不如折射仪获得的信息广。

习 题

1. 解释下列名词:

色散　全内反射　纳米(nm)　吸收光谱　多色性　选择性吸收
平面偏振光　相对密度

2. 利用图示简述具抛光平面的橄榄石与碧玺在折射仪上所获得的阴影边界的位置及移动情况。

3. 利用折射仪测定宝石时要注意哪些事项?折射仪在宝石学上有哪些用途?

4. 结合示意图描述两种观测宝石吸收光谱的仪器,简要说明操作步骤及如何选择照明方式。分光镜在宝石学上有哪些用途?

5. 分别画出五种宝石的典型吸收光谱图,并指出它们的致色元素。

6. 分别说明用二色镜观察变石、黄色蓝宝石、红色尖晶石、翡翠和绿色碧玺可能见到的现象。

7. 说明把下列刻面宝石放在偏光镜下测定时能看到的现象。

a. 水晶　　　　b. 合成尖晶石　　　c. 铁钙铝榴石(桂榴石)

d. 海蓝宝石　　e. 托帕石

通过这些观察,画图说明你能得出什么结论?

8. 详细描述测定相对密度的静水称重法,这种方法的优、缺点是什么?如果一种宝石的相对密度为4,在空气中重16ct,它在水中重多少克拉(ct)?

9. 尽可能详尽地列出下列仪器的用途。

a. 10倍放大镜　　b. 查尔斯滤色镜

10. 尽可能详尽地列出显微镜在宝石学中的应用。

第二节　研究型仪器在宝石学中的应用

20世纪80年代以来现代仪器分析已成为宝石学研究的重要组成部分。其特点是仪器设备的价格相对于常规仪器要高很多,许多仪器设备均为专业人士操作,有些仪器对操作环境有一定的要求。

宝石学从形成开始就在不断地探讨各种新的测试技术,20世纪40年代后,合成技术突飞猛进发展、优化处理手段不断更新,使得合成宝石和优化处理的宝石与天然宝石之间的差别日趋缩小,传统的常规宝石鉴定仪器难以满足珠宝鉴定的要求。为此,20世纪40~50年代国际上有研究者开始将现代测试技术用于宝石及其材料的测试中,进入20世纪70年代以后现代测试技术越来越多地应用于珠宝行业的研究和检测中。最先引用到宝石领域的研究型设备是X射线用于珍珠的鉴定,随后红外光谱仪被少量的实验室用来鉴定一些不透明的矿物。

我国的宝石热从20世纪80年代开始,随后从事地质学科、材料学科等相关学科的科研院所进入宝石行业,当利用常规测试无法对宝石及其材料做出准确结论时,研究者们将现代测试技术直接引入了珠宝行业的研究和鉴定中。最先在宝石鉴定中发挥重要作用的是傅立叶变换的红外光谱仪,用来鉴定酸洗充胶的翡翠(B货),直至今天该仪器仍然是帮助珠宝鉴定者区分天然翡翠与处理翡翠的重要手段。

现代测试技术的特点是分析速度快、数据的精度高、综合功能强(化学成分、矿物形貌、元素分辨像等)、操作简便,利用高度自动化控制来减少人工操作中的误差,分析手段朝着综合化和专门化的方向发展。尤其是一些无损的鉴定手段有着测试样品质量少、测试区域微小、获得信息量多而广等优势,在珠宝鉴定和研究中发挥着越来越重要的作用。

一、紫外-可见光谱仪

紫外-可见光谱仪可用于宝石的结构鉴定和定量分析。宝石中不同的致色元素和色心对光有不同的选择性吸收,用紫外-可见光谱仪来记录产生吸收峰的波长和强度,可得到宝石的紫外-可见吸收光谱。紫外-可见吸收光谱的波长范围在100~800nm之间。根据波长范围又可分为远紫外光区(100~200nm)、近紫外光区(200~400nm)和可见光区(400~800nm)。

(一)基本原理

紫外-可见光谱是指在电磁辐射作用下,由宝石中原子、离子、分子的价电子和分子轨道上的电子,在电子能级间的跃迁而产生的一种分子吸收光谱。不同的宝石品种具有不同的晶体结构,其内所含的致色元素对不同波长的入射光具有不同程度的选择性吸收,由此构成测试基础。

在宝石晶格中,电子处在不同的状态下,并且分布在不同的能级组中,若晶格中一个杂质离子的基态能级与激发态能级之间的能量差恰好等于穿过晶体的单色光能量时,晶体便吸收该波长的单色光,使位于基态的一个电子跃迁到激发态能级上,结果在宝石的吸收光谱中产生一个吸收带,便形成紫外-可见吸收光谱。

(二)仪器的结构

宝石的紫外-可见吸收光谱是由紫外-可见光谱仪(紫外-可见分光光度计)来测试完成,该仪器由光源、单色器、样品室、检测器和结果显示系统构成(图9-2-1,图9-2-2)。光源在整个紫外光区或可见光谱区可以发射连续光谱,具有足够的辐射强度、较好的稳定性、较长的使用寿命。分光器的类型有单光束和双光束两种类型,单光束分光光度计简单、价廉,适于在给定波长处测量吸光度或透光度,一般不能做全波段光谱扫描,要求光源和检测器具有很高的稳定性。双光束分光光度计自动记录,快速全波段扫描,可消除光源不稳定、检测器灵敏度变化等因素的影响,特别适合于结构分析,宝石测试中常用双光束分光光度计。

(三)测试方法

用于宝石的测试方法可分为两类,即直接透射法和反射法。

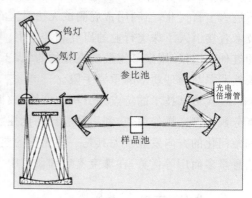

图9-2-1 双光束紫外-可见分光光度计　　图9-2-2 双光束紫外-可见分光光度计光路图

1. 直接透射法

直接透射法是指将宝石样品的光面或戒面直接置于样品台上,获取天然宝石或某些人工处理宝石的紫外-可见吸收光谱。直接透射法虽属无损测试方法,但从中获得的有关宝石的相关信息十分有限,特别在遇到不透明宝石或底部包镶的宝石饰品时,难以测其吸收光谱,由此限制了紫外-可见吸收光谱的进一步应用。

2. 反射法

反射法是指利用紫外-可见分光光度计的反射附件(如镜反射和积分球装置),有助于解决直接透射法在测试过程中所遇到的问题,由此拓展紫外-可见吸收光谱的应用范围。

(四)宝石测试中常见的三种紫外-可见吸收光谱类型

1. d电子跃迁吸收光谱

过渡金属离子为d电子在不同d轨道能级间的跃迁,吸收紫外和可见光能量而形成紫外-可见吸收光谱。这些吸收光谱峰受配位场影响较大。d—d跃迁光谱有一个重要特点,即配位体场的强度对d轨道能级分裂的大小影响很大,从而也就决定了光谱峰的位置。如红宝石、祖母绿的紫外-可见吸收光谱。

2. f电子跃迁吸收光谱

与过渡金属离子的吸收显著不同,镧系元素离子具有特征的吸收锐谱峰。这些锐谱峰的特征与线状光谱极为相似。这是因为4f轨道属于较内层的轨道,由于外层轨道的屏蔽作用,使4f轨道上的f电子所产生的f—f跃迁吸收光谱受外界影响相对较小所致。如蓝绿色磷灰石、人造钇铝榴石、稀土红玻璃仿红宝石等。

3. 电荷转移(迁移)吸收光谱

在光能激发下,分子中原定域在金属M轨道上的电荷转移到配位体L的轨道,或朝相反方向转移,这种导致宝石中的电荷发生重新分布,使电荷从宝石中的一部分转移至另一部分而产生的吸收光谱称为电荷转移光谱。电荷转移所需的能量比d—d跃迁所需的能量多,因而吸收谱带多发生在紫外区或可见光区,如山东蓝宝石。

(五)宝石学中的应用

宝石的紫外-可见吸收光谱可帮助解释某些人工优化处理宝石和宝石的呈色机制。

(1)检测人工优化处理宝石。如辐照处理的蓝色钻石具有 GR1 色心,产生 741nm 处的吸收光谱(图 9-2-3)。

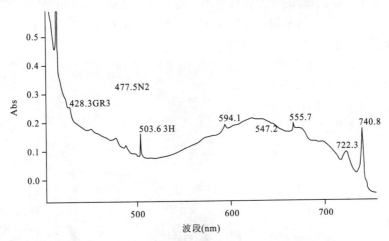

图 9-2-3 辐照处理的蓝色钻石的紫外-可见吸收光谱

(2)宝石的呈色机制。如海水养殖的黑珍珠和染色黑珍珠由于呈色机理不同,有不同的可见吸收光谱(图 9-2-4)。

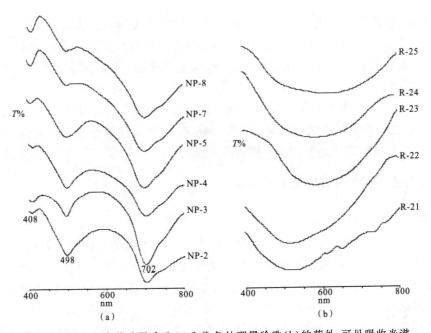

图 9-2-4 海水养殖黑珍珠(a)和染色处理黑珍珠(b)的紫外-可见吸收光谱

二、X 射线荧光光谱仪(XRF)

X 射线荧光分析已广泛用于各种材料的元素分析,无论测试的样品是固体、粉末或是液体均可用此法分析。由于 X 射线具有穿透物质的能力,所以荧光 X 射线来自一定深度的测试样品的表层。因此,测试样品必须有足够的厚度,测试样品过薄易产生测试误差。X 射线的穿透深度与其波长有关,也与材料的吸收特性有关。自然界形成的宝石是由多种元素构成,加之大多数为固体,所以这种方法越来越多地被应用于宝石的鉴定和研究领域中。

X 射线荧光光谱仪(图 9-2-5)如果以 X 射线作为激发手段来照射测试样品,测试样品立即发射次级 X 射线,这种射线叫作荧光 X 射线。这种分析方法得到广泛应用的优势是测试样品不受破坏,且分析迅速、结果准确,也便于实现自动分析。

图 9-2-5 WDX1000 波长色散 X 射线荧光光谱仪

(一)基本原理

X 射线是波长(0.001~10nm)很短的电磁波,X 射线能量与波长的关系是 $\lambda = 1240/E$,波长和能量的单位分别是 nm 和 eV。由此产生两种光谱仪,即波长色散(WDX)和能量色散(EDX)的 X 射线荧光光谱仪。

X 射线荧光实际指的是原子受激发后所释放出的特征 X 射线。当高能 X 射线、电子或离子与原子发生碰撞时,能激发原子的内层电子,使得内电子层中产生空穴,外层的电子在 10^{-12}~10^{-14} 秒内自发地与空穴复合,释放出能量,产生 X 射线荧光,其能量等于内层电子和外层电子能级之间的能量差。

不同原子的原子序数和电子层结构不同,其放出的特征 X 射线能量也不同,X 射线荧光的波长与元素的原子序数 Z 之间有对应关系,测出荧光 X 射线的波长和强度,就可以知道元素的种类和含量,即可定性地鉴别所测样品的组成元素。

(二)X 射线荧光光谱仪的类型及特点

1. X 射线荧光光谱仪的类型

(1)波长色散光谱仪。采用分光晶体对不同波长的 X 射线荧光进行衍射而达到分光的目的,然后用探测器探测不同波长处的 X 射线荧光强度,这项技术被称为波长色散 X 射线荧光光谱仪。波长色散 X 射线荧光光谱仪主要由 X 射线发生器、分光系统(晶体分光器)、准直器、检测器、多道脉冲分析器及计算机组成。

(2)能量色散 X 荧光光谱仪。用半导体探测器、锂漂移硅探测器或锂漂移锗探测器,识别不同能量的 X 射线。能量色散 X 荧长光谱仪没有波长色散光谱仪那么复杂的机械构造,因而工作稳定,仪器体积也小。缺点是能量分辨率差,探测器必须在低温下保存,对轻元素检测困难。能量色散 X 射线荧光光谱仪主要由 X 射线发生器、检测器、放大器、多道脉冲分析器及计算机组成。

(3)激发源的类型。仪器可以以 X 射线发生器为激发装置,近年来又发展以放射性同位素为激发源,这些放射性同位素连续发射低剂量 γ 射线。放射源激发具有单色性好、体积小且质量轻的特点,可制造成便携式仪器,但是放射源激发功率较低,荧光强度和测量灵敏度亦较低。

2. X 射线荧光光谱仪的特点

(1)分析简便。X 射线荧光光谱仪适用于各种宝石的无损测试,且荧光 X 射线谱简单,谱线干扰少。

(2)分析的元素范围广。除了 H、Be、B 等少数几种轻元素外,元素周期表中几乎所有元素都能使用 X 射线荧光法分析。随着仪器性能的改进,分析的元素已经扩展到氟(F)、氧(O)、碳(C)等轻元素。

(3)定性和定量分析。用 X 射线照射测试样品时,测试样品激发出各种波长的荧光 X 射线,得到的是一种混合 X 射线,然后将它们按波长(或光子能量)分开,分别测量不同波长(或光子能量)的 X 射线强度。

(4)无损测试。自然界中产出的宝石通常由一种元素或多种元素组成,用 X 射线照射宝石时,可激发出各种波长的荧光 X 射线。由于 X 射线荧光光谱仪具有分析快速、准确、无损等优点,近年来受到了世界各大宝石研究所和宝石检测机构的重视并加以应用。

(三)宝石学中的主要用途

1. 鉴定宝石种属

不同的宝石种属具有不同的成分,可用 X 射线荧光光谱仪对组成宝石中的主要元素和次要元素进行定量分析来帮助确定宝石的种类。如翡翠豆青品种有时与水钙铝榴石外观很相似,在这种情况下,可通过测试翡翠豆青种中的主要元素钠(Na)、铝(Al)、硅(Si)的含量和水钙铝榴石中的主要元素钙(Ca)、铝(Al)、硅(Si)的含量,将二者进行区分,从而达到鉴定宝石种属的目的。

2. 帮助判断宝石的产地

世界上各宝石产地都有其特征的地质环境和产状特点,因此其微量元素种类及含量也有一定的规律,找到了这种微量元素分布的规律,通过测试宝石中的微量元素,即可大致得出产地的信息和特征。

3. 区分某些合成宝石和天然宝石

由于天然宝石与合成宝石生长的物理和化学条件不同,其生长环境、致色元素等方面存在很大的差异,以此可判断其成因并作为鉴定依据。通常合成宝石的生长环境相对单一,且含有代表合成环境的杂质元素,如钙(Ca)是天然红宝石的元素特征,而铅(Pb)、钼(Mo)等则是合成红宝石的鉴定特征;天然蓝色尖晶石由微量的铁(Fe)元素致色,合成蓝色尖晶石在合成过程中添加钴(Co)元素而致色;天然黄色蓝宝石成分中无微量的镍(Ni)元素,而焰熔法合成的黄色蓝宝石存在杂质元素镍(Ni);天然钻石中存在微量元素氮(N)、硼(B)、氢(H)等,而种晶触媒法合成钻石中存在铁(Fe)、镍(Ni)等触媒剂成分。

4. 鉴别某些人工处理宝石

采用X射线荧光光谱仪能快速定性区分某些人工处理宝石。通过测定某些元素，可以帮助判断宝石是否经过了某些处理，例如：有些染色处理的黑珍珠(图9-2-6)表面测出大量银(Ag)元素，表明是硝酸银染色的(图9-2-7)；在红宝石表面测出异常含量的铬元素，表明是表面扩散处理的。如铅(Pb)元素的存在可帮助确定钻石、红宝石是否经铅(Pb)玻璃充填处理。

图9-2-6　染色处理黑珍珠

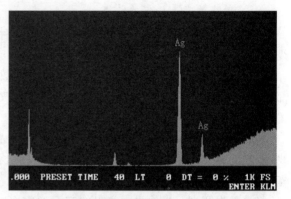
图9-2-7　染色处理黑珍珠中富含银(Ag)元素

5. 测定贵金属的化学成分

X射线荧光光谱仪可用来检测贵金属的化学成分，尤其是检测铂(Pt)首饰纯度。该方法具有快速、无损、精度高、多元素同时分析等优点，在珠宝首饰行业中普遍应用。

但需要注意的是，由于有些贵金属元素的X射线荧光光谱特征十分接近，如铂(Pt)、金(Au)和铱(Ir)，一般的测金仪很难将其分辨，在检测铂(Pt)首饰纯度时往往误将金(Au)和铱(Ir)的质量分数归入到铂(Pt)中，造成检测结果虚高。

三、红外光谱仪(Infrared Spectrometer)

红外光谱仪是测量物质分子的吸收光谱的方法之一，通常是指利用物质对红外光区的电磁辐射的选择性吸收来进行物质结构、定性和定量分析的方法。目前红外光谱在宝石的鉴定与研究领域中根据透明或不透明宝石的红外反射光谱表征，来获取宝石晶体结构中羟基、水分子的内外振动，阴离子、络阴离子的伸缩或弯曲振动，分子基团结构单元及配位体对称性等重要信息，特别为某些充填处理的宝石中有机高分子充填材料的鉴定提供了一种简捷、准确、无损的测试方法。一套系统、完整且具图谱查询功能的红外吸收图谱库有助于解决日常检测工作中遇到的各种问题，如未知宝石品种的确定、优化处理宝石尺度判定等。

(一)工作原理

在傅立叶变换红外光谱仪中，首先是把光源发出的光经迈克尔逊干涉仪变成干涉光，再让干涉光照射所测试样品，经检测器(探测器—放大器—滤波器)获得干涉图，由计算机将干涉图进行傅立叶变换得到光谱(图9-2-8，图9-2-9)。

图 9-2-8 傅立叶变换红外光谱仪

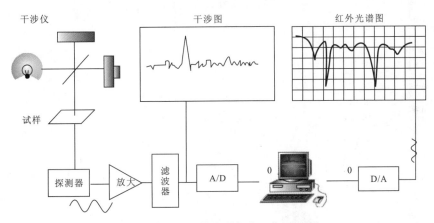

图 9-2-9 红外光谱仪的工作原理图

红外光谱产生的条件是辐射应具有满足物质产生振动跃迁所需的能量及辐射与物质间有耦合作用。被测宝石样品的分子在红外线的照射下,只能吸收与其分子振动、转动频率相一致的红外光。将透过宝石样品的红外光用单色器予以色散,再按波长或波数依次排列,并测出各波长或波数的吸收强度,即得到宝石样品的红外吸收光谱。

(二)仪器构成及特点

红外光谱仪由光源、样品室、分光系统和检测记录系统构成(图 9-2-10)。光源发出的光经干涉仪转变为干涉光,通过测试样品后,将所获的信息经过数学上的傅立叶变换解析成普通的光谱图。其特点是扫描速度极快,适合仪器联用,不需要分光,信号强,灵敏度很高。

宝石学中常用傅立叶变换红外光谱仪(Fourier Transform Infrared Spectrometer),测量范围为中红外 $400 \sim 4\,000 cm^{-1}$,采用透射法或反射法对宝石样品进行快速无损测试。在中红外光区的基频谱峰范围内,能有效地测定由不透明或透明宝石中羟基、水分子的内外振动和阴离子、络阴离子的伸缩或弯曲振动致红外吸收光谱(图 9-2-11),以及有机宝石中各种官能团、配位基的伸缩和弯曲振动致红外吸收光谱。

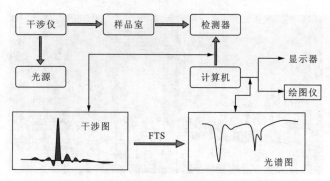

图 9-2-10 傅立叶变换红外光谱仪结构

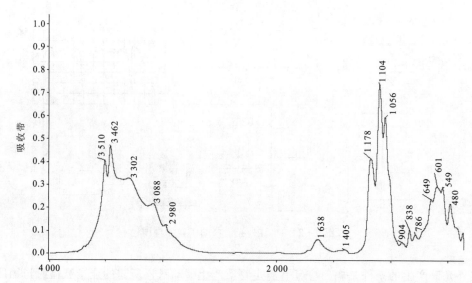

图 9-2-11 绿松石的红外反射光谱

(三)红外光谱的区域

红外光谱位于可见光区和微波区之间,即波长为 $0.76\sim1\,000\mu m$ 范围内的电磁波,通常将整个红外光区分为三个部分(表 9-2-1)。

表 9-2-1 红外光区域的波长及波数范围

区域	跃迁类型	波长范围	波数范围
近红外区	振动/泛频	$0.76\sim2.5\mu m$	$13\,158\sim4\,000cm^{-1}$
中红外区	振动/基频	$2.5\sim25\mu m$	$4\,000\sim400cm^{-1}$
远红外区	转动	$25\sim1\,000\mu m$	$400\sim10cm^{-1}$

近红外区:波数范围为 $4\,000cm^{-1}$ 到 $13\,158cm^{-1}$,该区吸收谱带主要是由低能电子跃迁、

含氢原子团(如 O—H、N—H、C—H)伸缩振动的倍频吸收等产生。如 O—H 的基频伸缩振动在 3 650cm^{-1} 处,伸/弯振动合频在 5 250cm^{-1} 处,一级倍频在 7 210cm^{-1} 左右。

中红外区:即振动光谱区。它涉及分子的基频振动,绝大多数宝石的基频吸收带出现在该区。基频振动是红外光谱中吸收最强的振动类型,在宝石学中应用极为广泛。通常将无机宝石振动光谱区分为两个区间,即基团频率区(官能团区)3 800~3 000cm^{-1} 和指纹区 1 500~400cm^{-1}(图 9-2-11)。

远红外光区:该区的吸收带主要是由气体分子中的纯转动跃迁、振动-转动跃迁、液体和固体中重原子的伸缩振动、某些变角振动、骨架振动以及晶体中的晶格振动所引起的。

(四)测试方法

红外光谱仪有两类:色散型和干涉型(傅立叶变换红外光谱仪)。用于宝石的红外吸收光谱的测试方法可分为两类,即透射法和反射法。

1. 透射法

透射法又可分为粉末透射法和直接透射法。粉末透射法属于一种有损测试方法。具体方法是将样品研磨成 2μm 以下的粒径,用溴化钾以 1:100~1:200 的比例与样品混合并压制成薄片,即可测定宝石矿物的透射红外吸收光谱。直接透射法是将宝石样品直接置于样品台上(无损),由于宝石样品厚度较大,表现出 2 000cm^{-1} 以外波数范围的全吸收,因而难以得到宝石指纹区这一重要的信息。

2. 反射法

红外反射光谱的类型有:镜反射、漫反射和衰减全反射。镜反射和漫反射红外光谱在宝石学中的应用最多。透明或不透明宝石多可以测到这两种红外光谱表征,能够获得宝石的晶体结构中羟基、水分子的重要信息,特别是为某些充填处理的宝石中有机高分子充填材料的鉴定提供了一种便捷、准确、无损的测试方法。

(五)宝石学应用

红外光谱主要用于鉴定宝石品种、区分天然与合成宝石、优化处理宝石和有机质宝石,在宝石的鉴定与研究领域中发挥着越来越重要的作用。

1. 鉴定宝石的品种

红外吸收光谱是宝石分子结构的具体反映,由于宝石中不同的原子基团有不同的振动范围,根据基团振动的频率可确定宝石的类别,对照宝石的标准图谱,即可确定其品种。

如宝石中常见具猫眼效应的宝石品种很多,当矽线石、柱晶石、透辉石都具猫眼效应时,其折射率、密度相差不大,甚至互相重叠,此时在常规仪器下的鉴定无法将其分开,尤其是成品鉴定时不能破坏样品,这时可通过红外显微镜反射法测定其矿物的基频振动来区别它们,包括和田玉与其相似品种的鉴别,翡翠与其相似品种的鉴别。如翡翠的品种中有硬玉翡翠、钠铬辉石翡翠和铬硬玉翡翠,其成分中以哪种矿物为主,可通过红外光谱的测试将其区分(图 9-2-12)。

2. 钻石的类型划分

钻石主要由碳(C)原子组成,当其晶格中存在少量的氮(N)、硼(B)、氢(H)等杂质原子时,

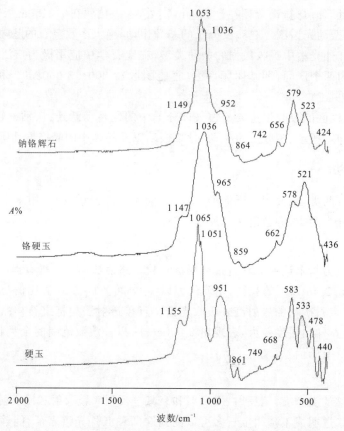

图 9-2-12 翡翠中钠铬辉石、铬硬玉和硬玉的红外光谱图

可使钻石的物理性质(如颜色、导热性、导电性等)发生明显的变化。杂质元素氮(N)在钻石中具有不同的浓度和不同的集合体类型,因此也具有不同特征的红外光谱,利用红外光谱的特征不仅可分辨Ⅰ型钻石和Ⅱ型钻石,同时还能帮助区分ⅠaA、ⅠaB、Ⅱa和Ⅱb等亚型。不同类型钻石的红外吸收光谱见表9-2-2。

表 9-2-2 钻石类型与红外光谱

钻石类型	Ⅰa型			Ⅰb型	Ⅱa型	Ⅱb型
	ⅠaA	ⅠaAB	ⅠaB1	ⅠaB2			
红外谱带 cm^{-1}	1 282	415.5nm 可见光	1 175	1 365 1 370	1 130	1 100~1 400 无吸收	2 800

3. 优化处理宝石的鉴定

用红外光谱能够准确地识别出宝石是否含有人工充填的有机质。根据环氧树脂苯环伸缩振动在 $3\,028cm^{-1}$ 处,而与之对应的 $-CH_2$ 不对称伸缩振动在 $2\,922cm^{-1}$ 处,不对称伸缩振动在 $2\,850cm^{-1}$ 处。这一特征能有效地鉴别天然宝石与注胶处理的宝石,如天然祖母绿与充胶处理祖母绿、天然翡翠与酸洗充胶翡翠等宝石。

目前在翡翠的鉴定中红外光谱起着重要的作用,尤其是酸洗充胶翡翠(B货)的技术在不断更新,使人们在消费中防不胜防,红外吸收光谱在翡翠的鉴定尤其是高档翡翠的鉴定中为鉴定者提供了有力的证据。由于胶的存在,天然翡翠(A货)与酸洗充胶翡翠的红外光谱图存在着较大的差异。

天然翡翠从 $400\sim2\,200\,cm^{-1}$ 的红外光被样品完全吸收,即没有光线能够穿透样品,在 $2\,200\sim3\,000\,cm^{-1}$ 有一中心位于 $2\,600\,cm^{-1}$ 的宽透过峰,$3\,000\sim3\,700\,cm^{-1}$ 又有一个以 $3\,500\,cm^{-1}$ 为中心的宽吸收带(图9-2-13(a))。而酸洗充胶翡翠(图9-2-13(b)、(c)、(d))有烃基峰 $2\,870\,cm^{-1}$、$2\,928\,cm^{-1}$ 和 $2\,964\,cm^{-1}$ 的吸收峰,并且三个吸收峰中 $2\,964\,cm^{-1}$ 的吸收往往比 $2\,928\,cm^{-1}$ 的吸收更强;烯基峰有 $3\,035\,cm^{-1}$ 和 $3\,058\,cm^{-1}$ 的吸收峰,烃基峰和烯基峰构成两个较大的吸收谷。此外,在 $2\,200\sim2\,600\,cm^{-1}$ 范围,还可见到不太明显的多个吸收峰。

当酸洗充胶翡翠中的树脂胶较多时,会出现指形峰,由 $2\,430\,cm^{-1}$、$2\,485\,cm^{-1}$、$2\,540\,cm^{-1}$ 和 $2\,590\,cm^{-1}$ 的四个吸收峰组成的峰系变得更为明显,像手指形状,反映树脂胶中苯在苯环上"C—H"键的振动吸收。而 $2\,870\,cm^{-1}$、$2\,928\,cm^{-1}$ 和 $2\,964\,cm^{-1}$ 的三个吸收峰一起形成宽底状吸收谷,有时 $3\,035\,cm^{-1}$ 和 $3\,058\,cm^{-1}$ 的吸收峰同时存在。

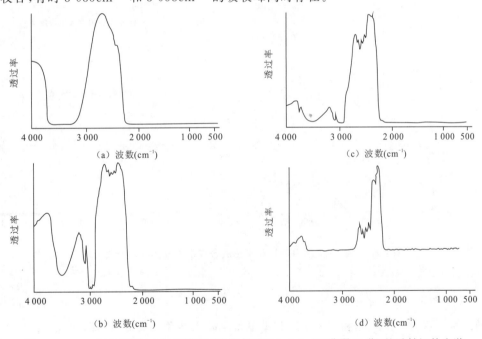

图9-2-13 天然翡翠(a)与充填不同含量树胶(b)、(c)、(d)翡翠(B货)的透射红外光谱

4. 天然宝石与合成宝石的鉴定

天然宝石与合成宝石虽然在化学成分、晶体结构上相同,但在生长环境、结晶状态上相差甚远,因此红外光谱图为两者的鉴定提供了依据。

(1)天然欧泊与合成欧泊的红外光谱图有显著不同。

(2)天然紫晶中无 $3\,540\,cm^{-1}$ 特征峰,合成紫晶中具 $3\,540\,cm^{-1}$ 特征峰。

(3)同种宝石不同的合成方法其红外光谱也不相同。例如助熔剂法合成祖母绿一般不含水分子,而水热法合成祖母绿则含有不等量水分子和氯酸根离子(矿化剂)。

天然祖母绿与助熔剂法合成祖母绿的区别在于天然祖母绿在 $3\,400\sim3\,800\,cm^{-1}$ 有一强特征峰,助熔剂法合成祖母绿无 $3\,400\sim3\,800\,cm^{-1}$ 强特征峰,这与天然祖母绿中含有一定结晶水(H_2O)有关。

天然祖母绿和水热法合成祖母绿的成分中虽然都含Ⅰ型水和Ⅱ型水,但大部分天然祖母绿中碱金属的含量较高,所以Ⅱ型水的振动强度明显大于Ⅰ型水,对于有些品种Ⅰ型水的振动非常微弱,甚至在红外光谱上几乎没有显示。而大部分水热法合成的祖母绿碱金属含量明显低于天然祖母绿,所以它的Ⅰ型水的振动相对明显。研究表明,俄罗斯水热法合成祖母绿和桂林水热法合成祖母绿中Ⅰ型水的振动非常明显,另外俄罗斯水热法合成、桂林水热法合成祖母绿Ⅰ型水和Ⅱ型水的吸收峰相似,区别在桂林水热法合成祖母绿中由于Cl的存在而产生的特征红外光谱在 $2\,816\,cm^{-1}$ 处有强吸收峰,在 $2\,746\,cm^{-1}$ 和 $2\,886\,cm^{-1}$ 处有弱吸收峰;俄罗斯水热法合成祖母绿比较特征的吸收峰在 $4\,052\,cm^{-1}$ 附近,而未在桂林水热法合成祖母绿中发现此峰。红外光谱图中不同水分子的强吸收峰位于 $3\,500\sim4\,000\,cm^{-1}$,这一范围在鉴定天然和合成祖母绿时具有指导意义(图9-2-14)。

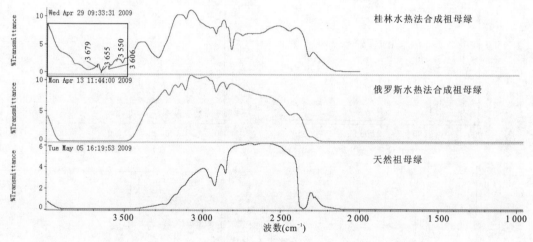

图9-2-14 天然祖母绿和水热法合成祖母绿的红外光谱图

5. 宝石中的羟基和水分子

通过测试宝石中的羟基和水分子来帮助鉴定某些天然宝石及与其相似的宝石。许多宝石中常含有 OH^- 和 H_2O,对应的伸缩振动在中红外官能团区 $3\,800\sim3\,000\,cm^{-1}$,弯曲振动则变化较大,多数宝石吸收谱带在 $1\,700\sim1\,400\,cm^{-1}$ 范围内。与结晶水和结构水相比,吸附水的对称和不对称伸缩振动中心谱带在 $3\,400\,cm^{-1}$ 处。

如助熔剂法合成的红宝石不含水,焰熔法合成的红宝石含有较明显的H—O键。天然绿松石和吉尔森仿绿松石由于成分不同而导致红外光谱有较大差异。天然绿松石晶体结构中普遍存在羟基和水分子,其中由羟基伸缩振动致红外吸收锐谱带位于 $3\,466\,cm^{-1}$、$3\,510\,cm^{-1}$ 处,并显示较强的氢键;而由 M(Fe、Cu)—OH 伸缩振动所致的红外吸收谱带则位于 $3\,293\,cm^{-1}$、

$3\,076\mathrm{cm}^{-1}$处,多呈较舒缓的宽谱态展布。吉尔森仿绿松石中明显缺乏天然绿松石所特有的由羟基和水分子伸缩振动致红外吸收谱带,同时显示由高分子聚合物中$-CH_2$、$-CH_3$伸缩振动致红外吸收锐谱带($2\,959\mathrm{cm}^{-1}$、$2\,924\mathrm{cm}^{-1}$、$2\,853\mathrm{cm}^{-1}$)(图9-2-15)。

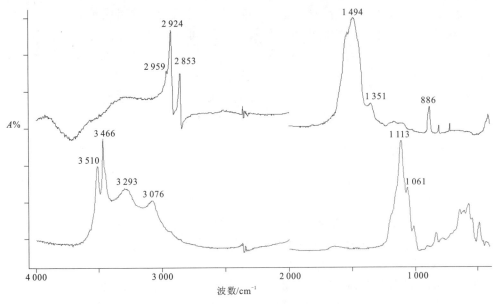

图9-2-15 天然绿松石(红)和吉尔森仿绿松石(蓝)的红外光谱图对比

四、电子探针(Electron Probe)

自1951年世界上第一台电子探针X射线显微分析仪诞生起,经过几十年的发展,已广泛应用于各学科领域。近年来,由于珠宝业的快速发展,宝石鉴定的难度越来越大,研究也越来越深入,电子探针在宝石学中的应用也就越来越广泛。

电子探针的全称是电子探针X射线显微分析仪(图9-2-16),是指运用电子所形成的探测针(细电子束)作为X射线的激发源,以进行显微X射线光谱分析的设备。利用高能电子束轰击固体样品的表面,可在一个微米级的有限深度和侧向扩展的微区体积内激发并产生特征X射线信号,根据微区内发射的X射线的波长及强度来进行定性和定量分析,是一种十分理想的微区化学成分分析方法。

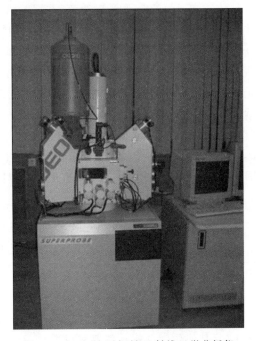

图9-2-16 电子探针X射线显微分析仪

(一)基本原理

电子探针的基本工作原理是高能电子束经过电子光学系统(如静电或电磁透镜)聚焦到宝石样品表面约 $1\mu m^2$ 的区域,样品经电子束的轰击,辐射出 X 射线,通过 X 射线光谱仪,对待测元素 X 射线的波长和强度进行测量,逐点定量和定性分析物质的组成元素、化学成分、表面形貌和结构特征。通过电子扫描同步系统和电子显示,可使样品中各种组成元素的分布情况以放大的图像直接显示于荧光屏上。当电子束轰击到样品表面时会产生特征 X 射线信号,其中包括二次电子、背散射电子、俄歇(Auger)电子、特征 X 射线和不同能量的光子。

这种特征 X 射线所具有的波长与元素的种类有关,强度与元素浓度相关。一种元素的特征 X 射线,总与同时被激发产生的连续 X 射线及样品中其他元素的特征 X 射线一起发射。

(二)电子探针的组构及检测方法

电子探针是由电子光学系统、X 射线光谱仪系统、光学显微镜、样品室和 X 射线的测量记录系统等部分组成。其中电子光学系统包括电子枪、电磁透镜和扫描线圈等;X 射线光谱仪系统是把不同波长和能量的 X 射线区分开的装置;光学显微镜用于选取分析位置;样品室用于放置测试样品和标准样品,由测角台和样品座组成;X 射线的测量记录系统用于接收、处理、显示或打印 X 射线信息。

X 射线检测方法分为两种:一种为"波长分散谱仪"技术;另一种是"能量分散谱仪"技术。波长分散谱仪是利用成套的已设计好的分光晶体,每种分光晶体其 d 值(晶体常数)固定。连续改变 X 射线入射角,即可接收到各种单一波长的 X 射线信号,从而展示此分光晶体所测波长范围内的全部 X 射线谱,并据此谱分析宝石样品的元素种类及含量。

能量分散谱仪与波谱仪不同,它是利用特征 X 射线的能量不同而进行展谱分析。当高能电子束轰击样品时,宝石样品中各种元素都被激发而放射出不同能量的 X 射线,能谱仪将这些 X 射线收集起来,按能量大小将其分类并快速显示出谱线再加以检测,从而进行宝石样品元素种类及含量的定性、定量分析。

(三)电子探针的特点

电子探针分析技术的特点是分析微区小、灵敏度高、不破坏样品,可以进行分析的元素范围广,并可选择点、线、面各区域的元素分布特点来进行研究。

1. 微区域分析

分析的样品可以是微小的区域,最小样品约为 $1\mu m^3$。这种微区域分析方法具有极高的分辨率,图像分辨率可达 $0.2\sim 0.3nm$,在特定的条件下可直接分辨原子;能进行纳米级的晶体结构研究和化学成分分析。

2. 微量样品分析

分析的样品可以是微小的质量,可以分析的最小样品质量约为 $10^{-11}g$。所需测试样品量之少,是其他化学分析和仪器分析方法无法比拟的。这种微量样品数量的要求对于鉴定和研究贵重而稀有的宝石显得极其重要。

3. 点、线和面的分析

能在测试宝石样品表面直接进行定点分析,包括定性、半定量分析,并对其所含元素的质量分数进行定量分析。线扫描分析是电子束沿宝石样品表面选定的直线轨迹进行所含元素质量分数的定性或半定量分析。面扫描分析是电子束在宝石样品表面做光栅式面扫描,以特定元素的 X 射线的信号强度调制阴极射线管荧光屏的亮度,来获得该元素质量分数分布的扫描图像。

4. 无损鉴定

分析时可以不破坏样品,但要求样品表面应为抛光平面。可以进行多次重复分析以及多方面的测量,并可快速、无损地测定宝石中所含元素,测定宝石不同部分、不同方向的元素含量变化等,因此被广泛地应用于宝石的鉴定和研究领域。

(四)宝石学中的应用

电子探针 X 射线显微分析仪在分析时可以快速无损测定宝石或矿物的主元素含量以及包裹体的成分,从而确定宝石种属和进行宝石成因研究。

1. 测试宝石中的包裹体成分

由于电子探针的测试范围极小,对于宝石中存在的细小包裹体成分测试具有明显的优越性。它可以对宝石表面或露出宝石表面的晶体包裹体选定微区进行成分分析和形貌扫描,得出晶体包裹体的定性或者定量的化学成分和图形,帮助确定包裹体的种类。但由于所测包裹体必须出露于表面,因此制样条件又限制了其应用的广泛性。

2. 测试宝石的化学成分

一般的电子探针可快速测定 $Na(Z=11)$ 到 $U(Z=92)$ 元素。电子探针通过一个微小区域的探测可得到所测宝石的主要化学成分及微量元素的成分。这一特点为区分那些微量元素含量、种类有一定差异的天然宝石、合成宝石及裂隙充填宝石等提供了有力的鉴定依据。此外,对于测试类质同像宝石的亚种名称也有很大的帮助。

3. 测试宝石不同部分、不同方向元素含量的变化

电子探针的线扫描、面扫描技术可以十分方便、快速地分析出宝石的色带、生长带、色斑等的元素种类、元素含量的变化规律,从而为宝石颜色的成因、生长环境及其变化规律等提供鉴定和研究的依据。

五、拉曼光谱仪(Raman spectrometer)

拉曼光谱的发现应用距今已有 70 余年,激光的问世,给拉曼光谱提供了一种理想的单色光源。作为一种微区无损分析和红外吸收光谱的互补技术,拉曼光谱能迅速判断出宝石中分子振动的固有频率,判断分子的对称性、分子内部作用力的大小及一般分子动力学的性质,为宝石鉴定工作者提供了一种研究宝石分子成分、分子配位体结构、分子基团结构单元、矿物中离子的有序-无序占位等快速、有效的检测手段。由于拉曼光谱测试具有非破坏性、检测迅速、精确等优点,而且仪器本身成本较以前大为降低,再加上易于操作且体积小,已逐渐应用于宝石学的鉴定和研究中。

(一)结构及工作原理

拉曼光谱仪(图9-2-17)是根据拉曼效应对分子结构进行研究的一种仪器,由传统显微镜、激光器、单色器、样品室、检测器及分析拉曼散射信息的计算机等部分构成(图9-2-18)。当光照射到测试样品上时,除按照几何光学规律传播的光线外还存在散射光,其中非弹性的拉曼散射光能提供分子振动的信息,散射光的能量随着测试样品的分子结构不同而变化,由此获得的发射谱为拉曼光谱。

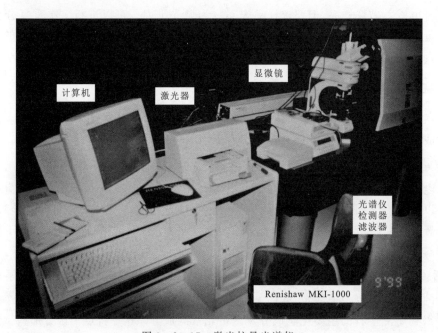

图9-2-17 激光拉曼光谱仪

拉曼效应很弱,须使用激光光源,以增加它的强度。拉曼效应可以简单地被看作是光子与测试样品的分子的非弹性碰撞,即光子与分子相互作用中有能量交换,从而产生频率变化。

1. 弹性碰撞

光子和分子之间没有能量交换,仅改变了光子的运动方向,其散射频率等于入射频率,这种类型的散射在光谱上称为瑞利(Rayleigh)散射。

2. 非弹性碰撞

光子和分子之间在碰撞时发生了能量交换,既改变了光子的运动方向,也改

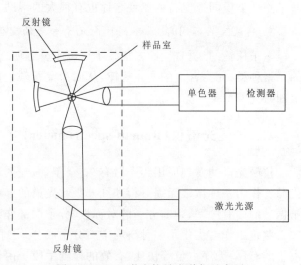

图9-2-18 激光拉曼光谱仪示意图

变了光的频率,使散射频率和入射频率有所不同,此类散射称为拉曼(Raman)散射。

3. 拉曼散射的特点

当散射光的频率低于入射光的频率时称为斯托克斯(Stokes)散射,相应的谱线称为斯托克斯线;若散射光的频率高于入射光的频率,将这类散射线称之为反斯托克斯线。由于常温下分子通常都处在振动基态,所以在拉曼散射中以斯托克斯线为主,反斯托克斯线的强度相对较低,一般很难观察到。斯托克斯线和反斯托克斯线统称为拉曼光谱。拉曼效应引起的光的频率变化称为拉曼位移,拉曼位移由宝石晶体结构的振动能级所决定,而与入射光的频率无关。

(二)拉曼光谱分析的特点

拉曼散射是研究分子结构的一种重要方法,可以迅速定出分子振动的固有频率,从而帮助判断分子的对称性、分子内部作用力的大小及一般分子动力学的性质。应用到宝石鉴定与研究中,在激光、高倍数显微镜和高精度分析仪的帮助下,它可以为宝石学鉴定和研究提供小至100nm的包裹体信息。拉曼光谱鉴定宝石是将所获图谱与标准图谱对比,因此需要详细而完整的图谱资料库。国际上相关宝石的图谱资料库正在建立之中。

拉曼光谱仪在分析过程中无需制样,即没有样品的制备过程,从而避免了一些误差的发生。该仪器操作简便,测试样品时间短、灵敏度高,具有无损、迅速、准确等优点。

拉曼光谱可对所研究的宝石材料进行定性、定量和结构分析。如根据不同的宝石样品具有不同的特征光谱来进行定性分析,根据宝石样品对光谱的吸光度的特点来进行定量分析,根据光谱谱带的特点来进行结构分析,这也是进行宝石结构分析的基础。

(三)拉曼光谱在宝石学中的应用

拉曼光谱的分析方法在宝石学中的应用较多,主要用于研究宝石中的包裹体(尤其是流体包裹体)、确定充填处理的宝石、鉴定常规方法不宜测试的稀少宝石品种。

1. 宝石中包裹体的研究

拉曼光谱仪通过激光束的聚焦直接穿入包裹体而对其进行研究。其可以分析距表面5mm范围内的包裹体。拉曼探针可以方便地鉴定宝石表面以及没有暴露到表面的固相(图9-2-19)、液相和气相包体(图9-2-20)。

2. 人工优化处理宝石的研究

拉曼光谱可鉴定人工优化处理宝石,鉴别出填充物的种类。如天然和人造树脂的拉曼波峰分别集中在 2 800~3 100cm^{-1} 和 1 200~1 700cm^{-1} 处,其中人造树脂还有独特的 1 200cm^{-1}、1 606cm^{-1}、3 008cm^{-1} 和 3 070cm^{-1} 波峰。拉曼光谱还可鉴定染色处理黑珍珠和海水养殖黑珍珠,普通染色珍珠除了具有很强的荧光背景和明显的文石的峰 704cm^{-1} 和 1 083cm^{-1} 外,在 1 400~1 600cm^{-1} 处还有几个染剂的峰。

3. 特殊宝石品种的鉴定

拉曼光谱为难以用常规宝石学鉴定方法进行测试的宝石,如镶在表壳内的宝石、爪镶宝石、皇家珍品宝石等,提供了一种无需接触宝石的快速、准确的鉴定方法。对于常规方法较难鉴定的稀少品种,拉曼光谱仪也能提供有力的鉴定证据。

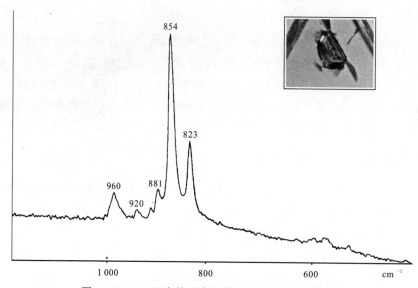

图9-2-19 辽宁钻石中橄榄石包裹体的拉曼光谱

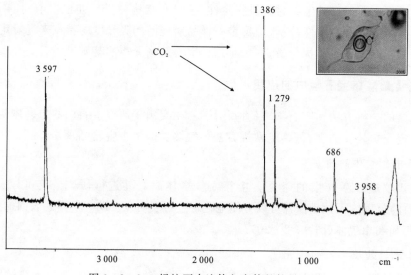

图9-2-20 绿柱石中流体包裹体的拉曼光谱

4. 局限性

拉曼光谱仪对于固溶体端员成分的鉴定、某些聚晶物质(如绿松石、养殖珍珠)及某些高荧光物质内的包裹体研究等都还存在一些问题尚待解决。

六、阴极发光(Cathodo Luminescence, CL)

阴极发光技术是通过电子束轰击测试样品使之发光,以研究其成分、晶体形态及二者相互关系等特征的新的技术方法。阴极发光技术从20世纪70年代起被用于宝石鉴定中,最初主要用于鉴别天然钻石和合成钻石。该仪器具有成本低、无损、快捷和制样简单等优点,因此在宝石学的鉴定和研究中有着良好的发展前景。

阴极发光是测试样品在高能电子束轰击下产生的一种发光现象。通常发出的是可见光或是紫外光、红外光,其光波波长和强度与所测宝石样品的化学成分、晶体结构、微量杂质、保存环境和束流密度等有关。不同种类的宝石或相同种类、不同成因的宝石在电子束的轰击下会发出不同颜色及不同强度的光,并且排列式样有差别,由此可以研究宝石样品的杂质特点、结构缺陷、生长环境及生长过程。

(一)仪器的组成结构

阴极发光仪是检测和记录宝石阴极发光现象的一种光学仪器。仪器主要由电子枪、真空系统、控制系统、真空样品仓、显微镜及照相系统构成。

(1)电子枪。用于发射直径为 2~20mm 大小的电子束,然后在 1~25kV 加速电压作用下可形成电流密度为 0.1~1mm 的高能电子束,通过聚焦作用可使之聚成 $d=0.3$mm 左右的电子束,再轰击样品。

(2)真空系统(抽真空)。由旋转机械泵、扩散泵、离子泵、真空阀门和真空检测器组成,功能是为电子系统提供真空条件,以增强束压和束电流的强度,同时也可防止样品室污染。

(3)控制系统。由真空检测、高压调节、电流强度调节、束斑聚焦调节等部分组成,用来控制束电压、电流强度和束斑焦点的大小,其功能是维持整个系统的正常工作状态。

(4)真空样品仓。用于放置样品并可以前后、左右调节样品位置。

(5)显微镜和照相系统。用于观察样品的发光现象及自动照相来记录样品的图像。

(二)基本工作原理

阴极发光通过高能量的电子束轰击宝石晶体使其内部产生电子空穴,造成宝石晶体局部能级变化并形成激发中心,由于激发中心多处于能量的亚稳定状态,它们可俘获电子增大能带的能量,最终成为发光中心。固体能带理论认为,宝石晶体的发光通常与其内所含的微量杂质原子(离子)或晶格缺陷有关。这些微量杂质原子(离子)或晶格缺陷在禁带中常形成一些分立(施主)能级。在阴极射线管发出具有较高能量的电子束激发下,其带价电子被激发到导带。当价带中的电子受激发跃迁到导带时,在导带中形成自由电子,在价带中形成自由空穴;而施主能级上的电子受激发跃迁到导带,成为自由电子,处在激发态的电子通过各种形式释放能量回到基态,并以可见光的形式释放能量,形成发光。

(三)宝石学中的应用

阴极发光技术最早和最成功的应用是能迅速有效地区分天然钻石和合成钻石,近几年在宝石鉴定和研究领域中发挥着越来越重要的作用,利用该仪器可帮助区分某些天然宝石与合成宝石、优化处理的宝石。

1. 区分某些天然宝石与合成宝石

(1)天然钻石和合成钻石的区分。天然钻石和合成钻石由于生长环境的不同,在生长结构上存在着显著的差异。天然钻石因生长环境比较复杂,或多或少会造成晶体结构上的位错,但作为宝石级的钻石大多数晶体为八面体或菱形十二面体的单形,在电子束激发下,天然钻石多发出相对均匀的中强蓝色-灰蓝色光,并显示规则或不规则的生长环带结构(图9-2-21)。而合成钻石在实验室条件下生长,生长环境较为稳定,生长周期短,所生产的钻石结构相对完美,且合成钻石晶体多以聚形(八面体和立方体)为主,在不同的生长区则发出不同颜色的光,并显示几何对称的生长分区结构。如{100}生长区发黄绿色光,分布于其中四个角顶,呈对称分布,为十字交叉状。籽晶幻影区发黄色光(或弱发光),位于晶体中心,呈正方形。而{111}生长区呈环带分布,所出现的发光颜色以黄绿色为主,呈现的图案为"沙钟状"(图9-2-22)。

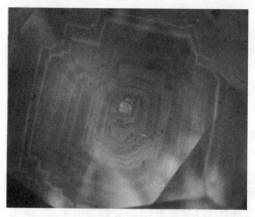
图9-2-21 天然钻石CL图像($\perp L^4$)

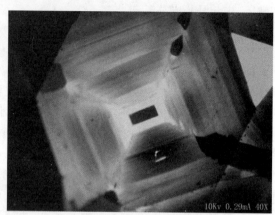
图9-2-22 合成钻石CL图像($\perp L^4$)

(2)天然紫晶和合成紫晶的区别。天然紫晶在阴极射线下几乎不发光或者发出很弱的紫蓝色光,这与它所含的Ti^{4+}特别是Fe^{2+}等微量杂质离子有关。合成紫晶由于含微量Fe^{3+}(不含Fe^{2+})而发中等强度的深红色光。

(3)天然红宝石和合成红宝石的区分。在电子束的轰击下,合成红宝石发很强的亮红色光,并显示弧形生长纹。天然红宝石则发中等强度的深红色光或紫红色光。

(4)天然蓝宝石和合成蓝宝石的区分。天然蓝宝石含有Fe^{3+}、Fe^{2+}、Cr^{3+}、Ti^{4+}等杂质离子,其中Fe^{3+}和Cr^{3+}的存在使之发出中等强度的深红色光。合成蓝宝石发出强度很弱的紫蓝色光(与Ti^{4+}有关),Fe^{2+}起着抑制发光的作用,但弧形生长纹在阴极射线下清晰可见。

2. 鉴定某些天然宝石和优化处理宝石

发光结构的不同,有助于区分天然翡翠(A货)和处理翡翠(B货)。在电子束的激发下,天然翡翠显粒状变晶发光结构,呈紧密镶嵌,晶粒发育较完整,偶显环带发光结构,在部分具碎裂结构的天然翡翠中,其粒间似胶结物质的发光强度远大于主晶的发光强度,且发光的颜色比较复杂,有暗红色、蓝色、黄绿色等,而且发光强度较弱。而充填处理翡翠呈典型的碎粒或充填发光结构,发光则相对均匀,以黄绿色为主,碎粒间隙中的充填物(注胶)则基本不发光。

习 题

1. 简述紫外-可见光谱仪的构成及测试方法。
2. 请指出X射线荧光光谱仪的优势及特点。
3. 简述红外光谱仪在宝石学中的用途。

4. 简述电子探针的特点及其在宝石学中的应用。
5. 简述拉曼光谱仪在宝石学中的应用及其局限性。
6. 请详细解释阴极发光仪最早应用于哪类宝石的鉴定中。

第十章 人工宝石

第一节 人工宝石晶体生长的基本理论

随着科学技术的发展,人们生活水平不断提高,人类对宝石的需求也逐渐增加。由于天然宝石材料资源的不可再生性,且资源量使用的有限性,而使人工宝石材料被大批量生产,且价格低廉,故人工宝石材料在市场上占有较大的份额,品种日益繁多,且特征也越来越接近天然宝石品种。宝石学家不断面临鉴别新的人工宝石材料的挑战。某些人工的晶体材料也用于工业产品及设备的制造及生产中。例如,人工宝石被广泛用于激光工业,合成水晶成为制作控制和稳定无线电频率的振荡片和有线电话多路通讯滤波元件及雷达、声呐发射元件等最理想的材料。

一、人工宝石材料的发展历史

人工生产宝石的历史最早可追溯到 1500 年埃及人生产仿祖母绿、仿青金岩和仿绿松石等。人工合成宝石始于 18 世纪中期至 19 世纪,矿物学研究及化学分析方法取得的进展,使人们逐渐掌握了宝石的化学成分及性质,加上化学工业及对结晶过程认识的发展,人工合成宝石得以实现。1892 年出现了闻名的"日内瓦红宝石",这是用氢氧火焰使品质差的红宝石粉末及添加的致色剂熔融,再重结晶生产出的优质红宝石。随后,这种方法经研究者们不断改进并得以商业化生产。从此,宝石合成业飞速地发展了起来。合成尖晶石、合成蓝宝石、合成金红石、人造钛酸锶等逐渐面市。1953 年合成工业级钻石、1960 年合成祖母绿及 1970 年宝石级合成钻石也相继获得成功。20 世纪 90 年代,人们采用化学气相沉积法合成钻石多晶质薄膜,到 2004 年美国的阿波罗公司采用 CVD 法成功地合成出了宝石级钻石,且有望在短期内实现商业化生产。

我国的人工宝石材料的生产起步较晚。20 世纪 50 年代末,为了发展我国的精密仪器仪表工业,从苏联引进了合成刚玉的设备和技术,60 年代投产后,主要用于手表轴承材料的生产。后来发展到有 20 多家焰熔法合成宝石的工厂,能生产出各种品种的合成刚玉宝石、合成尖晶石和合成金红石等。我国水热法生长水晶的研究工作,始于 1958 年,彩色石英则是 1992 年才开始生产,现在市场上已能见到各种颜色的合成石英。20 世纪 70 年代,由于工业和军事的需要,尤其是激光研究的需要,我国先后生产了人造钇铝榴石(YAG)和人造钆镓榴石(GGG)晶体。1982 年,我国开始研究合成立方氧化锆的生产技术,1983 年投产。广西桂林宝石研究所 1993 年成功生产出水热法合成祖母绿,现已能生产水热法合成其他颜色的绿柱石及合成的红、蓝宝石。合成工业用钻石在我国是 1963 年投产的,至 80 年代末,已有 300 余家合成工业用钻石的厂家。但宝石级合成钻石的生产仍在探索之中。1995 年,已生产出了多晶质金刚石薄膜,并应用于首饰制作中。可见,我国的人工宝石制造工业虽然起步较晚,但发展迅

猛,与发达国家的差异正在逐渐缩小。

二、基本概念

人工宝石是指人们在实验室或工厂生产出来的无机宝石材料,包括合成宝石和人造宝石两大类。

1. 合成宝石

合成宝石是指人们在实验室或工厂生产的无机宝石材料,其化学成分、原子结构、物理性质与其天然对应无机宝石基本相同。

例如,合成尖晶石与其天然对应物天然尖晶石在物理性质、化学成分和原子结构上基本相同,但也存在细小的差异。

天然尖晶石:$MgO:Al_2O_3=1:1$,折射率 1.718,相对密度 3.60;

合成尖晶石:$MgO:Al_2O_3=1:(1.5\sim3.5)$,折射率 1.727,相对密度 3.63。

2. 人造宝石

人造宝石是指人们在实验室或工厂生产的无机宝石材料。人造宝石是具有独特化学成分、原子结构和物理性质的人工宝石材料,无天然对应物,如钇铝榴石(YAG),其分子式为 $Y_3Al_5O_{12}$。

三、晶体生长基本理论

晶体生长最早是一门工艺,由于热力学、统计物理学及其他学科在晶体生长中的应用,使晶体生长理论逐步发展完善起来。晶体生长的发生最初是从溶液或熔体中形成固相的小晶芽,即成核过程。晶核形成后,就形成了晶体与介质的界面,晶体生长最重要的过程就是界面过程。宝石科学家们提出了许多生长机制或模型,并结合热力学和动力学探讨了这一过程。尽管晶体生长理论已有 100 多年的发展历程,但晶体生长理论还并不完善,现有的晶体生长模型还不能完全用于指导晶体生长实践,为了提高晶体质量,还有许多实际问题尚待解决。

1. 成核

成核过程实际是一个相变过程。相是一个体系中均匀一致的部分,它与其他部分有明显的分界线。化学成分相同的物质,在不同的温压条件下,可以呈不同的结构(同质多像)或不同的状态,如固相、液相和气相。

当某一体系的外界条件改变时,会发生状态的改变,这种现象即相变。宝石合成的过程(即生长晶体),从液相变为固相、固相变为固相、气相变为固相。相变过程受温压条件、介质组分的控制。

根据相变理论公式(克拉帕珑方程),即反映压力、温度和组分的关系,做出的表示相变、温度、压力、组分关系的图解称为相图。

石墨的相图是一元相图,如图 10-1-1 所示。这个相图表明,在很大的压力和温度范围内存在碳的固态相变。它是根据热力学原理,结合多次实验和外推等做出的。石墨在温度(T)1 400~1 600℃和压力(P)$4.5\times10^9\sim6\times10^9$ Pa下会转变为钻石,图 10-1-1 是合成钻石的依据。

影响成核的外因主要是过冷度和过饱和度,成核的相变有滞后现象,即当温度降至相变点 T_0 时,或当浓度刚达到饱和时,并不能看到成核相变,成核总需要一定程度的过冷或过饱和。在理想均匀环境下,任何地方成核几率均匀,但实际条件常常不是理想均匀的。空间各点成核的概率不同,即非均匀成核。一般在界面上,如外来质点(尘土颗粒表面)、容器壁以及原有晶体表面上容易形成晶核。

在合成晶体过程中,为了获得理想的晶体,通常人为提供晶核,称为籽晶或种晶。籽晶一般都是从已有的大晶体上切取的。籽晶上的缺陷,如位错、开裂、晶格畸变等在一定的范围内会"遗传"给新生长的晶体,因此,在选择籽晶时要避开缺陷。根据晶体生长习性和应用的要求,籽晶可采用粒状、棒状、片状等不同的形态。籽晶的光性方位对合成晶体的形态、生长速度等有很大的影响,所以籽晶的选择非常重要。

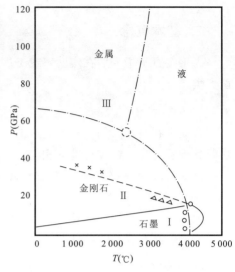

图 10-1-1 石墨钻石的相图

2. 晶体生长界面稳定性

晶核出现后,过冷或过饱和驱使质点按一定的晶体结构在晶核上排列生长。温度梯度和浓度梯度直接影响界面的稳定性,从而影响晶面的生长速度、晶体的形态。

在晶体生长过程中,介质的温度、浓度会影响晶体与介质界面的宏观形状,如凸起、凹陷或平坦光滑。如果界面为平坦光滑状态,则稳定性好;如果受生长条件的干扰,界面会产生凹凸不平,即形成不稳定界面。影响界面稳定性的因素主要有熔体温度梯度、溶质浓度梯度、生长速率等。

1) 熔体温度梯度

生长界面处的温度分布有三种情况。

(1) 温度梯度为正,即 $dT/dx > 0$,熔体为过热熔体。
(2) 温度梯度为负,即 $dT/dx < 0$,熔体为过冷熔体。
(3) 温度梯度为零,即 $dT/dx = 0$。

温度梯度大于零,熔体过热,远离界面温度高,突起处(温度高)生长慢,凹入处(温度低)生长快,最终使晶体界面达到光滑,从而形成界面稳定和平衡的状态。

温度梯度小于或等于零,熔体过冷,远离界面温度(低),突起处(温度低)生长更快,不利于晶体界面达到光滑,所以导致界面不稳定。

在熔体中结晶的合成方法(如提拉法)要求熔体温度略高于熔点,而应该避免熔体温度过冷或等于熔点的状况。合成过程中温度有波动,或局部不均匀,则出现突起与凹入的界面,在晶体生长中应该尽量避免。

2) 溶质浓度梯度

当晶体生长体系为多组分体系,或生长体系中含有杂质元素时,晶体生长会发生分凝效应,即某元素在晶体与溶液中的浓度不等。随着晶面生长前移,界面前沿该元素的浓度将提高,形成界面前沿液体中的浓度梯度。该元素浓度的提高会改变凝固点温度,一般都会使凝固点下降。这时,界面前沿液体中有两个温度分布,在界面前沿有一个区域,实际温度小于液相温度,造成界面前沿出现过冷现象,这种由成分分布变化而引起的过冷现象叫组分过冷。组分过冷现象也会使界面变成不稳定的粗糙界面。但如果正温度梯度非常大,则不会产生组分过冷现象。在溶液中生长时,溶质在界面附近汇集,在高浓度处有用质点作为溶质不断结晶。

3)生长速率梯度

晶体生长时,生长界面向液体或熔体推进,生长越慢,界面越稳定。生长速率梯度与晶体生长动力学参数有关,也与温度梯度、浓度梯度有关。

总之,为了获得稳定的生长界面,应该适当加大温度梯度,采用较慢的生长速率,并在各个方向保持较小的溶质浓度梯度。

3. 晶体生长的界面模型

晶体生长最重要的过程是一个界面过程,涉及生长基元如何从母液相传输到生长界面以及如何在界面上定位成为晶体的一部分。几十年来,宝石学家们提出了许多不同的生长机制或模型来探讨这一过程。前文从热力学的宏观方面讨论晶体生长的过程,下面主要从界面微观结构的动力学方面来探讨晶体的生长过程。

1)完整光滑界面生长模型

此模型又称为成核生长理论模型,或科塞尔施特兰斯基(Kossel Stranski)理论模型。该模型是1927年,由科塞尔首先提出,后经施特兰斯基加以发展。

在晶核形成以后,结晶物质的质点继续向晶核上黏附,晶体则得以生长。质点黏附就是按晶体格子构造规律排列在晶体上。质点向晶核上黏附时,在晶体不同部位的晶体格子构造对质点的引力是不同的。也就是说,质点黏附在晶体不同部位所释放出的能量是不一样的。由于晶体总是趋向于具有最小的内能,所以,质点在黏附时,首先黏附在引力最大、可释放能量最大的部位,使之最稳定。

在理想的条件下,结晶物质的质点向晶体上黏附有三种不同的部位(图10-1-2):①质点黏附在晶体表面三面凹角的1处,此时质点受三个最近质点的吸引;②质点黏附在晶体表面两面凹角的2处,则受到两个最近质点的吸引,此处质点所受到的吸引力不如1处大;③质点在一层面网之上的一般位置3处,所受到的吸引力最小。由此可见,质点黏附在晶体的不同部位,所受到的引力或所释放出的能量是不同的。而且,它首先会黏附在三面凹角(1处),其次于两面凹角(2处),最后才是黏附在新一层的面网上(即3处)。

由此得出晶体生长过程应该是:先长一条行列,再长相邻的行列,长满一层面网,然后开始长第二层面网,晶面(晶体上最外层面网)是逐层向外平行推移的。这便是科塞尔施特兰斯基所得出的晶体生长理论。

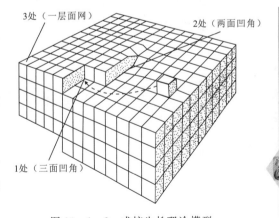

图10-1-2 成核生长理论模型

这一理论是对处于绝对理想条件下进行的结晶作用而言的,实际情况要复杂得多。例如,向正在生长着的晶体上黏附的常常不是一个简单的质点,而是线晶、面晶甚至晶芽。同时在高温条件下,它们向晶体上黏附的顺序也可不完全遵循上述规律。由于质点具有剧烈热运动的动能,有时也会黏附在某些偶然的位置上。尽管如此,晶面平行向外推移生长的结论,还是为许多实例所证实。例如,一些蓝宝石晶体中的六方环状色带,即晶体在生长过程中,介质发生变化使在不同时间内生长的晶体在颜色色调上产生差异造成的。

2) 非完整光滑界面生长模型

此模型又称为螺旋生长理论模型,或 BCF 理论模型。该模型于 1949 年由弗朗克(Frank)首先提出,后由弗朗克等(Buston、Cabresa、Frank)进一步发展并提出一系列与此相关的动力学规律,总称 BCF 理论模型。该理论模型认为,晶面上存在的螺旋位错露头点可以作为晶体生长的台阶源,促进光滑界面的生长。这种台阶源永不消失,因此不需要形成二维核。这一理论成功地解释了晶体在很低的饱和度下仍能生长,而且生长出光滑的晶体界面的现象。

螺旋位错形成的台阶源,围绕螺旋位错线形成螺旋状阶梯层层上升,按 1、2、3、4、5(图 10-1-3)的顺序,依次生长,1 高于 2,2 高于 3,……最后形成一螺旋线的锥形。由于螺旋位错的存在,晶体生长速率大大加快。在许多实际晶体表面,经过放大很容易观察到晶面上的螺旋位错露头点的生长丘。这一理论可以解释许多实际晶体的生长。

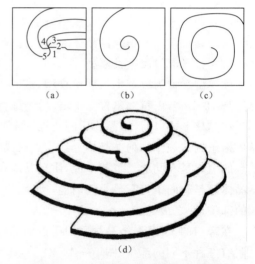

图 10-1-3 螺旋位错生长示意图

四、人工晶体生长方法

1. 从熔体中生长单晶体

此过程是将粉末原料加热、熔化,然后让它冷却,当超过临界过冷度时便结晶生长。

从熔体中生长晶体的方法是最早研究出的方法,也是被广泛应用的合成方法。从熔体中生长单晶体的最大优点是生长速率大多快于在溶液中的生长速率。二者速率的差异在 10～1 000 倍。从熔体中生长晶体的方法主要有焰熔法、提拉法、冷坩埚法和区域熔炼法。

2. 从液体中生长单晶体

此过程是将粉末原料加热,使其在溶剂或熔剂中溶解,通过迁移或反应达到过饱和从而结晶析出。由两种或两种以上的物质组成的均匀混合物称为溶液,溶液由溶剂和溶质组成。合成晶体所采用的溶液包括:低温溶液(如水溶液、有机溶液、凝胶溶液等)、高温溶液(即熔盐)与热液等。从溶液中生长晶体的方法主要有助熔剂法和水热法。

3. 从气相中生长单晶体的方法

气相生长可分为单组分体系生长和多组分体系生长。单组分气相生长要求气相具备足够高的蒸气压,利用在高温区汽化升华,在低温区凝结生长的原理进行生长。但这种方法应用不广泛,所生长的晶体大多为针状、片状的单晶体。多组分气相生长一般多用于外延薄膜生长,外延生长是一籽晶体浮生在另一籽晶体上。主要用于电子仪器、磁性记忆装置和集成光学等方面的工作元件的生产上。合成金刚石薄膜的化学气相沉淀法(CVD法)以及合成碳化硅单晶生产技术,就属于此类。

第二节 焰熔法及其生长宝石的鉴定

1885年由弗雷米(E. Fremy)、弗尔(E. Feil)和乌泽(Wyse)一起,利用氢氧火焰熔化天然的红宝石粉末与重铬酸钾制成了当时轰动一时的"日内瓦红宝石"。1902年弗雷米的助手法国的化学家维尔纳叶(Verneuil)改进并发展这一技术,使之能进行商业化生产。因此,这种方法又被称为维尔纳叶法。

一、晶体生长的原理及方法

焰熔法也称维尔纳叶法,是从熔体中生长单晶体的方法。其原料的粉末在通过高温的氢氧火焰后熔化,熔滴在下落过程中冷却并在籽晶上固结,逐渐生长形成晶体。

焰熔法生长宝石装置由供料系统、燃烧系统和生长系统组成,晶体的生长合成过程是在维尔纳叶炉(图10-2-1)中进行的。

1. 供料系统

(1)原料。成分因生长合成宝石材料品种的不同而变化。原料的粉末经过充分拌匀,放入料筒。

(2)料筒(筛状底)。圆筒,用来装原料,底部有筛孔;料筒中部贯通有一根震动装置,使粉末少量、等量、周期性地自动释放。

(3)振荡器。使料筒不断抖动,以便原料的粉末能从筛孔中释放出来。如果合成红宝石,则需要Al_2O_3和Cr_2O_3,Al_2O_3可由铝铵矾加热获得,Cr_2O_3(1%~3%)为致色剂。

2. 燃烧系统

(1)氧气管。从料筒一侧释放,与原料粉末一同下降。

(2)氢气管。在火焰上方喷嘴处与氧气混合燃烧。通过控制管内流量来控制氢氧比例($O_2:H_2=1:3$),氢氧燃烧温度为2500℃,Al_2O_3粉末的熔点为2050℃。

(3)冷却套。吹管至喷嘴处有一冷却水套,使氢气和氧气处于正常供气状态,保证火焰以上的氧气管不被熔化。

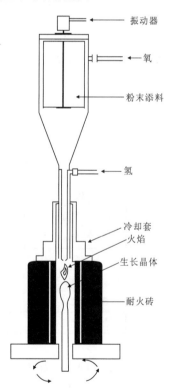

图10-2-1 焰熔法(维尔纳叶法)生长宝石装置

3. 生长系统

落下的粉末经过氢氧火焰后熔融成熔滴,落在旋转平台上的籽晶棒上,冷却结晶逐渐长成一个晶棒。长出的晶体形态类似梨形,故称为梨晶。梨晶通常长 23cm,直径 2.5~5cm。冷却套下为一耐火砖围砌的保温炉,保持燃烧温度及晶体生长温度,近上部有一个观察孔,可了解晶体生长情况。耐火砖的作用是保证熔滴温度缓慢下降,以便结晶生长。旋转平台用来安置籽晶棒,并控制其边旋转边下降;落下的熔滴与籽晶棒接触,称为接晶;接晶后通过控制旋转平台扩大晶种的生长直径,称为扩肩;然后,旋转平台以均匀的速度边旋转边下降,使晶体得以等径生长,生长速度为 1cm/h,一般 6h 即可完成生长。因为晶体生长速度快,内应力很大,晶体停止生长后,应该轻轻敲击,使它沿纵向裂开成两半以释放内应力,避免以后产生裂隙。

焰熔法的特点:晶体生长速度快、设备简单、成本低。世界上每年用此法生产的合成宝石大于 10 亿 ct,但用此方法生产合成的宝石晶体缺陷多,容易识别。

二、焰熔法生长的宝石品种

1. 合成刚玉品种

(1)合成红宝石。在 Al_2O_3 粉末原料中加入 1%~3%的致色元素 Cr_2O_3。

(2)合成蓝宝石。加入致色元素 TiO_2 和 FeO,但 Ti 和 Fe 的逸散作用,使合成的蓝色蓝宝石常常有无色核心和蓝色表皮,颜色分布不均匀。

粉红色和紫红色:加入致色元素 Cr、Ti、Fe。

黄色:加入致色元素 Ni 和 Cr。

变色:加入致色元素 V 和 Cr,显紫红色至蓝紫色的变色效应。

各种合成刚玉的致色元素如表 10-2-1 所示。

表 10-2-1 各种合成刚玉的致色元素

合成刚玉	原料 Al_2O_3,另加致色元素如下
合成红宝石	Cr_2O_3:1%~3%
合成蓝宝石	Fe,Ti:0.3%~0.5%
合成黄色蓝宝石	Ni,Cr
合成紫色蓝宝石	Cr,Fe,Ti
合成变色蓝宝石	Cr_2O_3,V_2O_5:3%~4%
合成星光红宝石	TiO_2:0.1%~0.3%;Cr_2O_3:1%~3%
合成星光蓝宝石	$FeO+TiO_2$:0.3%~0.5%;TiO_2:0.1%~0.3%

(3)合成星光刚玉。如需要合成星光刚玉,则需要在上述原料中再添加 0.1%~0.3%的 TiO_2,这样长成的梨晶中,TiO_2 呈固熔体分布于刚玉晶格中,并没有以金红石的针状矿物相析出。必须在 1 300℃恒温 24h,才能让金红石针沿六方柱柱面方向出溶,以产生星光效应。

2. 合成尖晶石品种

市场上所见到的合成尖晶石几乎全是由焰熔法生产的。

(1)合成红色尖晶石。原料为 MgO:Al_2O_3=1:1,致色元素 Cr_2O_3;其他颜色的合成尖晶石如采用 MgO 与 Al_2O_3 的比例为 1:1,则难以合成,但合成红色尖晶石只有以 MgO:

$Al_2O_3=1:1$ 的比例才能合成。由此合成的红色尖晶石性脆,所以市场上少见。

(2)合成蓝色尖晶石。合成蓝色尖晶石是人们在合成蓝宝石的实验中偶然获得的。当时人们还不了解蓝宝石的致色元素是 Ti 和 Fe,曾经尝试过加入致色元素 V、Co、Fe、Mg 等,当终于获得蓝色合成品时,发现它合成的并不是蓝宝石,而是合成蓝色尖晶石。

蓝色:$MgO:Al_2O_3=1:(1.5\sim3.5)$,致色元素 Co。

绿色:$MgO:Al_2O_3=1:3$。

褐色:$MgO:Al_2O_3=1:5$。

粉红色:$MgO:Al_2O_3=1:(1.5\sim3.5)$,致色元素 Cu。

有月光效应的无色品种:$MgO:Al_2O_3=1:5$,过多的氧化铝未熔,形成无数细小针状包裹体导致月光效应,有时甚至形成星光。

烧结合成蓝色尖晶石:由 Co 致色,并加入金粉,使透明度下降以便用来仿青金岩。

3. 合成金红石

天然的金红石常呈细小针状,以大晶体产出的多为褐红色而且多裂,很少有宝石级的材料。合成金红石的目的不是为了替代天然金红石,而是为了模仿钻石,因为金红石属于高折射率和高色散宝石。在合成立方氧化锆出现后,合成金红石很少生产了。因为合成金红石硬度太低,加之合成过程中 TiO_2 在燃烧时易脱氧,所以需要充足的氧,需在合成刚玉的装置上多加一个氧管(图 10-2-2)。TiO_2 的熔点为 1 840 ℃,粉末熔化,再在支座的籽晶上结晶,获得的梨晶为蓝黑色,通过在高温氧化环境中退火处理(退火温度为 800~1 000 ℃),即可去除蓝黑色,变为淡黄色至近无色的透明晶体。如果在原料中掺入 Sc_2O_3,则可直接获得近无色的透明晶体。

4. 合成钛酸锶

早在 1955 年人们就利用焰熔法生产出钛酸锶,当时在自然界还没有发现天然的对应物。尽管 1987 年在俄罗斯发现了其天然对应物,矿物名为 Tausonite,但人们仍习惯把它归为人造宝石材料。最初人们生产钛酸锶主要用于模仿钻石,但自从立方氧化锆合成成功后,这种仿钻材料在宝石市场上就很少见了。但由于它透红外线的能力强,仍用作生产红外光学透镜等。

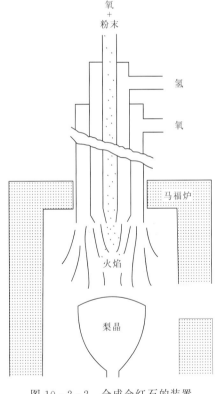

图 10-2-2 合成金红石的装置(马福炉)局部图

所采用的原料为 $SrO:TiO_2=1:1$。与合成金红石一样,其合成装置也必须多加一根氧管,长出的晶体也是乌黑的,需要在氧化条件下退火(温度 1 600 ℃),才能变成近无色的透明晶体。

三、焰熔法生长宝石的鉴定特征

1. 焰熔法合成刚玉品种

(1)原始晶形。焰熔法合成的宝石晶体都是梨形,而天然刚玉的晶体是三方晶系的几何多面体。市场上也出现过将焰熔法合成的梨晶碎块,并在滚筒中打磨成坯料,仿天然原料销售。

(2)内含物。在合成红、蓝宝石中常可见气泡、未熔粉末及弯曲生长纹或色带(图10-2-3)。一般气泡小而圆,或似蝌蚪状,可单独或成群出现。在合成红宝石中常为细密的弧形生长纹,类似唱片纹;蓝宝石中色带较粗而不连续;黄色蓝宝石很少含有气泡和色带。天然红宝石和蓝宝石都显示直角状或六方色带。

(3)吸收光谱。在合成蓝宝石中见不到天然蓝宝石中通常可以见到的蓝区的吸收宽带,或十分模糊的450nm吸收带。

(4)荧光。合成蓝宝石有时显示蓝白色或绿白色荧光,天然蓝宝石为惰性;合成红宝石通常比天然红宝石的红色荧光强。

(5)柏拉图法。将合成刚玉浸于盛有二碘甲烷的玻璃器皿中,在显微镜下沿光轴方向,加上正交偏光片,合成刚玉可以观察到两组夹角为120°的结构线(图10-2-4)。

图10-2-3 焰熔法合成蓝宝石中的弯曲色带

图10-2-4 焰熔法合成刚玉的柏拉图法结构线

(6)焰熔法合成星光刚玉鉴别特征见表10-2-2。

表10-2-2 合成星光刚玉与天然星光刚玉的区别

	合成星光刚玉	天然星光刚玉
内含物	大量气泡和未熔粉末; 金红石针极其微小,难以辨认; 弯曲色带明显	各种晶体包裹体、气液包裹体、指纹状包裹体; 金红石针较粗,易识别; 六方色带或平直色带
星带外观特征	星光浮于表面; 星线直、匀、细,连续性好;中心无宝光	星光发自内部深处; 星线中间粗,两端细,可以不连续;中心有宝光

各种颜色的合成星光蓝宝石见图10-2-5。

(7)加工质量。合成红、蓝宝石加工质量通常较差,常见火痕,加上合成梨晶常因应力作用会沿长轴方向裂开,其长轴方向与光轴方向夹角为60°,为了充分利用原料,其加工刻面的台面常会在平行长轴方向切磨,所以合成刚玉品种在磨成成品后的台面上常可见多色性。而天然的红、蓝宝石为了达到最佳的颜色,加工时台面常与晶体的光轴方向垂直,所以加工后的成品往往在台面上不显多色性。

图10-2-5 各色合成星光蓝宝石

2. 焰熔法合成尖晶石品种

(1)原始晶形:焰熔法合成的尖晶石晶体是近正方形横断面的梨晶。天然尖晶石有一定的几何外观形态,通常为八面体、八面体与菱形十二面体的聚形晶或者八面体接触双晶。

(2)内含物:合成尖晶石中气泡和未熔粉末较少出现,偶尔出现的气泡多为异形,很少显示色带。天然尖晶石显示晶体包裹体和气液两相包裹体。

(3)光谱:合成蓝色尖晶石显示典型的钴谱,合成的红色尖晶石在红区仅有1条荧光光谱线,一般在交叉滤色镜下观察明显。天然蓝色尖晶石为不典型的低价铁谱,天然红色尖晶石红区显示5~8条风琴管状吸收线,为典型铬谱。

(4)荧光:合成蓝色尖晶石有强的红色荧光。天然蓝色尖晶石为惰性。

(5)异常消光:在偏光镜下合成尖晶石显示斑纹状异常消光,但红色者除外。

(6)折射率和相对密度:合成尖晶石(红色者除外)的折射率为1.72,相对密度为3.63,都较稳定。合成尖晶石与天然尖晶石的区别详见表10-2-3。

表10-2-3 焰熔法合成尖晶石与天然尖晶石的区别

	合 成 尖 晶 石	天 然 尖 晶 石
内含物	包裹体少,偶有气泡,形态狭长或异形; 色带少见,仅见于红色尖晶石中	气液包裹体; 常见晶体包裹体,尤其是八面体形; 色带少见
折射率	1.727,很稳定,但红色尖晶石例外	1.712~1.730; 高铬的红色尖晶石:1.74; 镁锌尖晶石:1.715~1.80; 锌尖晶石:1.80
相对密度	3.63; 红色尖晶石:3.60~3.66; 仿青金岩的烧结蓝色尖晶石:3.52	3.60
光谱	蓝色:Co谱,540nm,580nm,635nm处有吸收带; 红色:红区只有一条荧光光谱线; 浅黄绿色:445nm、422nm线	蓝色:Fe谱,蓝区458nm有吸收带; 红色:红区5~8条风琴管状吸收线,荧光谱线(交叉滤色镜下观察)
荧光 及滤色镜	无色:SW下强蓝白色; 蓝色:SW下红色或蓝白色,滤色镜下变红; 红色:红色荧光	无色:惰性; 蓝色:惰性,滤色镜下不变红; 红色:红色荧光
正交偏光镜	斑纹状消光,红色尖晶石例外	全消光

3. 焰熔法合成金红石

(1) 化学成分：TiO_2。

(2) 晶体结构：四方晶系。

(3) 光泽：金刚光泽。

(4) 透明度：透明。

(5) 颜色：无色者常带浅黄色调，还有红色、橙色、黄色、蓝色。

(6) 硬度：6～6.5。

(7) 相对密度：4.25。

(8) 折射率：2.616～2.903。

(9) 双折射率：0.287。

(10) 光性：一轴晶正光性。

(11) 色散：火彩极强，0.28～0.30。

(12) 光谱：紫区末端有强吸收带。

(13) 内含物：气泡、未熔粉末。

合成金红石具有极高的色散值，使其泛出五颜六色的火彩。这种特征使之不易与其他任何材料相混淆。极高的双折射率使其刻面棱重影异常清晰，可利用强火彩和肉眼可见的双影像特征进行确认。

4. 焰熔法合成钛酸锶

(1) 化学成分：$SrTiO_3$。

(2) 晶体结构：等轴晶系。

(3) 光泽：亚金刚—金刚光泽。

(4) 透明度：透明。

(5) 颜色：以无色为主，偶见红色、黄色、蓝色、褐色材料。

(6) 硬度：5.5～6。

(7) 相对密度：5.13。

(8) 断口：贝壳状。

(9) 折射率：2.41，单折射。

(10) 色散：0.19，火彩极强。

(11) 内含物：气泡。

钛酸锶作为仿钻材料，极易识别。钛酸锶极强的火彩使它明显不同于钻石。尽管标准圆多面型的钛酸锶在线试验中不透光，但它明显较低的硬度使之表面显示出明显的磨损痕迹、圆滑的刻面棱和不平整的小面。尽管反射仪上可获得与钻石相同的折射率，但热导仪检测时却无钻石反应。静水称重也可测出未镶品的相对密度，从而加以确认。

第三节 提拉法及其合成宝石的鉴定

提拉法又称丘克拉斯基法，是丘克拉斯基（J. Czochralski）在 1917 年发明的从熔体中提拉生长高质量单晶的方法，这种方法能够生长合成无色蓝宝石、合成红宝石、人造钇铝榴石、人造

钇镓榴石、合成变石和合成尖晶石等重要的宝石晶体。20世纪60年代,提拉法进一步发展为一种更为先进的定型晶体生长方法——熔体导模法,可直接从熔体中拉制出具有各种截面形状的晶体,主要用于工业用定型晶体的生产。

一、晶体生长的原理及方法

提拉法是将所生产宝石的原料放在坩埚中加热熔化,在熔体表面接籽晶提拉熔体,随着温度的降低逐渐在籽晶上冷凝生长出圆柱状梨晶(图10-3-1)。

晶体提拉法的装置由五部分组成。

1. 加热系统

加热系统由加热、保温、控温三部分构成。最常用的加热装置分为电阻加热和高频线圈加热两大类。采用电阻加热,方法简单,容易控制。保温装置通常采用金属材料以及耐高温材料等做成热屏蔽罩和保温隔热层,如用电阻炉生长人造钇铝榴石和合成刚玉品种时就采用该保温装置。控温装置主要由传感器、控制器等精密仪器进行操作和控制。

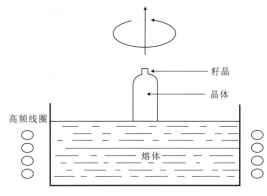

图10-3-1 提拉法合成装置

2. 坩埚

做坩埚的材料熔点要高于原料熔点200℃左右。常用的坩埚材料为铂、铱、钼、石墨、二氧化硅或其他高熔点氧化物。其中铂、铱和钼主要用于氧化物类晶体的生长。

3. 传动系统

传动系统由籽晶杆、坩埚轴和升降系统组成,籽晶杆上的籽晶夹夹住籽晶,控制籽晶稳定地旋转和升降。

4. 气氛控制系统

不同晶体常需要在各种不同的气氛里生长。如人造钇铝榴石和合成刚玉晶体的生长需在氩气气氛中进行。坩埚上部有耐高温材料构成的屏蔽装置,其上设有观察窗口,可观察晶体生长情况。气氛控制系统由真空装置和充气装置组成。

5. 后加热器

后加热器安放在坩埚的上部,长出的晶体经提拉逐渐进入后加热器,晶体生长完毕后就在后加热器中冷却至室温。后加热器的主要作用是调节生长晶体和熔体之间的温度梯度,控制晶体的直径,避免组分过冷引起生长晶体破裂。

在晶体生长过程中,熔体温度的控制很关键。要求熔体中温度的分布在固液界面处保持熔点温度,保证籽晶周围的熔体有一定的过冷度,熔体的其余部分保持过热。这样,才能保证熔体中不产生其他晶核。为了保持一定的过冷度,生长界面必须不断地向远离凝固点等温面的低温方向移动,生长的晶体才能不断长大。另外,熔体的温度通常远远高于室温,为使熔体保持其适当的温度,还必须由加热器不断供应热量。

提拉的速率决定晶体生长的速度和质量。适当的转速,可对熔体产生良好的搅拌,达到减少径向温度梯度,阻止组分过冷的目的。一般提拉速率为6～15mm/h。

在晶体生长过程中,常采用"缩颈"技术以减少生长晶体的位错,即在保证籽晶和熔体充分浸润后,旋转并提拉籽晶,这时界面上原子或分子开始按籽晶的结构排列,然后暂停提拉,当籽晶直径扩大至一定宽度(扩肩)后,再旋转提拉出等径生长的棒状晶体。这种扩肩前的旋转提拉使籽晶直径缩小,故称为"缩颈"技术。

提拉法的优点:①可直接观测晶体生长过程,有利于控制生长条件;②可获得优质晶体,所生长的晶体缺陷少;③所生产的晶体生长速度较快。

提拉法的不足之处在于坩埚材料对所生长的晶体可能产生污染。

二、提拉法生长的宝石品种

1. 合成刚玉

(1)原料:Al_2O_3 和一定比例的致色元素成分,如合成红宝石需要 1‰~3‰ 的 Cr_2O_3。

(2)加热:高频线圈加热到 2 050℃ 以上。

(3)屏蔽装置抽真空后充入惰性气体。

(4)将原料装入铱、钨或钼坩埚中,通过屏蔽装置的窗口可观察生长过程,还可利用红外传感器测量固液界面的温度。

2. 合成变石

(1)原料:Al_2O_3 和 BeO 的粉末按 1:1 混合,加入致色剂 Cr_2O_3 和 V_2O_5。

(2)加热:高频线圈加热到 1 870℃ 以上,使原料熔化。保温 1h 均化熔体,然后降温 30~50℃,接籽晶。

(3)屏蔽装置:抽真空后充入惰性气体,通过观察测试,控制和调节晶体生长。

3. 人造钇铝榴石(YAG)

(1)原料:Y_2O_3:Al_2O_3=3:5。

(2)提拉炉:中频线圈加热。

(3)坩埚:铱。

(4)气氛:N_2+Ar。

(5)熔点:1 950℃。

(6)生长速度:6mm/h 以下。

4. 人造钆镓榴石(GGG)

其生长设备与 YAG(人造钇铝榴石)一样,成分 $Gd_3Ga_5O_{12}$,掺入 Cr^{3+} 为绿色,掺入 Nd^{3+} 为紫色,掺入 Er^{3+} 为粉红色。

三、提拉法生长宝石的鉴别特征

所生长的各种宝石晶体中,内部总体较干净,内含物相对较少。由于生长环境和生长方法的相似性,使得这种方法生长的各类宝石品种的鉴别特征也有相似之处。

1. 合成刚玉品种

(1)各种颜色的合成刚玉品种中可有弯曲生长纹和拉长或哑铃状的气泡。

(2)所生长的合成刚玉品种中偶尔可见未熔化的原料粉末。

(3)所生长的合成刚玉品种中可有铂、铱或钼等金属片状包裹体。

(4)所生长的合成刚玉品种在宝石显微镜下有时可见晶体不均匀的生长条纹。

(5)所生长的合成刚玉品种中可能有籽晶的痕迹。

2. 合成变石(金绿宝石)

(1)合成变石中常可见弯曲的生长纹和拉长的气泡。

(2)合成变石内部较干净,偶见未熔化的原料粉末。

(3)偶见板条状的杂质包裹体或针状包裹体。

(4)有时可含有铂、铱或钼金属的片状包裹体,由坩埚材料被污染造成。

3. 人造钇铝榴石(YAG)

(1)化学成分:$Y_3Al_5O_{12}$。

(2)晶系:等轴晶系。

(3)相对密度:4.58。

(4)硬度:8~8.5。

(5)折射率:1.83。

(6)色散:0.028。

(7)内含物:晶体内部较干净,少见弯曲生长纹和拉长气泡。

(8)致色元素:紫色为 Nd,蓝色为 Co^{3+},绿色为 Ti^{3+}(+Fe),红色为 Mn^{3+}。

(9)其他:某些绿色、蓝色钇铝榴石在强光照射下显强红色,宝石学上将此现象称为红光效应。

4. 人造钆镓榴石(GGG)

GGG 主要为无色,用于仿钻。合成立方氧化锆出现以后,很少生产了。

(1)化学成分:$Gd_3Ga_5O_{12}$。

(2)光泽:亚金刚光泽。

(3)透明度:透明。

(4)颜色:可有各种颜色,无色者会因时间推移而变为浅褐色。

(5)硬度:6.5。

(6)相对密度:7.05。

(7)断口:贝壳状。

(8)折射率:2.00,单折射。

(9)色散:0.045。

(10)荧光:无色者在紫外光线下常有橙或黄色荧光。

(11)内部特征:气泡、铂金片、未熔粉末等。

无色 GGG 尽管具有与钻石相近的色散,但其硬度太低,相对密度太大,很容易将之区分。

第四节 区域熔炼法及其生长宝石的鉴定

区域熔炼法是20世纪50年代初期发展起来的一项合成技术,此技术主要为半导体工业提供高纯度的晶体。之后,人们利用这一技术结晶材料提纯或转化成了单晶,这项技术也用于宝石材料的人工合成。目前该技术主要用于工业用人工结晶材料的提纯和转化。

一、晶体生长的原理及方法

在进行区域熔炼过程中,物质的固相和液相在相对密度差的驱动下会发生运移。因此,通过区域熔炼可以控制或重新分配存在于原料中的可熔性杂质或相,让熔结的原料棒沿同一方向重复熔化—结晶的过程来除去杂质。利用区域熔炼过程可以有效地消除分凝效应,也可将所期望的杂质均匀地掺入到晶体中去,并在一定程度上控制和消除位错、包裹体等结构缺陷。

区域熔炼法的工艺过程是:把生长晶体的原料粉末先烧结或压制成棒状,然后用两个卡盘将两端固定,将烧结棒垂直地置入保温管内,旋转并下降烧结棒(或移动加热器),烧结棒经过加热区,使材料局部熔化,熔融区仅靠熔体表面张力支撑,当烧结棒缓慢离开加热区时,熔体缓慢冷却并发生重结晶,形成单晶体。区域熔炼法使用电子束加热和高频线圈加热(或称感应加热)。目前感应加热在浮区熔炼法人工宝石晶体中应用最多,它既可在真空中应用,也可在任何气氛中进行。电子束加热方式仅能在真空中进行,所以受到很大的限制。移动原料烧结棒(或移动加热器)可使烧结棒自上而下逐步被加热熔化。熔区内的温度大于原料熔化温度,熔区以外温度则小于原料熔化温度。旋转烧结棒,热源逐渐从烧结棒一端移至另一端,直至整个烧结棒变成宝石单晶。重复该过程,可使晶体进一步得到精炼和提纯。区域熔炼法主要用于精炼和提纯晶体,但成本很高,很少用于商业化人工宝石的生产。用此法生长的晶体质量较高,内部洁净。

二、区域熔炼法生长的宝石品种

区域熔炼法可以生长的宝石品种有合成变石、合成红宝石、人造钇铝榴石等。其原料配比与提拉法中的相同。

三、区域熔炼法生长宝石的鉴别特征

区域熔炼法生长的宝石品种通常很洁净,很少含有具有鉴定意义的内含物,偶见气泡及未熔粉末。区域熔炼法生长的合成红宝石的荧光强于天然红宝石的荧光,光谱也更为清晰些。

第五节 冷坩埚法及其生长宝石的鉴定

冷坩埚法是生产合成立方氧化锆晶体的方法。该方法是俄罗斯科学院列别捷夫固体物理研究所的科学家们研制出来的,并于1976年申请了专利。由于合成立方氧化锆晶体良好的物理性质,无色品种迅速地取代了其他仿钻石材料。合成立方氧化锆易于掺杂着色,可获得各种颜色鲜艳的晶体,因此受到了宝石商和消费者的欢迎。

一、晶体生长的原理及方法

冷坩埚法是一种从熔体中生长晶体的技术,仅用于生长合成立方氧化锆晶体。合成立方氧化锆的熔点最高为2 750℃,一般的坩埚材料承受不了如此高的温度,所以不能采用高熔点

的金属材料坩埚,而用原料本身的"壳"作坩埚。该方法将紫铜管排列成圆杯状"坩埚"(图 10-5-1),外层的石英管套装高频线圈,紫铜管内通冷却水,杯状"坩埚"(图 10-5-2)内堆放氧化锆粉末原料。高频线圈处于固定位置,而冷坩埚连同水冷底座均可以下降。

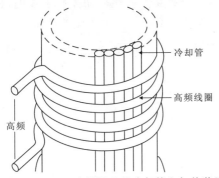

图 10-5-1 冷坩埚法的冷却管和加热装置

图 10-5-2 冷却水铜管及底座构成的"杯"

高频线圈加热使"坩埚"内的原料粉末熔化,外层的粉末因为冷却水的作用未被熔化,形成一层未熔壳,起到坩埚的作用。内部已熔化的原料在坩埚下降脱离加热区后,逐渐冷却结晶生长。

高频电磁场加热只对导电体起作用。氧化锆在常温下不导电,但在 1 200℃以上时便有良好的导电性能。冷坩埚法采用了"引燃"技术,即将金属锆丝或片放在"坩埚"内的氧化锆原料中,高频电磁场加热时金属锆导电,所以可以升温熔融为一个高温小熔池(图 10-5-3),同时金属锆与氧反应生成氧化锆,熔融的氧化锆小熔池逐渐蔓延扩大成熔区,直至氧化锆粉料除熔壳外全部熔融为止。氧化锆在不同的温度下,呈现不同的相态。自高温相向低温相,氧化锆从立方晶系的结构向六方、四方甚至单斜晶系转变。常温下立方氧化锆不能稳定存在,会转变为单斜结构,所以在原料中必须加入稳定剂 Y_2O_3,才能使合成立方氧化锆在常温下稳定。稳定剂最少加入量为 10%。过少则会出现四方相,表现为有乳白状混浊;过多则晶体易带色,且造成不必要的成本上升,还会降低硬度。其合成过程为:先将 ZrO_2 与稳定剂 Y_2O_3 按 9∶1 的比例混合均匀,装入紫铜管围成的杯状"冷坩埚"中,在原料中心投入锆片或锆粉用于"引燃";接通电源,进行高频加热;约 8h 后,开始起燃,起燃 1~2min,原料开始熔化,同时,紫铜管中通入冷水冷却,带走热量,使外层粉料未熔时,形成"冷坩埚熔壳";待冷坩埚内原料完全熔融后,将熔体稳定 30~60min;然后坩埚以 5~15mm/h 的速度逐渐下降,"坩埚"底部温度先降低,所以在熔体底部开始自发形成多核结晶中心,晶核互相兼并,向上生长,

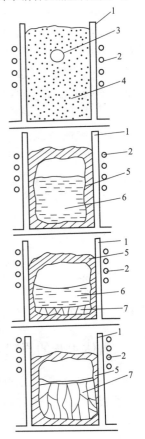

图 10-5-3 冷坩埚法合成立方氧化锆晶体的生长过程示意图(据沈才卿)

1.冷却管;2.高频线圈;3.金属锆;
4.氧化锆粉末原料;5.未熔的壳;
6.熔化的氧化锆;7.立方氧化锆晶体

只有少数几个晶体得以发育成较大的晶块;晶体生长完毕后,慢慢降温退火一段时间,然后停止加热,冷却到室温后,取出结晶块,用小锤轻轻拍打,一颗颗合成立方氧化锆单晶体便分离出来。整个生长过程约为20h。每一炉最多可生长60kg晶体,未形成单晶体的粉料及壳体可回收再次用于晶体生长。生长出的晶块呈不规则柱状体。合成立方氧化锆晶体易于着色,在原料中加入Ce、Pr、Nd、Cr、Co等稀土或过渡元素便可产生各种颜色的立方氧化锆晶体。

二、合成立方氧化锆的鉴别特征

(1)晶体结构:立方结构。
(2)硬度:8～8.5。
(3)相对密度:5.6～6.0。
(4)断口:贝壳状断口。
(5)折射率:2.15～2.18。
(6)色散:0.060～0.065,火彩较强。
(7)光泽:亚金刚—金刚光泽。
(8)吸收光谱:可显稀土谱。
(9)荧光:多数在长波紫外线照射下发出黄橙色荧光,在短波下发出黄色荧光。而有些只在短波下有荧光反应,有些甚至不发光。
(10)化学性质:非常稳定,耐酸、耐碱、抗化学腐蚀性良好。
(11)内含物:偶含气泡和未熔粉末。

合成立方氧化锆比钻石相对密度要大很多,色散也较强,硬度较低,导热性较差。此外,其荧光特征比较均匀一致。

第六节 助熔剂法及其生长宝石的鉴定

助熔剂法是在高温下从熔融盐熔剂中生长晶体的一种方法。利用助熔剂生长晶体的历史已近百年,现在用助熔剂生长的晶体类型很多,从金属到硫族及卤族化合物,从半导体材料、激光晶体、光学材料到磁性材料、声学晶体,也用于生长宝石晶体。

一、晶体生长的原理和方法

助熔剂法是将组成宝石的原料在高温下溶解于低熔点的助熔剂中,使之形成饱和溶液,然后通过缓慢降温或在恒定温度下蒸发熔剂等方法,使熔融液达到过饱和状态,从而使宝石晶体析出生长的方法。

助熔剂通常为无机盐类,故也被称为盐熔法或熔剂法。

助熔剂法根据晶体成核及生长的方式不同分为两大类:自发成核法和籽晶生长法。

自发成核法是在高温下,当原料全部熔融于助熔剂中之后,缓慢地降温冷却,使晶体从饱和熔体中自发成核并逐渐生长的方法。

籽晶生长法是在熔体中加入籽晶的晶体生长方法。这种方法克服了自发成核时晶粒过多的缺点。

助熔剂是帮助原料降低熔点的熔剂。助熔剂有两大类:一类为金属,主要用于半导体单晶的生长;另一类为氧化物和氟化物(如 PbO、PbF_2 等),主要用于氧化物晶体和离子材料的生长。

理想的助熔剂应:具有较强的溶解能力;较低的熔点和较高的沸点;较小的黏滞性;较低的挥发性、毒性和腐蚀性;不易与坩埚材料及原料反应形成中间化合物。常用的助熔剂有硼、钡、铋、铅、钼、钨、锂、钾、钠的氧化物或氟化物,如 B_2O_3、BaO、Bi_2O_3、PbO、PbF_2、MoO_3、WO_3、Li_2O、K_2O、KF、Na_2O、NaF、Na_3AlF_6 等。在实际使用中,人们多采用复合助熔剂,也使用少量助熔剂添加物,以改善助熔剂的性质。合成不同宝石品种采用的助熔剂类型不同。即使合成同一品种的宝石,不同厂家采用的助熔剂种类也不一样。

助熔剂的选择是助熔剂法的关键,它不仅能帮助降低原料的熔点,还直接影响到晶体的结晶习性、质量与生长工艺。

助熔剂法的优点:①适用性很强,几乎对所有的原料都能够找到一些适当的助熔剂,从中生长出单晶;②生长温度低,许多难熔的化合物可长出完整的晶体;③晶体的质量较好,内含物外观特征与天然宝石相似;④设备简单,技术简便。

助熔剂法的缺点:①生长速度慢,生长周期长;②晶体尺寸较小;③坩埚和助熔剂对合成晶体有污染;④许多助熔剂具有不同程度的毒性,其挥发物常腐蚀或污染炉体和环境。

二、助熔剂法生长宝石晶体的装置及品种

1. 合成祖母绿晶体的生长

早在 1888 年和 1900 年,科学家们就利用缓冷技术自发成核法生长出了祖母绿晶体。1924—1942 年间,德国的埃斯皮克(H. Espig)等人进行了深入的研究,并进行改进,生长出了长达 2cm 的祖母绿晶体。1940 年美国人 Carroll Chatham(卡罗尔·查塔姆)用助熔剂法实现了合成祖母绿的商业生产。目前,世界上祖母绿生产的大公司已经发展到六七家,如美国的查塔姆(Chatham)、澳大利亚的毕荣(Biron)、法国的吉尔森(Gilson)、日本的拉姆拉(Ramaura)、俄罗斯的泰俄(Tairus)。祖母绿年产量已经达到了 5 000kg 以上。随着科技的发展,各个生产厂家也在不断地改进合成工艺。缓冷技术采用的设备为高温马福炉和铂坩埚,坩埚可直接放在炉膛内,也可埋入耐火材料中。

(1)原料:纯净的绿柱石粉或按比例配比的 BeO、SiO_2、Al_2O_3 及微量的 Cr_2O_3。目前多采用锂钼酸盐和五氧化二钒混合助熔剂。助熔剂放在铂坩埚内,绿柱石籽晶挂在坩埚中部,铂栅栏将坩埚上下分隔开,籽晶被铂栅栏压住,避免浮于表面。另有一根铂金导管通到坩埚底部,以便向坩埚底部加料。原料 SiO_2 以玻璃形式加入,因相对密度低而浮于熔剂表面,其他反应物 Al_2O_3、BeO、Cr_2O_3 以粉末烧结块的形式通过导管加入,并沉于坩埚底部,然后将坩埚置于高温炉中。

(2)加热:当温度升至 800℃时,坩埚底部的 Al_2O_3、BeO、Cr_2O_3 等已溶解于助熔剂中并向上扩散,溶解的 SiO_2 向下扩散,在铂栅栏下相遇并发生反应,形成祖母绿分子。

(3)生长:当祖母绿溶液浓度达到过饱和时,便在铂栅栏下面的籽晶上生长。生长速度约为 0.33mm/月。在 12 个月内可长出 2cm 的晶体。

(4)生长结束后,将助熔剂倒出,在铂坩埚中加入热硝酸进行溶解处理 50h,待温度缓慢降至室温后,即可得干净的祖母绿晶体(图 10-6-1)。通常底部料 2 天补充 1 次,顶部料 2~4

周补充1次。

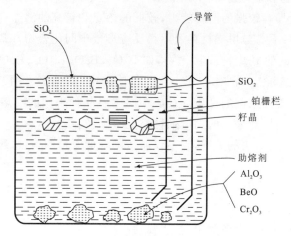

图 10-6-1 助熔剂法合成祖母绿的装置

法国陶瓷学家吉尔森(P. Gilson)采用籽晶法生长祖母绿晶体,能生长出 14mm×20mm 的单晶体,曾琢磨出 18ct 大刻面的祖母绿宝石,并于 1964 年开始商业化生产。P. Gilson 采用的装置是在铂坩埚的中央加竖立的铂栅栏网,将坩埚分隔为两个区,一个区的温度稍高,为熔化区,另一个区的温度稍低,为生长区。在热区添加原料、助熔剂和致色剂,在冷区挂籽晶。其生长速度大约为 1mm/月。目前,人们还能合成其他颜色的绿柱石品种。

2. 合成红宝石晶体的生长

(1)原料:Al_2O_3 和少量的 Cr_2O_3。助熔剂为 $PbO-B_2O_3$ 或 PbF_2-PbO。

(2)加热:原料和助熔剂置于铂金或黄金坩埚内在电炉中加热至 1 300℃,并旋转坩埚,使坩埚内的助熔剂和原料完全熔融。

(3)生长:停止加热,以 2℃/h 的速度缓慢冷却至 915℃,大致需 8 天。晶体缓慢生长,生长结束后倒出助熔剂,用稀硝酸溶解残存的助熔剂,即得干净的合成红宝石晶体。用此法也可以合成各色蓝宝石,合成晶体成本较高。

3. 人造钇铝榴石(YAG)晶体的生长

(1)原料:Y_2O_3 和 Al_2O_3,加入少量 Nd_2O_3 作稳定剂。助熔剂为 $PbO-PbF_2-B_2O_3$。

(2)加热:将原料及助熔剂混合后放入铂坩埚内,置于炉中加热。升温至 1 300℃时保持恒温 25h,待原料熔化。

(3)生长:以 3℃/h 的速度降至 1 260℃,此时,在底部加水冷却,将籽晶浸入坩埚底部中心水冷区。再按 20℃/h 的速度降至 1 240℃,然后以 0.3~2℃/h 的速度降至 950℃,至生长结束。生长出的钇铝榴石晶体几乎没有热应力,质量较高。

三、助熔剂法生长宝石的鉴别特征

1. 助熔剂法合成祖母绿的鉴别

(1)内含物特征:合成祖母绿含有助熔剂残余、硅铍石晶体、铂晶片、籽晶及气固两相包裹体。助熔剂残余包裹体存在于愈合裂隙中,常呈扭曲的面纱状、云雾状、云翳状、管状、网格状。助溶剂残余在反射光下,表面呈白色或橙色,亮域下不透明,显粒状结构。硅铍石晶体甚至可以长成大的柱状晶体包裹体。铂晶片为三角形、六边形或针状,暗域照明下不透明,反射光下显银白色的金属光泽。在黄金坩埚中生长的晶体可含有絮状的黄金微晶集合体。助溶剂残余微晶与收缩泡构成的气固两相包裹体,很像天然宝石中的气液两相包裹体,但助溶剂呈微晶固相,与天然液相特征不同,显得浑浊,不如液体透明清澈。

(2)相对密度:助熔剂法合成祖母绿的相对密度略小于天然祖母绿的相对密度。而水热法合成祖母绿的相对密度与天然祖母绿的相对密度重合(表10-6-1)。

表10-6-1　天然祖母绿与助熔剂法合成祖母绿的相对密度表

宝石名称		平均相对密度
天然祖母绿		2.67～2.78
助熔剂法合成祖母绿	查塔姆 Chatham	2.65～2.66
	吉尔森 I	2.65
	吉尔森尔 II	2.65
	吉尔森 N	2.68～2.69
水热法合成祖母绿		2.67～2.73

(3)折射率:助熔剂法合成祖母绿的折射率及双折射率略小于天然祖母绿,但吉尔森 N 型产品接近天然祖母绿的值(表10-6-2)。

表10-6-2　天然、合成祖母绿的折射率及双折率值

样品名称		折射率(Ne)	折射率(No)	双折射率
天然祖母绿		1.586～1.584	1.594～1.591	0.005～0.007
助熔剂法合成祖母绿	查塔姆	1.560	1.564	0.003～0.004
	吉尔森 I	1.564	1.569	0.005
	吉尔森 II	1.562	1.567	0.003～0.005
	吉尔森 N	1.571	1.579	0.006～0.008
水热法合成祖母绿		1.566～1.574	1.571～1.579	0.005～0.007

(4)紫外荧光:合成祖母绿在长波紫外光中发强红色荧光,吉尔森 N 型祖母绿不发荧光是因为加入了铁(Fe)这种荧光的抑制剂。

(5)查尔斯滤色镜:合成祖母绿在查尔斯滤色镜下显强红色,而天然祖母绿在查尔斯滤色镜下可显红色、粉红色,甚至绿色。某些哥伦比亚祖母绿在查尔斯滤色镜下也可显很强的红色。

(6)吸收光谱:合成祖母绿比天然祖母绿的吸收光谱更强、更清晰,尤其是蓝区477 nm吸收线清晰可见,而天然祖母绿蓝区为弱吸收线,一般情况下根本看不到。吉尔森 N 型合成祖母绿有明显的427nm铁的吸收线。

第十章　人工宝石

(7)红外光谱特征:助熔剂法合成的祖母绿不含水,故其红外光谱在 5 000～6 000cm^{-1} 处无任何水的吸收峰,而天然祖母绿有水的吸收峰。

(8)成分分析:用 X 射线荧光光谱仪进行成分分析,可发现天然祖母绿的铬含量较低,并伴有钒和铁的存在,而合成祖母绿铬的含量较高,钒和铁的含量则明显偏低,且还含有 Mo、Bi 等助熔剂的金属元素(表 10-6-3)。电子探针从达到表面的熔剂包裹体中也可检测到助熔剂的金属元素。

表 10-6-3　天然祖母绿与合成祖母绿微量元素成分对比

祖母绿来源	Cr_2O_3 含量(%)	V_2O_3 含量(%)	Fe_2O_3 含量(%)
水热法合成	1.339	0.005	0.010
助熔剂法合成	0.654	0.003	0.000
云南祖母绿	0.20	1.500	0.010
哥伦比亚祖母绿	0.235	0.033	1.071
巴西祖母绿	0.230	0.017	0.489

2. 助熔剂法合成红、蓝宝石的鉴别

(1)内含物:助熔剂残余包裹体(图 10-6-2)、气固两相包裹体(助熔剂残余和收缩泡)、铂晶片、籽晶。

(2)颜色:呈现特殊的色带或色域。助熔剂法合成刚玉中可见直线状、角状生长环带,这些特征与天然红、蓝宝石中的色带在外观上是一致的。但在拉姆拉(Ramaura)合成红宝石中可出现一种搅动状的颜色分布现象和纺锤形色域,在俄罗斯合成红宝石中可出现浅红色、无色色带或三角形、扇形的蓝色或深色色块。查塔姆(Chatham)合成红宝石有的具暗色核心。

图 10-6-2　合成红宝石中橙红色助熔剂残余

(3)发光性:紫外光下助溶剂法合成红宝石呈中—强的红色荧光,而拉姆拉红宝石加入了某些稀土元素,在紫外光下显橙红色荧光。有些合成蓝宝石可显绿白色荧光。

(4)吸收光谱:助熔剂法合成红宝石的吸收光谱与天然的一样,只是比天然红宝石更清晰、更明显。

(5)微量元素:用电子探针分析暴露到宝石表面的助熔剂残余包裹体可检验出包裹体的化学组成。用 X 荧光光谱仪可以无损分析出宝石所含的微量化学元素,如 Pb、Bi 等。

第七节　水热法及其生长宝石的鉴定

早在 1882 年人们就开始了水热法生长晶体的研究,最早获得成功的是合成水晶。20 世

纪上叶,由于军工产品的需要,水热法合成水晶投入了大批量的生产。随后,水热法合成红宝石于1943年由Laubengayer(劳本盖耶)和Weitz(韦茨)首先获得成功,Ervin(欧文)和Osborn(奥斯本)1951年进一步完善了这一技术。祖母绿的水热法合成是由奥地利的Johann Lechleitner(约翰莱希莱特纳)在1960年研究成功的。20世纪90年代,苏联新西伯利亚合成出了海蓝宝石,随后,红色绿柱石等其他颜色绿柱石及合成刚玉也纷纷面市。

一、晶体生长的原理和方法

1. 基本原理

水热法是利用高温高压的水溶液使那些在大气条件下不溶或难溶的物质溶解,或反应生成该物质的溶解产物,通过控制高压釜内溶液的温差使之产生对流以形成过饱和状态而析出生长晶体的方法。自然界热液成矿就是在一定的温度和压力下,成矿热液中成矿物质从溶液中析出的过程。水热法生长宝石就是模拟自然界热液成矿过程。

2. 晶体生长的装置

水热法生长晶体采用的主要装置为高压釜,在高压釜中部悬挂籽晶,并充填矿化剂。水热法采用的高压釜是可承受1 100℃温度和109Pa压力的钢制釜体,具有可靠的密封系统和防爆装置,因为其潜在的爆炸危险,故又名"炸弹"(Bomb)。高压釜的直径与高度比有一定的要求,对内径为100～120mm的高压釜来说,内径与高度比以1∶16为宜。高度太小或太大都不便控制温度的分布。由于内部要装酸性或碱性的强腐蚀性溶液,当温度和压力较高时,在高压釜内要装有耐腐蚀的贵金属内衬,如铂金或黄金内衬,以防矿化剂与釜体材料发生反应。也可利用在晶体生长过程中釜壁上自然形成的保护层来防止进一步的腐蚀和污染。如合成水晶时,由于溶液中的SiO_2与Na_2O和釜体中的铁反应生成一种在该体系内稳定的化合物,即硅酸铁钠(锥辉石$NaFeSi_2O_6$)附着于容器内壁,从而起到保护层的作用。

水热法生长晶体时采用的溶剂称矿化剂,通常可分为碱金属及铵的卤化物、碱金属的氢氧化物、弱酸与碱金属形成的盐类、无机酸。其中,碱金属的卤化物及氢氧化物是最为有效且广泛应用的矿化剂。矿化剂的化学性质和浓度影响物质在其中的溶解度与生长速率。合成红宝石时可采用的矿化剂有$NaOH$、Na_2CO_3、$NaHCO_3+KHCO_3$、K_2CO_3等多种。Al_2O_3在$NaOH$中溶解度很小,而在Na_2CO_3中生长较慢,采用$NaHCO_3+KHCO_3$混合液则效果较好。

3. 水热法生长宝石晶体的特点

水热法生长的宝石晶体的晶面热应力较小,内部缺陷少。其包裹体与天然宝石的十分相近。因为生长过程在密闭的容器中进行,所以不直观。此外,合成设备要求高、技术难度大、成本高且安全性能差。

二、水热法生长的宝石品种

1. 合成绿柱石

1)合成祖母绿

1946年奥地利莱菲雷诺(Lechleitner)用水热法成功地在实验室合成出了祖母绿,1965年美国的林德(Linde)公司实现了水热法合成祖母绿的商业生产,1988年我国有色金属工业总公司广西桂林宝石研究所曾骥良等人用水热法合成出质量较好的宝石级祖母绿,最大的一颗达到 6.42 ct。各个厂家采用的具体的生产工艺不完全相同,商家对此严加保密。而合成产品的变化也较多,各类型的合成祖母绿相应的宝石学特性有细微的差异。目前,合成祖母绿的国家或公司主要有奥地利的莱菲雷诺、美国的林德、中国桂林宝石研究所等。

(1)原料:按比例配比的 BeO、SiO_2、Al_2O_3 及微量的 Cr_2O_3 的粉末的烧结块沉于高压釜底部,水晶碎块作为二氧化硅的来源,用铂金网桶吊挂在顶部。

(2)矿化剂:为含碱金属或铵的卤化物,国内采用 HCl,充填度(充满高压釜内部空间的百分比)80%。

(3)籽晶:取自天然或合成的无色绿柱石或祖母绿,籽晶沿与柱面斜交角度 35°方向切取,长成的晶体为厚板状或柱状。也可平行柱面和底轴面切取,生长成板状晶体。籽晶用铂金丝挂于高压釜中部。

(4)温度:600℃。

(5)工作压力:1.0×10^8 Pa。

(6)高压釜:内衬铂金属(或黄金)衬里。电炉在高压釜的底部加热,溶解的原料在溶液中对流扩散,相遇并发生反应,形成祖母绿溶液。当祖母绿溶液达到过饱和时,便在籽晶上析出结晶成祖母绿晶体(图 10-7-1)。

(7)生长速度:0.5~0.8mm/d。

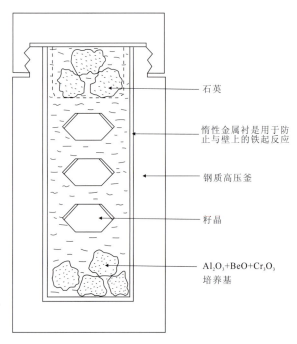

图 10-7-1 水热法合成祖母绿装置

2)其他颜色绿柱石

水热法红色绿柱石早在 20 世纪 90 年代中期就由俄罗斯合成。因市场需求有限,产量不大。合成红色绿柱石加入的致色元素为 Co^{2+} 及少量铁,而日本、澳大利亚等其他国家的产品加入的致色元素为 Mn^{4+}、Mn^{2+}、Ti^{3+} 等。

合成红色绿柱石晶体为平行籽晶板延长方向的板状。籽晶板厚度为 0.7~1mm,通常为无色,也有绿色或紫红色的。内部特征:垂直籽晶面方向可见"V"形臂章状生长条带,在某些方向上显示近于平行的波状生长纹理、针状包裹体、单相流体或气液两相包裹体、黑色不透明的六方板状赤铁矿包裹体。

此外,还有合成海蓝宝石。

2. 合成单晶石英

合成水晶已经有近百年的历史,而合成彩色单晶石英主要出现于 20 世纪 70 年代。目前全世界每年生产约 20t 合成彩色单晶石英用于珠宝业(图 10-7-2)。

图 10-7-2 各种彩色合成水晶晶体

(1)原料:去皮的水晶碎块。

(2)矿化剂:一般采用 NaOH、Na_2CO_3、K_2CO_3 或 KCl、NaCl,充填度为 80%。合成彩色单晶石英时,则采用碳酸钾或碳酸钾与氢氧化钠的混合液,尤其是在加入了色素离子 Fe^{3+} 时,不采用碳酸钠,以避免在溶液中形成硅酸铁钠(锥辉石晶体)影响 Fe^{3+} 进入晶体。

(3)籽晶:对合成不同颜色的单晶石英要选用不同方向的籽晶片。合成紫晶时籽晶板通常平行于菱面体面方向,合成黄水晶的籽晶板平行于底轴面。籽晶挂在高压釜中部。

(4)温度:360℃左右。底部溶解区温度略高,为 360~380℃,上部生长区略低,为 330~350℃。

(5)压力:$(1.1 \sim 1.6) \times 10^8 Pa$。

(6)高压釜:釜内不必衬贵金属衬里,因为有反应物形成的保护膜。

(7)生长过程:原料放在高压釜内温度较高的下部,籽晶悬挂在温度较低的上部。釜内填以一定容量和浓度的矿化剂。当容器内的溶液由于上下部之间的温差产生对流时,高温区的饱和溶液被输送到低温区,变成过饱和状态,便在籽晶上生长。

(8)为了获得彩色水晶,有时除了加入致色元素外,还要对长成的晶体进行热处理或辐照处理(表10-7-1)。

表 10-7-1 合成彩色单晶石英添加的致色元素及随后的处理

颜 色	添加剂及随后的处理
蓝色	加钴,然后在还原环境加热
褐色	加铁
深褐色	加铝,然后辐照
绿色	加铁,然后在还原环境中加热
紫色	加铁,然后辐照
黄色	加铁
黄绿色	射线辐照,然后加热

3. 合成刚玉

水热法红宝石是 20 世纪中叶成功合成的,但直到 1992 年才由俄罗斯的 Tairus 公司真正实现商业化生产。

(1)原料:合成无色刚玉碎块或 $Al(OH)_3$,另加致色元素。

(2)矿化剂:采用 $KHCO_3$ 和 Na_2CO_3 的混合液,充填度为 80%。

(3)温度:底部溶解区温度略高,为 500~560℃,上部生长区略低,为 470~480℃。

(4)工作压力:$0.75 \times 10^6 Pa$。

(5)高压釜:内衬贵金属衬里。

(6)籽晶:通常选用焰熔法合成刚玉作籽晶。

(7)合成红宝石采用的致色元素为 Cr,但合成其他颜色的蓝宝石采用的致色元素与天然的对应品种并非完全一致。如:合成黄色蓝宝石采用的致色元素是 Ni^{3+},合成蓝色蓝宝石采用的致色元素是 Ni^{2+},而天然的黄色蓝宝石由 Fe^{3+} 致色,蓝色者则由 Fe^{2+} 和 Ti^{4+} 致色。

三、水热法生长宝石的鉴别特征

1. 合成祖母绿及绿柱石

(1)包裹体:来自坩埚的贵金属的包裹体,如铂晶片、铂晶针或黄金枝等。由气液包裹体和硅铍石构成的钉状包裹体和硅铍石晶体包裹体(图 10-7-3)。

(2)纹理:显示锯齿状纹理、波状纹理等(图 10-7-4)。

(3)表面增生裂纹:在切磨好的浅色绿柱石上生长一层薄的祖母绿,这种改善宝石外观颜

图 10-7-3　合成祖母绿中的钉状形包裹体及硅铍石晶体包裹体　　图 10-7-4　水热法合成祖母绿中的波状纹理

色的方法称为水热表面增生或水热镀层。在这种表面增生的祖母绿表面可见明显的龟裂纹。

(4) 籽晶片及多层结构：当籽晶保留在成品中时，较浅色或无色的籽晶及籽晶面上富集的包裹体使籽晶明显显现出来。

(5) 可见光谱：合成祖母绿比天然祖母绿的光谱明显要强且清晰。

(6) 合成祖母绿在查尔斯滤色镜下变红，有强红色紫外荧光。而天然的祖母绿有的变红，有的不变红，有的显中到弱红色荧光，有的显弱的绿色荧光。

(7) 红外光谱：采用红外光谱鉴别天然与合成祖母绿始于 1967 年，这种方法是基于祖母绿中两种类型水分子的有无进行鉴别的，尤其对那些内部十分干净、无特征内含物的宝石是十分有效且无损的鉴定手段。

水热法合成祖母绿的早期产品主要含 I 型水，不含 II 型水，后来通过改进工艺使新的产品既含 I 型水又含 II 型水，但仍以 I 型水偏多，证明一般碱含量较低。而天然祖母绿中既含 I 型水又含 II 型水，但 II 型水较多（图 10-7-5，图 10-7-6）。

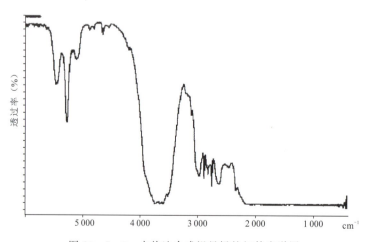

图 10-7-5　水热法合成祖母绿的红外光谱图

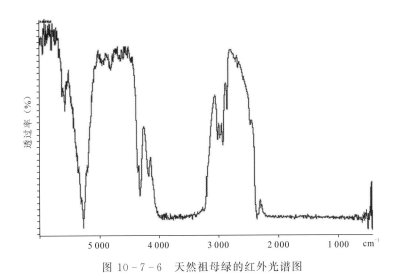

图 10-7-6 天然祖母绿的红外光谱图

2. 合成单晶石英

(1)品种：合成单晶石英常有艳蓝色、绿色、褐红色透明品种，而这样的颜色透明石英在自然界几乎见不到。

(2)内含物：面包渣状包裹体是合成单晶石英诊断性的内含物，它们实际是锥辉石的细小雏晶。合成单晶石英偶尔可见籽晶片和缝衣针状气液两相包裹体。

(3)合成彩色单晶石英的色带：合成彩色单晶石英常显示不同于天然品种的色带。合成彩色单晶石英的色带总是平行籽晶板，而合成紫晶时籽晶板平行于菱面体面方向，合成黄水晶的籽晶板平行于底轴面，所以可利用偏光镜帮助确定主体色带方向来间接推断。

(4)干涉图：合成单晶石英一般没有复杂的双晶结构，所以通常在正交偏光下显示"牛眼干涉图"(即中空黑十字)，而天然水晶，尤其是紫晶，常出现巴西双晶，所以可见到"螺旋桨状黑十字干涉图"，这只能作为辅助的鉴定依据。

(5)吸收光谱：合成蓝水晶显典型的钴谱，为 540nm、580nm、635nm 三条吸收带，其中 540nm 吸收带较弱。

(6)由钴致色的合成蓝水晶在滤色镜下变红，有强红色荧光。

(7)红外光谱：天然水晶和烟晶以 $3\,595cm^{-1}$ 和 $3\,484cm^{-1}$ 为特征吸收带，而合成水晶则缺失这两个吸收带，而以 $3\,585cm^{-1}$ 或 $5\,200cm^{-1}$ 为特征吸收带。合成紫晶具有明显的 $3\,545cm^{-1}$ 谱带，而天然紫晶中这一谱带明显较弱。

3. 合成刚玉

(1)合成刚玉晶体的菱面体面发育，而平行双面不发育，广西桂林宝石研究所的合成刚玉晶体常为板状，晶面有阶梯状或舌状生长丘。

(2)可含有来自坩埚的铂晶片或絮状黄金微晶集合体，也可保留有籽晶片。籽晶常有微小的气泡群。

(3)经常显示水波纹状纹理，这是水热法合成刚玉的典型特征。

(4)广西桂林宝石研究所生长的合成黄色蓝宝石常有橙色与棕黄色呈楔状或条带状相间分布的现象。

(5)可含有灰白色的面包屑状未溶粉末。

(6)广西桂林宝石研究所生长的合成红宝石紫外可见光光谱的紫外截止边位于362nm，而天然的通常在320nm以下。

第八节　其他方法生长的宝石材料

一、合成莫依桑石(Synthetic Moissanite，又称合成碳化硅)

合成莫依桑石是一种合成的α碳化硅单晶材料。天然碳化硅是1904年最先由莫依桑发现于美国亚利桑那州的陨石中，自然界极为稀少。早在1955年Lely就利用气相升华法生长出大颗粒的莫依桑石，这种技术被称为Lely技术，但获得的是有六方、三方和立方晶系的多型的混合物，主要用作工业磨料和半导体材料。大约于20世纪90年代晚期，通过利用选定多型的定向籽晶，生长出只由一种多型，即6H-SiC或4H-SiC构成的大的单晶体。90年代末由北美的C3Inc公司作为首饰投放于市场，并主要作为钻石的仿制品。这种材料的合成应用了在高温常压下气相迁移的化学机制。

近无色的大颗粒六方α碳化硅，即莫依桑石，因具有与钻石相近的导热性、硬度及光学性质，被广泛地用作钻石的仿制品。通过加入一定的锆和铝，可以获得无色的品种，加入其他致色元素可以生产出各种颜色的品种。目前，莫依桑石年产量达7万ct。

合成莫依桑石的基本性质如下。

(1)化学成分：SiC。

(2)晶系：六方晶系。

(3)光泽：金刚光泽。

(4)颜色：早期产品为淡绿色，近几年出现了近于无色的品种，也有其他颜色者。

(5)透明度：透明。

(6)解理：不发育。

(7)硬度：9～9.25，韧性较强。

(8)相对密度：3.22。

(9)折射率：N_e为2.691，N_o为2.649。

(10)双折射率：0.042。

(11)光性：一轴晶正光性。

(12)色散：0.104，强。

(13)导热性：很好，与钻石接近。

(14)内含物：常含平行的针状包裹体，具明显的刻面棱重影。

合成莫依桑石由于双折射率大，使其双影像明显，加之常含大量定向的针状包裹体和极高的色散，使它十分容易在10倍放大镜下就可以与钻石区分开。此外，利用其较低的相对密度也可以将它与钻石区分开。莫依桑石在二碘甲烷中浮起，而钻石则下沉。其导热性较高，与钻石接近，用一般的热导仪也难以区分，除非在使用前热导仪经过精确的校正。现在已研制出一种小仪器(Diamond Tester Model 590)，与热导仪类似，可以方便、快捷地区分钻石与合成莫依桑石。

二、多晶质材料的生长品种

多晶质材料的合成生长大多采用的是粉末原料在高温高压下发生结晶或重结晶的方法。多晶质材料合成生长的工艺技术一直是各厂家严守的商业机密，目前尚无这方面有关的详细资料，成功的品种也不多。

1. 合成孔雀石

1987年由俄罗斯合成成功，采用的是从水溶液中生长晶体的方法。俄罗斯合成的孔雀石可显示三种特征的构造，即条带状、丝绢状及蓓蕾状构造。其已经投入商业化生产，最大的块体可达8kg。合成孔雀石与天然孔雀石性质极其相似，只可用一种破坏性测试，即差热分析将它们区分。

2. 合成绿松石

1977年由威廉姆(Williams)和拿索(Nassau)发表了关于合成绿松石的报道。通过对诸多公司生产的绿松石产品分析，发现只有吉尔森公司的一种产品在成分、原子结构、外观特征及显微镜下结构特征上都与天然绿松石基本相同，只是铁含量较低。事实上人们已成功地合成了绿松石，至少吉尔森公司在1979年还生产过，但目前市场上出现的所谓"合成绿松石"实际上都是人工仿制品。

3. 合成翡翠

1987年美国通用电器公司宣布成功合成出各种颜色的翡翠，但至今尚未投放市场。它的合成大致是首先制得翡翠成分的玻璃，然后在中压下使之结晶。这种合成品颜色斑杂，色彩比天然品更浓。

我国的沈才卿在20世纪80年代也进行了合成翡翠的研究实验，并成功获得了合成翡翠，但因为透明度太差，颜色不正，也未进行商业化生产。他也是先将Na_2O、Al_2O_3、SiO_2及致色元素Cr_2O_3的粉末在1 100℃下恒温2h以上，待完全熔融后断电，让它冷却，形成具有翡翠成分的玻璃。然后，将此玻璃碾成粉末，再放入用来合成工业钻石的六面体压机中加压15min即可获得合成翡翠。

三、生长的非晶质材料——合成欧泊

1. 合成方法

电子显微镜的出现，揭示了欧泊内部结构和欧泊变彩形成的奥秘，也为欧泊的合成提供了理论依据。1972年吉尔森公司采用化学沉淀固结的方法成功地合成欧泊，并于1974年投放市场。合成欧泊的生产过程一般分为三步：

(1) 让细粒的二氧化硅化合物在水和酒精的溶液中均匀地分布；
(2) 加入碱(如氨)，使它们发生反应生成二氧化硅球粒；
(3) 让这些球粒紧密堆积、脱水、固结。

一般是用蒸馏法制取高纯度的有机硅化物，如四乙基正硅酸酯$(C_2H_5O)_4Si$，通过有控制的水解作用生成单色二氧化硅球体，通常使$(C_2H_5O)_4Si$以小滴形式分散在乙醇的水溶液中，

加入氨或其他弱碱搅拌,使其转化为含水的二氧化硅球体,反应式为:
$$(C_2H_5O)_4Si + 2H_2O = SiO_2 + 4C_2H_5OH$$

反应过程中必须小心控制搅拌速度和反应物浓度,以使制备的二氧化硅球体具有相同的尺寸。按所要求得到的欧泊的种类不同,控制球体直径为200nm、300nm不等。根据需要加入致色元素,可获得不同体色的贵欧泊。

分散的二氧化硅球体在控制酸碱度的溶液中沉淀。这一过程可能要超过一年的时间,一旦沉淀,这些球体便会自动呈现最紧密排列的形式。

对其施加静水压力,将其压实。加压时将其放入钢制活塞内,加入传压液体,当加入的液体量增多时,静水压力沿各个方向施加在沉淀的球体上,而不至于使其畸变。加压过程中可加入二氧化硅硅胶以填充球体间隙,也可以将沉淀的球体堆积物加热到不太高的温度,将其烧结。

目前,合成欧泊的品种有白欧泊、黑欧泊和火欧泊,主要产自法国、日本、俄罗斯和中国。日本和中国生产的相对密度较低的欧泊,灌注了塑料成分。

2. 合成欧泊的鉴别

(1)颜色特征:大多数合成欧泊显示不同于天然欧泊的十分明亮而鲜艳的颜色(图10-8-1)。

(2)特殊的色斑结构:合成欧泊的色斑明显不同于天然欧泊,其色斑边界呈镶嵌状,显示蜥蜴皮结构(图10-8-2),转动时可见柱状升起的立体感。天然欧泊的色斑为二维的丝绢状,色斑边界为过渡渐变特征。

图10-8-1 各种颜色的合成欧泊原料

图10-8-2 合成欧泊色斑的蜥蜴皮结构

(3)相对密度:比天然欧泊的略低,合成黑欧泊和白欧泊为2.06,有塑料灌注的合成欧泊更低一些,为1.97,天然的为2.10。

(4)紫外荧光:大多数天然欧泊在长波紫外光下发强的淡白色荧光,并可有持续的磷光;而合成白色欧泊在长波下几乎没有磷光且荧光很弱,甚至为惰性。

(5)吸收光谱:合成蓝色欧泊由钴致色,有典型钴谱,在查尔斯滤色镜下变红。天然蓝色欧泊由铜致色。

(6)折射率:合成火欧泊比天然火欧泊折射率偏高,为1.46,天然火欧泊为1.40。

(7)紫外透过率:合成欧泊比天然欧泊更易透紫外线,此性质的检测方法是把照相纸放在盛有水的盘中,被检测的宝石和厚度、类型都相近的天然材料一起放置在相纸上,曝光时间为2~3s,显影后,在合成宝石的影像周围可见到一个白边,但天然宝石的影像却没有白边。

(8)红外光谱:从透射法的图谱来看,天然欧泊与合成欧泊的红外吸收光谱有很大的差异。天然欧泊(包括贵欧泊与火欧泊)在4 000cm^{-1}以下全吸收。合成贵欧泊的图谱有两类。一类合成欧泊在2 000cm^{-1}以下全吸收,3 670~3 685cm^{-1}间有强吸收峰,2 665cm^{-1}和2 265cm^{-1}处附近有两个次级峰;另一类合成欧泊,与塑料中的聚丙烯和聚苯乙烯谱峰相似,为塑料灌注的合成欧泊,其相对密度值通常偏低。

(9)X射线荧光光谱分析:合成欧泊有的含有明显高于天然欧泊的Zr、Cl、Ga。

合成欧泊与天然欧泊的几种主要鉴别特征见表10-8-1。

表10-8-1 合成与天然欧泊的几种主要鉴别特征鉴别

项目	天然欧泊	合成欧泊
色斑	二维平面分布,边缘模糊呈过渡状,表面呈丝绢光泽	三维柱状排列,边缘锯齿状,界限明显,表面呈蜥蜴皮、鸡笼结构
紫外发光	白欧泊长波强白色,并伴有持续磷光或惰性,黑欧泊惰性	白欧泊长波,弱荧光无磷光,黑欧泊惰性,有时可有荧光和磷光
紫外透过率	透过率弱	透过率强
相对密度	2.10	2.06
孔隙度	低,没有显著的多孔性	多孔,黏舌

习 题

1. 借助示意图描述焰熔法合成蓝色尖晶石的生长装置,简述焰熔法合成蓝色尖晶石与天然蓝色尖晶石的鉴别特征。

2. 试述冷坩埚壳熔法生长立方氧化锆晶体的工艺过程。

3. 对比助熔剂法合成祖母绿、水热法合成祖母绿与天然祖母绿的鉴别特征。

4. 列出水热法生长宝石品种的类型,画出水热法生长红宝石的装置图,给出其晶体生长条件、过程及鉴别特征。

5. 如何仅用放大镜区分合成欧泊与天然欧泊?

第十一章　仿制宝石

　　仿制宝石指的是那些用来模仿天然宝石外观,而不具所仿宝石的化学组成、原子结构及物理性质的材料。仿制宝石包括天然宝石、合成宝石、人造宝石和其他人工宝石材料。人们用价格低廉、产出量大的天然宝石仿天然的高档宝石。如红色石榴石和红色尖晶石仿红宝石。合成宝石和人造宝石也是主要的仿制宝石材料,如合成蓝色尖晶石仿蓝宝石,人造钇铝榴石(YAG)仿钻石等。人们还生产一些人工材料,如玻璃、塑料和陶瓷等仿宝石。如玻璃常用作各种无机宝石的仿制品,塑料常用来仿有机宝石,陶瓷用于仿不透明的绿松石、青金岩等。

第一节　玻　璃

　　从1500年埃及人发明玻璃至今,玻璃一直是最常用的仿制宝石材料。尤其现在,玻璃的品种千变万化,几乎可用来仿任何天然宝石,特别是在模仿无机宝石时,它常具有与被仿宝石相似的颜色、透明度、折射率、相对密度,甚至某些特殊的光学效应。近年来,我国珠宝市场上出现被称为"冰翠"的玻璃制品,专门用来仿高档翡翠,外观上相当具有迷惑性,价格上相当具有诱惑性,使不少人受骗上当。玻璃制品在珠宝行业中无处不在、无所不仿,因此,鉴定者在任何时候都要警惕玻璃仿制宝石的出现。一般透明宝石的玻璃仿制品是将传统的玻璃熔融并加入适当的材料而制得的。玻璃的熔融通常是在燃气炉窑的陶瓷坩埚中进行的。将熔融的玻璃,倒入模子,通过对模子施压以获得所需的形状。在铸模过程中,由于不均匀收缩会在表面留下收缩凹坑,模子的结合部位也会留下铸模痕。

一、玻璃的宝石学性质

　　1. 内部结构

　　玻璃属非晶质,因而不具晶体的方向性特性,如解理、双折射、多色性等。

　　2. 化学组成

　　按其成分可分两大类。

　　(1)无铅玻璃(冕牌玻璃):由二氧化硅及少量钠、钙的氧化物组成。主要用作窗玻璃、玻璃瓶及光学透镜等。

　　(2)铅玻璃(燧石玻璃):由二氧化硅及少量钾、铅的氧化物组成。由于铅的加入,玻璃的折射率、色散增高了,但硬度也因此降低。主要用于仿宝石。

　　由于化学组成的不同,其物理性质也随之变化。各类玻璃品种的性质与加入的特殊材料有关。加入不同的着色剂,玻璃仿制品可呈现不同的颜色,甚至显示变色效应。如加入氧化铜,玻璃呈红色;加入氧化钴,玻璃呈蓝色。如果在玻璃中添加稀土成分,则可提高其折射率,甚至可高于1.80,从而增强其光泽。若同时加入铅或铊,可提高其色散和相对密度。

　　(3)颜色:无色及任何色,颜色丰富多彩。

(4)光泽:玻璃光泽。

(5)透明度:透明至不透明。

(6)导热性:较差,触感较晶体温,但比塑料凉。

(7)断口:贝壳状断口。

(8)硬度:5±。

(9)相对密度:2.0~4.2。

(10)折射率:大多在1.44~1.70范围内。也有超出此范围的品种,最高者可达1.95。但大于1.70的玻璃较软,很少用于仿宝石。

(11)光性:单折射,正交偏光镜下常显全消光或异常消光,如"扭动的黑十字"。

(12)光谱:彩色玻璃由于所采用的致色元素不同,其吸收光谱也很不一样。例如由钴致色的蓝色玻璃显钴谱,540nm、580nm、635nm三条吸收带,其中中间的吸收带较窄。以稀土元素致色的彩色玻璃显稀土谱,由一系列清晰的吸收线组成,两条吸收带分别处于黄、绿区。红色硒玻璃则显示红区以下全吸收的特征。

(13)荧光:大多数玻璃在短波紫外光下呈浅绿色,而在长波紫外光下呈惰性。

(14)内部特征:现代制造业的发达常使玻璃内部较干净,仔细观察内部常含气泡、漩涡纹及某些人工添加物,如星彩玻璃中的三角形和六边形的铜片。

(15)表面特征:常有模制痕。铸模的小面型玻璃宝石,刻面棱十分圆滑,小面有收缩凹坑。仿多晶质宝石的玻璃破损处可见贝壳状断口,以及气泡到达表面被抛磨后留下的半圆坑。

(16)特殊光学效应:有些玻璃品种可显猫眼、砂金、变彩及变色效应。

二、常见的玻璃仿制品及其鉴别

1. 仿透明宝石的玻璃品种

玻璃常用来制作红宝石、蓝宝石、祖母绿、海蓝宝石、橄榄石等透明宝石的仿制品。它可以具有与所仿宝石十分相似的颜色,但其特征的内含物,与所仿宝石不同的折射率、光性、相对密度及光谱是鉴别它的关键。

(1)表面及内部特征:铸模成型的玻璃表面有模制痕、圆滑的刻面棱和收缩的凹坑。玻璃内部常可见气泡、漩涡纹。天然透明宝石除天然玻璃外,很少能见到单气相包裹体。天然宝石常含有矿物晶体包裹体、气液两相包裹体等,但在玻璃中见不到。某些天然透明宝石因有较大的双折射率,在放大下可见刻面棱重影,而玻璃为单折射,无刻面棱重影出现。

(2)折射率:玻璃是单折射材料,折射率一般为1.45~1.70,而在此范围内常见的透明无机宝石都是双折射的。

(3)异常双折射:玻璃在偏光镜下显全消光或"扭动的黑十字"的异常消光,双折射的天然透明宝石可显示一轴晶或二轴晶干涉图。

(4)多色性:玻璃不显多色性,但某些有色的双折射透明宝石可显多色性。

(5)吸收光谱:玻璃不显示所仿宝石的典型光谱。

(6)荧光:通常显示与所仿宝石不同的荧光特征。

2. 玻璃拼合石

有时玻璃与其他材料黏合在一起组成二层或三层拼合石,作为透明宝石的仿制品,拼合石经底部封闭式镶嵌后很有迷惑性,尤其当它的冠部与所仿材料相同时。石榴石玻璃二层石曾在 18 世纪十分流行,后随着人造宝石业的发展,拼合石已逐渐从市场中隐退了。

拼合石的主要识别特征如下。

(1)从侧面经放大观察可见拼合缝及分层现象,冠部与亭部的颜色(浸在水中更加明显)、光泽有差异。

(2)从台面观察易见台面在拼合面的反射像,压扁的气泡和胶的羽状体。改变焦距可发现从冠部向亭部内部特征的突然变化或完全不同类型的内含物,如在冠部见到大量金红石针而在亭部出现大量气泡。

(3)冠部与亭部的折射率不同。

(4)分光镜下显示与所仿宝石不同的光谱。如仿祖母绿的石榴石—玻璃二层石显示铁铝榴石"铁铝窗"典型吸收光谱。

(5)在紫外光下,冠部与亭部的荧光反应不同。

(6)静水称重获得的相对密度与所仿宝石不同。

(7)台面朝下放在白纸上,亭部不为红色的以石榴石为顶的二层石,可见有红圈效应。如冠部和亭部都是红色材料,则无此现象。

3. 仿玛瑙和玉髓的玻璃品种

除了上述一般的特性外,主要依据内部特征及偏光镜下的反应来识别。玻璃常显示强烈弯曲的色带、不规则的颜色斑块和气泡。玛瑙的平行条带波动舒缓,或呈角度相接。半透明的玻璃在偏光镜下会全消光,而玛瑙为全亮。

4. 仿翡翠的脱玻化玻璃

脱玻化玻璃最早约于 20 世纪 70 年代由东京 Iimori 实验室生产出作为高档翡翠的仿制品,并以 Meta-Jade(脱水玉、变玉)、Victoria stone(维多利亚石)或 Kinga-stone 的名称投放市场。它实质是一种部分结晶的玻璃,尽管这种材料具有高档翡翠的外观,但不显示翡翠的折射率、相对密度、光谱及解理特征,而且内部含有树枝状、羊齿脉状雏晶(图 11-1-1)。

5. 欧泊的玻璃仿制品

斯洛卡姆石(Slocum stone)是 20 世纪 70 年代由美国 John Slocum 研制并投放市场的一种欧泊的玻璃仿制品(图 11-1-2)。

图 11-1-1 仿翡翠的脱玻化玻璃中树枝状、羊齿脉状雏晶

图 11-1-2 欧泊的玻璃仿制品

这种仿制品是利用一种可控沉积过程生产的含钙、钠和镁的硅酸盐玻璃。其内部具有箔片状薄层结构,薄层厚度为 0.3μm。光在通过这些薄层时发生干涉,形成类似欧泊的变彩。这种仿制品在一个方向见到的变彩比其他任何方向看到的都好,且在与此垂直的方向用透射光可见很小的绿色斑块,而这些特征在天然欧泊中见不到。通过放大可见其中的气泡和漩涡纹。

目前见到的大多玻璃仿制品并不具有上述特征的薄层结构,而是掺杂有大量细小的彩色箔片碎片,来自这些五彩箔片的反光明显不同于欧泊的变彩,其典型的鉴定特征是破裂及褶皱的箔片。

欧泊的玻璃仿制品的折射率和相对密度都比欧泊明显高,分别为 1.49～1.50 和 2.4～2.5。

6. 星彩玻璃

星彩玻璃一般为褐红色,用来仿日光石。也有深蓝色品种用于仿青金岩,绿色品种用来仿东陵石。在放大镜下可见大量三角形和六边形的金属铜片(图 11-1-3)。这些铜片是加入的氧化铜在随后的退火过程中被还原形成的。铜片在反射光下显强的金属光泽,透射光下不透明。而日光石中的橙色内含物赤铁矿是半透明的。

7. 玻璃猫眼

最初由美国 Cathay 公司生产,又称卡谢猫眼(Cathay stone)。它是由几种不同玻璃的光纤以立方或六方的形式排列并熔结在一起形成"光纤面板",每平方厘米内有 150 000 根光纤,能产生极好的猫眼效应。折射率 1.50,相对密度 4.58,硬度 6。现在,这种材料大量地用于装饰品中,几乎各种颜色都有。大多为鲜艳的红色、绿色、蓝色、黄色、橙色、紫色或白色。因有与自然界猫眼宝石完全不同的颜色,让人一看就知道其为玻璃仿制的。但黄绿色玻璃猫眼与金绿宝石猫眼、石英猫眼的颜色十分相似。不过,用放大镜观察其亮带两侧面便可发现典型的蜂窝状结构(图 11-1-4),这是玻璃猫眼的诊断性特征。

图 11-1-3 星彩玻璃中的规则铜片　　图 11-1-4 玻璃猫眼的蜂窝状结构

目前市场上出现了不少仿白玉的半透明玻璃。这种材料经作假用来仿古白玉,如子岗牌,这种材料常为半透明至微透明,用强光照射不难揭示其内的气泡。其相对密度也较软玉低。

第十一章　仿制宝石

第二节 塑 料

塑料与大多数无机宝石的物理性质相去甚远,所以很少用来仿除欧泊以外的其他无机宝石。但塑料的光泽、相对密度、硬度、导热性等许多物理性质与有机宝石相近,因而常用于仿有机宝石,且具有较强的迷惑性。

塑料实际上就是合成树脂。树脂是由一种非晶质黏滞液体物质组成的天然或合成的有机化合物。天然树脂呈黄色至褐色、透明至半透明,是易熔、易燃的有机物,形成于植物分泌物中,包括松香、硬树脂、琥珀等。琥珀是一种石化了的天然树脂,也是最硬的天然树脂。合成树脂由一大类合成产品构成,它们具有天然树脂的某些物理性质,但在化学组成上不同。合成树脂可划分为两大类,即热塑性树脂和热固性树脂。前者在热处理后仍为塑性,而后者经加热后变得难溶。

塑料主要用于仿珍珠、欧泊和琥珀,很少用于仿透明宝石,有时也用于宝石的优化处理,如贴膜、背衬和表面涂层。多数塑料仿制品采用铸模成型。

一、塑料的宝石学性质

(1)化学成分:主要由碳氢化合物组成。为了获得不同的物理性质和外观特征,可以添加一些其他成分。因成分上的差异,不同塑料品种的物理性质也有些不同(表11-2-1)。

表 11-2-1 各种塑料的主要鉴定特征

名 称	折射率	相对密度	可切性	其他性质
聚苯乙烯	1.59	1.05	易切	易溶于许多有机溶液如二碘甲烷
酚醛塑料/电木(以粉末为填料的酚醛塑料)	1.61~1.66	1.25~1.30		用于模仿琥珀、龟甲、煤精及其他宝石材料
酪朊树脂	1.55	1.32~1.39		滴一滴浓硝酸于其上,会留下黄斑。热针试验有烧牛奶的气味
有机玻璃	1.50	1.18	易切	溶于丙酮,热针探触或燃烧有水果香味
赛璐珞	1.495~1.520	1.35,加填料1.80	易切	易燃
安全赛璐珞		1.29~1.40	易切	热针触及时发出醋味
氨基塑料	1.55~1.62	1.50		用作琥珀等宝石的仿制品

(2)内部结构:非晶质。
(3)导热性:差,有温感。
(4)光泽:透明至不透明。
(5)颜色:可呈各种颜色。
(6)硬度:1.5~3,钢针可刺入。
(7)可切性:可切,易削成片。
(8)折射率:1.55~1.66。
(9)光性:单折射,均质体,正交偏光镜下可显异常双折射。

(10) 相对密度：1.05～1.55,有的高于此范围。

(11) 内部特征：常含气泡、漩涡纹，或显示弯曲的颜色条带。

(12) 热针测试：塑料在热针测试中，因品种不同可发出辛辣味、醋味、水果香味、烧牛奶味等。

(13) 表面特征：可显示模制痕、圆滑的刻面棱及收缩凹坑。

二、塑料品种的类型

1. 有机玻璃

有机玻璃又称聚甲基丙烯酸甲酯，是无色透明的塑料。折射率1.50，相对密度1.18，硬度2，易切，不易破裂，耐稀酸和稀碱，难溶于乙醇和汽油，溶于丙酮等。热针探触或燃烧有水果香味。因高度透明，常用于制造光学仪器、照明工具及日常用品。在珠宝业常用于生产廉价的珠子和仿制珍珠的核，加入色料可制成各种颜色以模仿彩色宝石。

2. 聚苯乙烯

聚苯乙烯由苯乙烯聚合而成，是一种无色、无味的透明塑料。具良好的绝缘性，易溶于许多有机溶液，如二碘甲烷。耐热性差，易老化。折射率1.59，相对密度1.05，具可切性。加入色料可浇铸制成刻面宝石，主要用作绝缘材料和日用品。

3. 氨基树脂

氨基树脂是含有氨基的化合物与甲醛缩合而成的树脂状物质的总称。工业规模生产的主要品种有脲醛树脂、三聚氰胺甲醛树脂和苯胺甲醛树脂等。性硬而脆，为了改善制品的性能和外观，加工时需要加入各种填料，如纤维素、锦纶丝、棉花、木粉、云母、石棉、金属粉等各种无机物，以提高制品的机械性能、耐高温、韧性、透明度和光泽。可制成黏合剂、漆料，广泛用于机械制造和日常用品的生产，也可用于制作宝石仿制品。

4. 氨基塑料

氨基塑料为电木的改进产品。加入染料可呈橙色，常用作琥珀等宝石的仿制品。其相对密度接近1.50，硬度2，折射率1.55～1.62。

5. 赛璐珞

赛璐珞是最早出现的一种塑料，有百余年的历史。它是由硝化纤维和酒精、樟脑等原料制造而成，极易燃烧。所以一旦怀疑为赛璐珞，应该避免热针测试，否则十分危险。在宝石业中是早期象牙仿制品的主要原料。老的产品的相对密度为1.35，若加入填料可达1.80。其折射率为1.495～1.520，硬度2。

6. 安全赛璐珞

安全赛璐珞是赛璐珞的改进产品。燃烧性明显较赛璐珞差，是象牙较安全的仿制品。相对密度1.29～1.40，硬度2。热针触及时发出醋味。

7. 酪朊塑料

酪朊塑料是一种由牛奶的蛋白质生产出的塑料品种，加入甲醛后变得坚硬。相对密度1.32～1.39，通常为1.33，折射率1.55。当滴一滴浓硝酸于其上，会留下黄斑。热针试验有烧牛奶的气味。

8. 酚醛树脂

酚醛树脂通常指苯酚或甲酚与甲醛的缩合物。不需加填料即可制成透明并具有红色、绿色、琥珀色等各种颜色的宝石仿制品，但成型比较困难。酚醛树脂被用于模仿不透明和透明宝石及有机宝石。酚醛树脂不如其他塑料韧性强。燃烧时有强的苯醛防腐剂气味。酚醛树脂最主要的用途是加入各种有机、无机填料和各种功能的助熔剂来制成酚醛塑料。

9. 酚醛塑料

在酚醛树脂中加入各种有机和无机填料及各种功能的助熔剂可制成酚醛塑料。在酚醛塑料中加入不同的添料可产生各种颜色和结构的产品，用于模仿琥珀、龟甲、煤精及其他宝石材料。以锯末粉为填料的酚醛塑料俗称电木或胶木，具优良的电绝缘性和机械强度。相对密度1.25～1.30，折射率1.61～1.66。

三、常见塑料仿制品及其鉴别

1. 塑料仿琥珀

琥珀的塑料仿制品可具有与琥珀极为相似的外观，但不会同时具有与琥珀相同的折射率和相对密度。绝大多数塑料仿制品在饱和盐水(SG1.2)中下沉，而琥珀浮起，聚苯乙烯也会浮起，但它的折射率(1.59)不同于琥珀(1.54)。热针检测也是区别琥珀与塑料仿制品的有效手段之一。琥珀在热针检测时有树脂的芳香味，而塑料则为辛辣味或其他气味。不过热针检测是破坏性测试，应谨慎用之，尤其对赛璐珞这类易燃品严禁使用，否则十分危险。此外，塑料中的动物显得呆板，而琥珀中的动物往往栩栩如生。

2. 塑料仿欧泊

"塑料欧泊"是模仿天然欧泊的内部结构生产出的塑料仿制品。其外观酷似欧泊，极具迷惑性。它是通过灌注一种塑料将聚苯乙烯球体黏结而形成的。用于灌注的塑料的折射率不同于聚苯乙烯。它与合成欧泊有十分相似的变彩结构。但其相对密度明显偏低(1.20～1.9)，折射率比欧泊略高(1.48～1.53)，而且其硬度仅2.5，针可刺入。

3. 塑料仿象牙、龟甲及骨质材料

象牙的塑料仿制品不具有象牙特有的旋转引擎纹理。仿龟甲的塑料，色斑多呈条带状，且有明显界线，与龟甲由色素点堆积的色斑及其过渡的边界不同，塑料不显示骨质材料特征的细管结构。

塑料仿制品往往不具有所仿有机宝石的折射率、相对密度。它们的热针反应也完全不同。象牙、龟甲及骨质材料在热针测试中都发出烧头发的焦味，不同于塑料的辛辣味或其他怪味。

4. 塑料仿珊瑚、贝壳

塑料仿制品缺少珊瑚特有的放射状或同心环状结构以及贝壳的层状结构，且塑料的相对密度明显低于珊瑚和贝壳。塑料可切削成片，切下的碎片不与盐酸发生起泡反应，而珊瑚、贝壳可刮下粉末，粉末与盐酸有起泡反应。

5. 塑料仿煤精

塑料仿制品可具有与煤精相似的颜色、光泽、折射率甚至相对密度，但缺少煤精特有的木质纹理和红褐色条痕。热针测试反应发出与煤精的烧煤炭味完全不同的辛辣味。

第三节 陶 瓷

一、陶瓷的制作工艺

陶瓷是由细粒的无机粉末经过加热、焙烧或烧结,有时需要加一定压力而生产出的多晶质固体材料,包括陶和瓷。陶瓷仿制品的制作利用的是陶瓷工艺技术,即将研细的无机物粉末经加热或焙烧成烧结物,并通过热压而获得所需细晶固体材料。有时需加入低熔点的黏结剂以改变材料的黏性,某些黏结剂仅把尚未烧结的脆性粉末粘在一起,本身在烧结的过程中消失。有时还在材料表面施釉,以增强其光泽。

二、陶瓷仿制品类型及鉴定特征

陶瓷材料常用来仿半透明至不透明材料,如绿松石、青金岩、珊瑚等。吉尔森公司在20世纪70年代用制陶工艺生产出了一系列陶瓷仿制宝石,如吉尔森造绿松石、吉尔森造青金岩、吉尔森造珊瑚等。有关它们的制造工艺一直没有公开。

1. 吉尔森造绿松石(Gilson Created Turquoise)

吉尔森造绿松石是由吉尔森公司生产的绿松石仿制品的商业名称。现常指由类似工艺生产出的绿松石仿制品,有含基质脉和不含基质脉的两个类型。其化学成分中含有很多的方解石,结构上比天然绿松石略微多孔,颜色较稳定。在20~40倍放大镜下观察,可见在较白色的基底上有较深蓝色的规则颗粒。相对密度为2.74,折射率1.60。

2. 吉尔森造青金岩(Gilson Created Lapis)

吉尔森造青金岩也是由吉尔森公司生产的青金岩仿制品。现常指由类似工艺生产出的青金岩仿制品。一般认为它是由佛青(一种染料)、锌的氢氧化物及黄铁矿组成。也有不含黄铁矿的品种。一般较天然青金岩多孔。相对密度2.46(青金岩2.81),折射率1.50,硬度4.5(青金岩5.5)。此材料不透明,查尔斯滤色镜下不显红褐色。

3. 吉尔森造珊瑚(Gilson Created Coral)

吉尔森造珊瑚是由吉尔森公司生产的珊瑚仿制品的商业名称。现常指由类似工艺生产出的珊瑚仿制品,主要由方解石组成,可带有各种浓度的红色。可显角砾状结构。其条痕为红棕色(珊瑚为白色),相对密度2.44(珊瑚为2.6~2.7),折射率1.55(珊瑚为1.49~1.65)。有些仿制珊瑚是硫酸钡的粉末由塑料黏结而成(折射率1.58,相对密度2.33)。

目前,市场上很少利用陶瓷工艺将相应的劣质宝石材料或相应成分的粉末与色素原料烧结制成仿绿松石和青金岩,大多数是用其他材料的粉末(如骨质粉末)加染料压制而成,这种材料也被误称为"压制"或"吉尔森造"的仿制品。市场上也有少量绿松石的仿制品是将劣质绿松石或其类似成分的粉末与色素原料经过树脂或塑料在一定温度和压力下黏结而成,这种材料称为胶结绿松石(bonded turquoise)。其相对密度较低(2.45),可显绿松石的吸收光谱,具有注胶材料的鉴定特征。

第十一章 仿制宝石

三、陶瓷仿制品的鉴别特征

典型的陶瓷一般为不透明或微透明,几乎都是铸模成型,且表面上釉,很少切磨。表面可有铸模痕,显玻璃光泽。其折射率无法测定,没有鉴定意义。放大观察,可见均匀致密的微细颗粒结构,断口光泽暗淡,缺少所仿宝石特征的结构,如珊瑚的波纹或放射状纹理,青金岩不均匀的颗粒状结构和蓝、白黄斑杂的颗粒结构。陶瓷的相对密度相当稳定,为 2.3,有时可见到气泡。

习 题

1. 什么叫仿制宝石?人工的宝石仿制材料有哪些?
2. 星彩玻璃是如何形成的?其主要鉴定特征有哪些?
3. 翡翠和玛瑙的玻璃仿制品的主要鉴别特征是什么?
4. 象牙与其塑料仿制品的鉴别特征有哪些?

第十二章 宝石的优化处理

第一节 概 述

近年来,随着优质珍贵宝石资源的枯竭,新技术、新材料的发展,利用各种人工手段,改善宝石品级,使天然宝石更完美,更接近优质品,对于丰富宝石市场越来越重要,优化处理工作成为了宝石学科研的重要课题。

宝石的优化处理是指宝石除抛光和切磨以外,用于改善外观耐久性或可用性的所有方法。人们通过各种人工处理手段,弥补天然宝石的不足和缺陷,使其更完美,更接近天然的优质品,从而提高宝石的实用价值和经济价值。各种宝石的优化处理(改色)特点详见表12-1-1。

表12-1-1 宝石优化处理(改色)成果表

改色的产品	处理方法及使用的原料	处理的普遍性	产品对光的稳定性
琥珀	对适宜的原料涂油(可以是带色的油)并加热,可排除由许多微小气泡造成的模糊阴影,同时还可以产生圆形裂纹,使之金光闪闪	经常	稳定
再造琥珀	在加热加压的条件下对琥珀碎片进行压实	偶然	稳定
绿色绿柱石、海蓝宝石	通过加热,从绿色绿柱石和绿蓝色海蓝宝石中除去黄色成分	普遍	稳定
粉红色铯绿柱石	对橙黄色绿宝石进行加热,以排除其中的黄色成分	偶然	稳定
金黄色绿柱石	对无色含铁或极浅的蓝色绿柱石进行辐射	经常	稳定
祖母绿	给有裂隙的原料中加入无色石蜡、油、合成树脂等以掩盖其裂隙	经常	油可能会干掉或渗出
各种颜色绿柱石	在表层涂上无色的或有色的石蜡、清漆、合成树脂等,以改变其颜色和光泽、掩盖表面疵点等	偶然	不稳定会脱落
金黄色珊瑚	对黑色珊瑚进行漂白而成	经常	稳定
红色珊瑚	对橙黄色或淡色珊瑚染色而成	经常	稳定
粉红色、红色红宝石	通过加热排除非标准红色的褐色或紫红色成分,减少绢丝状包裹体	经常	稳定
蓝色蓝宝石	通过加热加深浅色蓝宝石的颜色,或减弱深色蓝宝石的颜色	经常	稳定
黄色及橙黄色蓝宝石	对适宜的浅色或无色含铁蓝宝石加热处理	经常	稳定
红宝石及各色蓝宝石	对红、蓝宝石加热处理,排除"丝状物"或阴影	经常	稳定
星光蓝宝石和星光红宝石	通过加热处理可使星光宝石的星光更加明显	偶然	稳定
黄色、橙黄色蓝宝石	对无色或极浅颜色蓝宝石进行辐射而成	偶然	在极短的时间即可能褪色(几小时)

续表 12-1-1

改色的产品	处理方法及使用的原料	处理的普遍性	产品对光的稳定性
红宝石	在双晶纹中注入石蜡、油、合成树脂等以掩盖其裂隙或增加颜色	经常	油可变干或渗出
绿色翡翠	对适宜的浅色翡翠进行染色	经常	稳定
淡紫色或橙黄色、红褐色翡翠	对适宜的浅色翡翠进行染色	经常	稳定
青金岩	对浅色的或含有较多方解石的青金岩染色	经常	稳定
黑色欧泊	对适宜的蛋白石通过"烟熏"或"糖化"处理	经常	稳定
黑色、蓝色、灰色和褐色珍珠	对黄色的、浅绿色的或颜色不均匀的珍珠进行染色	普遍	稳定
黄水晶	对色差的紫色水晶加热处理	普遍	稳定
绿色水晶	对某种紫色水晶加热处理	很少	稳定
红色玛瑙、玉髓	对含有氧化铁的玛瑙、玉髓加热处理	经常	稳定
晕彩石英	对无色的石英加热,然后快速冷却,使其产生干涉色的裂隙	很少	稳定
紫水晶	对含铁的水晶进行辐射	常见于人造紫晶	稳定
双色紫—黄水晶	对紫晶辐照后加热处理	经常	稳定
烟晶和浅绿色水晶	对无色水晶进行辐射	经常	稳定
红色、绿色石英岩	对经过加热并迅速冷却的石英岩进行染色	偶然	稳定
浅黄—浅黄褐色硅化石棉	使用草酸对深褐黄色硅化石棉进行漂白	经常	稳定
玉髓、玛瑙	通过染色来改变玉髓和玛瑙的颜色	广泛	稳定
锂辉石	对紫锂辉石进行辐射	偶然	极不稳定
蓝色坦桑石	通过加热使透明的褐红色、绿色黝帘石变成深紫蓝色、蓝色,或变成浅蓝色	广泛	稳定
粉红色托帕石	对含铬的托帕石进行加热,排除黄—褐色的成分,显示出粉红色	经常	稳定
浅蓝—深蓝色托帕石	对适宜的无色、浅褐红色,极浅蓝色托帕石进行辐射,随后轻度加热	广泛	稳定
黄色—橙黄色托帕石	托帕石通过辐射可以获得(需加热)	经常	一般是稳定的
蓝色、绿色碧玺	通过加热使某些可处理的极深蓝色的或深绿色的碧玺颜色变浅	广泛	稳定
绿色碧玺	可通过某些可处理的褐绿色碧玺加热处理获得	经常	稳定
中—深蓝色的绿松石	使用无色的或有色的石蜡和种种合成树脂和松脂等对适宜的、有孔的、浅色的软质绿松石进行处理,以改进其颜色和硬度	经常	塑性处理,稳定,其他处理也可能变干和渗出
蓝色、无色锆石	对褐色锆石加热		稳定(有的也可复原)

据美 Ki Nassau, N. J. Robert, E. Kane 编制。

优化处理进一步划分为优化和处理两类。

一、优化

优化是指传统的人们广泛接受的使宝石潜在的美显示出来的优化处理方式。如斯里兰卡灰白色蓝宝石经热处理变为蓝色蓝宝石，坦桑尼亚褐色黝帘石经热处理变成蓝色坦桑石，无色托帕石经辐照处理变为蓝色托帕石，祖母绿浸无色油，以及玉髓、玛瑙的染色和加热呈现出各种颜色等。经优化过的宝石在市场上可不予声明地当作天然宝石出售。

二、处理

处理是指非传统的，尚不被人们所接受的优化处理方式。如翡翠和石英岩的染色处理、蓝色钻石的辐照处理、红宝石的裂隙充填以及蓝宝石的表面扩散处理等。属于处理的宝石在市场出售时，必须声明其已经过人工处理。

第二节 优化处理的方法

常用的宝石优化处理方法有热处理、扩散处理、染色处理、辐照处理、充填处理、拼合处理、表面处理等，对某种宝石进行优化处理时经常是以一种方法为主，配合使用其他方法，以期达到最好的处理效果。

一、热处理

热处理是通过高温条件下改变色素离子的含量和价态，调整晶体内部结构，消除部分内含物等内部缺陷，来改变宝石的颜色和透明度。热处理可以看作是天然地质过程的重复和延续。将宝石放在可以控制加热的设备中，选择不同的加热温度和其他不同条件（氧化还原环境）进行加热处理，使宝石的颜色、透明度及净度等外观特征得到长期稳定的改善，从而提高宝石的美学价值和商品价值。

热处理的功能主要有：改变宝石的颜色、去除杂色改善宝石颜色、晶体出熔产生宝石的星光、消除丝光改善宝石的净度、澄清内部增强宝石透明度、恢复带缺陷晶体结构以改善宝石颜色、脱水作用改善宝石颜色等。市场上常见宝石的热处理及其结果如下。

1. 刚玉宝石

刚玉的热处理是宝石优化处理中最具有代表性、应用最广泛的实例之一。宝石市场上所见的蓝宝石或红宝石绝大多数经过了热处理过程。通过加热可以产生如下变化。

(1) 对于含铁浅蓝色刚玉，通过加热处理，产生或加强黄色调，从而产生金黄色蓝宝石。研究表明，在这个过程中产生 Fe^{2+} 至 Fe^{3+} 的氧化，并从而产生 $O^{2-} \rightarrow Fe^{3+}$ 电荷转移。这个过程中包括铁的聚集，形成赤铁矿。

(2) 产生或加强蓝色。市场上出现的多数极佳颜色的蓝宝石可能是热处理的产物。它们是 Fe^{3+} 和 Ti^{4+} 的还原过程，由于 Fe^{2+} 电荷转移产生蓝色，即 $Fe^{2+} + Ti^{4+} \rightarrow Fe^{3+} + Ti^{3+}$。

典型实例是斯里兰卡"究打"(Geuda)刚玉经热处理后变成市场上颜色鲜艳的"卡蓝"，除变价铁的还原外，"究打"刚玉中含有的丝光金红石包裹体中的钛离子进入到晶体结构中和铁共同致色。这种处理还改善了宝石净度,增强了宝石的透明度。透明度的改善是对澳大利亚丝光蓝宝石和缅甸红宝石进行热处理想要达到的结果。

(3)减弱或去除蓝色色调。用于减弱深蓝色蓝宝石的颜色。其原理是在氧化条件下使 Fe^{2+} 变为 Fe^{3+},但效果通常不如加色处理过程的效果好。这个处理过程也用于去除紫红色红宝石色调中的紫色色调,而产生纯红色红宝石。如泰国红宝石通常都采用热处理去除不理想的蓝色色调。

(4)产生星光。热处理过程中可以通过控制降温梯度,使过剩的钛氧化物沿晶体结构出溶成金红石晶体,当针状金红石呈规则排列时,从而可能产生宝石的星光效应。

(5)减弱色带。对焰熔法合成红、蓝宝石进行热处理,即指在选定温度下加热很长时间以消除或减弱焰熔法合成红、蓝宝石特征的弯曲色带。对合成蓝宝石的热处理可产生"指纹状"包裹体而增加欺骗性,但仔细研究会发现弯曲的生长纹和可能存在的气泡。

热处理刚玉宝石的鉴别特征:由于采用高温处理,可以探测到与热处理相关的损伤,如围绕矿物包裹体的圆盘状裂隙,断续的、部分熔蚀的金红石针,补丁状扩散模糊的色带,未抛光宝石烧结的熔结物以及熔蚀凹坑。

某些热处理金黄色蓝宝石缺失斯里兰卡天然黄色蓝宝石常呈现的长波紫外灯下的橙色荧光,热处理"究打"蓝宝石在短波紫外线下可能发白色至绿色荧光。手持分光镜下观察可发现,缺失天然蓝宝石所呈现的铁吸收线。

2. 石英

通过热处理可以改变石英品种的颜色。对于单晶石英,热处理过程中完全或部分地恢复辐照损伤产生的色心,从而改变宝石的颜色。据悉现在市场上绝大多数黄水晶均是紫晶加热处理的结果,某些紫晶在加热后,局部转变为黄色而部分没有变色,由此导致双色的紫黄晶的出现。这种紫晶转变为黄水晶时存在 Fe^{3+},当 Fe^{2+} 存在时,紫晶经过加热将产生绿色。热处理有时也用于黄褐色的具猫眼效应的虎睛石,使其产生褐红色,因为其中的褐铁矿转变成了赤铁矿。事实上,石英是否经过了热处理在常规检测中不能鉴定,由紫晶经加热处理而成的黄水晶往往有褐铁矿包裹体,有时仍然保留有紫晶的生长色带。

3. 海蓝宝石

海蓝宝石在自然界中常呈现的是蓝绿色,加热处理海蓝宝石即可去除颜色中的黄色成分,而保留稳定的蓝色。同样,热处理也用于去除摩根石中的黄色成分,而产生更纯的粉红色。这是因为加热可使 Fe^{2+} 变成 Fe^{3+}。由于加热温度不高,因而在海蓝宝石和摩根石当中极少发现能证明与热处理有关的损伤。

4. 锆石

通常在还原条件下,对红褐色锆石在 900~1 000℃ 范围进行加热,会产生蓝色、无色,再继续在氧化条件下进行加热,可使锆石转变成无色或黄色、橙色、红色。有时某些锆石要经过几个阶段的热处理,使颜色不理想的锆石继续在不同条件下进行加热,直至获得理想的效果。几乎所有热处理改色的锆石对光和一般的高温都是稳定的,但有的热处理锆石经过一段时间后会恢复至热处理前的颜色。热处理锆石通常缺少天然锆石数十条的吸收光谱特征。

5. 坦桑石

坦桑石是黝帘石矿物中最重要的宝石品种,具有最强的多色性。开采出的大多数坦桑石显示出三色性,在低温热处理后会去除其中的黄色调,而保留紫色和蓝色、紫色至紫红色,蓝色和黄绿色,形成二色性,并使其颜色鲜艳。市场上许多坦桑石均经过热处理,但热处理的证据不易察觉。

6. 琥珀

琥珀通过加热处理可使其发生不同的变化。通过加热可将黄色琥珀转变成较深的、带橙色色调的褐色,用以模仿老货琥珀。含有大量微小气泡,具云状外观的琥珀可以浸入油介质中,通过加热而使透明度变得清晰,这种加热氧化和澄清处理过程很难鉴定。通过加热产生圆盘状的裂隙常被称作"太阳光芒",大量"太阳光芒"的存在说明琥珀经过了热处理过程。

热处理是宝石在优化中常用的一种方法,其过程可以看作是天然地质作用的延续,因而鉴别经过热处理的宝石有一定的困难,一般可以通过几个方面的变化特征来进行鉴别。

(1)颜色发生变化。热处理可改变所处理宝石的颜色而产生特有的宝石颜色,例如非洲黝帘石处理前是土黄色,处理后变为漂亮的紫蓝色。

(2)内含物发生变化。高温热处理会使宝石内含物发生一系列变化,如针状包裹体变成断续状,气液包裹体爆裂,低熔点包裹体熔融圆化等。这种内含物的改变特征在很多经过热处理的宝石中可以观察到。

(3)吸收光谱发生变化。热处理会使所处理宝石的吸收光谱发生变化,原有的典型吸收光谱会变得模糊不清,甚至彻底消失。如热处理蓝宝石的蓝区450nm吸收窄带变得模糊不清。

(4)荧光发生变化。热处理会使某些宝石产生特殊的荧光。如裂隙充填红宝石,当硼砂和硼酸等介质被加热时可使裂隙发生愈合作用,在紫外荧光仪的短波下会出现白色荧光。

二、扩散处理

扩散处理是另一种特殊的热处理方式,主要用于对无色或浅色刚玉的处理。通过所需化学元素朝晶体内部扩散,在蓝宝石或红宝石的外层可诱发颜色和星光。扩散处理可分为表面扩散处理和体扩散处理。

1. 表面扩散处理

表面扩散是通过把氧化铝和其他适用组分涂在磨成刻面的宝石表面,然后在很高的温度下持续加热数日而得到的颜色。通常蓝色由覆以铁和钛的氧化物扩散产生,红色由覆以铬的氧化物扩散产生,而黄色则是由镍的化合物扩散产生。为产生星光,需添加多余的钛,通过加热使粉末或膏料中的二氧化钛扩散进入宝石表面,并以金红石针的形式析出,这种扩散处理使星光红、蓝宝石的星线仅浮于表面。

表面扩散的穿透深度很浅,厚度仅有零点几毫米。这是因为,即便是在很高的温度下,扩散过程也是受限的,而且非常缓慢。当重新抛磨宝石时,扩散处理得到的颜色层可能被磨掉。宝石必须在处理前先琢磨成形,为保持薄的改色层只能极轻微地抛光以去除刻面上的损伤和某些标志。

表面扩散处理最常见的实例为蓝宝石,其价值比加热处理的蓝宝石的价值低许多。表面扩散是特殊的高温处理,扩散处理后的蓝宝石可以出现热处理蓝宝石所出现的任何内部和外部特征。此外,表面扩散处理蓝宝石,表层及刻面之间的颜色深浅不均匀,颜色还可渗入开放的裂缝中。经过表面扩散处理后,刻面上会留下一些麻点,然后再次抛光(轻度),就会出现多棱刻面。将扩散处理的蓝宝石浸没在二碘甲烷(RI1.74)中表现为较高的突起,使用散射光观察时宝石的腰棱和刻面棱会显示颜色的浓集。一般加热处理的蓝宝石和天然的蓝宝石在二碘甲烷中为模糊块。

2. 体扩散处理

体扩散处理也称铍(Be)扩散处理,在热处理过程中添加铍化合物,处理后渗色层较表面扩散处理深,甚至整体着色。目前铍(Be)扩散处理所需的温度更高,铍(Be)扩散处理主要使刚玉产生粉橙色,但近年在一些其他颜色刚玉扩散处理时也加入少量铍,铍元素起着类似活化剂的作用,从而使宝石致色或使颜色层加厚。

铍改善的刚玉宝石通常颜色均匀,总是带些黄色或橙黄色色调,黄色或橙黄色富集于宝石的表面及表面裂隙中,将宝石浸于高折射率的二碘甲烷重液中的现象更为明显。宝石表面可能会见到熔融凹坑,或再结晶颗粒。内部可见高温处理产生的内含物特征,如针状矿物晶体的断续出现、矿物包体周围形成的应力圈、气液包裹体的炸裂及低熔点晶体的圆化等现象。

铍扩散处理宝石在内部洁净时鉴定较为困难,常常需要使用现代测试仪器才能准确地测试,使用等离子质谱仪和X射线荧光能谱仪进行化学成分分析,这种扩散处理的刚玉中铍(Be)含量呈外高内低的规则分布,且表面铍(Be)含量明显高于天然宝石表面铍(Be)的含量。

扩散处理宝石的鉴别特征如下。

(1)颜色沿刻面棱分布在宝石极薄的表层,在二碘甲烷等重液中更容易被观察,也可以利用散射光在显微镜下观察宝石的颜色分布不均匀的特征,注意体扩散宝石由于颜色扩散层较厚,在显微镜下不易观察。

(2)扩散处理常含有高温热处理宝石的各种内含物特征,如针状包裹体的断续排列、晶体包裹体熔融圆化等。

(3)体扩散处理蓝宝石在内部特别洁净时,则需要进行 Be 元素成分测试。

三、染色处理

染色定义为改变体色,包括增加浅色宝石的颜色深度和对基本无色的宝石加色,是一种将彩色物质添加到宝石材料上的方法。染色处理可以使致色物质渗入宝石,以达到产生颜色、增强颜色或改善颜色均匀性的目的。这种处理方法主要用于那些颜色浅淡、价值低的宝石的改色处理,这类宝石通常结构疏松、多孔或含有相当多裂纹、裂隙,从而颜料可渗透进去。对于单晶宝石材料,必须有较大的表面裂隙,这些裂隙可能原来就有,也可以通过"淬火炸裂"的办法获得。对于集合体宝石,染色进入到多孔宝石的晶粒之间的微小裂隙当中。

当使用溶剂法时,染色剂多为有机化合物。含有致色物质的溶剂在宝石内扩散致色,一旦溶剂蒸发,致色物质就留在了宝石的孔隙或裂隙中。该方法的缺点是有机染色剂稳定性较差,经过一段时间就会褪色或变色。当使用化学沉淀法时,则染色剂多为无机金属盐化合物,通过化学反应而沉淀在宝石内部,这种处理后的颜色一般是耐久的。

染色处理的宝石品种很多,市场上大多数祖母绿都经过油浸染色处理,有时是将有色油注入其裂隙之中,改善祖母绿的清晰度和颜色。石英岩、大理岩、玛瑙、玉髓等常被染成各种鲜艳的颜色。染色翡翠大量出现,常常以假乱真。灰玉髓和一些多孔隙的蛋白石在糖溶液中煮过,经浓硫酸处理后,除去糖中的氢和氧,所剩下的是均匀的黑色的碳,使宝石变为黑玉髓和黑欧

泊。也可用硝酸银将珍珠染成黑色。

染色处理是古老的、常见的宝石处理方法，染色处理的品种很多，仔细观察时可以发现，颜色的分布与裂隙和孔隙度有关；吸收光谱和紫外荧光能显示染色剂的存在，查尔斯滤色镜观察和化学试剂的擦拭等也能发现染色的疑点。

1. 染色宝石实例

（1）石英岩或大理岩。二者均为孔隙粒状矿物集合体，常被染成各种颜色，用来仿制天然宝石（如青金岩、绿松石或珊瑚），放大后仔细观察染色剂充填于矿物颗粒和裂隙之间。

（2）染色翡翠。翡翠为矿物集合体，用铬盐加热，使绿色染料保留在孔隙或裂隙中。放大观察发现颜色主要沿着宝石的微裂隙、多晶颗粒界限和颗粒间分布。染色绿色翡翠，可见光吸收光谱检测时红光区有一条模糊的染料引起的吸收窄带。紫外光下染色处理后的宝石的荧光颜色可能分布不均匀，呈斑点状分布。用蘸有丙酮的棉球清染，棉球会被有机质染料染污。

（3）蓝铁染骨化石。由史前哺乳动物化石骨骼和牙齿组成，常被染成各种颜色，用来仿制绿松石。但它主要由矿物盐的渗透而自然染色，其有力证据是神经和血管的残余沟槽包裹体。

（4）染色红宝石。红宝石是单晶矿物，做染色处理的通常是那些双晶发育、多裂隙、透明度低的低档红宝石材料。染色红宝石多为弧面型切工，染色剂赋存于裂隙中，紫外荧光下宝石裂隙中常呈现染色剂发出的鲜艳的橙色荧光，与天然红宝石的比较均匀的红色荧光明显不同。

（5）染色单晶石英。其目的是制作如红宝石和祖母绿等宝石的仿制品。在处理单晶石英时，其被加热后或者直接投入染色剂中产生裂隙并加色或者在水中淬火，干了以后再染色。在放大镜下，淬火石英显示出一种内部网状裂隙。石英的集合体形式，包括石英岩，可以通过染色而仿制其他宝石。最常见是将半透明材料染成绿色来仿制翡翠，通过显微放大观察发现颜色沿着颗粒的间隙呈网脉状分布，并在裂隙中可见染料的富集。染成绿色的石英岩在红光区（660～680nm处）可观察到一条模糊的染料吸收窄带。

2. 染料与染色处理的检测方法

（1）观察颜色的分布状态。染色主要针对多孔隙宝石进行，放大观察时颜色主要沿着宝石的微裂隙和多晶宝石颗粒界限与颗粒间分布。

（2）吸收光谱发生改变。被染色宝石与未染色宝石的吸收光谱有差异。如染绿色翡翠，红光区 660nm 处有一条模糊的吸收窄带。

（3）紫外荧光观察。染色处理后的宝石，紫外光下颜色分布可能不均匀。原因是有些染料有荧光，紫外光下呈斑点状分布。

（4）利用化学试剂检测。用蘸有有机溶剂的棉球（例如丙酮）进行擦拭，棉球会被染污，因染料大多数为有机质染料。

四、辐照处理

辐照处理是用原子微粒辐射和放射性物质辐射，使晶体结构产生缺陷，造成着色中心，使宝石产生各种不同的颜色。辐照处理的宝石有时是稳定的，如辐照处理的蓝色托帕石颜色鲜艳稳定，难以检测。有时颜色在太阳曝晒或低温加热后会褪色不稳定。如辐照处理的深蓝色蓝宝石称之为 Maxixe 型绿柱石，其颜色很不稳定，因此这种材料在珠宝业没有应用价值。

在宝石的辐照处理中主要应用三种辐射源：①γ射线；②各种加速器产生的高能电子和质

子;③核反应堆产生的中子辐射。

其中,核反应堆技术较线性加速器技术成本低,但其弱点是带有放射性。中子辐射大量用于托帕石改色,而托帕石中的杂质元素如钪(^{46}Sc)、钽(^{182}Ta)和铯(^{137}Cs)等可能被中子活化,产生长半衰期放射性核素。半衰期随宝石的产地不同,以及宝石中杂质元素的种类和含量不同而发生变化。世界很多国家都有自己的放射性标准,我国需制定有关首饰放射性的标准,以保障消费者的利益。

辐照处理常用来处理颜色不佳的钻石,经辐照处理和随后的加热处理可产生各种不同的颜色。最常见的有绿色、黄色和褐色,较少见的有蓝绿色、蓝色、粉红色、红色和紫色。目前,市场面临的问题是如何确定彩色钻石的颜色是天然成因还是人工辐照处理成因。钻石人工致色绝大多数是通过辐照处理及其后的热处理两个步骤来完成的。中子辐照和电子辐照是对钻石进行辐照处理最有效的方法。处理结果:钻石颜色鲜艳、较为均匀。可使用可见光、红外光谱学特征、紫外发光以及导电性等方法对钻石颜色成因进行鉴别,如天然蓝色钻石含硼,具半导体性质,而辐照处理蓝色钻石是电绝缘体。

辐照处理可用于改变石英品种的颜色,无色水晶可通过辐照形成烟色,无色含铁水晶通过辐照产生紫色,其后热处理可使紫晶变为黄水晶。无色托帕石经辐照处理成褐色,再加热可成稳定的蓝色。用任何定量的方法也无法将改色的与天然致色的蓝色托帕石区别开。被辐照过的托帕石有明显的残余放射性,一般放上半年左右,残余放射性逐渐消失。经辐照处理的无色和粉色刚玉变成红色,无色锆石变成棕色、黄色,辐照处理也可使含杂质元素的锂辉石、碧玺变色等。在常规宝石学测试时,这些宝石因无法揭示其颜色成因,按照国家标准规定,无需指明。

辐照处理的宝石有时是稳定的,难以检测。主要通过下列方法加以鉴别。

(1)辐照处理的宝石产生特征的颜色,且颜色分布不均一。例如镭辐照处理钻石在亭部产生特征的伞状颜色特征,以及平行于琢型宝石刻面的色带。

(2)有时处理宝石的颜色在太阳曝晒或低温加热后会褪色,因而颜色不稳定。

(3)使用分光光度计测定光谱为主要的鉴定方法,可能产生特征的吸收光谱,热发光曲线可能发生变化。例如钻石在辐照处理后出现595nm的特征吸收谱线。

(4)辐照处理的宝石在一定时期会带有明显的残余放射性,随时间的推移,残余放射性逐渐消失。

五、充填处理

充填处理是指用油、人造树脂、玻璃或其他聚合物等硬质材料充填和掩盖结构疏松的宝石表面的缝隙、孔洞,增加其透明度和耐久性。可以通过用某种折射率值接近宝石的物质填充代替裂隙中的空气进行处理,

常见的有裂隙丰富的祖母绿、红宝石等有色单晶体宝石经注油处理,使其颜色状态改善,宝石色彩更加浓艳。如果用某些与宝石折射率相差不大的无色透明或有色透明的物质代替空气注入或充填宝石的裂隙和孔隙,会使宝石透射光强度增大,宝石的透明度就会明显改善,充填物质的折射率越接近于宝石,则裂隙的突起越低,从而降低可见性。

1. 充填处理祖母绿

祖母绿市场价值很高,常具有大量包裹体和晶体表面裂隙。经典的填充物是浸油,但注油

祖母绿耐久性差,不利于长久保存。更有效的处理方法是充填加拿大树脂,其折射率更接近于天然祖母绿。近年来人造树脂已经用于填充祖母绿以及其他宝石材料的裂隙。其优点之一是人造树脂不易从裂隙中脱落,使优化处理更加持久。

这种表面裂隙充填处理的祖母绿,在显微镜下进行观察。暗域照明下检查裂隙中那些非天然的、低突起、充填介质中的气泡以及裂隙的轻微轮廓等是揭示祖母绿被充填处理的有力证据。某些充填物在紫外线下发荧光,如使用加拿大树脂充填时,可以观察到一种弱绿黄色荧光。

2. 充填处理红宝石

红宝石充填是在缅甸孟素红宝石商业开发后出现的,由于该产地红宝石透明度通常不高,晶体中心常带有蓝黑色块,但经热处理后杂色可去除。在热处理时加硼酸盐不仅使得宝石受热均匀,避免高温炸裂,还可使表面裂隙得到充填,成功地提高红宝石的透明度。这种处理曾经被称作愈合裂隙热处理。另一种红宝石的充填处理类似于钻石玻璃充填,用高铅玻璃对低档红宝石进行充填,达到掩盖裂隙增大透明度的目的。

充填处理红宝石可见热处理红宝石的各种内含物特征,色带边界模糊,低熔点晶体包裹体成浑圆状及雪球状、盘状裂隙,抛光宝石表面会形成熔蚀凹坑等,孟素红宝石还可见大量云雾状水铝矿包裹体,处理红宝石短波紫外光下在红色荧光背景之上,叠加白垩色、绿白色或粉红色成分的荧光。放大检查铅玻璃充填处理红宝石常见紫红色异常闪光和圆形气泡,紫外光下荧光减弱。

3. 充填处理钻石

钻石在净度上的微小差别即可对其价值产生重要的影响。1987年以色列开始对钻石进行充填处理,在真空中将具有较高折射率的玻璃状物质注入钻石中延伸到表面的裂隙内。这种充填处理不仅能有效地掩盖相当大的裂隙,而且能遮挡钻石腰棱初始解理、表面凹坑以及激光钻孔等。充填物带有轻微的黄色调,使得钻石的外观颜色级别降低。通过放大观察,填充部分随钻石的移动可呈现特殊的异常闪光,在暗域视场下裂隙中呈现紫红色,亮域视场下则呈现蓝绿色闪光。现代测试仪器研究表明,钻石裂隙充填物是具有较高折射率的铅玻璃。此外,放大观察还可见到流动构造或扁平状气泡,大裂纹钻石的这种填充易检测,小裂纹钻石的则难以检测出来。

近年来碧玺、海蓝宝石等也采用酸清洗杂质,然后用人造树脂等其他物质充填。

充填处理宝石的鉴别特征。

(1)闪光效应:可采用暗视域照明法,在放大镜或显微镜下观察,当稍稍转动宝石并达到背景变亮的部位时,被充填裂隙呈现黄橙色—紫红色或蓝色—绿色的特征"闪光效应",色彩深浅不一,多为浅色并沿裂隙展布。

(2)经充填的宝石常常带有朦胧的蓝紫色调,在裂隙表面处的充填物的光泽和颜色同天然宝石有细微的差别。

(3)裂隙内可能存在异形气泡、流动痕迹,有时可见充填物脱玻化的枝状微晶等流动构造现象。

(4)充填塑料的多晶质材料可根据它较低的相对密度和热针的辛辣味来识别。

(5)可用标准X光照相来判定:填充的物质一般不透X光,在底片中呈现出清晰的白色区域。

六、拼合处理

在珠宝行业中,把两种或两种以上的宝石材料用人工方法拼合在一起制成宝石成品称为拼合处理。

常见的有双层拼合宝石和三层拼合宝石(简称双层石和三层石)。上、下两层的称为双层石,如绿柱石-祖母绿双层石;三层的则称为三层石,如欧泊常会出现双层石和三层石(图 12-2-1)。

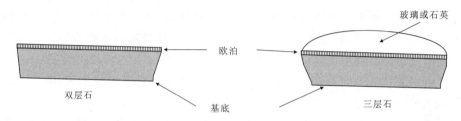

图 12-2-1 欧泊的双层拼合和三层拼合示意图

拼合石常常是利用宝石原石的薄片制造的。有时拼合石的两个部分都是天然材料,更多的是仅宝石冠部为真正的天然宝石,而亭部则由合成的材料或玻璃制成,属于仿制宝石。

拼合石的检测:①放大观察可见拼合层及拼合层中的气泡;②浸入水中,侧面见有层状构造(图 12-2-2),有些拼合石的无色材料粘有一个染色层;③拼合层上、下的颜色、光泽、硬度和折射率差异;④不同材料拼合,其内含物有很大的差异。

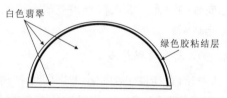

图 12-2-2 拼合石的层状构造示意图

七、表面处理

表面处理是采用简单的不改变宝石基本属性的手段,对其表面进行处理,以改善其质量的一类物理修饰法。

它的主要特点是用一些无色或有色的薄膜状物质均匀附着于宝石表面,以求达到改善宝石颜色和表面光洁度,增强宝石光泽及掩盖宝石表面缺陷(坑、裂、擦痕等)的目的。宝石的表面处理主要有涂层法、镀膜法和贴箔法三种方法。

将颜料或染料涂于宝石表面以改善宝石颜色外观的方法称为涂色。而将有色膜或具有强反射的膜涂于宝石表面、亭部刻面或底面以改善它们的颜色或亮度的方法称为涂层或镀膜。

宝石镀膜法是现代技术在宝石表面处理中的应用,简单地说镀膜就是在分子或原子层次上运用沉淀技术、喷镀技术或晶体生长技术等高新技术在宝石表面铺设多层分子或原子膜。

贴箔也称"背衬"或"底衬"(backing),在宝石底面或亭部刻面上贴一有色或强反射的箔片(金属片可以增强宝石底面的反射光强度,而有机薄膜则可以改变宝石颜色和光泽,就像照相机镜头上所贴的一层光学有机薄膜一样,呈现一种特殊的色彩和强光泽)以改善宝石的颜色或外观。贴有色箔的处理也称为色衬(color backing)。许多维多利亚女王时期首饰上的祖母绿、红宝石、蓝宝石、托帕石、紫晶、透明欧泊等都经过贴箔处理。现在这种方法已较少使用。

现在镀膜处理方法也可在托帕石、彩色钻石、水晶等宝石上使用。

八、漂白处理

漂白处理是指用盐酸、硫酸、双氧水或阳光等对宝石进行处理以去掉杂色而改善宝石颜色。主要是去除无机材料中由 Fe^{3+} 的氧化物产生的褐色调,以及有机宝石因含介壳质或其他有机质而常带的杂色。漂白处理属于优化,不需公开。例如,珍珠、象牙、翡翠等宝石材料常经漂白处理。

九、激光处理

钻石常用激光打孔以减少暗色包裹体的明显影响。用激光束烧出直径小于 0.02mm 的非常细的孔穿过钻石到达包裹体。包裹体可用激光束烧掉或用酸去除,随后可用玻璃或环氧树脂将孔充填以防尘埃进入。

许多激光处理的钻石是从冠部打孔的。用 10 倍放大镜从钻石侧面仔细观察,可看见这些孔。将钻石镶在首饰中会掩盖孔口,使激光处理的检测较为困难。

目前已开始采用一种称为"KM 激光处理"(Kiduah Meyuhed)的新方法。这种新的处理方法用激光加热包裹体,使应力裂隙延伸到钻石的表面。这时可用酸处理这些裂隙以去除暗色包裹体。这种处理方法主要用于暗色包裹体靠近钻石表面的情况。如果包裹体原先有张性裂隙环绕它,那将是较为理想的。这种处理通常会留下一个具"之"字形的横向管道,达到表面的裂隙。

激光打孔处理的检测是通过亭部观察钻石的孔道,孔洞通常可能在冠部的小面上,钻孔直径从 $0.02\sim0.002$mm,深度根据包裹体所在位置确定,激光孔在表面上是开放的,常在真空中使用环氧树脂填入空洞。在钻石表面观察激光口和在内部观察激光孔道可以有效地鉴别钻石的激光处理。

十、高温高压(HTHP)处理

高温高压处理是近年受到关注的新的优化处理方式,它可用来对塑性变形产生的结构缺陷致色的褐色钻石进行褪色。

如果这些褐色钻石经受非常高的温度和压力,塑性变形能被修复,钻石可变成无色。在全球钻石中不到百分之一的 II 型钻石适用于这种处理。

由 GE 公司进行这种处理,并由 Lazare Kaplan 公司销售的钻石在腰棱处刻有"Bella taire year serial number"字样,早先的钻石腰棱上刻的是"GE POL"。

这些处理钻石的特征包括稍呈雾状的外观以及褐或灰色调而不是黄色调。在高倍放大镜下可看到内部纹理、部分愈合的裂缝和不常见的包裹体。

少数 I a 型褐色钻石经高温高压处理,会产生自然界中不多见的强黄色至黄绿色,即所谓的 Nova 钻石。这些钻石还会显示强绿色荧光。

习 题

1. 什么叫优化？什么叫处理？简述二者之间的差别。
2. 简述拼合石的处理方法。如何检测？
3. 钻石、蓝宝石的优化处理方法有哪几种？如何鉴别？

第十三章 宝石的加工

宝石是人类和大自然的共同结晶,大自然孕育了宝石,这些宝石原料经过人类的精心设计、加工、琢磨或雕刻后价值倍增,艳丽夺目、光彩照人,为众人所喜爱。

宝石的美化成型始于100万年前旧石器时代,人们最早期的手工劳动作品是不对称形的装饰品,在石器时代末叶的新石器阶段,其手工制品工艺不断提高并出现了抛光工艺。

今天,宝石的加工不仅操作技术由手工业式跃为机械化、自动化,且技艺日益纯熟、精湛。由于民族和地区的不同,在亚洲、欧洲和非洲等地都创造并发展了富有各自民族特色和艺术风格的宝石加工工艺。

宝石的加工是一个重要的环节,加工款式的选择与加工者的设计理念有着密切的关联,东西方文化的差异使得设计者的理念也存在很大的差别,因此对宝石材料应用的选择及设计取决于设计者本人对原石材料的喜好,同时也涉及到设计及加工者的文化内涵、对当地风土人情的了解、各种习俗的表达及加工者的技术等因素。它也是从原石蜕变成珍品的必然过程,其目的是使宝石造型更加完美,色彩更加艳丽,从而提高宝石自身价值。由于宝石品种多,原材料有着本质上的差别,如宝石在结晶特点上有单晶和多晶质之分,也有透明、半透明和不透明之分。同时有些宝石材料还具有各种特殊的光学效应,因而针对不同的宝石原材料及品种的不同,所选择的加工款式也有所不同。通常情况下,单晶透明的宝石以刻面型款式为主,多晶质宝石则以弧面型和雕件为主,具有特殊光学效应的宝石除变色效应外基本上以弧面型为主。

第一节 宝石的切磨工艺

一、弧面琢型宝石

1. 弯曲表面

弯曲表面主要针对较小的原石或者颜色好的宝石材料。这种琢磨方式最大程度地保留了原材料的大小和质量。所加工的宝石为随形块,表面弯曲,如不经切磨,仅对其外表进行抛光,也称抛光原石。有些小的绿色翡翠原料及和田玉小籽料也选择这种简单的工艺。

2. 弧面型宝石

这种琢型最简单,是早期的一种宝石加工款式。现在仍然在多晶质材料、内含物较多的单晶宝石和具特殊光学效应的宝石中使用。

1)形态

(1)弧面型宝石:有一弯曲的表面,基本类型为单凸型、双凸型、凸凹型和圆珠状。弧面型宝石的形态有椭圆形、水滴形、杏仁形、方形、鸡心形、橄榄形(图13-1-1)。翡翠戒面常选择此类琢型。

(2)珠状:用于珠串的具规则或不规则形状的小件宝石。常见的有圆珠、椭圆珠、扁圆珠、腰鼓珠、圆柱珠、棱柱珠、刻面珠及不规则珠等(图13-1-2)。现在市场上常见的碧玺、海蓝宝石项链和手链也选择各种珠状琢型。

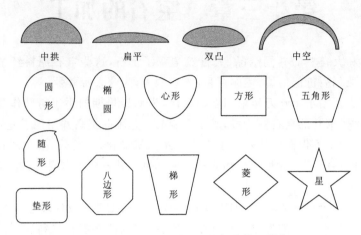

图13-1-1 弧面型宝石的各种外观形态

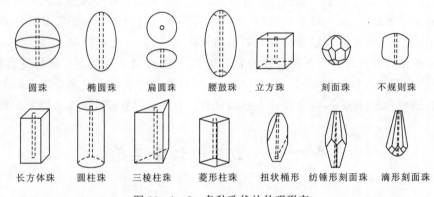

图13-1-2 各种珠状的外观形态

2)弧面形琢型的适用范围

弧面形的琢型,易加工、易镶嵌,最初用于除钻石外的所有宝石中。在目前,仅适用于下列宝石。

(1)不透明或半透明宝石:如绿松石、青金岩、翡翠、软玉、玛瑙等各种多晶质宝石。

(2)具有特殊光学效应的宝石:如星光效应(星光红宝石、星光蓝宝石、星光透辉石等)、猫眼效应(金绿宝石猫眼、石英猫眼、海蓝宝石猫眼、方柱石猫眼、电气石猫眼等)、变彩效应(欧泊、月光石常选用高凸面型)的宝石。

(3)含杂质太多的透明宝石:如红宝石、蓝宝石、祖母绿,当它们包裹体太多时,也选弧面形琢型。

3. 加工工艺

首先将宝石琢磨成所需的形态,再用铜或青铜磨盘和钻石粉或碳化硅粉进行打磨。然后,放在半圆形沟槽的细砂轮上磨出所要求的形状,再进行抛光,抛光一般在抛光布轮机上进行。

通常天然宝石底面不抛光,目的在于增加宝石的质量,减少光的散失。

4. 工艺特点及步骤

(1)设计:按照原石的形态进行设计,对具有特殊光学效应的宝石和具有多色性的宝石在设计时需要定向。对颜色不均匀的宝石,设计时将最好的颜色放在最显眼的位置。在设计这个环节尽量去掉杂质和裂隙,最终设计的目的是让宝石保持最大的质量以产生最大的价值。

(2)分割:一般加工成弧面型宝石的原石较大,按照需要分割成可用的小片和小块,即长、宽、高比例要适当,一般下料时毛坯尺寸略比成品尺寸比例大,在这个环节要充分考虑琢磨过程中被消耗的尺寸。

(3)标记:将分割好的原石小块整平,上卡,并用防水墨笔标出顶面及弧面宝石的大致外形。

(4)研磨和砂磨:通过琢磨工磨出最终所需的形状、大小及质量,如椭圆弧面、水滴弧面、鸡心弧面、圆弧面等。

(5)抛光:抛磨宝石的最后一道工序,一般在布轮机上进行。宝石加工质量的好坏往往最终由抛光质量体现出来,良好的抛光技术使得宝石的色泽艳丽、表面光滑而明亮。尤其是多晶类宝石,如翡翠、和田玉等,其细腻的质地、滋润的玉质都能充分展示出来。

二、刻面琢型宝石(小面型)

刻面琢型的加工工艺始于14世纪,它是由具有对称的几何形态抛光小面聚合而成的。这种琢型用于所有的无色和有色透明宝石。

1. 刻面角度的选择

为使单晶透明宝石加工的刻面能充分展示透明宝石的魅力,在刻面宝石的加工过程中,正确的刻面角度的选择至关重要。正确的刻面角度会使大量入射到宝石内部的光束发生全反射,使宝石的成品光彩夺目,增加宝石无限的想象力。如所加工宝石的刻面角度选择不合理,角度过大或过小,都会造成加工好的成品出现漏光现象(图13-1-3),而使宝石的美观大打折扣,从而影响宝石的最终价值。

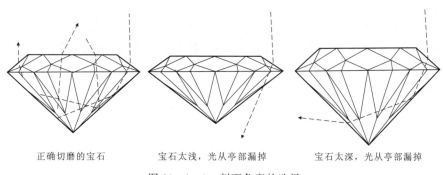

　　正确切磨的宝石　　　　宝石太浅,光从亭部漏掉　　　宝石太深,光从亭部漏掉

图13-1-3 刻面角度的选择

刻面宝石角度的选择,应该根据不同宝石固有的折射率而定(折射率与宝石临界角有关)(图13-1-4)。

折射率　　　冠部角　　亭部角
1.40～1.60　40°～50°　43°
1.60～2.00　40°　　　40°
2.00～2.50　30°～40°　37°～41°

这些角度选择的正确性,已被理论和实践所证实。

2. 颜色的利用

对有色宝石加工的目的是使宝石颜色更美丽,通过宝石的台面显示鲜亮的颜色,特别是有多色性的宝石加工时需有一个定向。通常正确定位台面的做法是旋转宝石,出现最理想的颜色时,用防水墨笔标出其位置。如果颜色具有明显的分带,加工时,将颜色分带与台面平行。

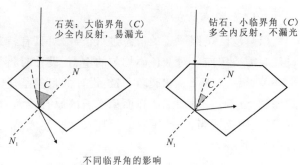

图 13-1-4　宝石临界角对加工的影响

3. 刻面型宝石的加工工艺

刻面型宝石的加工工艺应严格达到全反射和聚光效应,这样不仅能增强宝石的晶莹度,也能显示四种最宝贵的光学效应。

(1)体色:每种有色宝石中有一最佳色的饱和度,如红宝石最佳色为鸽血红或带玫瑰色调的红色,钻石的体色越白(即接近零的饱和度)则越好。

(2)亮度:指以任何角度进入宝石冠部的光(有色的和无色的)通过宝石内部,然后又经宝石冠部刻面反射出来,而被观测者眼睛所吸收的光亮。

(3)火彩(色散):由宝石的平面刻面的棱柱效应所产生,射入宝石的白光分解成组合颜色。如宝石本身不带色或略带色(锆石、钻石),经过正确加工就会看到光谱颜色从中射出,这种效应称火彩。宝石的色散值越高,火彩就越强。如宝石颜色很深(翠榴石)时,火彩常被体色掩盖。如绿柱石(0.014)、石英(0.013)、托帕石(0.014)显弱火彩,钻石(0.044)、锆石(0.039)显较强火彩,钛酸锶(0.19)显强火彩。

(4)闪耀程度:这种效应与冠部刻面的数目成正比,可在刻面表面产生光亮的闪烁,闪耀程度需要移动观察,可以是光源移动、宝石移动或观测者移动。

宝石所选择的琢型是一种折中,以获得上述四种效应的最理想平衡。在加工工艺中,钻石和其他宝石的琢磨与抛光为两门相互独立的工艺,常称为钻石加工和宝石加工。

三、钻石的加工工艺

1. 设计(或划线)

首先对钻石原石的形态进行分析,拟定切磨方案,确定钻石最终的琢磨款式。如钻石原石为八面体晶体时,有三种设计方案,①对剖是从八面体原石的中间破开,切割成两个同样大的钻石;②借剖则是从八面体原石 2/3 的部位分割时,从八面体的晶体中获得一大一小两颗钻石;③如果钻石的原石晶体中有很多裂隙和杂质,则可选择设计一颗净度级别稍高、质量较大的钻石。这三种设计方案哪种更合适,取决于原石的形态、大小和内含物所存在的位置,最终的选择由加工出成品钻石的市场价值来决定。当钻石的原石为磨砂状外表时,则需要在原石上开窗,来查看钻石晶体内部内含物出现的情况,观察裂隙及内含物分布的部位,以便正确地定出成品钻石台面的位置。通常的做法是在设计中能去掉的内含物尽量去掉,如去不掉则应将内含物尽量设计在琢型的边部或腰以上的位置,以保证成品钻石的净度级别。

2. 分割

(1)劈开(劈钻):利用钻石具完全解理特性来分割钻石,这道工序用来修饰原石晶体,去掉不理想部分以获得较好的形态。这是一项技术要求较高的工序,不仅可使钻石晶体很快分开,而且没有质量的损失。

(2)锯开:当钻石不具备劈开的条件时,通常使用开石方法来锯开,方法是在八面体中心上一点将晶体锯成两个锥状小块。锯子是边缘粘满了金刚石粉的磷青铜薄圆片,锯盘转速约5 000r/min,刀片边厚约50μm,在这项工序的切割中钻石质量损失较大(图13-1-5)。

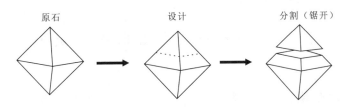

图13-1-5 钻石从原石设计到分割

3. 打圆(粗磨)

把劈开或锯开的钻石牢牢地粘在支架上,进行手工或机械研磨,支架的转速约100r/min(图13-1-6)。此道工序将钻石晶体的棱角打圆,并磨出钻石的毛坯琢型。

4. 磨面

磨面是加工钻石的最后一道工序,刻面的琢磨和抛光在同一工序中完成,磨盘上划分为粗磨区、研磨区和抛光区。通常有交叉抛磨和多面抛磨。

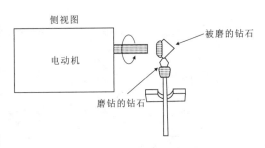

图13-1-6 粗磨钻石(打圆)

(1)交叉抛磨:磨出钻石的台面和冠部8个主刻面及亭部8个主刻面。先磨台面,再磨主刻面,要对称地磨,磨一个面抛光一个面,也可以从亭部开始。此道工序关系到钻石的各项比率及对称性是否正确,加工小面是否完美,并直接影响到成品钻石的亮度及火彩,最终直接影响对成品钻石的切工分级。通常在钻石加工中这道工序需要由技术高的加工师来完成。

(2)多面抛磨:共涉及8个星状刻面、16个上腰刻面和16个下腰刻面,共计40个小面。这40个小面均为三角形,对加工技术的要求没有交叉抛磨高,原因是人眼对三角形的微小误差不易察觉。

四、其他宝石的琢磨

其他宝石的加工无论是从工厂规模、机械设备到抛磨技术都没有钻石加工要求那么严格,这些宝石均为彩色宝石系列,通过加工把最佳色彩呈现出来,透明度好时则通过刻面来展示内部的洁净与完美。

(1)设计:根据原石的形态,设计出所需的琢磨款式,然后定出台面方位,用防水墨笔标记出来。

(2)切削:将标记好线条的原石,利用边缘蘸满钻石粉的金属锯切割出所需大小。金属锯是铁或磷青铜的圆锯。如果较贵重的宝石则利用切割钻石的圆锯切割。

(3)打磨:首先将宝石琢磨成所需要琢型的毛坯,再用铜或青铜磨盘和钻石粉或碳化硅粉进行打磨(所采用的研磨材料取决于被琢磨的宝石硬度),然后用更细的磨料琢磨出刻面。

(4)抛光:对打磨产生的刻面或凸面进行抛光,抛光在铜磨盘和木磨盘的抛光机上进行。抛光材料为很细、很软的磨料,如氧化铝粉。蓝宝石和红宝石则用很细的钻石粉在铜盘上抛光。

第二节 刻面型宝石的琢型款式

一、祖母绿型(阶梯型)

(1)组成:这种款式的琢型由一个被一系列矩形刻面环绕的长方形顶面组成,其底部终止于一条脊线(图13-2-1)。

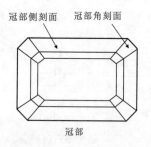
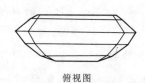

图13-2-1 祖母绿(阶梯)琢型

(2)目的:祖母绿型宝石的加工主要是为了显示它们的颜色,琢型的比例一般由颜色的浓度和原石晶体的形状来决定。当颜色浓度深时,减小琢型角度;当颜色浓度淡时,则增大琢型角度。

(3)用途:用于所有的透明宝石中,尤其适合那些瑰丽、依赖于颜色的彩色宝石,如祖母绿、红宝石、蓝宝石、金绿宝石、碧玺、堇青石、锂辉石等。这些有色宝石在加工时定向很重要,并需要通过祖母绿琢型的大台面而显示出最好的颜色。

阶梯形琢型的四角被截断,以产生一个八边外形的矩形。这种琢型在祖母绿中被广泛使用,也被称为祖母绿琢型。祖母绿可通过大的台面来展示其亮丽的颜色。加之祖母绿宝石脆性大,加工中极易破碎,在镶嵌时去掉棱角可使金属爪卡得牢固,因此这种琢型可让损坏祖母绿宝石的可能性达到最小。

祖母绿型根据原石晶体的形状不同,也有一些变形,如三角形、风筝形、菱形、五角形(图13-2-2)。

图 13-2-2 各种祖母绿琢型

二、剪形(交叉)琢型

这种琢型为祖母绿(阶梯)型的改造型,台面的四周以三角形刻面代替了矩形刻面(图13-2-3)。

图 13-2-3 剪形(交叉)琢型

(1)优点:这种琢型给宝石一定显彩的同时也改进了其颜色。

(2)缺点:在琢型的亭部底端会使进入宝石内部的光造成一定的损失,并在琢磨的宝石中央产生一个死点。

(3)用途:广泛地用于有色合成尖晶石的生产,因为这种琢型可以采取机械加工,原因是人的眼睛不易察觉出三角形刻面的不准确性。

三、混合琢型

有一个明亮的冠部和一个阶梯状的亭部。

这种琢型设计是为了保持所加工宝石的质量,通常冠部和亭部的高度不成比例,冠部很浅而阶梯状亭部琢磨得比较深。这种琢型使一些宝石不能发挥出最佳的光学效应,而且镶嵌困难(图 13-2-4)。

四、圆多面型

这种琢型也称"圆钻型",当冠部和亭部都按一定的比率加工时,则称为标准圆多面型。圆多面型于 17 世纪由威尼斯宝石工匠发展而来,至今该琢型的冠部和亭部的比率仍在不断地修改中,原因是加工后的宝石,尤其是钻石,当产生最大的亮度(反射)时不能同时产生最大的火彩。因此,各种比率的变化缘于人们一直期望达到较佳的亮度及火彩。

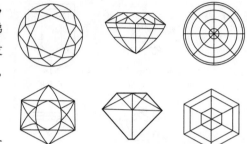

图 13-2-4 混合琢型

(1)设计目的:使一些刻面反射光线可获得异彩,另一些刻面的折射光线来增加火彩。

(2)组成:由 57 或 58 个刻面组成。

(3)用途:主要用于高折射率和高色散的无色宝石,尤其是钻石,也可用于彩色宝石。

(4)标准圆多面型及钻石的理想比例(图 13-2-5,图 13-2-6)。

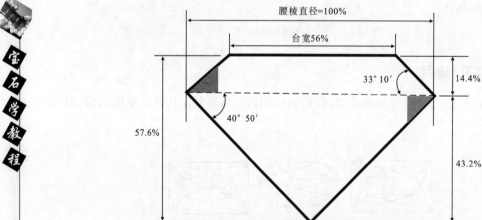

图 13-2-5 标准圆多面型的理想比例
(艾普洛比例)

其外形为圆形,冠部有 33 个刻面,亭部有 24 个刻面,共计 57 个刻面,如有底面,则为 58 个刻面。这种琢型冠部由 1 个台面、8 个冠部主小面和 16 个上腰小面,共计 33 个小面所构成,其中冠部的高度直接影响着冠角,冠角的大小则影响着台面的大小,通常台面越大亮度越好,台面越小则火彩越好;亭部由 8 个亭部主小面和 16 个下腰小面,共计 24 个小面所构成,如有底面则由 25 个小面构成,亭部深度的比率直接影响着亭部的角度,合适的亭部角度直接影响着进入钻石内部光的全反射,过深和过浅的亭部深度都会产生漏光,从而影响成品钻石的亮度,因此正确的加工比率会使钻石的高折射率产生极好的亮度,高色散值则产生极佳的火彩,使得钻石经过加工后变得灿烂夺目。

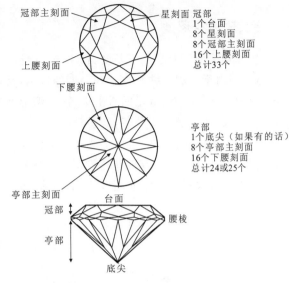

图 13-2-6　钻石刻面的组成部分

五、变形

圆多面型有许多变形,如梨形、椭圆形、橄榄形(图 13-2-7)。

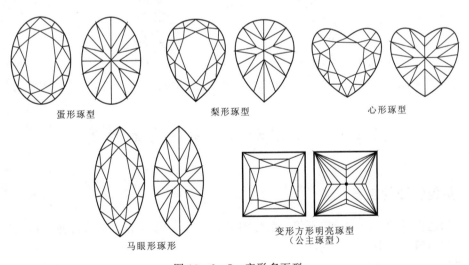

图 13-2-7　变形多面型

变形的比率由原石的形态和性质所决定。原石的形态不规则,当有影响质量的包裹体存在时,琢型的形态和理想比率要有所变化,原则是以保持最大质量和最高价值为目的来进行各种宝石琢型形态的选择。

六、玫瑰花琢型

玫瑰花琢型可能起源于印度,15世纪由威尼斯工匠引进到欧洲,后被广泛地应用于钻石加工业,但由于不利于钻石火彩和亮度的显示,目前仅用于小颗粒钻石、锆石和石榴石的加工。

玫瑰花琢型特点:从正面看上去,该琢型形似一朵盛开的玫瑰花,上部由多个规则的三角形刻面组成,通常呈两排分布,这些刻面向上交于一点;下部仅有一个大而平的底面。外观轮廓通常为圆形,冠部呈拱形,整个琢型呈单锥体。根据其腰棱轮廓及上下刻面分布可划分为不同类型(图13-2-8)。玫瑰花琢型适用于板状(扁平的)、尖角状或厚度较小的宝石晶体。其优点是可以最大程度地保重,但切磨出的钻石缺乏火彩。

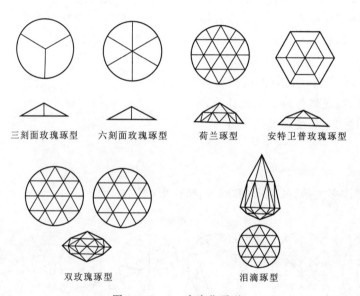

图13-2-8 玫瑰花琢型

第三节 宝石加工时需注意的性质

一、多色性强的宝石

对于如堇青石、红宝石、蓝宝石等多色性明显的宝石,在加工设计时应注意定向,将最好的颜色通过台面展示出来。

碧玺除多色性明显外,加工设计中还应考虑吸收性。碧玺的常光方向的吸收程度大于非常光方向。因此,当碧玺颜色深时,台面应与晶体的C轴方向平行,颜色浅时台面应与晶体的C轴方向垂直,以达到最佳的颜色效果。

二、解理发育的宝石

(1)宝石解理发育时,解理面上不能抛光。如托帕石的底面解理发育,加工时必须斜交5°

以上。

（2）对解理发育的宝石，可利用解理去掉杂质部分。如利用解理发育特点，可快速地劈开钻石，并去掉杂质。

（3）对解理发育的宝石，加工时需更加小心，适当用力，以免破坏宝石和产生裂纹。如当钻石快速抛光时，腰棱部位沿解理面会产生"胡须"状，常被称为"胡须"状腰棱。

三、高折射率的宝石

通常宝石的折射率值超出折射仪测试范围的被称为高折射率宝石，对于高折射率宝石，应利用全内反射特点加工。如钻石折射率很大，又有高的色散，加工中需注意亭部角和冠部角的选择，使入射到宝石内部的光发生全内反射而产生亮度和火彩，并使其加工成成品后的钻石更加漂亮。

四、硬度对加工的影响

通常宝石晶体最特殊的性质是具有格子构造，不同方向的晶格离子面网不一样，导致不同方向硬度略有差异。利用宝石的这一差异硬度来加工宝石可起到事半功倍的效果。钻石在加工中就是利用了其存在的差异硬度特点，利用钻石最硬的方向去磨其较软的方向，而使钻石得以琢磨。硬度大的宝石在加工抛磨过程中，能使宝石表面光滑明亮，刻面棱笔直；而硬度低的宝石在加工抛磨中，表面光滑明亮度不够，刻面棱则较圆滑。

五、不均匀的颜色分布

对颜色分布不均匀的宝石加工时，应选择正确的方向，尽可能地展示出其最好的颜色。如透明蓝宝石的局部蓝色色块可保留于亭部深处，映得整块宝石色彩均匀。

第四节　玉雕工艺

玉雕即玉石的雕琢工艺，在我国以雕制各种精美玉器工艺品为主要代表，也包括国外的浮雕、贝雕、凹雕等雕刻的造型品种。玉雕是对玉石原材料进行千雕万琢，可起到鬼斧神工、精品求色之美境。玉器的制作工艺一般包括设计、雕琢和抛光等工艺流程。其中雕塑的大半工序还要借助于机械动力，在磨盘、刀具或旋轮下操作。但要使每一块不同形状、质地、色形的玉料达到"一巧、二俏、三绝"的艺术水平，只有具有精湛技艺和美学造诣的琢玉人才能实现。

中国玉雕以其丰富新颖的题材、独特的民族风格、齐全繁多的品种、精湛高绝的技艺而扬名古今中外，被誉为东方瑰宝和玉雕之国。中国玉雕在历史上不仅丰富着我国各时期的文化艺术，同时也从一个侧面形象地揭示和反映了一定历史时期各个阶段的社会生产、物质精神文明和民族风格。各个历史时期都留下了旷世佳作，各个历史时期都有自己的鲜明特色。从玉雕的产品、工艺和造型足以见证我国人类文明发展的进程。

一、夏、商、周时期的玉雕工艺

夏、商、周代表三个历史时期，尤以商代玉器、玉饰出土文物最为丰富。这一时期玉器造型自然、花纹简单,以做工简浅而刀法有力、素雅大方、象形特征粗犷为特征,为发展以后历代玉雕业奠定了基础。

二、春秋战国时期的玉雕工艺

秦汉时玉雕以秦玺布衣为代表,被视为高贵之珍宝。帝王公侯将其视为国宝,故有"传国玺"和"和氏璧"史传。据史书记载,商国首府即有宝石佩玉十多万件,可见玉雕业已颇为繁荣,并且在玉雕艺术上有一定提高,其造型规矩,不但有刻铭纹,而且出现带谷纹、蚕纹的璧、璜、玦、环,以及多节活动和多节连接的玉器。这一时期玉雕以刀工简练有力为特色。

三、唐、宋时期的玉雕工艺

唐、宋时期玉雕工艺已有了较大的发展,尤其宋朝有较高的艺术水平。唐朝盛行佛像雕刻,而宋朝擅长人物、鸟兽、瓶、炉等。该时期的玉雕工艺造型优美而别致,花纹仿摹青铜器有深浅顶撞花纹等。玉料有黄玉和青白玉(软玉),以做工精细、逼真、自然而独具一格。

四、元、明时期的玉雕工艺

这一时期的玉雕工艺无显著发展,以动物、武士等为题材,具有雕工刚劲、粗中有细的特色,大都以青玉为玉料。

五、清代

清代玉雕做工精美,造型品种多样,留下许多旷世佳作,作品中不仅有的玉器制品琢雕薄如蝉翼、细如游丝,更有重万斤之大型玉雕《大禹治水》的出现,标志着我国近代玉雕工艺发展的新水平。

六、现代玉雕

我国的玉雕发展经历了漫长而曲折的发展道路,新中国成立以来,玉雕工艺美术在设计理念和雕刻工艺上,传承了历史的精华并获得了飞跃发展。1976年,北京玉器厂雕刻的一组《碧玉花灯》三个灯罩,并饰有龙凤花纹,工艺精致。又如1979年,出自一些玉雕名师之手的《碧玉大海》玉件,内有玉龙戏水浮雕,外有八仙过海浮雕,其精湛的技艺、独特的构思和优美的造型,都可堪称为我国现代玉雕的代表作。

我国现代玉雕在艺术表现风格上富于地方特色,各有千秋。主要有京作、苏作和穗作等几大流派。京作即北京玉雕,富有庄重、淳朴、古色风调;苏作即是江苏苏州玉雕,也包括扬州玉雕,善于让造型新颖而多样;穗作以广东玉雕为代表,则讲究镂空技艺。近年来,上海玉雕已成为后起之秀。此外,还有不少地方玉雕,如南阳玉雕、岫岩玉雕也颇具特色。湖北玉雕大师袁嘉骐的软玉作品《佛光普照》和绿松石雕件《武当朝圣图》无论从造型设计,还是雕刻的手法都堪称一绝。它们都集中了中国玉雕的精华。

习 题

一、选择题

1. 宝石抵抗外来机械作用力、研磨、刻划的压力的能力称为硬度,通常根据机械作用力的性质不同可分为:
   a. 三大类　　　　b. 四大类　　　　c. 五大类　　　　d. 六大类

2. 作为贵重宝石,耐久性好是宝石的硬度(H)要求:
   a. 7 以上　　　　b. 8 以上　　　　c. 8.5 以上　　　d. 7.5 以上

3. 下列宝石中哪类品种韧性最大?
   a. 钻石　　　　　b. 翡翠　　　　　c. 软玉　　　　　d. 玛瑙

4. 解理是宝石中的一个重要的力学性质,根据解理完善程度分为:
   a. 三级　　　　　b. 四级　　　　　c. 五级　　　　　d. 六级

5. 下列哪种宝石裂理最发育?
   a. 萤石　　　　　b. 托帕石　　　　c. 长石　　　　　d. 刚玉

6. 如果一粒宝石相对密度值为 3.18,在下列重液中的表现为:
   a. 二碘甲烷下沉
   b. 二碘甲烷中上浮、三溴甲烷中下沉
   c. 三溴甲烷中悬浮
   d. 二碘甲烷中悬浮

7. 一粒宝石经静水称重测得相对密度值为 3.52,它应为:
   a. 橄榄石　　　　b. 托帕石　　　　c. 钻石　　　　　d. 尖晶石

8. 具有特殊猫眼和星光效应的宝石品种,选择琢型款式为:
   a. 凸凹型　　　　b. 弧面型　　　　c. 弯曲表面　　　d. 刻面型

9. 钻石加工工艺包括设计、分割(劈钻和锯钻)、粗磨、磨面四道工序,其中劈钻主要利用钻石的哪种性质?
   a. 高硬度　　　　b. 高折射　　　　c. 解理　　　　　d. 相对密度

10. 阶梯型的四角被截断,以产生一个八边外形的矩形形式,在祖母绿中被广泛使用,主要考虑因素是:
    a. 脆性和颜色　　b. 韧性和颜色　　c. 脆性和内含物　d. 内含物和颜色

二、问答题

1. 常见的宝石琢型有哪些类型?借助示意图描述祖母绿为什么常加工成阶梯形琢型?
2. 借助图 13-2-5、图 13-2-6 描述钻石的标准圆多面型琢型。

第十四章 钻 石

第一节 概 述

钻石是唯一的成分由单一元素（碳）组成的宝石，矿物学名称为金刚石，英文"diamond"来源于古希腊语"adamas"，意为坚硬无比或"不可征服"。

钻石以其悠久神奇的历史、高贵优良的品质、相对垄断的市场运作方式而享有"宝石之王"的美誉，在全球珠宝贸易额的统计中，钻石占60%以上。钻石除美学装饰价值外，还包含有社会文化的意义，已经作为一种文化理念而根植人们的心中。在珠宝习俗中，钻石作为四月份的生辰石以及结婚周年的纪念石，象征着坚贞、纯洁和永恒。

世界上有许多著名的钻石，不仅颗粒大、品质高，而且有着迷人的神奇故事，或与重大历史事件有关，或与皇室贵人相伴，或有惊险曲折的历程，这些钻石人们常称为世界名钻。如著名的库里南钻石、阿巴依戴钻石、塞拉利昂之星、东方之星、摄政王钻石、霍普钻石、世纪之钻、金色庆典之钻等。库里南钻石（Cullinan Diamond）是迄今世界上发现的最大的宝石级钻石原石，重3 106ct，大小约为50mm×65mm×100mm，被列入《吉尼斯世界之最》（1990年版）。它于1905年发现于南非Premier矿，1907年，南非政府献给英王爱德华三世，1908年由荷兰著名的钻石切磨名匠约歇琢磨成9颗大钻和96颗小钻。

库里南Ⅰ号也称非洲之星，重530.20ct，梨型，镶于英王的权杖上；库里南Ⅱ号重317.40ct，坐垫型，同另7颗大钻一起均镶于英王的王冠上。这两件旷世之宝现都陈列于伦敦博物馆，供人观赏，许多游客到伦敦都会到此一睹为快。

中国山东也发现几颗著名的质量超过100ct的大钻石，其中最大的一颗是"金鸡钻石"，重281.25ct，金黄色，于1937年秋发现于山东郯城的金鸡岭。据载被日本人掠走，现下落不明。我国现存最大的钻石是常林钻石，重158.786ct，淡黄色，于1977年发现于山东临沭县常林村。另3颗质量超过100ct的大钻名称分别为"陈埠一号""蒙山一号"和"蒙山五号"，其质量分别是124.27ct、119.29ct和101.47ct。"蒙山五号"于2006年在蒙阴"胜利一号"岩管的原生金伯利岩矿的分选过程中发现，晶体为浅黄色的变形八面体（图14-1-1），现为北京某公司所收藏。

人类开始使用钻石以来，500ct以上巨大钻石在世界范围仅发现20粒。100ct以上钻石总数也少于2 000粒，其中南非产出的占绝大多数。

图14-1-1 "蒙山五号"钻石

第二节 钻石的基本性质

一、化学成分

钻石由碳(C)元素组成,常含氮(N)、氢(H)、硼(B)等杂质元素以及主要由包裹体所致的杂质元素,如 Ca、Si、Mg、Fe、Cr 和 Mn 等。天然钻石中的氮含量高达 0.2%,硼含量可达 0.25×10^{-6}。钻石虽然能够耐强酸和强碱腐蚀,但在高温条件下易于氧化(燃烧),在空气中钻石加热到 800℃就会发生氧化,形成二氧化碳($C+O_2=CO_2\uparrow$)。在纯氧中加热到 720℃就会发生上述的反应。

二、晶系及结构

等轴晶系,结构中一个碳原子与另外四个碳原子以共价键形式相连,在三维空间形成立方面心格子,图 14-2-1 为钻石结构的基本单元,钻石和碳的另一同质多像体——石墨的晶格结构(图 14-2-2)有明显的差别,正是这种结构差异导致许多物理性质(如:硬度、解理、相对密度、折射率、导电性等)明显不同。

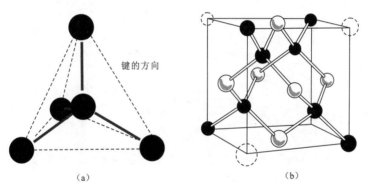

图 14-2-1 钻石的基本单元结构
(a)C—C 四面体,(b)立方面心格子

三、结晶习性

常见晶体单形有八面体、菱形十二面体、立方体以及它们间的聚形。少数情况下还有四六面体、六八面体、四角三八面体和三角八面体等,如图 14-2-3 所示。

钻石晶体常因溶蚀或熔融作用使晶体圆化从而使晶棱呈弧线、使晶面呈外凸的凸晶。也因上升过程的塑性变形或机械力的作用,晶体常强烈变形或破碎。

常见双晶为接触双晶,外观呈扁平状三角形,因而称为三角薄片双晶,角顶处可见凹角及围绕腰棱处有"V"字形纹(或称为青鱼骨刺纹),如图 14-2-4 所示。

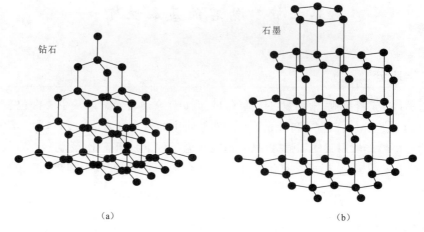

图 14-2-2 钻石(a)和石墨(b)晶格结构示意图

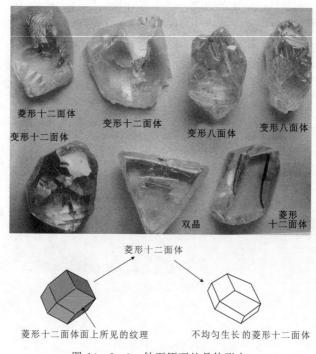

图 14-2-3 钻石原石的晶体形态

四、晶面花纹

钻石的表面常具有许多生长标志(图 14-2-5),如三角锥(座)、三角凹痕(坑)、船型凹坑、台阶状生长纹等,其中三角凹痕是指天然钻石的八面体面上因溶蚀而生长的三角形凹坑、等边三角形,其角顶指向边棱方向。

五、解理

完全的八面体解理,加工中有利于劈开钻石和除掉杂质部分。由于解理的存在,加工过程中应注意适当的加工速度,因为过快的抛磨会导致"胡须腰"的出现,而影响钻石的净度级别。

六、硬度

作为自然界中最硬的物质,加工后的钻石表面光滑如镜,棱线锋利笔直。由于硬度大,耐磨性好,能长久保存,世代相传。但钻石的硬度因结晶学方向不同而有差异,通常表现为:立方体面上的对角线方向＞八面体面的随机方向＞立方体面上与轴平行的方向＞菱形十二面体面的方向。正是这种差异硬度的存在,使得用钻石粉末能够高效率地抛磨钻石。

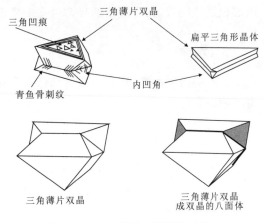

图 14-2-4 钻石三角薄片双晶

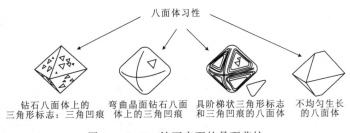

图 14-2-5 钻石表面的晶面花纹

七、相对密度

钻石的相对密度为 3.52,当含有其他矿物包裹体时,相对密度值略有变化。按照理想比例加工钻石,直径为 6.4～6.5mm 时重 1ct。钻石相对密度较大的特性常应用于钻石回收和鉴定,同时也是砂矿中钻石易于富集的原因之一。

八、折射率和色散率

钻石的折射率高达 2.417,单折射,这一特性使加工后的钻石具有好的明亮度。钻石也属于高色散宝石,色散值为 0.044,加工后显示较好的"火彩"。这两方面物理性质是钻石切磨后具有美丽外观的重要基础。

九、异常双折射

钻石虽然属等轴晶系,为单折射,但在正交偏光下具有相当普遍的异常消光现象。据统计,90%以上的钻石具有不同程度的异常双折射,主要由钻石在高温塑性状态下的应力作用或内部包裹体所致,其表现出的异常消光现象也有多种类型或形式。

十、光泽

钻石的折射率高,从而光照射到钻石表面会产生典型的金刚光泽。钻石的原石表面有时也显油脂光泽。

十一、颜色及品种

钻石颜色总体上可分为三类。

(1)黄色系列:包括无色(微黄白)至明显的黄色调的钻石,自然界产出的绝大多数钻石属此系列。该系列也称为开普系列(Cape Series)或好望角系列,由于在南非好望角地区发现的钻石多带有黄色调而得名。

(2)褐色系列:由浅的褐色调至深褐色的一系列钻石。

(3)彩色钻石:指具特征色调并且颜色饱和度高、外观有吸引力的钻石。彩色钻石可呈现光谱中的所有色调,最罕见的是红色,其他颜色有粉红、紫红、黄、绿、橙黄、蓝色等。此类钻石自然产出极少,价值很高。

十二、发光性

1. 紫外荧光和磷光

部分钻石在紫外线照射下具有荧光,并且钻石荧光的颜色和强度是变化的。长波紫外线下荧光比短波紫外线的更强。

钻石的体色与荧光颜色有一定的联系,如在长波紫外光下,黄色系列钻石常显蓝色荧光,褐色钻石具黄绿色荧光,鲜黄色钻石具黄色荧光,极少数钻石具有粉红色荧光。钻石如果显示亮蓝色荧光和浅黄色磷光的发光组合,则常被视为其特有的鉴别特征之一。具强荧光的钻石对其市场价格有明显影响。

2. X射线荧光

X射线照射下,无论哪种类型的钻石都发荧光。利用该特性设计的X射线分选机在钻石回收分选时效果很好。

3. 阴极射线荧光

钻石在高能阴极电子激发下发出可见光的现象称为阴极发光,常表现为不同强度的黄绿色和蓝色。钻石内发光区和非发光区或不同颜色的发光区分布式样不同,这种颜色的变化及发光区分布式样与钻石的杂质含量类型、生长过程相关。

十三、吸收光谱

黄色系列钻石和褐色系列(包括绿色)钻石的可见光吸收光谱表现为:黄色系列钻石以415.5nm谱线为特征,另还可能出现423nm、465nm和478nm等谱线;褐色系列钻石以503nm谱带为特征,也可出现494(495)nm、537nm吸收线。有些钻石可同时显示415.5nm

和 503nm 谱带。天然蓝色钻石在可见光范围内不显示吸收谱线。

十四、包裹体

钻石的同生(或原生)包裹体(图 14-2-6)依据其成因分成两种类型。

(1)橄榄岩型包裹体(P 型):包括橄榄石、顽火辉石、透辉石、镁铝榴石、铬尖晶石、镁钛铁矿、硫化物(黄铁矿、磁黄铁矿、黄铜矿、镍黄铁矿)、锆石、钻石等。

(2)榴辉岩型包裹体(E 型):包括绿辉石、铁铝榴石、蓝晶石、钛铁矿、铬铁矿、硫化物、柯石英、金红石、刚玉、钻石等。

图 14-2-6 钻石内部的石榴石包裹体(a)(b)和石墨包裹体(c)

含有 P 型、E 型包裹体的钻石分别称为 P 型、E 型钻石,钻石中还具有气液相包裹体以及沿钻石微裂隙面分布的后生包裹体,如蛇纹石、绿泥石、高岭石、石墨、云母、褐铁矿、赤铁矿、针铁矿等。

十五、热学性质

1. 热导率

钻石是极好的热导体,室温下其热导率达 600~4 000W·m^{-1}·K^{-1},比银和铜的热导率高 2~5 倍,是透明宝石中热导率最高的品种。钻石热导仪即以这一特性为基础来快速地区别钻石与其仿制品。

2. 热膨胀系数

钻石的热膨胀系数非常小,在 193~1 200K 温度范围内,其热膨胀系数仅为 0.8×10^{-6}~4.8×10^{-6}。因而,当钻石不含有内含物或裂隙时,加热后快速冷却,不会使钻石受到损害。

十六、电阻率

钻石的电阻率可因不同类型的钻石而有很大的区别。除了含 B 的 Ⅱ 型钻石外,钻石的电阻率均大于 $10^{18}\Omega\cdot m$,是良好的绝缘体,Ⅱ 型(详见本章第三节)蓝色钻石的电阻率为 10^3~$10^5\Omega\cdot m$,属于半导体。这一性质也用来鉴别蓝色钻石的颜色成因类型。

十七、润湿性

钻石的润湿性表现为亲油疏水。钻石对油脂有很强的吸附力,这一性质在钻石的选矿工艺中得到广泛应用,油脂摇床即利用钻石的亲油疏水性将钻石和大部分非钻石的颗粒区分开。钻石笔就是应用钻石的亲油疏水特点来鉴定钻石的,其内装有特殊油性墨水,能在钻石的表面上留下连续的笔迹,而在仿制品表面则留下不连续的痕迹。钻石的这一性质还为日常钻石清洁保养提出了不同要求。

十八、其他钻石

1. 带壳钻石

钻石表面是粗糙的糖状表面,常呈黄、绿、灰、黑等颜色,该壳由含有大量微小包裹体的小片钻石所构成,厚薄不同。

2. 烟幕钻石

钻石表面具有微薄的半透明无光泽的表皮。成因:①砂矿因搬运磨蚀所致,类似翡翠表皮;②形成于金伯利岩喷发期。

3. 氧化钻石

裂隙中含有次生铁、锰氧化物的钻石,表现为橙黄色或有红点。

4. 劣等钻石

劣等钻石指仅用于磨料级的低品质钻石。

黑钻石:多孔的、杂乱排列的黑色细小钻石集合体,硬度大,产出地为巴西。

圆粒钻石:密集的、细小的钻石晶体组成的粒状物,高硬度,产出地为南非、巴西。

硬圆粒钻石:与黑钻石相似,晶粒肉眼可见,产出地为南非、博茨瓦纳。

磁性钻石:含磁铁矿的黑钻石,具磁性。

第三节 钻石的类型和特征

一、钻石的类型

基于钻石对光谱的吸收和透射性能的研究,Roberst 等(1934)将钻石划分为Ⅰ型和Ⅱ型两大类,这两类的钻石在对紫外光的透光性能和红外光谱的吸收特征上有着明显的区别。Ⅰ型钻石对波长小于 330nm 以下的紫外光有强烈的吸收,实际上不透光,并对波长为 7 800nm(1 282cm^{-1})、8 300nm、9 100nm 的红外光产生吸收。而Ⅱ型钻石则能透过波长短至 220nm 的紫外光,而且在上述红外光区无明显的吸收带。

(1) Ⅰ型钻石:钻石中含杂质氮,包括Ⅰa 型和Ⅰb 型,其中Ⅰa 型根据钻石中氮的存在形式又分为ⅠaA 型、ⅠaB 型和ⅠaAB 型。

ⅠaA 型钻石是指晶格结构中杂质氮主要以 A 集合体(双原子氮形式)形式存在,ⅠaB 型是指钻石中杂质氮主要以B(4个以上氮原子集合体形式)中心形式存在,ⅠaAB型钻石中则是A集合体、N_3中心和B中心同时存在。氮以孤氮形式替代钻石中碳原子时则成为Ⅰb型钻石。

(2)Ⅱ型钻石(不含明显的氮):Ⅱa型钻石指纯净的不含明显的氮、硼杂质的钻石。含杂质硼的钻石成为Ⅱb型,该类钻石常呈蓝色,具导电性。

钻石的分类显示如表14-3-1所示。

表14-3-1 Ⅰ型和Ⅱ型钻石特征对比

性质	Ⅰa型	Ⅰb型	Ⅱa型	Ⅱb型
含氮	较多,达0.1%~0.3%,氮在晶体中成小片状	较少,氮在晶体中成分散状	不含氮或含氮极少	不含氮或含氮极少
对于紫外线	透射到300nm,短于300nm被吸收	透射到300nm	透射到250nm	透射到250nm
荧光性	紫外照射常有蓝色荧光,有时有绿、黄、红等色	同Ⅰa型	大多数没有荧光	同Ⅱa型
磷光性			紫外照射后无磷光	紫外照射后有磷光
导电性	不导电	不导电	不导电	半导体
其他	占天然钻石产量的98%,无蓝色宝石级钻石	绝大多数为合成钻石,天然钻石中极少,仅占0.1%	Ⅱ型钻石数量极少,但巨大的宝石级钻石(重达几百克拉以上)都是Ⅱ型。Ⅱb型常为蓝色	

二、钻石中杂质的类型

1. Ⅰ型钻石中氮的形式

氮(N)取代钻石晶格中的碳(C)原子的形式相当地多样,不同的形式还会引起钻石物理性质的变化,目前已经知道,氮至少以五种不同的形式存在于钻石的晶格中。

(1)孤氮:氮在晶格中以单原子形式出现,取代一个碳原子位置,并被其他的碳原子包围。孤氮具有$1\,130cm^{-1}$波数的红外吸收。以孤氮形式为主的钻石称为Ⅰb型,以各种氮原子团为主的钻石称为Ⅰa型。天然的Ⅰb型钻石很少,仅占Ⅰ型钻石总数的0.1%左右,但是合成钻石,如不经特殊处理,绝大部分属于Ⅰb型。

(2)双原子氮(A集合体):两个氮(N)代替晶格中两个相邻的碳原子,并形成缔合体稳定下来,这种形式被称为A集合体。A集合体能导致在蓝光区478nm的弱吸收和红外光区$1\,282cm^{-1}$吸收(图14-3-1)。这

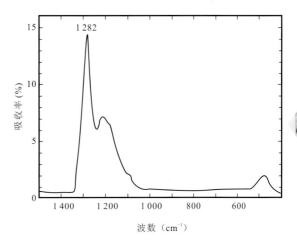

图14-3-1 ⅠaA型钻石的红外吸收光谱

类钻石称为ⅠaA型。

(3) 三原子氮（N_3中心）：三个氮原子取代三个相邻的碳原子（N_3色心），组成三角形的原子团，并在三角形原子团的中央产生一个结构空位。N_3色心导致在紫光区的吸收，是钻石产生黄色体色的主要原因。这类钻石称为Ⅰa型。

(4) B集合体：有4～9个氮原子占据晶格中相邻碳原子位置，并伴随有一个结构空位，在红外光区产生1 175cm^{-1}的吸收（图14-3-2），一些文献称这类集合体为B_1集合体，这类钻石属ⅠaB型。

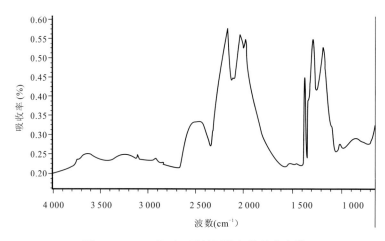

图14-3-2　ⅠaAB型钻石的红外吸收光谱

(5) 片晶氮：当钻石的氮含量超过0.10%时，通常会导致片晶氮的产生。在电子显微镜下可直接观察到这种"片晶"，其红外吸收峰约为1 370cm^{-1}。这类钻石也属于ⅠaB，或称为ⅠaB_2。钻石中片晶氮吸收和B集合体吸收常同时存在。

2. Ⅱ型钻石中的杂质类型

天然的不含氮的Ⅱ型钻石相当稀少，在所开采出的钻石中仅占2%左右。大多数的Ⅱ型钻石属Ⅱa型。在Ⅱ型钻石中，有少量钻石具有更为特殊的性质，如短波紫外光下具有蓝色或红色磷光、较高的电导率（半导体），具有这些性质的Ⅱ型钻石被进一步划分成Ⅱb型。Ⅱb型的钻石大约仅占Ⅱ型钻石的0.1%，所有蓝色的钻石都属于Ⅱb型钻石。

第四节　钻石的形成及产出状态

一、钻石的成因及产状

1. 形成条件和环境

钻石中包裹体研究表明：橄榄岩型（P型）钻石形成温度为900～1 300℃，压力为4.5×10^9～6×10^9Pa，相当于地球150～200km的深度；榴辉岩型（E型）钻石形成温度略高，其来源深度更大，部分E型钻石来源深度超过300km。

钻石形成于上地幔的两种主要岩石类型中,即橄榄岩和榴辉岩。橄榄岩是主要由橄榄石和斜方辉石组成的中粗粒岩石,另含有少量的单斜辉石和镁铝榴石,因不同矿物含量的变化,橄榄岩又可分为纯橄榄岩、二辉橄榄岩、方辉橄榄岩等类型。榴辉岩是主要由石榴石(铁镁铝榴石)和单斜辉石组成的粗粒岩石,可含少量的蓝晶石、金红石、硫化物及柯石英等矿物。钻石的形成与上地幔的这两类岩石密切相关。

2. 寄主岩石类型

迄今发现的钻石产生的两种寄主岩石是金伯利岩和钾镁煌斑岩。钻石的形成年代远早于这两种岩石,如南非的芬什(Finsch)矿中钻石的形成年龄为 3 300Ma,博茨瓦纳的奥拉帕(Oropa)矿中钻石的形成年龄为 990Ma,而其寄生岩金伯利岩岩筒侵位时间均约 100Ma,说明钻石是以捕房晶的形式存在于该两类岩石中。即原生的深部的金伯利岩岩浆或钾镁煌斑岩岩浆在上升过程中穿过含钻石的橄榄岩区或榴辉岩区而将钻石携带至地球表层。

金伯利岩也称角砾云母橄榄岩,是含钻石的主要寄主岩,是由地幔橄榄岩物质、超镁铁质岩浆及 C、H、O 为主要流体,这三种端员进行相互反应、混合而形成的混杂岩石。三种组分的比例变化决定金伯利岩结构、成分特征及含矿的复杂性。岩石具斑状结构或细粒状结构,常见矿物有橄榄石、石榴石、辉石、金云母、镁钛铁矿等,岩石常具有强烈的蛇纹石化和碳酸盐化特征。新鲜金伯利岩较坚硬,常呈暗灰色或灰蓝色,称之为蓝地;当金伯利岩暴露在空气中而风化成黄色、松散易碎的物质时,称之为黄地。金伯利岩常以岩筒、岩墙或岩脉等形式产出(图 14-4-1)。

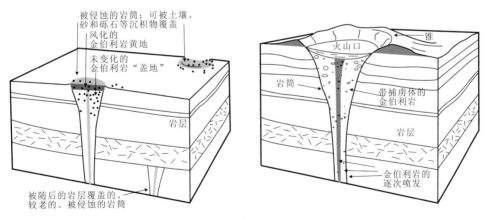

图 14-4-1 金伯利岩岩管(岩筒)示意图

钾镁煌斑岩是钻石的另一寄主岩,以澳大利亚 1979 年发现的阿盖尔矿(Argyle)为典型代表。它是一种富钾高镁的超基性岩,为含有地幔岩石捕房体及可能含有钻石捕房晶的浅成相或喷出相的岩石,岩具斑状结构,基质为细晶、微晶或隐晶质结构,常见矿物为橄榄石、辉石、金云母、钾碱镁闪石、白榴石、透长石和富钾火山玻璃等,少量的副矿物为红柱石、磷灰石、霞石、尖晶石、钻石等,岩石常以岩筒、岩脉或岩墙形式产出。目前,在全球范围对该类岩石的寻找和研究是寻找有价值的钻石矿床的另一项重要工作。

除上述含钻石的金伯利岩和钾镁煌斑岩原生矿床外,世界上还有许多冲积砂矿型钻石矿床,即含矿母岩经剥蚀、搬运和分选后形成的砂矿。砂矿类型主要有滨海砂矿、河流冲积砂矿和残积砂矿,分布在前寒武纪、晚古生代、中生代和新生代等各个地质历史时期。著名的南非维特瓦特斯兰德的钻石砾岩、南非普列米尔和博茨瓦纳的奥拉帕岩筒上部的残积砂矿,俄罗斯乌拉尔的钻石矿,西非、巴西和委内瑞拉的冲积砂矿,纳米比亚的滨海砂矿,都是砂矿的重要产地。我国湖南沅江流域两侧首次发现了具有经济价值的钻石砂矿。这些次生的钻石矿床一般富含高品质的优质钻石,如纳米比亚著名的海岸带砂矿中宝石级钻石含量高达97%。

二、钻石的全球分布

在世界27个国家均发现了钻石矿床。印度克里希纳河、彭黄河及其支流的冲积砂矿是自2 000多年前至18世纪世界唯一的钻石产地。1725年,巴西重要的钻石矿区成为当时全球钻石的主要产地。到1867年以后,南非冲积砂矿和原生金伯利岩筒的发现,使得南非成为最重要的钻石出产国,目前全世界商业性开采钻石的国家有20个,每年产1亿~1.1亿ct的钻石(含工业级钻石)。其中钻石产量前五名的国家是:澳大利亚、刚果、博茨瓦纳、俄罗斯、南非共和国。其他国家有巴西、圭亚那、委内瑞拉、加拿大、安哥拉、中非共和国、加纳、几内亚、科特迪瓦、利比里亚、纳米比亚、塞拉利昂、坦桑尼亚、印度尼西亚、印度、中国等(表14-4-1)。整个非洲产量约占世界的一半,其中中非、南非约占非洲的80%。近20年间,在加拿大西北部发现100多个金伯利岩筒,估计其产量占全球宝石级钻石的15%左右。

表14-4-1 钻石矿床的重要产出国及矿区

国 名	母岩类型	矿床类型	年产量(ct)	宝石级比例(%)	占全世界产量比例(%)
澳大利亚(1979)	钾镁煌斑岩为主次之为金伯利岩	原生矿砂矿	3 500万~4 000万	5	35~40
俄罗斯	金伯利岩(400多岩管)	原生矿砂矿	1 300万	高达50	13
南非 南非共和国 博茨瓦纳	金伯利岩 金伯利岩	原矿 原砂	800万 1 500万	不同矿床不等	8 15
中非 中非共和国 扎伊尔	金伯利岩 金伯利岩	砂矿 原砂	30万~60万 2 000万		20
东非 坦桑尼亚	金伯利岩	原生	15万		
加拿大	金伯利岩	原砂			15~20
西非 几内亚 加纳 利比里亚 塞拉利昂 科特迪瓦			20万 20万 30万 30万~50万 4.8万		
西南非:纳米比亚		砂矿	100万	90	1
其他国家:南美、巴西、委内瑞拉、圭亚那、中国、印度、印尼等。					

中国目前商业性的钻石产地有：辽宁瓦房店、山东蒙阴及湖南的沅水流域。前两处产地均是原生金伯利岩矿床，后者为砂矿。三个产地中以辽宁瓦房店产的钻石品质最好，宝石级钻石含量较高。三个产地的钻石产量都较低，都在10万ct以下，远远满足不了市场的需求。在贵州、河南、湖北、湖南、宁夏、山西等地均发现有钾镁煌斑岩或金伯利岩，部分地区岩筒中发现含有钻石，但均未达到可供开采的品位。因此，对这些地区仍有待开展进一步的找矿工作。

第五节　钻石及其仿制品的鉴别

一、钻石原石及成品的鉴别

1. 原石的鉴别

大部分情况下，钻石原石可依据其强的金刚光泽、独特的晶体形态、特有的表面特征（如曲晶面、三角座、三角凹痕、阶梯状生长及生长纹等）、高硬度等特点进行识别（图14-2-5）。对少数特征不明显的原石可通过显微观察、相对密度、光谱及荧光测试等实验方法进行鉴别。

需要注意的是，近年来也有少数不法商人在钻石原石上做假，利用某些宝石与钻石有着相似的特点，再加上人工抛磨等手段来达到以假乱真的目的，使广大消费者上当受骗（图14-5-1，图14-5-2）。

图14-5-1　粉色尖晶石仿钻石原石（左）贝壳状断口（右）

2. 成品钻石的鉴别

成品钻石的鉴别有多种方法，但对圆多面琢型的钻石通常要求在肉眼或10倍放大镜下能区分开，主要鉴别方法如下。

（1）观察光学特征：特有的金刚光泽，同绝大多数仿制品的玻璃光泽明显不同；特征的"火彩"强度，对切磨完好的钻石要仔细体会火彩表现的强弱，对有经验的鉴定者，当观察外观与钻石较为相似的合成立方氧化锆（CZ）时，仍能通过合成立方氧化锆较强的火彩（约高于钻石50%）将二者区分开。当通过亭尖方向观察钻石与合成立方氧化锆的色散面时，钻石的橙黄色色散区通常小于四分之一扇区。另外，钻石的亮度及闪烁效果也有别于大部分仿制品。

(2)观察钻石的切磨特点:因钻石品质及切磨工序的特殊性,其加工特征也为鉴别钻石提供了有价值的信息。钻石刻面平整、光滑,刻面棱线笔直锋锐,与大多仿制品较圆滑状棱线不同;观察腰棱也很重要,当钻石的腰棱为未抛光的粗磨状态时,较粗糙的腰棱呈特征的"磨砂状";另外,在腰部还常见到为获得最高切磨质量而保留的原始晶面(图14-5-3),部分晶面上可见到生长纹及三角生长标志等;对抛光状态的腰棱很少见到抛光纹,这些切磨特点是钻石典型的鉴别标志。

图14-5-2 抛磨的托帕石仿钻石原石

图14-5-3 切磨钻石的腰棱上存在的原始晶面
(引自Gem-A)

(3)透视试验(图14-5-4):也称线试验,将样品台面向下放置在有线条的白色纸上,从亭部观察,当看不到纸上的线条透过时,则为钻石,否则为仿制品。但该试验仅适用于标准比例范围的圆明亮式琢型的钻石。

图14-5-4 透视效应图

(4)亲油性试验:根据钻石的亲油疏水性能,当用油性笔划过钻石表面时可留下清晰而连续的线条,而仿制品则出现不连续的小液滴。

(5)倾斜试验:将样品台面向上置于暗背景中,从垂直于台面方向观察,开始逐渐将样品向外倾斜,观察台面离观察者最远的区域,若出现一个暗窗,则该样品可能为仿制品。该试验仅作为辅助测试,一些切磨完美的人工材料,也可能不出现暗窗。

(6)观察包裹体特征：在本章第二节钻石基本性质中讲到的各种形态和类型的包裹体，对鉴别钻石有重要的意义。

在实验室中，根据钻石的性质可用不同的方法鉴别钻石，主要鉴别手段有内部特征的显微观察、相对密度测试、浸液中突起观察、热导仪及反射仪联合测试、紫外灯下观察某些钻石特征的荧光磷光组合、分光光度计及红外光谱仪的吸收特征测试、X射线下的透射试验等。许多测试方法需由经过专业培训的人员操作。

二、钻石的仿制品及鉴别

大多数钻石仿制品应具备无色透明的外观，较强的光泽、亮度、火彩及较高的硬度、良好的切工等特征，包括天然宝石和人造（或合成）材料两部分，常见的仿制品的性质如表14-5-1所示。

表14-5-1 易与钻石混淆的品种

	名称	硬度	相对密度	折射率	双折射率	色散
人造或合成材料	合成碳化硅	9～9.25	3.22	2.65～2.69	0.040	0.104
	立方氧化锆	8.5	5.6～6.0	2.15～2.18	均质	0.060
	钇铝榴石	8.5	4.58	1.833	均质	0.028
	钆镓榴石	6.5	7.05	1.97	均质	0.045
	金红石	6	4.25	2.6～2.9	0.287	0.28
	钛酸锶	5～6	5.13	2.41	均质	0.19
	铌酸锂	5.5	4.64	2.21～2.30	0.090	0.13
	合成尖晶石	8	3.63	1.727	异常双折射	0.020
	合成蓝宝石	9	4.00	1.76～1.77	0.008	0.018
	玻璃	5～6	3.0～4.0	1.50～1.70	均质或异常消光	0.030
天然宝石	锆石	7.5	4.68	1.93～1.99	0.059	0.039
	蓝宝石	9	3.9～4.1	1.76～1.77	0.008	0.018
	托帕石	8	3.53～3.56	1.61～1.64	0.010	0.014
	绿柱石	7.5	2.7～2.9	1.56～1.59	0.007	0.014
	水晶	7	2.65	1.544～1.553	0.009	0.013

上述仿制品的性质各有其特点，常规的宝石学测试手段可将它们区分开。如放大观察内含物的特征、部分材料的双折射特征、检测折射率、吸收光谱、相对密度、热导率、反射率的不同，观察切磨质量的差异等。

近些年，合成碳化硅（SiC）也称莫依桑石被认为是外观比合成立方氧化锆更像钻石的一种仿制品，因其光泽、火彩、亮度强，硬度高，及切磨质量良好而深受市场青睐，一些商业机构以"美神莱"的名字做了大量的推广工作。它是一种六方晶系，成分为碳化硅的合成材料，但低于钻石的相对密度值、高双折射（图14-5-5）及高色散、内部可能存在长针状包裹体等特征为鉴定提供了重要的依据。10倍放大镜下，重点观察强的火彩特征和刻面棱双影线现象，能将

图 14-5-5　合成碳化硅的刻面棱重影

其与钻石区分开。实验室中 3.32 重液测试法也很有帮助。另外,部分合成品具浅绿色调或浅黄色调,也可作为辅助鉴定特征之一。目前市场上有两种便携式碳化硅测试仪,能迅速将碳化硅与钻石区分开。

一些材料有时也用于仿造花色钻石,如各种颜色的合成立方氧化锆、钇铝榴石（YAG）等,天然的绿色翠榴石、黄色或绿色榍石、黄色闪锌矿、白钨矿等。只要掌握这些材料的各种性质特征,通过常规测试是不难将它们同钻石区分开的。

但随着珠宝市场的繁荣,各种新的宝石和技术在不断地更新,仿制钻石的手法及手段也在不断地变化,尤其在群镶的钻石首饰中有意混入少量的钻石仿制品让消费者防不胜防。目前有报道,市场上有无色、黑色"米粒"莫依桑石混入首饰中,由于尺寸较小（0.05~0.20ct）,内部特征观察较困难,须借助拉曼光谱检测仪区分,钻石显示特征的 1 332cm^{-1} 光吸收峰,而莫依桑石显示 768cm^{-1}、789 cm^{-1}、966 cm^{-1} 光吸收峰。这种依赖现代测试技术的鉴定只有专业技术人员才能完成（图 14-5-6）。

图 14-5-6　该钻石手链中包含两颗莫依桑石

第六节　合成钻石及鉴别

一、钻石合成方法的发展历史

早在 18 世纪人们就开始了合成钻石的探索,但直到 20 世纪,由于热力学及高温高压技术的发展,才使钻石的合成得以实现。1953 年,瑞士工程公司（ASEA）使用压力球装置首次成功地合成出了40粒小颗粒的钻石,美国通用电气公司(GE)也于1955年采用压带装置合成出了小颗粒的钻石。此后,工业级钻石的合成技术得到广泛应用,目前几乎2/3的工业用钻石已由合成钻石替代了。但直到1970年,宝石级大颗粒的钻石才由美国通用电气公司合成成功。又经过近30年的努力,目前已能获得十几克拉大的晶体,但宝石级钻石合成的成本仍然很高,虽有初步的商业化,仍不能进行大批量的生产。2000年合成的可切磨的钻石只有3 500ct,仅占当年天然宝石级钻石产量的0.01%。

到20世纪中期,人们发明了化学气相沉积法(CVD法)——一种在高温低压下生长钻石的新方法,其生长速度只能达到每周0.02mm,可获得的金刚石薄膜厚度太小(几十至几百微米),还远不能用来合成宝石级钻石。这种技术多被用于钻石及其他材料的表面镀层,在珠宝首饰业应用还十分有限。近10年来,CVD合成技术获得重大进展,合成钻石的生长速度高达100μm/h。早期合成的钻石常带有褐色调,目前合成钻石可以产生近无色的高色级钻石,抛磨后可得到3~4ct的钻石成品。2014年,卡内基Carnegie以500ct/d速度同时合成300颗钻石。2004年,美国的阿波罗APOLO钻石公司(美国波士顿)采用CVD成功地合成出了宝石级钻石单晶,现已实现商业化生产。

据报道,目前市场上出现了几家新的HPHT(高温高压)合成钻石公司,取得较大进展主要是荷兰的AOTC钻石合成公司(图14-6-1)和俄罗斯的NDT(New Diamond Technology)钻石合成公司(图14-6-2),已能合成高净度的无色钻石及颜色浓郁的蓝色钻石、黄色钻石,2015年,NDT公司合成了一颗32.2ct的钻石原石,后期琢磨成10.02ct的祖母绿琢型(E色级,VS_1)。

图14-6-1 AOTC钻石合成公司合成的高色级钻石(0.05~0.57ct)

二、高温高压(HTHP)籽(种)晶触媒法合成钻石

1. 合成钻石的原理

钻石和石墨是碳的两种同质多像的变体。根据钻石-石墨的相平衡图可知,在常温常压下石墨是碳的稳定结晶形式,而钻石是一种亚稳定状态。钻石只有在高温高压下才是最稳定的,天然钻石形成并保存于上地幔高温高压的条件下充分证明了这一点。但要在常温常压下破坏

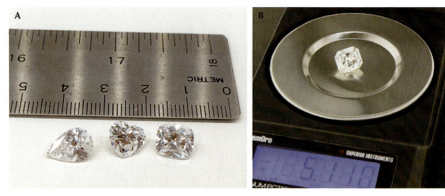

图 14-6-2　NDT 钻石合成公司合成的钻石尺寸(从左→右依次重 2.02、2.20、2.30ct)

钻石中的 C—C 键需要很高的能量,因此,钻石不会自动转变为石墨。而在高温高压(相图中钻石稳定区的条件)下,石墨中的碳原子会重新按钻石的结构排列,而形成钻石。

2. 合成方法

合成钻石的方法主要分静压法、动压法和低压法(即在亚稳定区内生长钻石的方法)。合成工业用钻石主要采用静压法中的静压触媒法,通过液压机产生 $(4.5\sim6)\times10^9$ Pa 的压力,以电流加热到 1 000～2 000℃ 的高温,利用金属触媒实现石墨向钻石的转化。图 14-6-3 为用压带装置合成工业钻的装置结构示意图。

宝石级合成钻石也是采用的静压法,但加入了籽(种)晶,所以又称为籽晶触媒法。此法采用了金属触媒来促进石墨向钻石的转化。金属触媒的主要作用是降低石墨向钻石转化的温度和压力条件,提高转化率。同时,金属触媒可以作为碳的溶剂。在适当的温度压力条件下,

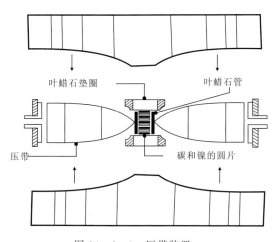

图 14-6-3　压带装置

石墨和钻石都可以溶于触媒中,且石墨的溶解度大于钻石,当压力升高时,二者的差异也增大。因此,当石墨在金属触媒中溶解达到饱和时,对钻石而言就已经达到过饱和了,此时,钻石容易从触媒中结晶出来。在合成过程中对温度、压力的控制较复杂,晶体生长的时间较长,合成成本较高。

合成过程中,通常选用天然或合成的钻石粉或石墨与钻石的混合物作为碳源,使用特定的铁镍合金触媒。原料在高温高压下溶解于铁镍触媒中,当温度降低或压力舱内存在温度梯度时,溶解于触媒中的碳达到过饱和,并在籽晶上以钻石的形式结晶出来,如此不断生长形成较大的钻石单晶体。目前,合成宝石级钻石可以采用压带装置或分裂球装置。

压带(belt)装置是由美国通用电气公司发明的,最初用来合成工业钻石,是一个两面顶压机,电流通过叶蜡石炉内的碳管电阻加热。合成宝石级钻石时叶蜡石炉内相间叠置的石墨和铁镍圆片被如图 14-6-4 所示的分裂球中的反应舱替代,反应舱通常分隔为上、下两个(图 14-

6-5)。所用原料为合成或天然钻砂,两个钻石籽晶分别放在两个生长舱的两端,所以一炉只能生长两颗钻石。合成宝石级钻石所用的压力为$(5.5\sim6)\times10^9$Pa,温度为1 650℃,圆筒中间温度较高(1 650℃),两端较低(1 550℃)。碳在中间溶解于金属触媒中,在两端析出于籽晶上。生长一颗1ct的晶体需60h。

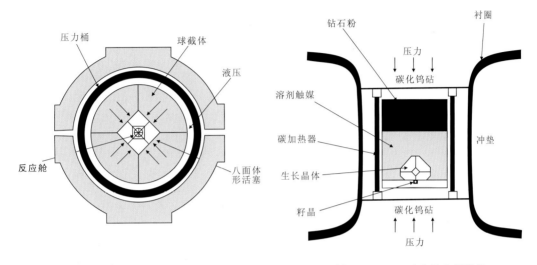

图14-6-4 分裂球装置

图14-6-5 反应舱内部结构
(压带装置和分裂球装置中的反应舱相同)

分裂球(bars)装置(图14-6-4)是1990年由俄罗斯人发明的,因独联体的解体,很多技术员把这项技术带到世界各地。目前市场上的宝石级合成钻石基本都是用这种方法合成的。该装置由2个半球、8瓣组成,合成需要的压力由液体注入压力桶获得,高压使8个球截体合拢,从而对构成八面体形状的6个活塞产生压力,中间是一个小的生长仓,一次只能长1个晶体。合成温度(T)和压力(P)条件基本同压带装置的条件。1ct的晶体需要长3天。

3. 合成钻石的晶形、颜色及类型的控制

合成钻石晶体形态主要为立方体与八面体的聚形。合成时的温度对形态有一定的影响。温度较低(1 300℃)时以立方体为主,温度较高(1 600℃)时以八面体为主(图14-6-6)。

因为生长舱内充满了空气,空气中含有氮,所以大多数合成钻石都是含孤氮的Ⅰb型黄色至褐色钻石。合成钻石的颜色和类型也可以控制。如果在反应舱内放一些氮的吸收剂,如锆或铝,则可获得无色的不含氮的Ⅱa型钻石。如果同时再加入一些硼,则可获得含硼的蓝色Ⅱb型钻石。

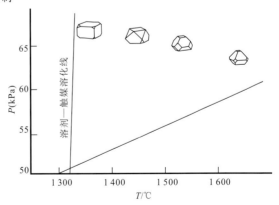

图14-6-6 合成钻石晶形与生长温度的关系

合成的钻石经过长时间的高温高压处理,使孤氮聚合则可形成集合氮,使其颜色变白一些,但成本很高。也可以通过辐照处理变成彩色钻石。

三、CVD 合成钻石

1. 合成原理和方法

化学气相沉积法合成钻石有几种方法,如热丝法、火焰法、直流等离子体电弧喷射法和微波等离子体法等,但最常用的方法是微波等离子体法。

微波等离子体法即在钻石的亚稳定区,采用高温(大致 800～1 000℃)低压条件,在真空反应舱内用微波将含碳气体——甲烷(CH_4)和氢气加热,产生等离子体,碳从气体化合物的状态分解成单独游离的原子状态,经过扩散和对流,最后以钻石结构形式沉淀在基片或种晶上。一般从天然或合成钻石上切取{100}晶面的薄片作为种晶。其中氢原子对抑制石墨的形成,以及促进钻石结构的生长有重要作用。所谓等离子体简单说就是气体在电场作用下电离成正离子及电子,通常成对出现,保持电中性。这种状态被称为除气、液、固形态外物质的第四态。如 CH 化合物电离成 C 和 H 等离子体(图 14-6-7)。

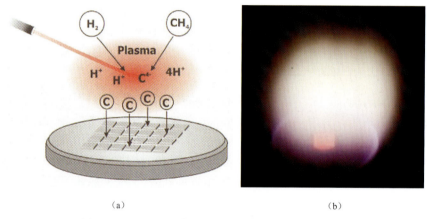

(a)　　　　　　　　(b)

图 14-6-7　CVD 合成钻石生长舱(a)及示意图(b)

2. 合成钻石的颜色及类型

目前,可以合成加氮的褐色 CVD 钻石、加硼的蓝色 CVD 钻石和高纯度的近无色 CVD 钻石(图 14-6-8)。原石常呈板状或厚板状晶体,其发光特征、包裹体特征和各类谱学特征与天然钻石和 HTHP 合成钻石明显不同。

CVD 合成钻石在生长过程中,因生长舱内为真空,所以大多数合成钻石为高纯度无色—近无色的Ⅱa 型钻石。为了提高钻石的生长速度,有时往生长气氛中通入氮,则可获得含氮的褐色钻石;如果在反应舱内加入适量的硼,则可获得含硼的蓝色钻石。

含氮的褐色钻石经高温高压(HPHT)处理或低压高温(LPHT)处理后,可减轻褐色调,少量的含氮 CVD 合成钻石经 LPHT 处理可变为粉紫色。

若对含氮的 CVD 合成钻石,先后进行 LPHT 处理、辐照退火处理,最终也可得到强粉色—紫红色钻石(图 14-6-9)。

图 14-6-8　常见不同类型的 CVD 合成钻石

(a)　　　　　　　　　　　(b)

图 14-6-9　经 LPHT 处理的 CVD 合成钻石(a)和多期次处理的 CVD 合成钻石(b)

四、合成钻石的鉴别

(一) HTHP 合成钻石的鉴别

1. 内含物

内含物为具有不同形态的合金包裹体,这些包裹体呈浑圆状、棒状、板状、面包渣状、针点状等,其排列方式与内部生长区界限相关。包裹体还可呈微粒状分散于整个晶体中。这些包裹体不透明,反射光下呈金黄色或黑色,具金属光泽。

内含物中另一特征是存在籽晶及籽晶幻影区,籽晶幻影区是合成钻石内部存在的沿四方形籽晶片向外生长形成的、边缘由相对明亮的细线构成的四方单锥状生长区,无论籽晶片是否在加工过程中被磨掉,该幻影区始终存在,在暗域场中将合成钻石置于浸液中观察该现象更为清楚。

2. 颜色及吸收谱线

绝大多数合成钻石为特征的褐黄色、橙黄色,部分具"沙漏状"色带现象,而天然钻石为无色、浅黄色及其他颜色。目前有微黄色和近无色的合成钻石投放市场,因此,颜色只能作为一种辅助的外观鉴定特征,并不构成关键的区分依据。

天然钻石中无色—浅黄色系列具有 415nm、423nm、435nm、478nm 吸收谱线,以 415nm 谱线最为特征,而合成钻石则缺失这一谱线。另外,绝大部分天然钻石为Ⅰa型,而合成钻石主要为Ⅰb型,少数情况下有双原子集合体氮存在。因此,测试样品的可见光吸收特点及解析红外光谱的特征吸收峰可作为区分天然及合成钻石的重要依据。

3. 异常双折射

正交偏光下,天然钻石因生长及运移过程的复杂性表现出更复杂的异常双折射特征,如不规则带状、波状、斑块状和格子状等,而合成钻石的异常双折射表现较弱,某些合成钻石呈"十字形"交叉的亮带。

4. 发光特征

有些合成钻石在长波紫外光下呈惰性,在短波紫外光下显示中等至强的黄绿色荧光。在高能紫外激光激发下,合成钻石具有规则的发光分带现象,与天然钻石的荧光特征不同,如图 14-6-10 和图 14-6-11 所示。

图 14-6-10　合成钻石在 DiamondView 下测试的荧光分带现象

研究钻石阴极发光特征是区分天然及合成钻石的另一重要手段。合成钻石在阴极射线轰击下,常发黄绿色光,并具有独特的、规则的阴极发光式样。不同的生长区(如八面体区、立方体区等)具有不同颜色或不同强度的光。而天然钻石则显示更复杂的或不规则形式的发光式样,并且天然钻石与合成钻石的生长结构和过程也有明显的差异(图 14-6-12,图 14-6-13)。

5. 形态特征

合成钻石常以八面体和立方体聚型为主体,并且可发育菱形十二面体、四角三八面体或三角三八面体晶面(图 14-6-14)。表面可能显示树枝状生长纹或不规则的小丘或瘤状物,与天然钻石明显不同。

6. 光谱特征

近年来,随着钻石合成技术的发展,HPHT 合成钻石的净度得到了显著提高。另一方面,市场上出现了"米粒"钻石(质量小于 0.10ct),这使得金属内含物较难观察。对于这些 HPHT 合成钻石,除了可依靠荧光特征外,还可依靠光谱学特征加以辨别。

红外光谱测试显示,大部分 HPHT 合成钻石为Ⅰb 型,而天然Ⅰb 型钻石仅占 0.1%。但目前,几家新的钻石合成公司已能合成出无色的Ⅱa 型和蓝色的Ⅱb 型钻石,因此根据钻石的类型判断成因仅可做初步的筛选。

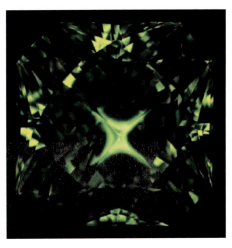

图 14-6-11　HPHT 合成钻石在紫外光下荧光分带现象

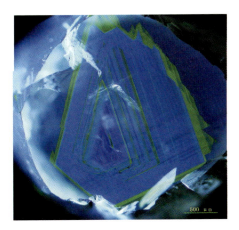

图 14-6-12　山东蒙阴钻石 CL 图像
(SM323,八面体多期生长结构)

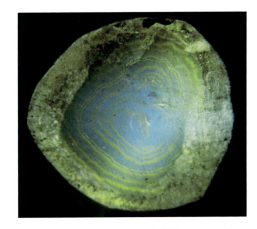

图 14-6-13　山东蒙阴钻石 CL 图像
(SM337,"似玛瑙状"生长结构)

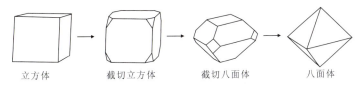

图 14-6-14　合成钻石的形态特征

由于 HPHT 合成钻石过程中常使用 Fe、Ni 等金属或合金,光致发光光谱或紫外可见光谱中可见相关金属的峰,如 883.0nm、884.7nm 为 Ni 相关的峰。

7. 其他鉴定依据

由于"米粒"钻石尺寸较小,已有无色、彩黄色、蓝色的合成"米粒"钻石,其自身价值不高,一般作为碎钻,大型仪器较难检测。

最近,针对"米粒"钻石的鉴别,美国宝石学院(GIA)研制了 DiamondCheck 仪器,De Beers 公司研制了 Automated Melee Screening(AMS)设备,这两种仪器结合钻石 DiamondSure and DiamondView 能快速地鉴别出合成的"米粒"钻石(图 14-6-15)。

图 14-6-15　HPHT 合成钻石"米粒"黄色钻石(0.004 31ct,图中黑色点所示)

目前,DTC(Diamond Trading Center)国际钻石交易中心研制了三种用于鉴定合成钻石的仪器,即钻石光谱鉴定仪(DiamondSure)、钻石结构荧光鉴定仪(DiamondView)和钻石分选仪(DiamondPlus)。DiamondSure 用于测试大部分天然钻石中所具有的 415nm 吸收谱特征。DiamondView 用于观察合成钻石在高能紫外光下所表现的不同颜色的立方体—八面体区规则分布式样,这种发光式样所反映的结构与天然钻石明显不同。DiamondPlus 则用于鉴定是否经过 HPHT 处理的Ⅱa型钻石,在液氮冷却条件下,经 HPHT 处理的Ⅱa型钻石具有特征的 575nm 和 637nm 光致发光光谱。

(二)CVD 合成钻石的鉴别

CVD 合成钻石的出现曾经在市场上引起恐慌,随着合成技术的发展,一般 CVD 合成钻石都会经过 HPHT 处理,其主要通过内含物特征、发光特征、光致发光光谱和红外光谱等进行综合鉴定,因此荧光和光谱测试在鉴定中尤为重要。

1. 晶体形态及内含物

CVD 合成钻石常以天然或合成钻石的{100}面作为种晶生长面,所以生长的钻石原石常呈板状或厚板状,且边部发育多晶,这与 HPHT 合成钻石、天然钻石均不相同(图 14-6-16)。

这类合成钻石内部一般较纯净,偶尔可见少量针尖状、不规则状黑色包裹体,拉曼光谱检测显示其为石墨或非钻石相碳(图14-6-17)。

图14-6-16　CVD合成钻石原石形态　　　　图14-6-17　CVD合成钻石内部黑色包裹体

2. 发光特征

CVD合成钻石在长短波紫外光下的反应变化较大,可呈惰性至橙红色;经HPHT处理后,长波紫外光(LW)下无荧光,短波紫外光(SW)下可呈弱或极弱荧光。而天然钻石中发红色荧光的钻石数量极少(图14-6-18)。

DiamondView是DTC研制的三种用于鉴定钻石的仪器之一,该仪器对于观察钻石的结构有重要作用,部分CVD合成钻石呈现强橙色—橙红色的荧光,并显示弧形的层状纹理(图14-6-19);经HPHT处理后可发蓝色或绿色荧光,但弯

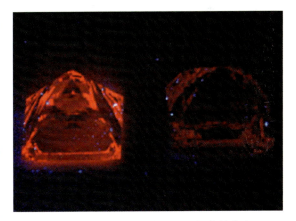

图14-6-18　CVD合成钻石的紫外荧光

曲的生长条纹仍然不变(图14-6-20)。红色荧光与N-V有关,弯曲的生长条纹由CVD生长过程决定。天然Ⅱa型钻石少有橙红色荧光,且无对应的生长条纹。

3. 光致发光光谱(PL)

有些CVD合成钻石具特征的575nm、637nm、596/597nm、737nm、946nm吸收谱,其中737nm、946nm吸收谱与石英反应舱的掺入物硅和空穴的组合(Si-V)有关,很稳定,经HPHT处理后仍不变,并会出现503nm(H_3)、415nm(N_3)复杂的N峰。天然钻石或HPHT合成钻石中少有737nm峰,但这些钻石中存在其他显示天然成因或HPHT合成的特征。

4. 红外光谱(FTIR)

红外光谱测试显示,大部分CVD合成钻石为Ⅱa型。由于生长氛围中氢气含量过量,

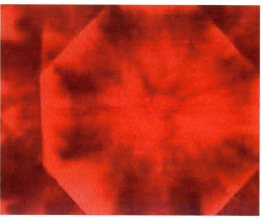

图 14-6-19　CVD 合成钻石的红色荧光及弧形生长纹(左);发红色荧光的天然钻石(右)

图 14-6-20　经 HPHT 处理的 CVD 合成钻石发绿色或蓝色荧光

CVD 合成钻石中常可见与氢相关的吸收,与氢有关的复杂吸收特征有 3 123cm^{-1}、8 753cm^{-1}、7 354cm^{-1}、6 856cm^{-1}、6 425cm^{-1}、5 563cm^{-1},其中 3 123cm^{-1} 为 CVD 合成钻石的特有峰,与[N-V-H]^0 中心有关,但经过 HPHT 处理后该峰会减弱或消失,并会出现 3 107cm^{-1} 和 2 800~3 000cm^{-1} 之间一系列复杂的峰。天然钻石中氢的吸收峰通常在 3 107cm^{-1} 处。

第七节　钻石的分级与评估

钻石具有悠久的历史,在距今 2 000 多年前,印度人就把钻石看作贵重的宝石。与钻石的历史比较,钻石品质的评定方法——4C 分级却是相当年轻的,直到 20 世纪 50 年代才形成系统的理论和方法。在我国,20 世纪 80 年代以来,钻石 4C 分级也日益为人们所了解。

一、国际上较有影响的钻石分级标准和机构

现在国际上比较有影响的钻石分级标准和机构主要有：美国宝石学院的钻石分级体系（GIA）、国际金银珠宝联盟的钻石分级规则（CIBJO）、国际钻石委员会的钻石分级标准（IDC）、比利时的钻石高层议会（HRD）、北欧斯堪的纳维亚钻石委员会的钻石分级标准（Scan. D. N），除此之外，还有我国国家技术监督局颁布的《钻石分级》（GB/T 16554—2010），详见表 14-7-1。

表 14-7-1　各种钻石分级标准一览表

标准代号	颜色分级标准	净度分级标准	切工分级标准
GIA	D E F G H I-J K-L N-Z 彩钻	用10倍放大镜分成： FL IF VVS_1、VVS_2 VS_1、VS_2 SI_1、SI_2 P_1 P_2 P_3	比例：只测量不评价 标准琢型：Tolkowsky圆钻 修饰＝对称性＋抛光 分别评价： 　对称性：特优、优、好、中、差 　抛光：特优、优、好、中、差
CIBJO	Exceptional White(＋) Exceptional White Rare White(＋) Rare White White Slightly Tinted White Tinted White Tinted Colour	用10倍放大镜分成： LC VVS_1、VVS_2 VS_1、VS_2 SI_1、SI_2 P_1 P_2 P_3	比例：一般不评价，特差比例在备注中描述 修饰＝对称性＋抛光 分别评价： 　对称性：优、好、中、差 　抛光：优、好、中、差
IDC	Exceptional White(＋) Exceptional White Rare White(＋) Rare White White Slightly Tinted White Tinted White Tinted Colour 1 Tinted Colour 2 Tinted Colour 3 Tinted Colour 4	用10倍放大镜分成： LC VVS_1、VVS_2 VS_1、VS_2 SI P_1 P_2 P_3	比例标准 　台宽 56%～66% 　冠高 11%～15% 　亭深 42%～45% 　腰厚：薄—中 　底尖大小：小于1.9% 根据偏离的程度分成：优、好、中、差 修饰＝对称性＋抛光 分别评价： 　对称性：优、好、中、差 　抛光：优、好、中、差
HRD	Exceptional White(＋) Exceptional White Rare White(＋) Rare White White Slightly Tinted White Tinted White Tinted Colour 1 Tinted Colour 2 Tinted Colour 3 Tinted Colour 4 彩钻	用带标尺显微镜放大10倍测量内含物的大小，分成： FL IF VVS_1、VVS_2 VS_1、VS_2 SI_1、SI_2 P_1 P_2 P_3	比例标准 　台宽比 56%～66% 　冠高 11%～15% 　亭深 41%～45% 　腰厚：薄—中 　底尖大小：小于1.9% 根据偏离度程度评价： 　不偏移（优）、小于2%（好）、大于3%（出乎寻常） 修饰＝对称性，分成：优、良、中、差

第十四章　钻　石

续表 14-7-1

标准代号	颜色分级标准	净度分级标准	切工分级标准
Scan. D. N	Rarest White Rare White White Slightly Tinted White Tinted White Slightly Yellowish Yellowish Yellow	用10倍放大镜分成： FL IF VVS_1、VVS_2 VS_1、VS_2 SI_1、SI_2 P_1 P_2 P_3	比例标准 台宽 52%～65% 冠高 11%～17% 亭深 42%～45% 腰厚：很薄—中 底尖大小：点状—中 修饰度＝对称性＋抛光 依据对亮度的影响分别评价： 对称性：优、好、中、差 抛光：优、好、中、差
国标 GB/T 16554 —2010	D 100 E 99 F 98 G 97 H 96 I 95 J 94 K 93 L 92 M 91 N 90 <N <90	用10倍放大镜分成： 镜下无瑕(LC) 极微瑕(VVS_1、VVS_2) 微瑕(VS_1、VS_2) 瑕疵(SI_1、SI_2) 重瑕(P_1、P_2、P_3)	比例标准 台宽 53%～66% 冠高 11%～16% 亭深 41.5%～45% 腰厚 2%～4.5% 底尖 <2% 全深 56%～63.5% 根据偏移度分成：很好、好、一般 修饰度： 根据抛光和部分对称性特征综合评价，分成：极好、很好、好、一般、差

2010年9月26日中华人民共和国国家质量监督检验检疫总局和国家标准化管理委员会发布了钻石分级新的国家标准（GB/T 16554—2010），以替代2003年颁布的钻石分级标准（GB/T 16554—2003），新标准自2011年2月1日起正式实施。该标准在钻石分级的诸多方面作了更清晰的规定和说明，特别是在钻石的切工分级方面增加了更多的详细规定。如新增加了星刻面长度比、下腰面长度比、超重比例、刷磨和剔磨等切工评价要素和定义，特别是修改了切工比例级别和修饰度级别的分级规则。

切工分级中，比率级别分为极好（Excellent，简写为 EX）、很好（Very Good，简写为 VG）、好（Good，简写为 G）、一般（Fair，简写为 F）、差（Poor，简写为 P）五个级别。修饰度分级包括对称性分级和抛光分级，与比率等级类似，其各自又分为极好、很好、好、一般和差五个级别。以对称性分级和抛光分级中的较低级别为修饰度级别，切工分级的综合评价如表 14-7-2 所示。

表 14-7-2 切工分级划分规划

切工级别		修饰度级别				
		极好 EX	很好 VG	好 G	一般 F	差 P
比率级别	极好 EX	极好	极好	很好	好	差
	很好 VG	很好	很好	很好	好	差
	好 G	好	好	好	一般	差
	一般 F	一般	一般	一般	一般	差
	差 P	差	差	差	差	差

二、钻石的 4C 评价

1. 颜色

颜色是指对于无色—黄色系列钻石的颜色分级。它是通过与一套颗粒大小相同、颜色已标定的标准样品进行比较而确定的。

在表 14-7-3 的颜色分级中,GIA 的 H 级(中国的 96 色)以上,一般肉眼观察无色;I—L 级(中国 95~92 色),小于 0.2ct 的钻石感觉不到颜色,大颗粒钻石可感到有颜色存在;M—R 级(中国 91~86 色),一般肉眼能感觉到有颜色,且颜色逐渐加深;S 级(中国<85 色)以下,颜色明显,呈黄色或棕色,一般不用来琢磨钻石,属工业用钻石。钻石的颜色对其价格影响最大,普通 1ct 重的钻石,P 级只有 D 级价值的 1/3,因此,颜色的确定要求极严。颜色的确定要选择最佳时间,如北半球要在上午 9~10 时的自然光下进行,此外还要考虑腰棱厚度及琢型方向等因素。在实验室中,通常在钻石比色石下进行颜色分级。

我国珠宝国家标准对镶嵌钻石颜色分级为七个级别,即:D-E、F-G、H、I-J、K-L、M-N、<N。

表 14-7-3 钻石颜色等级系统对照表

美国珠宝学院 (GIA)	国际珠宝联盟 (CIBJO)	中国 GB/T 16554-2010	
D	极白色(+)	D	100
E	极白	E	99
F	很白(+)	F	98
G	很白	G	97
H	白	H	96
I	较白	I	95
J		J	94
K	次白	K	93
L		L	92
M	一级微黄	M	91
N		N	90
O	二级微黄	<N	<90
P			
	三级微黄		
	黄(或棕)		

2. 净度

净度指钻石内外缺陷的程度,包括包裹体、解理、裂隙、双晶、生长纹和蚀象等内部和外部瑕疵。

表 14-7-4 是钻石净度等级系统对照表,净度可分为以下几个级别。

表 14-7-4 钻石净度等级系统对照表

GIA	GIBJO	中国
无瑕 FL	内无瑕 IF	LC 无瑕
内无瑕 IF		
一级极轻微瑕 VVS_1	极轻微瑕 VVS	VVS
二级极轻微瑕 VVS_2		
一级轻微瑕 VS_1	轻微瑕 VS	VS
二级轻微瑕 VS_2		
一级微瑕 SI_1	微瑕 SI	SI
二级微瑕 SI_2		
一级小瑕 I_1	一级不洁 P_1	P_1
二级小瑕 I_2	二级不洁 P_2	P_2
三级小瑕 I_3	三级不洁 P_3	P_3

(1)无瑕(FL):指在 10 倍放大镜下观察宝石洁净,即宝石内部和外表均不见内含物。

(2)内无瑕(IF):指在 10 倍放大镜下观察宝石内部无任何瑕疵,表面或许有一点点瑕疵,但重新抛光即可去除。FL 和 IF 通称为无瑕级。无瑕级和内部无瑕级可合并,用 LC 表示。

(3)极轻微瑕级(VVS):指在 10 倍放大镜下观察宝石可见到亭部或表面有极微小的瑕疵。VVS_1 和 VVS_2 的区别是后者有极微小的绵状点或小毛茬等。两者区别极小,在交易中常常忽略不计。

(4)轻微瑕级(VS):指在 10 倍放大镜下观察宝石可见非常微小的瑕疵,台面范围内最小的瑕疵。VS_1 和 VS_2 的区别在于后者可能有微小的绵状点或小毛茬。

(5)微瑕级(SI):指在 10 倍放大镜下观察宝石不难见到瑕疵,肉眼看不见。SI_2 比较容易见到。

(6)小瑕级(P_1、P_2、P_3):指在 10 倍放大镜下观察宝石易于见到小瑕疵,肉眼刚刚能够看见至肉眼易见,个别有明显的解理和裂隙。

所有钻石都是用 10 倍放大镜检查和做出相应的判断,通常 P_2 和 P_3 级可用肉眼轻易地看出。净度等级对其价值影响明显,色级和质量相同的钻石,P_3 仅为 FL 级价值的 1/10 左右。

3. 切工

钻石几乎总是加工成刻面型。加工质量的好坏,对于琢磨成形后钻石的尺寸、刻面的规则性、腰棱的宽度、底面和外部的瑕疵,都有影响。

钻石常琢磨成圆多面型,它是根据全内反射原理设计的。圆多面型及各刻面名称如图 14-7-1 所示。因为该琢型常用于钻石也称圆钻型或钻石型。

国际钻石委员会圆钻型切工分级标准见表 14-7-5。钻石各部分比例分别与腰棱直径相比。

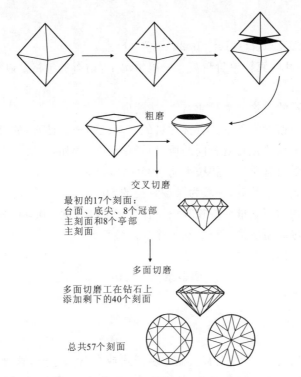

图 14-7-1　钻石切磨主要步骤示意图

表 14-7-5　国际钻石委员会圆钻型切工分级标准

内容＼等级	差—中	良	优	良	中—差
顶刻面宽(％)	<53	53～55	56～66	67～70	>70
冠高(％)	<7	9～10	11～15	16～17	>17
冠部角(°)	<27	27～30	31～37	38～40	>40
亭深(％)	<39	39～41	42～45	46～47	>47
亭部角(°)	<38	38～39	40～42	43～44	>44
腰棱厚度		极薄	薄—中	厚	很厚
底尖面宽(％)			<2	2～4	>4

注：表中的百分数系长度百分比，以钻石腰棱直径为100％。

　　钻石切工的优劣，除用分级标准判断外，钻石各部位的对称程度、各刻面接触角的准确度、钻石表面的光洁度和人工损伤等，都可以数量和程序来判定。

　　圆多面型琢型是目前最流行的琢型，其他如梨形或橄榄形价值也很高，祖母绿型比标准圆多面型价格低约20％。对于老式的切工，测算时与标准琢型对照，必须先扣除重磨的钻石损耗，再扣除切磨的加工费用。

　　切工的比例测算是一件复杂的工作，有很多的测算方法，现阶段细致测定多用数字或光学钻石比例仪。

4. 质量

钻石的质量单位为克拉(ct)，1ct＝0.2g＝100分(点)。

钻石的质量越大，其每克拉单价越高。一般情况下，钻石的价格是以质量的平方乘以一定质量的市场基价。即：

$$钻石的价格＝克拉质量^2 \times 基础价$$

钻石的质量是在高精度的天平上直接称量的。对已镶嵌的钻石，如果切割比例标准，也可进行质量估算。不同形状的钻石有不同的质量估算公式。例如：

$$圆多面型质量＝腰棱平均直径^2 \times 深度 \times 0.006\ 1$$

深度指顶刻面至底尖的距离，一般为腰棱直径的60%。

$$椭圆钻型质量＝[(长径＋短径) \div 2]^2 \times 深度 \times 0.006\ 2$$

$$祖母绿型质量＝长 \times 宽 \times 深 \times 调整系数$$

调整系数与长宽的比例有关。

长∶宽	调整系数
1∶1	0.008 0
1.5∶1	0.009 2
2∶1	0.010 0
2.5∶1	0.010 6

商业上，钻石价格在克拉质量上有明显的跳跃式或台阶状上升，这种现象称作克拉溢价，如2010年12月17日的RAPAPORT报价表中，净度和颜色同为FL和D等级的钻石，0.99ct的钻石每克拉报价是14 000美元，1.00ct的钻石报价则高达每克拉24 500美元。

习 题

一、问答题

1. 简述P型和E型钻石包裹体的种类，阐述包裹体对钻石外观的影响及其研究意义。如何有效地观察这些内含物？
2. 叙述钻石的发光性及其应用。
3. 怎样依据内含物特征确定钻石净度级别？
4. 指出下列各组宝石中的关键区分点：

   钻石和莫依桑石

   Canary黄色钻石与黄色合成钻石
5. 描述宝石级合成钻石的合成方法及如何控制合成钻石的颜色和类型。

二、名词解释

库里南钻石　常林钻石　Ⅰ型钻石　Ⅱ型钻石　ⅠaB型钻石　混色钻石　波状腰棱　钻石砂矿　黄地和蓝地　金伯利岩　钾镁煌斑岩　岩筒

第十五章 常见单晶宝石

第一节 红宝石和蓝宝石(Ruby and Sapphire)

一、概述

红宝石和蓝宝石是刚玉矿物中两个最重要的宝石品种。红宝石因红色而得名,蓝宝石因蓝色而命名。实际上,除红宝石和蓝宝石外,刚玉还有许多其他颜色,而其他不同颜色的宝石级刚玉也通称为蓝宝石,命名时需在前面加颜色特征,如黄色蓝宝石、绿色蓝宝石和无色蓝宝石等。红宝石和蓝宝石在声望上仅次于钻石。因为同属一族,故有"姊妹宝石"之称。

红宝石和蓝宝石是著名的珍贵宝石,由于硬度仅次于钻石,且颜色瑰丽,深得人们的喜爱。红宝石、蓝宝石、祖母绿和钻石一起,被称为世界四大珍贵宝石。近年来,优质的红、蓝宝石稀缺,各国都在重视优质红、蓝宝石的找寻。

围绕着红宝石流传着许许多多的传说和奇异的宗教信条。据说上帝创造人类的同时创造了 12 种宝石,而红宝石居首。在印度古代的梵语中红宝石被称作"宝石之王""宝石之冠"。

传说红宝石可以保护身体健康,也可以避邪。红宝石和血液颜色相似,有人相信可以治疗心脏病。在德国药方中曾开列红宝石粉治病。缅甸人曾相信红宝石嵌入肉中,可以刀枪不入。西方人相信它会带来财富和成就。

通常红宝石比蓝宝石少得多,市场上超过 4ct 的优质品非常少见。英格兰皇冠上的爱德华兹红宝石重 167ct,斯里兰卡产的著名星光红宝石重 138.7ct。

红宝石是七月的生辰石,也是结婚 40 周年的纪念石。蓝宝石则是九月的生辰石和结婚 45 周年的纪念石。

很久以来,蓝宝石就被看作忠诚和坚贞的象征。波斯人曾认为大地由一个巨大的蓝宝石支撑,蓝宝石的反光将天空映成了蓝色。

据传说蓝宝石可以除去眼睛的污物或异物。东方传说把蓝宝石看作指路石,可以保护佩戴者不受罪恶的伤害并且会交好运。

蓝宝石的珍藏品很多。缅甸产的"亚洲之星"蓝色星光蓝宝石重 330 ct。令人注目的深紫色"午夜"星光蓝宝石重 116.75 ct。

二、红、蓝宝石的基本特征

(1)化学成分:红、蓝宝石的化学式为 Al_2O_3。成分纯净时为无色。含 0.9%~4%的铬(Cr)元素时呈红色,含铁(Fe)和钛(Ti)时呈蓝色。还含有 Ni、V、Co、Mn 等其他微量元素。

(2)形态:三方晶系,最高对称型为 L^33L^23PC。常见单形为六方柱{1120}、菱面体

{1011}、六方双锥{2241}、{2243}和平行双面{0001}。常呈腰鼓状或短柱状晶体，柱面上常有较粗的横纹，在菱面体上可具有三角生长标志。红宝石外观多呈板状、短粗状晶体，蓝宝石则多呈桶状（图15-1-1）。

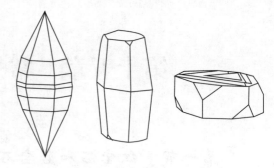

图 15-1-1　红、蓝宝石晶体

(3) 颜色：无色、各种红色色调（鲜红、纯红、血红、紫红）和各种蓝色色调（蓝、天蓝、蓝绿）以及绿色、黄色、粉色、褐色等（表15-1-1）。

(4) 硬度：9，略具方向性，同时随产地不同略有变化。

(5) 相对密度：3.99～4.00。随宝石内杂质元素的不同，相对密度值会有变化，如山东蓝宝石相对密度可达4.17。

(6) 解理：不发育，但因聚片双晶可发育有平行底面{0001}和平行菱面体面{1011}裂理。

(7) 光泽：抛光表面具亮玻璃光泽至亚金刚光泽。

(8) 透明度：透明至半透明。

(9) 折射率：1.76～1.78。

(10) 双折射率：0.008。

(11) 光性：一轴晶负光性。

(12) 色散：0.018（低）。

(13) 多色性：明显。

表 15-1-1　不同刚玉宝石品种的颜色及多色性

红宝石	深紫红色/橙红色
蓝宝石	蓝色/蓝绿色
绿色蓝宝石	深绿色/黄绿色
橙色蓝宝石	黄褐色或橙色/无色
黄色蓝宝石	中黄色/浅黄色
紫色蓝宝石	紫色/橙色

(14) 发光性：红宝石在长、短波紫外光下有明显的弱红色荧光。不同产地因微量元素含量不同而存在着强度差异。蓝宝石大多数无荧光，斯里兰卡的黄色蓝宝石在紫外线及X射线下可能显示橙黄色荧光。

(15) 吸收光谱：红宝石在红光区692nm处有一对双线，668nm和659nm处有两条弱线，以550nm为中心的黄绿区普遍吸收，蓝区476nm、475nm和468nm处有三条吸收线，为典型红宝石光谱线，紫光区普遍吸收（图15-1-2）。

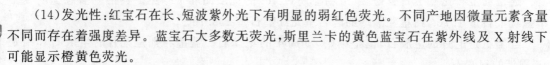

图 15-1-2　红宝石光谱

蓝宝石蓝光区有三条吸收窄带，分别为470nm、460nm、450nm，绿色、黄色常显同种吸收光谱，通常仅见450nm处一条吸收带，这是由Fe^{3+}引起的（图15-1-3）。

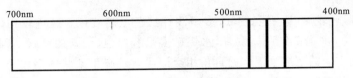

图 15-1-3 蓝宝石光谱

变色蓝宝石的可见光吸收谱具 470.5nm 的吸收线,550～600nm 强吸收带及 685.5nm 的吸收线。

(16)特殊光性:

①星光效应:许多产地的刚玉宝石含有丰富的定向排列的金红石针状包裹体,它们在垂直光轴的平面内呈现出 120°角度相交,构成三组不同的包裹体方向,加工时当包裹体平行弧面形的底面后可显示六射星光。偶尔可见十二射星光现象,据报道是由于三组金红石和三组赤铁矿针状体互呈 30°角交叉构成的。

②变色效应:少数蓝宝石具变色效应,它们在日光下呈蓝紫色、灰蓝色,在灯光下呈红紫色,颜色变化不明显,通常也不鲜艳。

(17)内含物:常含有固态矿物晶体、液态羽状体、气液态管状体及双晶等。不同产地的宝石其内含物特征不同。

三、红、蓝宝石主要产地的内含物特征

红、蓝宝石的主要产出国有缅甸、泰国、斯里兰卡、越南、柬埔寨、澳大利亚等,不同产地的刚玉宝石表现出不同的鉴定特征。

1. 缅甸红、蓝宝石

缅甸红宝石固态包裹体丰富,其中细小的金红石针状体多呈团块状聚集,呈互为 60°夹角定向排列,发育完好的针状包裹体可能形成六射星光效应,针状包裹体发育不完整时,常显示不完整的"丝光"光彩。缅甸红宝石中还常见方解石、白云石、尖晶石、锆石和石榴石、榍石、磁铁矿、橄榄石、磷灰石、云母等包裹体,可见到一组双晶纹,在成品宝石中表现出一组"百叶窗"式图案。红宝石的另一个特点是负晶比较发育,常被液体或气液两相流体充填,部分为空晶。缅甸红宝石颜色常呈浓淡不一,鲜艳明亮的红色常分布不均匀,往往呈漩涡状,颇似糖浆搅拌时的效果,称为"糖浆"状构造。

缅甸蓝宝石可有浅蓝—深蓝的各种颜色,高质量的缅甸蓝宝石以纯正的蓝色或具有漂亮的紫蓝色内反射色为特征。金红石针和水铝矿丝状物相伴而生,含较丰富的流体包裹体,表现为一种"褶曲"状或"撕裂"状,细小的水铝矿沿双晶面出溶。

孟速(Mong Hsu)矿区是 20 世纪 90 年代在缅甸发现的一个新矿区,红宝石的桶状原石多呈褐红色、深紫红色,其中心具蓝色或黑色核。热处理后样品整体呈红色至暗红色,核心的蓝色、黑色色调相应减弱,部分样品热处理后其中心呈不透明的乳白色斑点状。红宝石内缺少丰富的金红石包裹体,仅能见到少量呈浑圆粒状的白云石、尖晶石、金红石、萤石等包裹体。菱面体双晶发育,在同一宝石内常可见两到三组聚片双晶,双晶边沿常伴有水铝矿的细针。

第十五章 常见单晶宝石

2. 泰国红、蓝宝石

泰国红宝石颜色较深,透明度较低,多呈浅棕红色至暗红色。颜色较均匀,色带不发育。缺失金红石包裹体,水铝矿包裹体发育,水铝矿多呈灰白色、细长的针状、管状沿聚片双晶出溶,有时可见不同方向的三组水铝矿近直角相交形成建筑脚手架状图案。还常见粒状的斜长石包裹体、微黄色的磷灰石包裹体、暗红棕色的铁铝榴石包裹体、黑色六边形粒状磁黄铁矿包裹体。流体包裹体多聚集成"指纹"状、"羽"状、"圆盘"状。"圆盘"状流体包裹体中央往往分布着已被熔蚀的磷灰石、石榴石或磁黄铁矿晶体,晶体四周为呈盘状展开的流体,形成一种典型的"煎蛋"状图案。这一图案构成了泰国红宝石的产地特征。

泰国蓝宝石透明度较低,颜色较深,主要有深蓝色,略带紫色色调的蓝色、灰蓝色三种颜色。六边形色带发育,部分样品表面常呈现一种灰蒙蒙的雾状外观,是大量尘点状包裹体所致。固态包裹体有红色、橘红色的铀烧绿石、无色透明的斜长石、粒状磁黄铁矿、短针状赤铁矿等。

3. 斯里兰卡红、蓝宝石

斯里兰卡红宝石颜色柔和、丰富多彩、透明度高,呈红色、粉红色、浅棕红色,以樱桃红色或水红色为特征,呈现较高透明度的娇艳红色,略带一点粉色、黄色色调。另一个特点是色带发育。其含有丰富的固态包裹体,金红石针状体呈细长、丝状且分布均匀,锆石包裹体多呈细小的他形—自形粒状,无色或略带褐色,由于锆石内放射性元素的蜕变作用,其周围常伴生着一圈盘状裂隙,还可含有石榴石、橄榄石、电气石、方解石、黑云母、尖晶石、磷灰石等固态包裹体。流体包裹体呈清晰的指纹状、梳状、网状,细长的金红石纤维常与管状流体包裹体相伴而生,流体包裹体"含量的丰富,图案的精美,构成了其产地特征"。可见聚片双晶。

斯里兰卡蓝宝石颜色丰富,除蓝色系列外还可有黄色、绿色等多种颜色品种。蓝宝石的包裹体特征与其红宝石的大致相同。最大特点是含有丰富的液态包裹体,而且包裹体的组合形态相对规则,此外具有长方形的被单相或多相流体充填的负晶。

4. 越南红宝石

越南红宝石为紫红色、红紫色、粉紫色,可见粉红色、橘红色、无色、蓝色的色带,这些线状、交叉状色带与指纹状流体包裹体相伴,可以出现单独的蓝色色区。含较丰富的固态包裹体,较特征的有橘黄色的三斜铝石、棕黄色扁平的金云母晶体、透明菱面体方解石及金红石、磁黄铁矿等固态包裹体,聚片双晶发育以及气液两相包裹体组成的愈合裂隙发育。

5. 克什米尔蓝宝石

克什米尔蓝宝石是1881年发现,20世纪90年代初已停产,目前在市面上已不易看到。但克什米尔地区的"矢车菊"蓝宝石被誉为蓝宝石中的极品,它为一种朦胧的略带紫色色调的浓重的蓝色,给人以天鹅绒般的外观,是细小的尘点状包裹体及极细小的裂隙和相伴的出溶物对光的散射引起的。颜色不均匀,常形成界线分明的蓝色及近无色的色带,常见"指纹"状流体包裹体。可含少量褐帘石、沥青铀矿、云母、锆石、斜长石等包裹体。较具产地意义的包裹体是电气石、钠角闪石和一种微粒状包裹体,微粒状包裹体成分不明,可呈线状、雪花状、云雾状聚集片。

6. 澳大利亚蓝宝石

澳大利亚是世界上非常重要的蓝宝石产地,产有乳白色、灰绿色、绿色、黄色等多种颜色的

蓝宝石,主要是透明度较低的深蓝色、黑蓝色。表面光泽略强,颜色不均匀,六边形色带十分发育。澳大利亚蓝宝石内部较干净,可出现少量赤铁矿等包裹体,呈丝状,与金红石等伴生出现。赤铁矿、钛铁矿等细小针状物以三个方向呈60°夹角排列,可产生黑色星光宝石。还含有长石、铀烧绿石和角闪石、锆石等,可见少量流体包裹体。

7. 柬埔寨拜林地区的蓝宝石

柬埔寨拜林地区的蓝宝石呈一种明亮且纯正的蓝色,个别略带紫色,其内反射色为略浅的蓝色,样品表面具亮玻璃光泽,内部一般很干净,其特征的包裹体是深红色、橘红色的八面体晶形的铀烧绿石,斜长石、磷灰石、刚玉等,有时可见固态包裹体与其周围的弧型裂隙组成盘状图案以及聚片双晶。

8. 中国红蓝宝石

中国陆续在安徽、青海、黑龙江、云南等地发现了红宝石,其中云南红宝石原生矿产于老变质岩分布地区的大理岩中及次生的砂矿床中。云南红宝石一般呈他形不规则粒状,次为半自形—自形粒状,一般粒径为1~10mm,颜色有浅红色、浅玫瑰红色、紫红色、红色、裂理纹、蚀痕等瑕疵发育,包裹体也较多,大多数红宝石因透明度较低而影响其质量。

20世纪70年代末80年代初在中国新生代碱性橄榄玄武岩及超基性岩体内的刚玉斜长岩中发现了蓝宝石,海南蓬莱、福建明溪、江苏练山、山东潍坊、黑龙江穆林及青海的西部都有发现,山东潍坊地区的昌乐县和五图县在80年代末至今已成规模开采,福建明溪近年也在组织开发。

山东蓝宝石以粒度大、晶体完整而著称,但山东蓝宝石Fe^{2+}/Ti^{4+}比例过高,所以颜色过深。蓝宝石的颜色可分为蓝色系列、黄色系列、多种颜色组合系列。蓝色系列包括乳蓝色、灰蓝色、绿蓝色、紫蓝色、深紫蓝色至蓝黑色,在较强透射光下大多带有漂亮的紫色色调;黄色系列包括浅灰黄、浅绿黄、微棕黄、褐黄、金黄等多种颜色;多种颜色系列表现为同一粒蓝宝石上有两种以上不同的颜色共存,各种颜色界限分明,相互之间有规律地组合在一起,如黄色与蓝色对半相拼组合或蓝色环绕黄色的组合。

山东蓝宝石内部一般较干净,固态包裹体数量不多但种类丰富,包括细小短针状、稀疏出现的金红石,部分样品中金红石针含量丰富,两组以上的金红石针互呈60°夹角分布,其成品宝石可显示星光效应。石榴石包裹体多呈等向粒状、玫瑰红色至暗红色;钛铁矿多呈细小的短柱状、黑色密集排列无明显方向性;刚玉包裹体多呈柱状晶体、透明度高于主晶蓝宝石,还可见硬水铝矿、磷灰石、锆石、磁铁矿、斜长石等固态包裹体。流体包裹体主要是熔融的岩浆包裹体,次为其他的固气包裹体、气液包裹体,呈不规则的"串珠"状、"指纹"状、"羽"状出现。

四、天然红、蓝宝石的鉴别

天然红、蓝宝石原石可根据晶体形态、晶面特征、颜色分布、色带特征等鉴别,成品则根据颜色、折射率、双折射率、吸收光谱、相对密度、多色性和发光性等特征加以鉴别。红宝石和蓝宝石的物理性质见表15-1-2和表15-1-3。

表 15-1-2 红宝石与相似宝石的物理性质

宝石名称	颜色	多色性	RI	DR	正交偏光镜下现象	$\rho/$ $(g \cdot cm^{-3})$	其他
红宝石	红色—紫红色	明显	1.762~1.770	0.008	四明四暗	3.9~4.1	金红石针呈60°角相交,红色荧光
铁铝榴石	褐红色—暗红色	无	1.76	/	全消光	3.84	金红石针近直角相交
镁铝榴石	浅红色—红色	无	1.74	/	全消光	3.78	金红石针,晶体包裹体
尖晶石	褐红色、橙红色	无	1.718	/	全消光	3.60	自形八面体负晶定向排列
电气石	粉红色、褐红色	十分明显	1.62~1.64	0.018	四明四暗	3.06	特征的扁平状液态包裹体及管状包裹体
红柱石	褐红色—红色	强多色性	1.63~1.64	0.010	四明四暗	3.10	
红玻璃	全红色	无	不定	/	全消光	2.60	气泡、收缩纹

表 15-1-3 蓝宝石与相似宝石的物理性质

宝石品种	颜色	多色性	RI	DR	$\rho/$ $(g \cdot cm^{-3})$	其他
蓝宝石	蓝色—蓝紫色	明显 蓝色—绿蓝色	1.762~1.770	0.008	3.9~4.0	玻璃光泽、低色散
尖晶石	蓝色	无	1.718	/	3.60	自形八面体负晶定向排列
海蓝宝石	浅蓝色	明显 浅蓝色—无色	1.57~1.59	0.007	2.7~2.8	玻璃光泽、低色散
坦桑石	蓝紫色	强 紫色—蓝色—绿色	1.69~1.70	0.009	3.35	玻璃光泽、低色散、低硬度 $H_M=6.5$
堇青石	蓝色	强 蓝色—紫色—浅黄色	1.54~1.55	0.009	2.65	低硬度 $H_M=7.5$
蓝锥矿	蓝色—蓝紫色	强 蓝色—无色	1.75~1.80	0.047	3.65	强玻璃光泽、短波强荧光、低硬度 $H_M=6.5$

五、天然与合成红、蓝宝石的鉴别

天然宝石和合成宝石的区分是一项复杂的工作,需要仔细认真地检测。市场常见的是合成红宝石和合成蓝宝石及合成变色蓝宝石,它们在硬度、相对密度、折射率和双折射率上都与天然宝石相同,区别它们比较困难。主要是通过天然刚玉和合成刚玉的内含物的差异进行区别,不同合成方法的宝石内含物特征不同,可根据不同内含物以及紫外荧光、吸收光谱等其他特征综合判定。表 15-1-4 主要是通过天然与合成红、蓝宝石的内含物的差异进行区别。

表 15-1-4 天然红、蓝宝石与合成红、蓝宝石的比较

类别	天然红、蓝宝石	合成红、蓝宝石
颜色	柔和、直线状颜色分带	饱和度高、极纯,弯曲色带(焰熔法)
生长线	直线状或六方生长带	焰熔法弧线状弯曲生长线
内含物	(1)纤维状、针状金红石(丝状物); (2)似指纹状、不规则状液态羽状体和管状体; (3)气态、气液两相管状、棒状体; (4)锆石、尖晶石、红宝石、石榴石、方解石、长石、黑云母、磷灰石等各种矿物晶体	(1)球形、长形或蝌蚪形气泡,可以是单个产出,也可呈小簇或成群的云状物(焰熔法); (2)单个或小簇产出的熔滴,以及由熔滴组成的面纱状、羽状体; (3)呈三角形、六边形和长方形的铂片晶,具金属光泽; (4)不同长度的细小的针状体,也可产生星光效应
星光	深处发出、星光发散、较不规则、中间有亮斑,也称作宝光	浮在表面、清晰明亮、星线规则、位置居中、中间无亮斑
二色性	优质者常定向。台面不见多色性	一般不定向,通常台面与 C 轴平行,故可见多色性
荧光	红宝石相对发光较弱; 蓝宝石通常无荧光	红宝石荧光鲜艳;蓝宝石在短波紫外光下可能显淡绿色荧光
吸收光谱	红宝石:红区 692nm 处有一对双线,668nm、659nm 有两条弱线;黄绿区宽吸收带;蓝区 476nm、475nm、468nm 有三条吸收窄带;紫区全吸收 蓝宝石:450nm、460nm、471nm 处有三条吸收线	合成红宝石:谱线同天然 合成蓝宝石:无吸收窄带或吸收带极弱
加工	优质者抛光仔细,弧面形底面不抛光	加工粗略,可具抛光痕和由快速抛光引起的颤痕——"火痕",底面常抛光

六、红、蓝宝石的评价

由于有色宝石没有钻石那么详细的等级标准,泰国亚洲宝石学院对红、蓝宝石的分级进行了系统的研究。目前,红、蓝宝石的评价有四项指标:颜色、透明度、净度和切工,而其中颜色指标最为重要,分别从五个方面来衡量。颜色因素占整个宝石价值的 50% 以上。

1. 颜色

宝石的不同色彩有着颜色色质、饱和度和色彩亮度的差异,对于不同的宝石还存在着色彩分布的均匀程度和多色性程度的差别,因此在颜色指标中,从以下几个方面评价。

(1)色质:是确定宝石颜色在色轮上的位置。按照符合或接近纯光谱色的程度,色质分为最优、优质、良好、较差四级。优质者色质为最优。

(2)饱和度:指宝石颜色的纯净度,也是宝石颜色的浓度。一般分为纯正鲜艳、较鲜艳、中等程度、色较淡、色很淡五个级别。优质者颜色纯正鲜艳。

(3)亮度:指宝石颜色的光亮程度。从宝石台面观察时,将色泽闪耀的比例占整个冠部的百分比作为标准。不同颜色的宝石,理想的比例也不同。例如:红宝石的理想比例是 55%~75%,蓝宝石的理想比例是 60%~80%。

(4)均匀度:指颜色分布的均匀程度。以目光与台面呈 45°角度时,台面向上放置观察的结果为标准,不考虑其他方向。分为无色区或无色带、轻微色区或色带、中等色区或色带、较强色区或色带、严重色区或色带五个级别。

(5) 多色性：指从台面观察时颜色的多色性程度，无须考虑从侧面观察的结果。多色性分为无多色性、弱多色性、明显多色性、强多色性四个级别。

颜色指标是红、蓝宝石评价的最重要标准。通常红宝石颜色优劣依次为：血红色、鲜红色、纯红色、粉红色、紫红色至深紫红色。尤以鲜红中微透紫色（称为"鸽血红"）为上品。因为这种优质品多产于缅甸，又称为"缅甸红宝石"。

蓝宝石颜色优劣依次为：矢车菊蓝（深蓝色）、洋青蓝（海蓝色）、滴水蓝（鲜蓝色）、天蓝（湖蓝色）、淡蓝色和灰蓝色等。尤以深蓝中微带紫色的矢车菊蓝为上品。因主要产自克什米尔，又称克什米尔蓝宝石。

2. 透明度

透明程度是除颜色之外评价宝石最重要的因素。透明者为上品，质地越透明其价值也越高，但对于刻面宝石和星光宝石的评价标准不同。刻面宝石透明度分为四级：透明、半透明、微透明、不透明。

3. 净度

宝石的洁净程度（即净度）对于评价刻面宝石尤为重要，严重的内含物可能致使宝石失去其价值。净度分为六级。

一级：10倍放大镜下洁净。

二级：10倍放大镜下难以见到内含物，肉眼观察洁净。

三级：肉眼可见轻微内含物。

四级：肉眼可见中等内含物。

五级：肉眼可见内含物，较严重影响外观。

六级：肉眼可见内含物，严重影响外观。

4. 切工

切工是对宝石切磨中各部分的比例和对称程度的评价。一般情况下不占宝石价值的太大比例，但特别粗略和很差的切磨将大大影响其价值。

切工分为对称很好、对称较好、对称一般、对称较差、对称很差五个级别。

按上述标准评价后，与一颗完美宝石样品当天的价值相比较，即可得出该宝石的售价。

七、红、蓝宝石的地质产状及地理分布

红、蓝宝石属多成因矿物，可分布在成因不同的岩石中，可以是与火山活动有关的岩浆岩，也可以是与气成热液有关的变质岩，而外生残、坡积砂矿则是宝石级红、蓝宝石的重要来源。

1. 产在大理岩中的红宝石

大理岩中的红宝石是宝石级红宝石的重要来源。缅甸抹谷、阿富汗哲格达列克、巴基斯坦的罕萨、中国云南哀牢山等地均属此种类型。红宝石产在白云质大理岩和花斑状大理岩中。

2. 产在玄武岩中的蓝宝石

玄武岩型是世界蓝宝石矿床的主要成因类型，且几乎是我国蓝宝石的唯一类型。我国的山东昌乐、海南蓬莱、福建明溪，澳大利亚的新南威尔士，柬埔寨的拜林，泰国的尖竹汶，以及老挝和越南等地的蓝宝石都与玄武岩有关。

蓝宝石主要赋存在碱性玄武岩中,呈巨大的斑晶。颜色以蓝色、深蓝色为主,表面常有一层火山玻璃薄膜,蓝色不够鲜艳。澳大利亚和中国山东蓝宝石多为深蓝色,东南亚蓝宝石色彩鲜艳、透明度较高。

在泰国占他武里以东以及柬埔寨、越南发现了大型玄武岩中的红宝石矿床。随着缅甸红宝石产量的下降,泰国成为世界重要的红宝石产区,占世界产量的70%。

3. 产在伟晶岩中的红、蓝宝石

坦桑尼亚的翁巴塔尔红、蓝宝石矿床产在含钙长石、蛭石的伟晶岩中。著名的克什米尔蓝宝石产于花岗伟晶岩与白云质灰岩的接触带上。克什米尔位于喜马拉雅桑斯克尔山脉的南坡,海拔 4 500 m,由于开采和运输困难,1994 年以后已停止开采。蓝宝石是气成热液和伟晶岩发生反应而形成的产物。

4. 产在矽卡岩中的蓝宝石

典型的是斯里兰卡的蓝宝石,也是世界蓝宝石的主要产区。矿床产在粗粒白云质大理岩的正长岩体中,大理岩已矽卡岩化。蓝宝石晶体完好、透明,呈蓝色至天蓝绿色。

5. 产在碱性、基性煌斑岩中的蓝宝石

美国蒙大拿州的约戈谷蓝宝石矿床,是此类成因的唯一实例。宝石级蓝宝石 4ct/t,颗粒一般重 2ct 左右,颜色均一,但不够鲜艳。

6. 产在超基性云母岩中的蓝宝石

在美国、南非、坦桑尼亚和印度产有此种类型,质量较差,极少数呈稀疏小晶体,有多种颜色。

7. 产在片岩、片麻岩中的红、蓝宝石

中国新疆、美国、斯里兰卡找到了变质成因的红、蓝宝石,但一般质量较差,晶体较小。

8. 外生残、坡积、冲积砂矿

砂矿是红、蓝宝石的重要来源,其分布与原岩有关。缅甸抹谷的冲积砂矿是世界宝石资源的重要产地,其中最重要的是产红、蓝宝石。

另外,红、蓝宝石的产地还有尼日利亚、肯尼亚、莫桑比克、马达加斯加等。

我国的红宝石多为粉红色—紫红色,产于安徽和新疆的片麻岩中,晶体虽大但不透明。20世纪 80 年代末期,在云南省南部的哀牢山脉发现了红宝石矿床,引起了国内外珠宝界的广泛关注。经过地质学家多年的普查对比,认为云南地区的红宝石矿床是国内首次发现且唯一具有开发利用价值的大理岩型红宝石矿床,具有广阔的开采与利用前景。

我国在山东、海南、黑龙江、辽宁、吉林等地都找到了蓝宝石,特别是山东临朐、潍坊昌乐的蓝宝石,在 1991 年洛杉矶国际宝石会议上被列为世界五大新发现之一。山东蓝宝石一般颜色较深,甚至几乎全黑,目前山东蓝宝石的改色技术日趋成熟,出售的许多蓝宝石都经过了不同程度的热处理改色。近年来还有橙色、橙黄色铍扩散处理的山东蓝宝石推向市场。

习 题

1. 简述红、蓝宝石的物理化学性质。

2. 如何鉴别天然与不同方法合成红、蓝宝石？
3. 简述红、蓝宝石的地质产状及地理分布。

第二节 绿柱石(Beryl)

一、概述

绿柱石(Beryl)的英文名称来自古希腊语,意思是指所有的绿色宝石,不过后来专指绿柱石。

绿柱石是一个大的家族,包含许多宝石品种,其中祖母绿(Emerald)是绿柱石族中最珍贵的品种,也是世界四大矿产宝石之一。其名称来源于古波斯语的译音。祖母绿以其青翠悦目使各时代的人都为之着迷,以其稀少和罕见为许多国家和皇家王室所珍藏。作为五月的生辰石,它代表着春天大自然的美景和许诺,是信心和永恒不朽的象征。

海蓝宝石(Aquamarine)是天蓝色至海水蓝色的绿柱石宝石,它以酷似海水而得名。传说中,这种美丽的宝石产于海底,是海水的精华,因而航海家曾用它祈祷,望海神保佑航海的安全,被称为"福神石"。作为三月的生辰石,它既象征着沉着、勇敢,又是幸福和永葆青春的标志。

其他绿柱石还有粉红色的铯绿柱石、金黄色的金绿柱石、黄绿柱石、红绿柱石、紫绿柱石、褐绿柱石和无色绿柱石等。

二、绿柱石的基本特征

(1)化学成分:绿柱石的化学式为$Be_3Al_2[Si_6O_{18}]$,常含有 Cr、Cs、V、Fe、Ni 等色素离子。

(2)形态:六方晶系,常呈柱状,具六方双锥和平行双面(图 15-2-1)。柱面可见纵条纹。

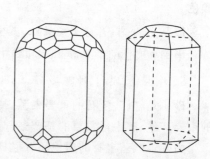

图 15-2-1 绿柱石晶体

(3)解理:不完全底面解理。
(4)硬度:7.25~7.75,祖母绿具脆性。
(5)相对密度:2.7~2.9,视品种而变。
(6)折射率:1.56~1.59,视品种而变。
(7)双折射率:0.004~0.009,视品种而变。
(8)光性特征:一轴晶负光性。
(9)光泽:玻璃光泽。
(10)色散:0.014(低)。
(11)特殊光性:可具猫眼和星光效应。
(12)颜色、品种和多色性见表 15-2-1,此外还有无色和褐色等。
(13)琢型:大多数祖母绿加工成八角阶梯琢型,称之为祖母绿型。由于祖母绿易碎,除去宝石某些尖角外,加工成钝角的阶梯型可以使损失降到最低程度。同时阶梯形加工也有助于加深祖母绿的颜色。

不同品种的绿柱石其发光性、吸收光谱和内含物等均不同,不同产地的祖母绿其物理性质也有轻微的变化。

三、祖母绿

1. 祖母绿的物理特性

(1)颜色:祖母绿的翠绿色是微量的铬离子(Cr^{3+})造成的,也有微量的钒(V)掺入。以铬为主,钒为辅。

(2)吸收光谱:显示铬致色宝石的典型光谱,而且常光和非常光吸收光谱有明显的不同。常光在 683nm、680nm、637nm 处有吸收线,625～580nm 有一宽吸收带,蓝区 477nm 处有一弱吸收线,紫区约 460nm 处开始全吸收(图 15-2-2)。非常光线 683nm 处的一对较强双吸收线,相对常光方向而言无 637nm 吸收线,而在 662nm 处及 646nm 处有一些分散的吸收线,蓝区无吸收线。

表 15-2-1 不同品种绿柱石的颜色和多色性

名　称	颜　色	多色性
祖母绿	绿色	蓝绿/黄绿
钒绿柱石	绿色	蓝绿/黄绿
海蓝宝石	淡绿色	绿/无色
海蓝宝石	蓝色	蓝/无色
艳绿柱石	粉红色	粉红/浅蓝粉红
红绿柱石	红色	红/粉红
黄绿柱石	黄色	—
金绿柱石	金黄色	多变
紫绿柱石	紫色	—

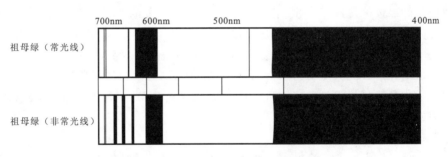

图 15-2-2 祖母绿的典型包裹体吸收光谱

(3)荧光:在紫外光下常发暗红色至粉红色荧光,但可能因为铁的存在而被抑制和掩盖。

(4)折射率和双折射率:不同产地的祖母绿其折射率和双折射率值略不同。

(5)相对密度:不同地区祖母绿其相对密度值也有差异(表 15-2-2)。

表 15-2-2 不同产地祖母绿的折射率、双折射率和相对密度

产　地	折射率	双折射率	相对密度
哥伦比亚(契沃矿)	1.571～1.577	0.006	2.69
哥伦比亚(穆佐矿)	1.578～1.584	0.006	2.71
乌拉尔	1.581～1.588	0.007	2.74
印度	1.585～1.593	0.007	2.74
桑达瓦纳	1.586～1.593	0.007	2.73～2.74
南非	1.586～1.593	0.007	2.75

(6)内含物:祖母绿的内含物包括固态矿物晶体、液态羽状体、气态空洞及三相或两相包裹体。几乎经常可见蝉翼状瑕疵。不同产地祖母绿具有不同特征组合的内含物。

2. 不同产地祖母绿的内含物特征

祖母绿的许多内含物具有产地特征,与折射率值和相对密度值相结合,可以指示祖母绿的产出地。

1)哥伦比亚

哥伦比亚祖母绿矿主要位于安第斯山脉东区,考第雷拉区域。主要矿区有穆佐(Muzo)、契沃尔(Chivor)等。内部具有特征的三相内含物(气相、液相和固相),方解石、石英和白云石等固态包裹体,常含有缝合线状内含物,使宝石呈云雾状。

契沃尔祖母绿的颜色一般呈蓝绿色,密度为 $2.69g/cm^3$;折射率:$No=1.579$,$Ne=1.573$;双折射率为 $0.005\sim0.006$。在滤色镜下呈强红色,紫外光下具红色荧光,内部有三相包裹体,且常见晶形完好的黄铁矿包裹体。

姆佐祖母绿的颜色一般为较深的绿色,稍带黄色色调;密度比契沃尔祖母绿的稍高,为 $2.70g/cm^3$;折射率:$No=1.580$,$Ne=1.570$;双折射率为 $0.005\sim0.006$。内部具典型的三相包裹体,三相包裹体具分叉状或锯齿状的外形。在姆佐祖母绿中不见黄铁矿包裹体,但在黄棕色色调的祖母绿中见有稀土矿物碳氟酸铈矿,这可以作为姆佐祖母绿的产地特征。

2)俄罗斯

俄罗斯祖母绿最早发现于1830年,主要产于乌拉尔山脉的亚洲一边。祖母绿晶体一般较大,裂隙较发育。俄罗斯祖母绿由于铁含量较高,其颜色为绿色中常有明显的黄色色调,且颜色稍淡,部分小粒祖母绿颜色较好。密度比其他产地的祖母绿要高($2.71\sim2.75g/cm^3$);折射率 $No=1.588$,$Ne=1.580$;双折射率为 $0.006\sim0.007$;乌拉尔祖母绿典型的内部特征是含有似竹节状单个或晶簇状的阳起石针状晶体或云母片、愈合裂隙、平行 C 轴的管状包裹体、空洞及生长带等。

3)津巴布韦

津巴布韦祖母绿主要产于津巴布韦桑达瓦纳山谷,祖母绿晶体较小,一般为 $1\sim3mm$,但颜色鲜艳明亮,有时可具色带。密度为 $2.75g/cm^3$;折射率为 $No=1.590$,$Ne=1.584$;双折射率为 0.006;典型的内部包裹体有针状或短柱状、细纤维弯曲状透闪石晶体,还可见石榴石、褐铁矿、针铁矿等固态包裹体。

4)印度

印度祖母绿密度一般为 $2.73\sim2.74g/cm^3$;折射率为 $No=1.595$,$Ne=1.585$;双折射率为 0.007;内部特征包裹体是平行 C 轴分布的六方柱状负晶,空洞内存有气液两相包裹体,在空洞的边角上有一短尾巴,被形象地称为"逗号"状晶洞。另一组为平行底面的小粒黑云母片状晶体包裹体。

5)巴西

巴西祖母绿最早发现于1554年,主要的产地分布于巴西的 MinasGerais、Goias、Bahia 和 Ceara 等地区。总体颜色微黄绿色且色较淡,密度相对较低,一般为 $2.67\sim2.75g/cm^3$;折射率 $No=1.575\sim1.582$,$Ne=1.566\sim1.572$;双折射率为 0.006。

巴西祖母绿矿有两种产出类型,即伟晶岩型和云母片岩型。伟晶岩型的祖母绿常常是近于无瑕,颜色较浅但具 Cr 吸收线;云母片岩型祖母绿常有较严重的瑕疵,如有两相包裹体、部

分愈合的裂隙以及具不规则外形的空洞。特征的固态包裹体有:含铬尖晶石、黄铁矿、方解石-白云石、滑石、黑云母-绢云母、石英、透闪石、白云石、磷灰石、赤铁矿等。

6)赞比亚

赞比亚祖母绿主要产在Kamakanga和Fwaya等地,与哥伦比亚祖母绿相近,密度范围为2.74～2.80g/cm³;折射率为$No=1.586$～1.602,$Ne=1.580$～1.592;双折射率为0.006～0.01;紫外光下无荧光,在查尔斯滤色镜下呈红色,具很强的Cr吸收谱,内部有黑色的镁电气石、磁铁矿、黑云母-金云母、橙红色的金红石、金绿宝石、赤铁矿、磷灰石叶蛇纹石等包裹体。

7)马达加斯加

马达加斯加祖母绿产于云母片岩中,呈半透明状,密度为2.68～2.71g/cm³;折射率为$No=1.588$～1.591,$Ne=1.580$～1.582;双折射率为0.008～0.009;内部包裹体有色带,两相或三相、多相部分愈合裂隙和负晶,棕色的云母片,透闪石-阳起石短柱状或针状等矿物包裹体。

8)中国云南

云南祖母绿主要产于云南东南部的麻栗坡,颜色呈中等绿色,少部分为浅绿色、蓝绿色,裂隙发育;内部常见白色管状包裹体呈密集状平行排列,浅绿色、绿色生长纹较明显;还含有气液两相包裹体以及黑色电气石、云母、黄铁矿等矿物包裹体,偶见三相包裹体;密度在2.71g/cm³左右;折射率$No=1.588$,$Ne=1.582$;双折射率为0.006;在滤色镜下呈微红色或无反应,无紫外荧光。

3. 天然祖母绿和合成祖母绿的鉴别

天然祖母绿与合成祖母绿最为相近。其他相似宝石,如碧玺、翠榴石、翡翠、锆石、绿色蓝宝石、萤石等,在详细测定折射率、双折射率、相对密度、吸收光谱等物理性质后,能够很容易地加以区分。但合成祖母绿的鉴别则比较困难。

不同公司和厂家有不同的祖母绿合成方法,美国就有四家公司合成祖母绿,其中两家进行商业性生产。法国和日本也有生产厂家。1990年6月我国广西桂林宝石研究所的水热法合成祖母绿在北京通过专家鉴定,已投入商业化生产。

天然祖母绿和合成祖母绿的鉴别,主要根据典型的内含物加以区分。不同合成方法的祖母绿与天然祖母绿在折射率、双折射率和相对密度以及其他方面(如吸收光谱等)也有差异。

1)内含物的差异

这是区分天然祖母绿和合成祖母绿最重要的依据。不同产地的天然祖母绿其内含物特征不同。

天然祖母绿内含物包括以下几种。

(1)固态矿物晶体:云母、阳起石、透闪石、黄铁矿、方解石、岩盐、氟碳钙铈矿、金红石、石英、白云石、石榴石、针铁矿和锡石等。

(2)液态羽状包裹体:常呈蝉翼状,也可见到铁染现象。

(3)气液两相及三相包裹体:不规则状或层状分布的"乳滴"状气液两相包裹体,哥伦比亚祖母绿还存在由气态、液态和立方体岩盐形成的三相包裹体特征。

(4)细管状包裹体:平行结晶C轴排列的空洞或孔腔等。

合成祖母绿的内含物包括以下几种。

(1)固态的硅铍石晶体、籽晶片、不透明三边或六边的铂片晶。

(2)水热法合成祖母绿具两相内含物、硅铍石和空洞组成的图钉状或剑状内含物。

(3)助熔剂法合成祖母绿具典型的云翳状或花边状羽状体。放大到70倍时,可见羽状体是由排列成复杂图形的助熔剂残余和空洞组成的。

(4)莱尼克斯助熔剂法合成祖母绿内含物组合:破碎的熔融体、空洞的羽状体以及两相或三相长尖状内含物。

(5)镀层祖母绿的双层结构,其表层具交织裂隙网细纹。

事实上,内含物的识别有时是非常困难的,需要多实践和参考其他特征,综合考虑来确定其成因。

2)折射率和相对密度的差异

不同产地的祖母绿其折射率和相对密度值存在着微小的差异;不同合成方法的祖母绿其折射率、双折射率及相对密度值也不尽相同(表15-2-3)。

表15-2-3 不同合成方法的祖母绿特征对比表

类型	折射率	双折射率	相对密度
天然祖母绿	1.567～1.600	0.005～0.010	2.67～2.78
助熔剂法	1.560～1.566	0.003～0.004	2.65～2.66
水热法	1.566～1.605	0.005～0.010	2.67～2.73

由此可知大多数助熔剂法合成祖母绿其折射率、双折射率和相对密度均较小,而水热法合成祖母绿的折射率、双折射率和相对密度值在天然祖母绿的范围内。

3)其他差异

(1)在长波紫外光下呈亮红色荧光可能是合成祖母绿的一个预示。

(2)在查尔斯滤色镜下显示亮红色是一个有用的预示。虽然有时哥伦比亚祖母绿可以显强红色。

(3)吉尔森N型祖母绿在Cr吸收谱上由于铁的存在还显示427nm处的吸收线,在天然祖母绿中不曾见到。

4. 祖母绿的地质产状及其分布

世界上绝大多数祖母绿产于超基性岩的交代岩——云母片岩、滑石绿泥石片岩中,它是花岗岩浆期后热液交代超基性岩的产物。祖母绿晶体常赋存在酸性的花岗伟晶岩和富铁的超基性岩接触带的扁平体或透镜体之中。

哥伦比亚祖母绿是唯一由方解石、白云石渗入炭质页岩的断裂和裂隙中形成的。祖母绿晶体赋存在方解石脉、云母方解石脉及黄铁矿钠长石脉中,属一种低温热卤水热液型矿床。世界上最优质的祖母绿出自哥伦比亚,一般认为穆佐矿山品质第一,契沃尔、科斯凯斯特矿山居次。其祖母绿呈翠绿和稍带蓝色的绿色,呈带状产出,每一个矿带有数个至100多个宝石结晶。

乌拉尔祖母绿,产于东乌拉尔山脉。它稍带黄绿色,有时具褐色色调。晶体产于金云母片岩中,较大晶体有云雾瑕疵且色彩不佳,有些小晶体色彩优美。

津巴布韦的桑达瓦纳祖母绿产于透闪石片岩和云母绿泥石片岩中,粒径一般为1~3nm。优质祖母绿占5%,质量一般的占10%,有85%不够宝石级。

印度拉贾斯坦邦的祖母绿,不均匀地赋存在伟晶岩与超基性片岩接触带的黑云母片岩中。优质祖母绿深绿色,半透明或透明,晶体粒径不大。

巴西祖母绿产于片岩中,1900年左右出现在市场上的巴西祖母绿为浅微黄绿色,酷似普通绿柱石,但可见到铬(Cr)吸收光谱。之后在巴西的许多州发现了新的优质祖母绿。目前其产量可能比哥伦比亚还要多。

祖母绿的其他产地还有赞比亚、奥地利、澳大利亚、南非、坦桑尼亚、挪威、美国、巴基斯坦等。中国云南产有祖母绿,但颜色主要由钒(V)致色,仅含微量的铬(Cr),故颜色不够鲜艳。

四、海蓝宝石

1. 海蓝宝石的物理特征

海蓝宝石常为明澈的天蓝色。很多海蓝宝石有一种微蓝绿色,也常见淡天蓝色。与祖母绿不同,海蓝宝石的六方晶体往往为无瑕澄清的颇大晶体,柱面条纹有时掩盖了六方晶体轮廓。

海蓝宝石的相对密度通常为2.68~2.71,马达加斯加产的海蓝宝石相对密度高至2.73。折射率常光为1.575~1.586,非常光折射率为1.570~1.580,双折射率为0.005~0.006。一轴晶负光性。

海蓝宝石是由铁致色的,吸收光谱不太明显。在紫区427nm处有一稍宽的吸收带,蓝紫区456nm处有一弱吸收线。有时浅绿色宝石在537nm处显示一条吸收谱线。

海蓝宝石在紫外光下不发光。在查尔斯滤色镜下显浅绿蓝色。

典型的内含物特征是平行管状体,这些内含物的平行排列可以导致海蓝宝石产生猫眼效应。常见雨点儿或雪花状气液两相内含物及薄片状云母。纯净时不含任何内含物。

2. 地质产状和产地

海蓝宝石产在花岗伟晶岩中,精美优质的晶体多来自伟晶岩晶洞,是气成热液过程的产物。

世界优质海蓝宝石主要产自巴西,占世界海蓝宝石产量的70%,迄今发现的最大海蓝宝石晶体重110.5kg就出于此地。乌拉尔山脉也是海蓝宝石的供应地。优质的宝石级海蓝宝石在马达加斯加有50多处不同产地。另外,在美国、缅甸、西南非、津巴布韦和印度均出产海蓝宝石。

中国新疆阿勒泰、云南哀牢山、四川、内蒙古、湖南、海南等地均找到了海蓝宝石。特别是绵亘数百千米长的阿尔泰山麓,海蓝宝石蕴藏量十分丰富。宝石透明至半透明,颜色浅天蓝色至深天蓝色,还发现有海蓝宝石猫眼和水胆海蓝宝石。但我国海蓝宝石一般颜色太浅,在国际宝石市场上缺乏竞争力。热处理可以使海蓝宝石颜色加深。

五、其他绿柱石

1. 粉红色绿柱石

粉红色、玫瑰色或桃红色绿柱石称为铯绿柱石,它是由 Mn 致色的。铯、铷以微量元素小规模置换,使宝石折射率和相对密度提高。大多数铯绿柱石的相对密度为 2.8~2.9,有些可能低至 2.71。常光方向折射率为 1.59~1.60,非常光方向折射率为 1.58~1.59,双折射率为 0.008~0.009。有些富铯的无色绿柱石也有较高的相对密度和折射率。

铯绿柱石没有特征吸收光谱,在紫外光下为弱紫丁香色,在 X 射线下有不鲜明的深红色。

铯绿柱石发现于巴西,精美的大晶体产自马达加斯加,美国最闻名的宝石级粉红色绿柱石产于加利福尼亚州。宝石级产自花岗伟晶岩脉及其衍生的冲积层中。

一种红色绿柱石因锰而致色,产于美国犹他州,晶体小而瑕疵严重,近年来在马达加斯加发现具有宝石价值的优质红色绿柱石。

2. 黄色绿柱石

色彩从浅柠檬黄至富丽的金黄色,致色元素为铁。物理性质和海蓝宝石相似,没有特征吸收光谱,无荧光。

黄色绿柱石产自所有海蓝宝石产地,固定产地为马达加斯加、巴西、纳米比亚和美国。

3. 暗褐色绿柱石

一种来自巴西带星光效应和青铜光彩的暗褐色绿柱石。定向排列的钛铁矿使宝石呈暗褐色,且使宝石具有弱星光。青铜光彩是由于平行薄层构造产生的。此星光绿柱石既不显示荧光,也没有特征的吸收光谱。

其他无色绿柱石产自美国麻省境内,总是带有很浅的绿色、粉红色或黄色。

习 题

1. 简述祖母绿的物理性质。
2. 简述海蓝宝石的物理性质。
3. 天然祖母绿有哪些著名产地?各产地祖母绿内含物有何特征?
4. 合成祖母绿有哪些品种,如何鉴别?
5. 简述祖母绿的地质产状及地理分布。

第三节 金绿宝石(Chrysoberyl)

一、概述

金绿宝石中最著名的品种有变石和猫眼,它们之所以珍贵是由于具有特殊的变色和猫眼效应。

金绿宝石猫眼为斯里兰卡国石,又称"锡兰"或"东方"猫眼。一颗名为"斯里兰卡的骄傲"

猫眼,价值几十万美元。据悉,1993年在一个低山集水的盆地冲积砂砾层中采出一颗重达2 375ct的特大猫眼为世界之最。伊朗王冠上一颗147.7ct黄绿色猫眼也产于斯里兰卡。猫眼为十月份生辰石,象征着美好的希望和幸福即将代替忧伤。

变石,也称亚历山大石。据传说1830年,俄国沙皇亚历山大二世,在他生日的那天,发现变石,故将这块宝石命名为"亚历山大石",加之红色、绿色为沙俄贵色。变石因稀少而珍贵,加之颗粒较小,质量超过5ct的优质晶体十分罕见,所以价格也极其昂贵。变石为六月份生辰石,象征着富裕、健康和长寿。

二、基本特征

(1)化学成分:化学式为$BeAl_2O_4$,是含铍和铝的氧化物,含微量铬的金绿宝石称变石,有时含三氧化二铁(Fe_2O_3),含量高者可达6%。

(2)晶系:斜方晶系。

(3)结晶习性:晶体常呈扁平板状或者厚板状,假六方三连晶、六边形偏锥状。假六方三连晶可通过凹角辨别。在晶体底(轴面)面上常有条纹。

(4)解理:不完全到中等。

(5)硬度:8.5。

(6)相对密度:3.72。

(7)折射率:1.74~1.75。

(8)双折射率:0.009。

(9)光学性质:二轴晶正光性。

(10)光泽:玻璃光泽。

(11)色散:0.014(低)。

(12)多色性:明显,优质变石为强多色性。

(13)荧光:金绿宝石含铁品种无荧光反应,含铬品种有弱荧光。

(14)吸收光谱:见图15-3-1。①金绿宝石在紫光区444 nm处有强的吸收窄带;②变石品种在红光区680nm处有一双线,红橙区有两条弱线,以580nm为中心有吸收区,蓝区有一吸收线,紫区吸收。

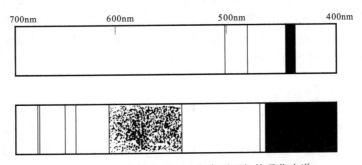

图15-3-1 金绿宝石(上)和变石(下)的吸收光谱

三、金绿宝石的品种

1. 猫眼

猫眼是金绿宝石中著名品种之一。当金绿宝石中含有大量的平行排列的管状包裹体而且又磨成凸面型宝石时,则会出现一条亮带,这条亮带随着光线的移动而移动,故称为"猫眼活光"。猫眼亮带居中,亮而直者为上品。亮带清晰明亮则以斯里兰卡最为有名,素有"锡兰猫眼"之称,伊朗王冠上一颗重147.7ct的黄绿色猫眼就来自斯里兰卡。猫眼的基底色主要为葵花黄色、棕黄色或蜜蜡黄色。

猫眼宝石的品质好坏、价值高低,取决于颜色、亮带(强弱)、质量以及琢型的完美程度。亮带的特点与下列因素有关。

(1) 内含物的缺陷:当内部平行排列的针管状物有缺陷时,反映在宝石的亮带上也会有缺陷。如内部平行排列的内含物结构不均匀,则亮带也会有不连续和不均匀,甚至发生"断腿"或弯曲不直的现象。内含物的结构粗而疏,则亮带粗而混浊;内含物的结构细而密,则亮带清晰而明亮。

(2) 透明度的影响:透明度对亮带的清晰度有直接地影响。透明度越高、亮带越不清晰,半透明状态能将猫眼亮带衬托得更完美。

(3) 加工方向的选择:加工方向的选择要正确,一般凸面型宝石的底面应与针管状内含物平行。

(4) 表面弧度的高低:凸面型宝石的表面弧度高时,表现出亮带细窄而明晰;表面弧度越低而接近于平面时,亮带粗而混浊。

猫眼宝石的亮带特点除与上述因素有关外,一般加工中底面不抛光,一方面可以减少光的散失,另一方面也可增加宝石的质量。结合宝石形态,在光线居中的前提下要保持宝石最大的质量,质量的增加就意味着价值的增加。

2. 变石

变石是一种含微量氧化铬(Cr_2O_3)的金绿宝石矿物变种。透明至半透明,强多色性,呈深红、橙黄色和绿色。缅甸变石多色性为紫色、亮绿色和蓝绿色。变石的珍贵之处在于变色,当日光照射到变石上时,透射最多的为绿光,从而呈现绿色、蓝绿色或翠绿色;当富含红光的钨丝灯或白炽灯光照射时,变石透射的红光量最多,从而呈现红色。变石的变色效应,随着其产地的不同,变色也不同。在日光下,俄罗斯变石为蓝绿色,斯里兰卡变石为深橄榄绿色,津巴布韦变石为艳绿色或翠绿色。变石常加工成刻面型宝石。

3. 变石猫眼

变石猫眼是金绿宝石中最稀少的一个品种,它集变色和猫眼效应于一身。当变石中含有大量平行排列的长管状或纤维状内含物时,琢磨成凸面型的宝石,能产生猫眼现象。在加工中,猫眼亮带和变色效果都要选择最佳方向,但两者常互相矛盾,因而给琢磨造成了很大的困难。

4. 其他金绿宝石

达到宝石级的其他金绿宝石,由于含铁量的不同,颜色可呈淡黄色、葵花黄色、金黄色和黄绿色。通常琢磨成刻面型宝石,其中以葵花黄色为最好。

四、金绿宝石的鉴别

金绿宝石以其颜色、折射率、相对密度、吸收光谱区别于其他宝石。最易与猫眼混淆的为石英猫眼(勒子石),当两者颜色很相近时,用远视法测得石英猫眼折射率约为 1.54,相对密度为 2.65,无特征吸收光谱,从而区别于猫眼。市场上常见用玻璃纤维制造的玻璃猫眼,颜色鲜艳,纤维结构明显,眼线较宽,在纤维横截面可见六方蜂窝状结构,容易识别。

变石由于稀少,市场上常见到合成刚玉仿变石(合成变色蓝宝石)和合成尖晶石仿变石。前者在日光下呈蓝灰色,灯光下呈紫红色,以折射率 1.76~1.78,相对密度 3.99~4.01 与变石相区别,而且常见气泡和弯曲生长带(焰熔法生长);后者虽有颜色变化,但其为单折射矿物,而且折射率值为 1.727,从而与变石相区别。红柱石一般不用来做变石仿制品,但它的强多色性(绿色和红褐色),产生的淡红色闪光很易引起混淆。其折射率为 1.63~1.64,相对密度为 3.18,均低于变石。

五、金绿宝石的地质产状及其分布

金绿宝石常产于古老变质岩、花岗岩、伟晶岩和云母片岩中。由于化学性质稳定,耐磨蚀(硬度 8.5),也常富集于砂矿中。

斯里兰卡猫眼宝石较为著名,其猫眼和变石都产自于砂矿。斯里兰卡也是变石猫眼的唯一产地。

优质变石产于白云母片岩和砂矿中。著名的产地有俄罗斯乌拉尔山,晶体较小。斯里兰卡变石晶体稍大,但质量稍逊于乌拉尔。

习 题

1. 简述金绿宝石的物理性质。
2. 天然金绿宝石有哪些品种?
3. 天然金绿宝石如何鉴别?
4. 简述金绿宝石的地质产状及地理分布。
5. 简述猫眼效应和变色效应产生的原因。

第四节 长石(Feldspar)

长石是自然界中普遍存在的矿物之一,在众多的长石品种中只有少数透明或具有特殊光学效应的品种可作为宝石。

一、长石的分类及品种

长石族矿物名称,属架状结构钾、钠、钙铝硅酸盐。大多数长石都包括在 $K(AlSi_3O_8)$ — $Na(AlSi_3O_8)$ — $Ca(Al_2Si_2O_8)$ 的三成分系列中,相当于由钾长石、钠长石和钙长石三种简单的长石的端员分子组合而成,可以用端员分子的质量百分数来表示。三种长石分子彼此的混溶性存在一定的范围。钾长石和钠长石在高温条件下形成完全的类质同像,称为碱性长石或钾钠长石系列,温度降低时则混溶性逐渐变小。钠长石和钙长石在一般条件下能形成完全的类质同像,称为斜长石或钠钙长石系列。钾长石和钙长石几乎在任何条件下都不能混溶。按成分分为两大类。

(1)钾钠长石:$KNaAlSi_3O_8$,包括正长石、透长石、月光石、微斜长石(天河石)等。

(2)斜长石:钠长石与钙长石之间的完全类质同像系列,依据其中成分又可分为六个矿物种:钠长石、奥长石、中长石、拉长石、培长石和钙长石,其性质随成分发生变化。其中能作宝石的仅有钠—奥长石中的透明品种、钠月光石、日光石、钠长硬玉和变彩拉长石。

二、基本性质

(1)晶系及结晶习性:正长石、透长石为单斜晶系;其他为三斜晶系,常呈板状,双晶发育。斜长石发育聚片双晶,钾长石发育卡氏双晶和格子状双晶(图15-4-1)。

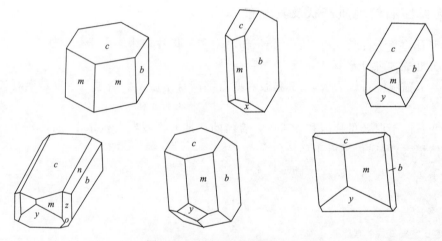

图15-4-1 长石的晶体形态

(2)解理及断口:两组完全解理,{001}和{010},夹角近于90°,断口多为不平坦状和阶梯状。

(3)硬度:6~6.5。

(4)相对密度:2.30~2.70,因成分、品种不同而异。

(5)光泽:玻璃光泽,解理面上可呈珍珠光泽。

(6)透明度:透明至不透明。

(7)颜色:无色、白色、绿色、蓝绿色、褐色、灰黑色等,颜色与所含的微量成分及包裹体有关。

(8)光性:非均质体,碱性长石为二轴晶负光性,斜长石为二轴晶正光性。

(9)发光性:无色或粉红色、橙红色。

(10)折射率:1.52~1.57。

(11)双折射率:0.006~0.011,因品种不同而异(表15-4-1)。

(12) 内含物：固相、气相和液相包裹体，月长石中常见"蜈蚣"状包裹体，由两组近于直角的解理构成；拉长石中常见多组定向排列的针状或板状包裹体；日光石中可见赤铁矿薄片；天河石中可见两组近于直角的解理，网状或格子状分布，蠕虫状白色色斑。

表 15-4-1 不同类型长石的折射率、双折射率和相对密度参数

	正长石（或透长石）	微斜长石	钠—奥长石	拉长石
折射率	1.52～1.53	1.53（点测）	1.52～1.55	1.56～1.57
双折射率	0.006		0.007	0.008～0.010
相对密度	2.56	2.55～2.57	2.60～2.65	2.70

(13) 特殊光学效应：

A. 月光效应：(正长石与钠长石)月光石有各种颜色，无色、白色、粉红色、橙黄色、黄色、绿色、褐色及灰色。红色的色调由针铁矿（氧化铁）包裹体所造成，颜色以白色内有蓝色光彩的价值为高，这种月光效应是由钾长石与钠长石的交互薄层结构对光干涉所造成的。当钾、钠长石互层很薄时，则产生蓝色；互层很厚时则显白色闪光。

B. 猫眼效应：当长石中含有大量平行排列的针管状包裹体，且加工取向正确时，可切磨出猫眼效应。

C. 砂金效应或日光效应：日光石内含有大量的薄片状赤铁矿或针铁矿包裹体，这些包裹体呈现出火红色或褐红色，在光的照射下反射能力强，常显出一种金黄色到褐色色调的火花闪光，常称砂金效应(图 15-4-2)。

图 15-4-2 日光石中的薄片状赤铁矿或针铁矿包裹体

D. 晕彩效应：具变彩的拉长石由两种长石相的超显微连生体所构成，一部分是低钠长石结构的纯钠长石，另一部分为富钙的斜长石。在特定方向观察可见带有蓝色、绿色、紫色、黄色等色彩，当几种颜色同时出现时，也称"光谱石"。世界上最佳的具鲜艳晕彩效应的拉长石产于

芬兰。

三、长石宝石的主要鉴定特征

1. 月光石的鉴别

颜色以白色或无色中泛美丽的蓝色为佳。放大观察表面常有磨损,破损处可见阶梯状断口,内部有时可见"蜈蚣"状包裹体或初始解理。折射率1.52左右,相对密度值低(2.56),在2.65重液中呈漂浮状态,正交偏光下四明四暗,锥光下可观察到二轴晶干涉图,荧光仪下观察可见无色、粉红色或橙红色荧光。

2. 日光石的鉴别

日光石的颜色呈褐红色、橙红色、黄红色,颜色的深浅由内含物来决定。典型的日光效应(砂金效应)为肉眼下的主要鉴定特征。放大观察日光石中的赤铁矿或针铁矿薄片呈长条状、团块状和不规则状分布,数量的多少和薄片颜色的深浅直接影响日光石颜色的鲜艳程度。破口处为阶梯状,如有裂隙存在,裂隙面较为平滑。折射率1.52左右(点测),相对密度2.56。

3. 拉长石的鉴别

颜色从无色到黄色、浅灰色至深灰色。变彩效果较为明显,但多为灰蓝色、灰绿色和灰黄色,大多数为单色变彩颜色,少部分拉长石具有多色变彩颜色。硬度为6,相对密度为2.69~2.72,通常为2.70。透明、半透明至不透明。折射率为1.56~1.57,双折射率为0.009,二轴晶正光性。宝石内聚片双晶纹清晰可见,常含有特征的内含物,内含物由不透明的金属矿物组成,可呈针状、片状或拉长状。

图15-4-3 天河石

4. 微斜长石(天河石)的鉴别

颜色为绿色、浅蓝绿色或蓝绿色,内有白色物质呈格子状或斑纹状分布(图15-4-3)。三斜晶系,致密块状体,硬度为6,相对密度为2.56,不透明。折射率为1.52~1.54,双折射率为0.008,二轴晶负光性。整体观察似多晶质宝石的外观,如有解理面存在时,可见大的解理面沿整个宝石某一面分布。

第五节 单晶石英(Monocrystalline Quartz)

一、概述

石英是自然界中最常见、最主要的一类造岩矿物。石英在宝石中是一个大的家族,宝石和玉石品种繁多,按结晶程度划分为显晶质石英宝石和隐晶质石英宝石或多晶质石英宝石。

水晶是石英族宝石中最普通、最常见而又最古老的一种宝石,它的历史源远流长。我国古代称之为"水精",并有"千年之水化为水精"的说法。水晶除了用作宝石之外,还由于其所具有的其他物理性质而被广泛地用于电子工业和其他领域。

石英晶体除了无色之外,还可带有其他色调,如紫色、黄色、浅红色、褐色、黑色甚至绿色和蓝色等。这些单晶质的石英,宝石学中分别命名为紫晶、黄水晶、芙蓉石、烟晶、墨晶,当含大量的针状和长纤维包裹体时,也称之为发晶。多晶质石英宝石也可称石英质玉,其品种有玛瑙、玉髓、碧玉、东陵石等。石英族宝石由于产量大,产地多,价格也不贵,为最常见的大众化宝石。

二、单晶石英宝石的基本特征

(1)化学成分:SiO_2,常含微量的杂质元素 Fe、Ti、Al。

(2)结晶学特征:三方晶系,常见各种单形组成聚形的柱状晶体,柱面发育横纹,常见单形有六方柱、菱面体、三方双锥及三方偏方面体。形态上亦有左形、右形之分。常见双晶有日本双晶、道芬双晶和巴西双晶(图15-5-1,图15-5-2)。

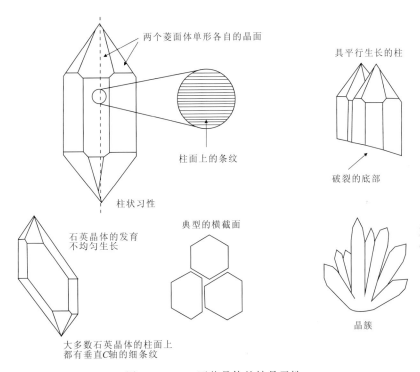

图15-5-1 石英晶体的结晶习性

(3)硬度:7。

(4)相对密度:2.65,非常稳定。

(5)断口:典型的贝壳状断口。

(6)透明度:透明。

(7)折射率:$No=1.544$,$Ne=1.553$。

(8)双折射率:0.009。

(9)光性:一轴晶正光性,并具有独特的旋光性,从而造成牛眼状的光轴图(干涉图)。

(10)多色性:依不同颜色和深度变化,视品种而定。

(11)特殊光学效应:猫眼效应和星光效应。

三、单晶石英宝石品种及其特征

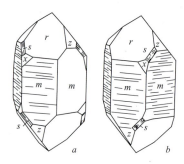

图 15-5-2 石英晶体的结晶习性

1. 水晶(Crystal)

无色透明的水晶是常见宝石,由于水晶的产量较大,多用作项链、吊坠及各类工艺雕刻品。

(1)颜色:水晶颜色从纯净的无色到略带色的淡灰色、淡褐色,若经 γ 射线的辐照可形成深褐色,再加热可形成黄色。

(2)内含物:①气液两相包裹体,负晶,愈合裂隙及种类繁多的晶体包裹体,当晶体包裹体数量多时,称为发晶,如金红石发晶、碧玺发晶等。②含有大量微细裂隙的水晶,因裂隙对光的干涉形成晕彩,也称彩虹水晶,天然彩虹水晶不多见,但低质量的水晶可淬裂处理形成彩虹水晶,这种淬裂水晶也常用于染色。

(3)产地:水晶产地很多,巴西是久负盛名的水晶产地之一,世界上最大的水晶晶体重达40t。我国水晶产地也很多,如广西、湖南、江苏等地都有产出,江苏省东海县既是我国重要的水晶产地,又是首屈一指的水晶集散地。

2. 紫晶(Amethyst)

紫晶是石英族宝石中最具有宝石价值的一种,颜色从浅紫色到红紫色。紫晶是二月生辰石,西方传统文化中认为紫晶具有醒酒作用。更为重要的是,紫晶在西方的宗教中有重要的地位,基督教的圣器都少不了用紫晶加以装饰,并且是教主必戴的戒指。

紫晶的独特性质:

(1)晶体特点:紫晶结晶晶体为粗而短的六方柱与菱面体聚形,在晶体上端常见折边色带(图 15-5-3,图 15-5-4)。

图 15-5-3 紫晶中的生长色带

图 15-5-4 由紫晶做的手串

(2)干涉图：几乎所有的天然紫晶都有聚片状巴西双晶，并且平行于菱面体的晶面。两相邻的双晶，一层属于左旋光性，另一层属于右旋光性，会抵消或部分抵消旋光作用，使得紫晶的干涉图不呈中空的牛眼状，而是变形的螺旋桨状的黑十字，极个别的情况出现正常的一轴晶的黑十字状干涉图。

(3)颜色：成分中含微量的 Fe^{2+} 或 Fe^{3+} 杂质，经辐照作用，Fe^{3+} 离子的电子壳层中成对电子之一受到激发，产生空穴色心 FeO_4^{4-}。空穴在可见光550nm处产生吸收而产生紫色。晶体中常见深浅不同的色带分布。

(4)多色性：多色性从弱到明显，与颜色的色调和浓度有关，一般呈红紫色和紫色的二色性。

(5)内含物：紫晶除了两相包裹体，愈合裂隙之外，还有独特的纤铁矿包裹体，褐红色的纤铁矿细小的晶体中形成放射状、朵状的集合体。所谓的"斑马纹"是紫晶的一种具有深色和浅色交替条纹的愈合裂隙。

(6)产地、产状：紫晶产地遍布世界各地，但仍以巴西的紫晶最为著名。巴西的紫晶多以晶簇的形式长在火山岩玛瑙结核之中。赞比亚、马达加斯加也是重要的产地。我国紫晶产地分布在山西、内蒙古、山东、河南、云南和新疆等地，主要为热液石英脉型和伟晶岩型的矿床，产量较小。

3. 黄水晶（Citrine）

(1)颜色：浅黄至深黄色，有时也带有其他颜色的色调，如绿色调、褐色调等。天然的黄水晶比紫晶还少见，市场上的大部分黄水晶或是紫晶和烟晶经加热处理的，或是水晶经辐照后再加热处理的，或是合成的。

(2)多色性：黄水晶的颜色由混入晶格的微量 Fe^{3+} 造成的，天然的黄水晶有弱的多色性，为黄色、浅黄色，但由紫晶或烟晶热处理的黄水晶则没有多色性，并且仍然保留紫晶的色带。

(3)产地、产状：黄水晶的主要产地是马达加斯加、巴西、西班牙和缅甸。我国的产地有新疆、内蒙古、云南等地，大多数黄水晶主要产于伟晶岩中。

4. 紫黄水晶（Ametrine）

由紫色和黄色两种颜色构成，紫色和黄色形成各自的色斑或色块，往往没有明显的界线，有时也形成明显的与菱面体生长区相关的色区。天然的紫黄水晶只产于玻利维亚，但这种颜色特征可用紫晶或合成紫晶经过加热处理来实现，处理的紫黄水晶与天然的尚无法加以区别。

5. 绿水晶（Prasiolite）

绿水晶是一种非常罕见的淡绿至苹果绿色的水晶，是紫晶经加热形成的，这种紫晶最早于1950年发现于巴西 Minas Gerais 洲，后来在津巴布韦也发现了这种类型的紫晶。而在美国加州发现了天然绿水晶，在这个产地，围绕一流纹岩体出现黄水晶和绿水晶到紫晶的分带，可能是流纹岩的热量使最靠近岩体的紫晶转变成黄水晶和绿水晶。据报道，在20世纪90年代，我国江苏东海也发现过绿水晶。

绿色由 Fe^{2+} 造成，合成水晶的试验也证实了这一点，并且由于水晶晶格的不同方向对 Fe^{2+} 和 Fe^{3+} 具有选择性，故用特殊定向的籽晶可合成出具有黄色与绿色分区的合成黄—绿水晶，这在自然界尚未见到。

6. 烟晶

(1)颜色:褐、深褐和灰黑的颜色,有时带有黄褐色调,而褐黄或褐橙色的单晶石英则被划为黄水晶。通常由烟晶加热改色成的黄水晶常带有褐色色调。颜色很深,近于黑色的烟晶也可称为墨晶。

烟晶的颜色为空穴色心形成,成分中含有微量的铝离子(Al^{3+}),在随后的天然辐照作用下形成的。烟晶的颜色经加热会褪色,变成无色的水晶。同样,许多无色的水晶可经辐照形成烟晶。

(2)多色性:明显,为褐色、红褐色。

(3)内含物:烟晶的内含物与水晶相似,少有特别之处,有时见有细长的金红石针。

(4)产地、产状:烟晶产地很多,比较知名的有瑞士阿尔卑斯山、西班牙、马达加斯加、津巴布韦和美国等。我国的烟晶产地有内蒙古、甘肃、福建、浙江和新疆等地。烟晶多产于花岗伟晶岩、花岗岩的晶洞和后期的热液矿脉中。

7. 芙蓉石(Rose Quartz)

(1)颜色:淡到浅的玫瑰红色,较深色的很少见,芙蓉石的颜色是由微量(小于0.005%)钛(Ti)引起的,还可含有少量的Li和Na,颜色略深的芙蓉石有明显的多色性。半透明至亚半透明,偶见透明。

(2)结晶特点:芙蓉石有时也很难称得上单晶,极少见到发育有晶面的芙蓉石晶体,常为镶嵌状的巨晶集合体。1960年发现了芙蓉石的小晶体,具有共存的左形和右形的菱面体组成的假六方锥的特征。

(3)产地、产状:芙蓉石产地很普遍,最著名的产地是巴西、马达加斯加、美国等,我国的芙蓉石主要产于新疆。芙蓉石多产于伟晶岩中,储量非常丰富。

8. 发晶

发晶是指含有大量或较多肉眼可见的晶体包裹体的单晶石英,虽然大多数发晶经常是无色透明的,但也有很多的发晶带有浅到明显的色调。

最多见的发晶是金红石发晶,其他常见或较常见的发晶类型还有:碧玺发晶、石榴石发晶、角闪石发晶、透闪石发晶、绿泥石发晶和绢云母发晶等。

水胆水晶可称为发晶的一种特殊的形式,是具有大到肉眼可见的两相包裹体的水晶,是相当少见的品种。幻影发晶是含有锥状生长带条纹的各种单晶石英,是近来市场上较受欢迎的变种。发晶过去较少用作宝石首饰,而是爱好者收藏的对象。而近年来各种发晶走俏于市场,成为流行时尚的装饰品,备受年轻人的热捧。

发晶通常与其他种类的单晶石英共生,其产地也较为广泛,但比同类的单晶石英品种更为少见。主要产地有巴西、马达加斯加、美国、俄罗斯、赞比亚等,我国的发晶产地有广东、新疆、江苏、云南、广西、辽宁等地。

9. 石英猫眼

石英猫眼在古代又称为"勒子石",在西方又称为"西方猫眼",与产于斯里兰卡的"东方猫眼"——金绿宝石猫眼相区别。石英猫眼石外观上与真正的猫眼石相似,具有精美的猫眼状光带,半透明至微透明,体色通常为浅灰到灰褐色,也可带有黄色和绿色的色调。

猫眼效应是由于含有细密而平行排列的角闪石、石棉纤维所引起。石英猫眼的主要产地有斯里兰卡、印度和巴西。

10. 星光石英

具有星光效应的石英主要见于芙蓉石,有时也见于无色及淡黄色的石英。星光石英呈六射星光,但星光不明显,可显示透射星光现象,星光效应的产生是由于定向排列的细小金红石针所引起。我国的星光石英主要产于新疆阿尔泰地区。

四、单晶石英宝石的鉴别

1. 原石的鉴别

三方晶系,常为六方柱与菱面体的聚形组成柱状晶体,六方柱的柱面上常具横纹,双晶也较发育。在晶体的上端透明好于晶体的下端。晶体内含物的多少直接影响透明度,破口处可见贝壳状断口。

2. 成品的鉴别

(1) 颜色:无色、紫色、黄色、茶色、褐色等。

(2) 折射率:1.544~1.553。

(3) 双折射率:0.009。

(4) 光性:一轴晶正光性。

(5) 多色性:紫晶、烟晶多色性明显,其他颜色多色性弱或无。

(6) 偏光镜下:其他颜色的单晶石英宝石在正交偏光下四明四暗,锥光下可见"牛眼"干涉图。紫晶为螺旋桨状的黑十字,极个别的情况出现正常的一轴晶的黑十字状干涉图。

(7) 放大观察:内部干净或含各种形态的晶体包裹体、气液两相包裹体或负晶。紫晶常可见折边生长色带,黄水晶中可见生长色带时则表明所鉴定的宝石是经热处理。

(8) 相对密度:2.65,较为稳定,在2.65重液中呈悬浮状态。

五、合成水晶的鉴别

水热法合成水晶的主要品种有:合成无色水晶、合成紫晶、合成黄水晶、合成绿水晶及合成双色水晶。它们的共同特点是较干净,当含有内含物时可见白色的、粉末状、面包屑状的包裹物。

1. 合成水晶

(1) 颜色:无色,颜色分布较均匀,极少带其他色调。

(2) 放大观察:细小的面包屑呈白色、粉末状包裹体呈零星状分布于其中。为达到发晶效果,可见内部有大量的平行排列的管状两相包裹体,管状体的头尾排列整齐,往往是从籽晶片上开始形成的并向外生长。

(3) 偏光镜下:"牛眼"干涉图显示出较为一致的光轴方向。原因是在切磨宝石时容易按统一方向切割下料。如水晶珠链这种现象较明显。

(4) 红外光谱特征:合成水晶的红外光谱与天然水晶有微小的差异,主要表现在 3 150 cm^{-1} ~3 300 cm^{-1} 区间的水的吸收峰形式不一,合成水晶的比天然水晶弱。其他一些方法,如X光貌相法也可用于合成水晶的鉴定,但与红外光谱一样,测试的费用较高。

2. 合成紫晶

水热法合成紫晶始于20世纪70年代,目前已大量地进入宝石市场。合成紫晶是在合成水晶的溶液中加 Fe_2O_3 和 $Fe(OH)_3$,使 Fe 进入石英晶格,合成出的晶体开始是无色,经过 γ 射线的辐照处理后形成紫色。与天然紫晶比较,合成紫晶有下列的特点。

(1)聚片双晶不发育:天然紫晶的聚片双晶比较发育,在正交偏光镜下的干涉色较复杂(图15-5-5),常出现螺旋桨状的干涉图,而合成紫晶则很少出现这种情况,常见正常的干涉色(图15-5-6),"牛眼"干涉图。

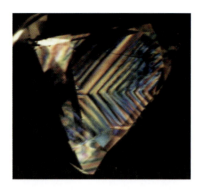
图 15-5-5 天然紫晶的干涉色

图 15-5-6 合成紫晶的干涉色

(2)颜色:紫色较均匀,无天然紫晶中见到的三角锥状的色区。原因是合成紫晶的生长条件控制得很好,能够消除颜色不均匀现象。

(3)放大观察:表面较光滑,如有破损时,在边棱处可见贝壳状断口,大多数内部很干净,有时可见面包屑状和长管状的包裹体。

(4)红外光谱特征:在 3 000~3 800 cm^{-1} 区间的 O—H 红外吸收特征上与天然紫晶有区别。

习题(第四节、第五节)

1. 长石族宝石大多数晶系为三斜晶系,唯有月光石属:
   a. 斜方晶系　　b. 三斜晶系　　c. 单斜晶系　　d. 四方晶系
2. 长石族宝石中的日光石的"砂金石"效应,常由内含物反射光所造成,这些内含物为:
   a. 云母片　　b. 铂晶片　　c. 赤铁矿或针铁矿　　d. 黄铁矿
3. 石英宝石属于三方晶系宝石,单晶体主要单形为六方柱,柱面上常见:
   a. 横纹　　b. 纵纹　　c. 弯曲纹　　d. 不规则纹
4. 石英族宝石折射率值较为稳定,它们是:
   a. RI1.542~1.553　　b. RI1.540~1.550　　c. RI1.544~1.553　　d. RI1.544~1.555
5. 石英族宝石相对密度值较稳定,常为某种重液的指示矿物:
   a. 三溴甲烷(稀释)SG2.65　　　　b. 三溴甲烷 SG2.89
   c. 二碘甲烷(稀释)SG3.05　　　　d. 二碘甲烷 SG3.32
6. 水晶具有独特的旋光性,从而造成干涉图较为特殊。

a. 黑十字干涉图　　b. 牛眼干涉图　　c. 黑单臂干涉图　　d. 黑双臂干涉图

7. 石英宝石中哪个品种易产生透射星光？

　　a. 黄水晶　　b. 紫晶　　c. 发晶　　d. 芙蓉石

8. 水晶的颜色从纯净的无色到略带淡灰色、淡褐色，若经 γ 射线辐照可形成深褐色，再加热可形成：

　　a. 绿色　　b. 黄色　　c. 淡紫色　　d. 淡粉色

9. 水晶因为内含物特征可形成晕彩，也称彩虹水晶，它们是由下列哪种内含物所造成？

　　a. 微细裂隙对光的反射　　　　b. 微细裂隙对光的干涉

　　c. 针状包裹体对光的反射　　　　d. 空管状包裹体对光的反射

10. 我国有许多水晶的产地，哪个省份既是水晶主要产地，又是水晶的重要集散地。

　　a. 广西　　b. 湖南　　c. 江苏　　d. 新疆

11. 紫晶为水晶之王，此色是由下列哪种因素所致？

　　a. 杂质元素 Fe^{2+}　　b. 空穴色心 FeO_4^{4-}　　c. 电子色心　　d. 杂质元素 Fe^{3+}

12. 紫晶的干涉图为：

　　a. "牛眼"干涉图　　b. 黑十字干涉图　　c. 单臂干涉图　　d. 双臂干涉图

13. 芙蓉石结晶习性常为：

　　a. 六方柱状体＋菱面体　　　　b. 镶嵌状巨晶集合体

　　c. 六方柱状体＋六方双锥体　　　　d. 三方柱状＋三方双锥体

14. 石英猫眼又称为"勒子石"猫眼，猫眼效应主要由哪种内含物构成？

　　a. 金红石针　　b. 角闪石石棉纤维　　c. "空管"状　　d. 透闪石

15. 星光效应主要见于芙蓉石，它的星光现象属于：

　　a. 透射星光　　b. 反射星光　　c. 绕射星光　　d. 衍射星光

第六节　托帕石(Topaz)

一、概述

托帕石是英文名称"Topaz"的谐音，其矿物学名称为黄玉，在珠宝领域中两种名称都使用，直到 1996 年 10 月制定的珠宝玉石国家标准《珠宝玉石　名称》(GB/T 16552—1996)正式规定以"托帕石"作为宝石的标准名称使用。

自古以来，托帕石是人们喜爱的宝石品种之一，为一种单晶宝石，晶体大、硬度高、耐磨性好。世界上名贵托帕石很多，产自巴西，重 272.16kg 的托帕石晶体，晶形完美，现陈列于美国自然历史博物馆，为世界之最。世界上最大的托帕石成品"巴西公主"呈浅黄色，重达 21 327ct，磨有 221 个刻面，价值约 107 万美元，曾被列入 1993 年出版的《吉尼斯世界之最大全》。

托帕石是国际市场畅销的中低档宝石之一，特别是天然产出的酒黄色和天蓝色品种备受欢迎，在珠宝习俗中为十一月份生辰石，象征智慧、友谊和忠诚。

二、基本特征

(1)化学成分：铝氟硅酸盐($Al_2[SiO_4][F·OH]_2$)，含有 Li、Be、Ca、Se 等微量元素。

(2)晶系：斜方晶系。

(3)结晶习性：柱状晶形，常见单形有斜方柱、斜方双锥、平行双面等，其中以斜方柱较为发育,柱面上常有纵纹(图 15-6-1)。另外也有形态各异的砾石状产出。

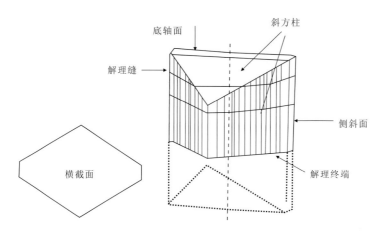

图 15-6-1 托帕石的结晶习性及底面解理

(4) 解理:一组完全的底面解理,因底面解理发育,常常造成晶体一端为锥状,另一端为平面,加工时台面需与解理面斜交 5°以上,否则刻面不易抛光。

(5) 硬度:8。

(6) 相对密度:3.50～3.60(常为 3.53～3.56)。

(7) 折射率:1.61～1.64。

(8) 双折射率:0.008～0.010。

(9) 光性:二轴晶正光性,折射仪上常表现为假一轴晶,因为 α 与 β 值仅差 0.001。

(10) 光泽:玻璃光泽。

(11) 色散:0.014(低)。

(12) 内含物:一般具有初始解理,长管状洞穴,扁平细小液态包裹体和水滴形的气液包裹体。

(13) 发光性:长波紫外光中蓝色和无色托帕石发弱的黄绿色光,黄褐色和粉红色托帕石发橙黄色光,短波紫外光中荧光较弱。

三、托帕石的主要品种

托帕石是一种流行而耐用的宝石,有各种各样的颜色,其中最珍贵的颜色为粉红色、红色和金黄橙色,粉红色托帕石超过 5ct、金黄色托帕石超过 20ct 的都少见。

1. 粉红色、红色托帕石

颜色从黄色到红色,中间有红橙、粉红到红色一系列过渡颜色品种。多色性明显,由粉红色到黄色或无色。该品种透明度好,内含物少。当颜色艳美、质量优良时,是中档宝石中的珍贵品种。目前,在国际市场上出售的粉红至红色托帕石,大部分是用黄褐色的托帕石经加热后变色而成的,颜色稳定。

2. 黄色托帕石

商业上经常描述为金黄色或酒黄色托帕石。金黄色是黄中带橙色;酒黄色则是黄中带红色。单纯的淡黄色或黄褐色的托帕石,只能作为加热改色的宝石原料。黄色品种多色性明显,由黄色到褐黄色。

黄色托帕石外观上与黄色水晶很相近,极易混淆。原石从晶形、解理等方面很容易区别。成品必须从折射率、相对密度、荧光效应、放大观察等方面进行鉴别。

3. 蓝色托帕石

天蓝色,常带一点灰或绿色色调;多色性明显,蓝色或无色;内含物较多。托帕石在国际市场上较畅销,外观似海蓝宝石,但价格却低得多。市场上的许多蓝色托帕石是无色或浅蓝色托帕石经辐照处理后变为蓝色的。

4. 无色托帕石

无色品种,自然界较多,晶体很大,因折射率不高,色散低,琢磨成刻面型宝石后,无动人之处而不被人喜爱。因而常常经辐射处理变成蓝色托帕石。

四、托帕石的地质产状及产地

托帕石是在高温并有挥发组分作用的条件下形成的,产出于花岗伟晶岩、酸性火成岩的晶洞、云英岩和高温热液钨锡石英脉中。在冲积层中呈砾石产出。

巴西盛产托帕石,世界上优质的托帕石宝石原料来源于巴西。主要颜色为橙黄和橙褐色。

美国产无色和蓝色托帕石,部分晶体达到宝石级。

我国托帕石以无色为主,产于云南、内蒙古西部、新疆等地的伟晶岩中。

其他产出国还有巴基斯坦、墨西哥、俄罗斯、马达加斯加、缅甸、斯里兰卡、澳大利亚、纳米比亚、津巴布韦等。

五、托帕石的鉴别

1. 原石晶体的鉴别

完好的晶形为柱状晶体,常由斜方柱和斜方双锥构成聚形晶(图 15-6-2),由于底面解理发育(图 15-6-3),晶体常表现为单锥。晶体的底面平坦,放大观察,破损处可见阶梯状断口。晶体的晶面上有密集的纵纹。在砂矿中托帕石呈卵石状,按一定的解理方向敲打可打出平坦面。

图 15-6-2 斜方柱斜方锥的聚形

图 15-6-3 斜方柱状体

2.成品的鉴别

(1)颜色:无色、蓝色、粉红色和橙黄色,其中无色较普遍,蓝色在市场上绝大多数为辐射处理而来,粉红色和黄橙色较少。

(2)折射仪测试:RI1.61~1.64,DR0.008~0.010,二轴晶正光性 但折射仪上常表现为假一轴晶;通常无色和蓝色托帕石 RI1.61~1.62,DR0.010;粉红色和橙黄色托帕石 RI1.63~1.64,DR0.008。

(3)多色性:有色托帕石在二色镜下有明显的多色性。

(4)偏光镜下:四明四暗,光轴方向可见二轴晶干涉图;干涉图形态有单臂或双臂。

(5)相对密度:3.53~3.56,在3.32重液中呈下沉状态。

(6)放大观察:表面较光滑,有时出现边棱破损时可见阶梯状断口,内部较干净,或者可见初始解理、各种晶体包裹体和气液两相包裹体。

第七节　碧玺(Tourmaline)

一、概述

碧玺是宝石级电气石的总称,其矿物名称电气石来源于该矿物受热带电的特性。18世纪,荷兰人发现碧玺在阳光照射下具有吸附灰尘、碎纸屑的功能,故取名为"吸灰石"。英文名称是从古僧伽罗语"Turmali"衍生而来,意思是"呈混合色的矿物"。碧玺颜色最为丰富,有的晶体的两端或晶体的内外颜色表现各异,也称"双色"碧玺、"三色"碧玺、"西瓜"碧玺等。

碧玺的颜色亮丽,丰富多彩,能激发人们的艺术灵感,表达各种复杂的情感,同欧泊一起作为十月份生辰石,象征平安和希望。

二、基本性质

(1)化学成分:铝、镁、铁的硼硅酸盐$(Na,Ca)(Mg,Fe,Li,Al)_3Al_6[Si_6O_{18}](BO_3)_3(OH,F)$,化学组成复杂,结构中类质同像替代广泛,其中$Mg^{2+}$与$Fe^{2+}$及$Fe^{2+}$与$Li^+$、$Al^{3+}$之间呈完全的类质同像系列。$Mg^{2+}$与$Li^+$、$Al^{3+}$之间替代是有限的。因而矿物学上又划分为镁电气石、铁电气石和锂电气石三个品种。碧玺常为这些亚种端员之组分间的过渡类型。当成分中含铁多时,颜色深,很少达到宝石级。

(2)晶系:三方晶系,对称型L^33P,无对称中心。

(3)结晶习性:晶体呈柱状,常见单形有三方柱、六方柱、三方单锥,晶体两端发育不同的单形,典型的特征是柱面纵纹发育,横截面为球面三角形(图15-7-1)。

(4)解理及断口:无解理,贝壳状断口。

(5)硬度:7~7.5。

(6)相对密度:3.01~3.11,不同颜色碧玺略有差异。

(7)折射率:1.62~1.65。

(8)双折射率:0.014~0.021(常为0.018),少数碧玺可高达0.039。

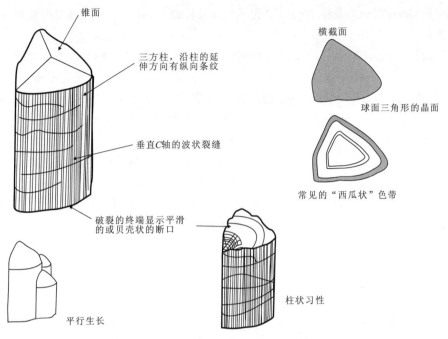

图 15-7-1 碧玺的结晶习性及球面三角形的横截面

(9)光性:一轴晶负光性。
(10)光泽:玻璃光泽。
(11)色散:0.017(低)。
(12)内含物:内部常含有大量管状或线状空穴及气液相包裹体,有时呈扁平薄层状分布。
(13)光学效应:针管状包裹体含量丰富并整齐排列时就可产生猫眼效应。
(14)加工:碧玺因常光方向的吸收程度大于非常光方向,因此深色或暗色碧玺加工时,应使台面平行于晶体的 C 轴;浅色碧玺则应使台面与晶体的 C 轴垂直。

三、碧玺的品种

碧玺的品种以颜色划分,颜色与晶体内微量过渡族元素有关,有些碧玺可呈现出吸收光谱,但不属于典型吸收光谱。

(1)红碧玺:是碧玺中的珍贵品种,常为玫瑰红色、桃红色、粉红色至红色。在商业中被称为"双桃红"色者价值较高。多色性明显,红色至粉红色,吸收光谱为绿区有一吸收宽带,蓝区有两条吸收窄带(450nm 和 458nm),不属典型光谱,俄罗斯乌拉尔山有优质红碧玺产出。

(2)蓝碧玺:浅蓝至深蓝色,琢成刻面宝石后,外观与蓝宝石相似,因含微量元素铁所致。多色性明显至强,吸收光谱为红光区吸收,绿区有一强吸收窄带(498nm),蓝区有一弱吸收带(468nm)。

(3)绿碧玺:暗绿色、浅绿、翠绿色、多色性明显至强,RI1.62~1.65,DR0.018,极少数可达0.039。

(4)褐色碧玺:也称镁电气石,颜色为浅褐色、褐色、绿褐色,多色性明显至强,常光方向的光可被全部吸收,在折射仪上有时仅表现为一条阴影边界,刻面棱双影不清晰或看不见。

(5) 双色碧玺:在一个晶体上同时出现两种或三种颜色,有些晶体表现出内红外绿,常被称为"西瓜碧玺"。

(6) 碧玺猫眼:碧玺内含有大量平行管状或线状空穴包裹体,当加工取向正确时,可产生猫眼效应。

(7) 帕拉伊巴(Paraiba):为一种独特的碧玺品种,铜和锰元素的存在造就了帕拉伊巴特有的蓝色、绿色和紫蓝色。由于颜色的亮丽,人们赋予这种颜色为"电光蓝"或"霓红蓝"的美称。自1989年在图桑珠宝展首次亮相以来,从最开始的每克拉售价100～200美元,一路飚升至优质的帕拉伊巴每克拉上万美元。碧玺的这个独特品种受到市场的热捧,源于资源量的稀少,主产地为巴西帕拉伊巴山丘,经过几年的开采,矿产资源几乎被挖绝。在2000年左右,人们在莫桑比克和尼日利亚找到类似巴西产的蓝绿色碧玺。所以,无论是来自哪里的碧玺,通常肉眼和常规检测无法区分其产地,只要是由铜和锰元素致色的碧玺都可称之为"帕拉伊巴"。

四、产状及产地

1. 地质产状

宝石级碧玺除镁电气石产于大理岩外,大多数都产于花岗伟晶岩中。

2. 主要产地

世界上出产碧玺最著名的国家有巴西、美国、纳米比亚、坦桑尼亚、斯里兰卡、俄罗斯、缅甸、中国。

巴西:世界上彩色碧玺的重要产地,出产各种颜色碧玺,其中也有"西瓜"碧玺、碧玺猫眼和帕拉伊巴碧玺。

美国:世界优质碧玺产地之一,产红碧玺、绿碧玺。

缅甸:出产瑰丽的薄荷绿色碧玺。

纳米比亚:出产祖母绿色碧玺,以及"西瓜"碧玺和桃红、紫红色碧玺。

中国:碧玺主要产地有新疆、内蒙古、河南、云南及西藏等地,其中以新疆阿尔泰地区出产的碧玺最佳,品种有绿色、黄色、粉红色、"西瓜"碧玺及碧玺猫眼等。

五、碧玺的主要鉴别特征

1. 原石的鉴别

碧玺大多数呈长柱状晶体,三方柱、六方柱及三方单锥的聚形,晶体的横断面呈球面三角形,晶面上有密集的纵纹。由于化学成分的复杂性,在部分晶体的上、中、下会出现两至三种不同的颜色。部分晶体会在晶体的内外出现不同的颜色,如内红外绿者被称为"西瓜"碧玺。

2. 成品的主要鉴别

(1) 颜色:碧玺的颜色丰富多彩,红色、粉红色、绿色、暗绿色、蓝色、黄色、无色和褐色。其中以红色,尤其是双桃红色最佳。帕拉伊巴的蓝色、绿色和紫蓝色也是市场很受追捧的颜色。

(2) 折射仪:RI 1.62～1.65,DR 0.018(0.014～0.021),一轴晶负光性

(3) 二色镜:多色性明显至强,多色性颜色在体色的深浅上发生变化

(4)相对密度:碧玺3.01~3.11在稀释的二典甲烷(3.05)的重液中呈悬浮或缓慢的上浮或下沉状态。

(5)放大观察:由于硬度较高,耐磨性强,表面较光滑,边棱破损处易见贝壳状断口。内部有时非常洁净,有时会含针管状、晶体、气液两相包体和愈合裂隙。当裂隙较多时应注意观察裂隙处是否有人工充填物的存在。

第八节 橄榄石(Peridot)

橄榄石因特征的橄榄绿色而得名,以其明亮的黄绿色,温柔外观而深受人们青睐,历史上曾有"太阳宝石""黄昏祖母绿"等称谓。古时候人们认为佩戴用黄金镶制橄榄石的护身符能消除恐惧,驱逐邪恶,并认为橄榄石具有太阳般的神奇力量。也是自然界将黄、绿两种颜色最完美地糅合在一起的宝石,并同缠丝玛瑙一起被定为八月份生辰石,象征幸福和谐,也称"幸福之石"。

一、基本性质

(1)化学成分:镁铁硅酸盐$(Mg,Fe)_2SiO_4$。

(2)晶系:斜方晶系。

(3)结晶习性:晶体完好的少见,常呈柱状晶体、碎块或滚圆卵石状产出(图15-8-1)。柱面常见垂直条纹。

(4)解理:不完全。

(5)硬度:6.5。

(6)相对密度:3.32~3.37。

(7)折射率:1.65~1.69。

(8)双折射率:0.036。

(9)色散:0.020(中等)。

(10)光学特性:二轴晶正光性,少数情况下也会出现二轴晶负光性。

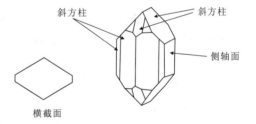

图15-8-1 橄榄石的晶体形态

(11)光泽:玻璃光泽(有时显油脂光泽)。

(12)颜色:浅黄绿色至深绿色、浅绿褐色至褐色(少见)。

(13)多色性:弱,绿到浅黄绿色。

(14)内含物:常含铬铁矿晶体,铬铁矿晶体周围有扁平状应力纹环绕,看上去像水百花的叶子。当含云母片时,略带浅褐色调,产自夏威夷的橄榄石含小气泡状玻璃质微珠。在较大的橄榄石中,由于双折射率较大,包裹体往往出现双影现象。

(15)吸收光谱:颜色由铁(白色的)致色,显典型的铁谱,在蓝光区有三条主要吸收带(493nm、473nm、453nm)(图15-8-2)。

二、橄榄石的工艺要求

自然界橄榄石并不少见,大多赋存于橄榄岩中,由于颗粒较小且含杂质较多而达不到使用

图 15-8-2 橄榄石的吸收光谱

要求,因此对宝石级橄榄石在工艺上使用有一定的要求。宝石级橄榄石要求黄绿色浓而鲜艳,能利用的晶体或碎块要求无裂纹,晶体的内部较干净或含少量的内含物。通常使用中晶体的直径至少3mm以上,如果晶体的直径达到10mm以上者则为一级品。橄榄石常常根据晶体的形态和大小加工成各种形状的刻面宝石来展示其独特的颜色。

三、橄榄石的地质产状及产地

橄榄石是地幔岩的主要组分,广泛产于各种基性、超基性岩和镁质碳酸盐的变质岩中。世界上大部分橄榄石产在碱性玄武岩深源包裹体、尖晶石二辉橄榄岩中。我国河北、吉林所产橄榄石均属此产状。另有少量的橄榄石呈脉状产在橄榄岩中。

埃及塞布特红海岛,是优质橄榄石的著名产地。原石产于蛇纹石化橄榄岩镍矿脉中。缅甸抹谷附近产优质巨粒橄榄石宝石。墨西哥北部边境的橄榄石矿床为世界大型橄榄石矿床之一,橄榄石呈褐色。中国河北万全县大麻坪、吉林蛟河大石河橄榄石呈绿色至黄绿色。

四、橄榄石的主要鉴定特征

橄榄石根据特殊的黄绿色、折射率、双折射率和典型的吸收光谱来鉴别。由于双折射率大,在刻面宝石中常常见到刻面棱双影线,根据这些特征,很容易与其他相似宝石区别开。

1. 原石鉴定

典型的黄绿色为鉴别特征。晶体呈斜方柱状体,晶面上有密集的纵纹,大多数情况下为晶体碎块或呈卵石状,大块而完好的晶体比较少见。

2. 成品鉴别

(1)颜色:黄绿色,色调由浅黄绿至深黄绿色变化,有时也带深浅不同的褐色色调。

(2)折射仪测试:RI1.65~1.69,DR0.036,二轴晶正光性。

(3)吸收光谱:显典型铁谱。蓝光区有三条吸收窄带,分别位于493nm、473nm 和453nm 处。颜色浅时,只显示493nm处吸收窄带,473nm 和453nm 缺失。

(4)相对密度:3.32~3.37 在二碘甲烷(3.32)的重液中呈悬浮或非常缓慢的下沉状态。

(5)放大观察:刚磨出的刻面表面较光滑,但佩戴后易出现细小毛发纹,通常内部较干净,或可见各种晶体包裹体、盘状裂隙或"水百荷花"状包裹体(图15-8-3)。由于双折射率大,双影像及刻面棱双影线特征明显(图15-8-4)。

图 15-8-3　橄榄石中的"荷叶"状包裹体

图 15-8-4　橄榄石的刻面棱双影线

习题(第六节—第八节)

一、选择题

1. 世界上最大一颗托帕石成品"巴西公主"曾被列入1993年出版的《吉尼斯世界之最大全》，它的质量和刻面数目为：
   a. 21 327ct 和 221 个刻面　　　　　　b. 23 271ct 和 212 个刻面
   c. 27 132ct 和 223 个刻面　　　　　　d. 21 723ct 和 203 个刻面

2. 托帕石底面解理发育，常造成晶体一端锥状，另一端平面，加工时宝石的台面与解理面应：
   a. 平行　　　　　b. 斜交 5°以上　　　c. 垂直　　　　　d. 斜交 45°

3. 托帕石为二轴晶正光性宝石，但折射仪上常表现为假一轴晶，原因是：
   a. γ 与 β 值仅差 0.001　　　　　　b. γ 与 α 值仅差 0.001
   c. α 与 β 值重合　　　　　　　　d. α 与 β 值仅差 0.001

4. 托帕石有许多产出国，世界上最优质的托帕石来自于：
   a. 缅甸　　　　　b. 斯里兰卡　　　　c. 巴西　　　　　d. 中国

5. 碧玺也称电气石，其化学成分最复杂，类质同像广泛替代，矿物学上常划分为三个品种：
   a. 镁电气石、铁电气石和锂电气石
   b. 红电气石、绿电气石、蓝电气石
   c. 电气石猫眼、西瓜电气石、双色电气石
   d. 褐色电气石、电气石猫眼、镁电气石

6. 碧玺属三方晶系，最高对称型为：
   a. $L^3 3P$　　　　b. $L^3 3L^2$　　　　c. $L^3 C$　　　　d. $L^3 3L^2 3PC$

7. 碧玺有吸收性，因常光线方向的吸收程度大于非常光线，故深色或暗色碧玺加工时应使台面
   a. 与 C 轴垂直　　b. 与 C 轴平行　　c. 与 C 轴斜交　　d. 与 C 轴斜交 45°

8. 碧玺的颜色丰富多彩，其中价值最高者应为：
   a. 绿色　　　　　b. 西瓜碧玺　　　　c. 蓝色　　　　　d. 双桃红色

9. 橄榄石具有典型的黄绿色，其颜色由成分中的：
   a. 主要元素 Fe 致色　　　　　　　　b. 杂质元素 Fe 致色
   c. 杂质元素 Mn 致色　　　　　　　　d. 主要元素 Mn 致色

10. 橄榄石晶形为柱状晶体，因脆性大，完好晶形少见，它的晶系为：
    a. 四方晶系　　　b. 六方晶系　　　　c. 斜方晶系　　　d. 单斜晶系

二、简述题

1. 简述托帕石的主要鉴别特征。
2. 碧玺的独特性质有哪些?
3. 什么叫自色宝石?请用橄榄石来举例回答。自色宝石的主要特征是什么?

第九节 尖晶石(Spinel)

一、概述

尖晶石有许多颜色,以红色尖晶石最为著名。红尖晶石以其漂亮的颜色,明亮的光泽,较高的硬度,适中的价格而深受人们喜爱。20世纪80年代以来,在国际市场上一直是很畅销的中档宝石。颗粒大,颜色漂亮的红色尖晶石极为稀少,因而价值不菲。

历史上最为著名的两颗尖晶石是"铁木尔红宝石"和"黑太子红宝石"。"铁木尔红宝石"重361ct,深红色,可能来源于阿富汗,这颗著名的尖晶石自1612年以来被誉为东方的"世界贡品"。被称为"黑太子红宝石"的尖晶石重约170ct,产于缅甸,镶于英国国王的皇冠中前方明显的位置上。经专家评价这颗著名的红色尖晶石的价值约55万美元。

二、基本性质

(1) 化学成分:镁铝氧化物,$MgAl_2O_4$,Mg^{2+}可以被Fe^{2+}替代形成类质同像,Al^{3+}常被Cr^{3+}替代形成红色。

(2) 晶系:等轴晶系。

(3) 结晶特点:晶体常呈八面体晶形和磨蚀卵石,有时为八面体与菱形十二面体和立方体聚形,具特征的尖晶石律双晶,即以{111}为双晶接合面构成的接触双晶(图15-9-1)。

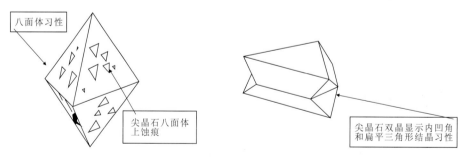

图15-9-1 尖晶石的结晶习性及双晶

(4) 解理:无解理,性脆。
(5) 相对密度:3.60(3.58~3.61)。
(6) 折射率:1.712~1.730,为单折射宝石,折射率随着颜色不同而有差异。红尖晶石折射率1.715~1.740,蓝尖晶石折射率1.715~1.747,其他色尖晶石折射率1.712~1.717。

(7)光性:均质体,各向同性。
(8)色散:0.020(中等)。
(9)光泽:明亮玻璃光泽。
(10)内含物:常含有呈八面体状的尖晶石、柱状的锆石及磷灰石等固体包裹体及较多的气液状或八面体负晶包裹体。有时锆石周围有盘状应力裂纹。

三、尖晶石的品种

尖晶石颜色极其丰富,但主要为红色、蓝色、绿色、紫色、橙红色、橙黄色、褐色、黑色,其中最主要的颜色为红色和蓝色。

1. 红色尖晶石

为红色和粉红色透明晶体,优质的红色尖晶石超过 30ct 者为珍品。红色尖晶石红色由铬致色,具有典型的吸收光谱,在红光区 686nm、675nm 处可见两条主要吸收线,有时可伴其他吸收线,多时达 8 条,构成一种风琴管状光谱,绿区和紫区普遍吸收(图 15-9-2)。红色或粉红色尖晶石在长波和短波紫外光下有暗红色荧光,在交叉滤色镜下显红色。

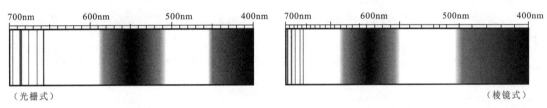

图 15-9-2 红尖晶石吸收光谱图

2. 蓝色尖晶石

为一种蓝色或浅蓝色透明体,因低价铁的存在而显示复杂的吸收光谱。蓝色尖晶石因含铁,紫外光下不发光,浅蓝色及紫色尖晶石在长波紫外光及 X 光下发绿色光,短波下不发光。

四、重要产地和产状

大部分宝石级尖晶石产于斯里兰卡、泰国和缅甸抹谷的冲积砂砾矿床中,优质尖晶石常与红宝石伴生。中世纪优质尖晶石来源于阿富汗,斯里兰卡也有各种颜色的尖晶石。

尖晶石产于变质岩及其风化产物中,宝石级尖晶石多产于接触交代矿床中的大理岩和灰岩内,具有经济价值的尖晶石往往也产于冲积砂矿中。

五、尖晶石的主要鉴别

1. 原石鉴别

原石晶体为八面体、八面体及菱形十二面体的聚形或八面体接触双晶,放大观察晶体内含物有八面体晶体包裹体及其他类型的晶体包裹体。

2. 成品鉴别

(1)颜色:红色尖晶石,红色较纯,为大红色。其他为蓝色及各种色调的尖晶石,但颜色并不鲜艳,其中自然界无色透明尖晶石至今没有见到报道。

(2)折射仪测试:1.712~1.730之间为单折射,少数达1.740。

(3)分光镜检测:红尖晶石具典型Cr谱,与红宝石光谱相比较,缺失蓝区中三条吸收线。红色尖晶石的光谱具鉴定意义。

(4)放大观察:表面较光滑,如有破损时可见贝壳状断口,内部较干净,有时含有八面体晶体或八面体负晶状包裹体,晶体或负晶状包裹体呈单颗粒或在愈合裂隙中呈面网状或串珠状分布,可作为重要鉴别特征。

(5)偏光镜检测:正交偏光镜下呈现出全消光或异常消光现象。

(6)紫外荧光仪:红色尖晶石长、短波下均为红色荧光。

3. 合成尖晶石的鉴别

目前用于商业上的合成尖晶石大多数为焰熔法合成,颜色有蓝色、无色、少量红色,主要鉴别特征:

(1)偏光镜检测:在正交偏光下合成尖晶石呈斑纹状的异常消光现象。

(2)折射仪测试:绝大多数合成尖晶石折射率为1.727,较为稳定,而大多数天然尖晶石折射率小于1.720。

(3)分光镜检测:由钴致色的合成蓝色尖晶石具有典型的吸收光谱,钴谱在红、橙、绿区有三条强吸收带(图15-9-3)。

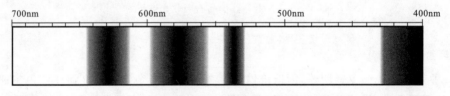

图15-9-3 合成钴尖晶石

(4)放大观察:合成尖晶石内部有时表现得很干净,有时可见弯曲生长纹和变形气泡,气泡形态呈伞状,拉长状或异形状。

(5)滤色镜:由钴致色的合成蓝色尖晶石在滤色镜下变红。

第十节 石榴石族(Garnet)

一、概述

石榴石英文名Garnet,源于拉丁文Granatus,意为"谷粒",而中文名是因为石榴石的晶体形态与石榴的肉籽相似而得名。石榴石也是最早被利用的一种宝石,在我国古时称之为紫牙乌(指紫红色的石榴石宝石)。红色石榴石宝石为一月份生辰石,象征着淳朴和忠实。

石榴石是一个复杂的矿物族,其种类已有12个之多,其成员都有一个共同的结晶习性及稍有差异的化学成分。石榴石宝石的价值与自然界存在的资源量有较大的关系,如暗红色的铁铝榴石和镁铝榴石都为常见的宝石,价值不高。而橙色、橙红色的锰铝榴石则较为稀有,有较高的商业价值。绿色的翠榴石和钙铝榴石则是石榴石家族中的珍贵品种,价值不菲。所以,石榴石不是一个单独的矿物名称,而是这个家族的总称,对具体的品种必须准确定名。

二、基本特征

1. 结晶特点

石榴石族属于等轴晶系宝石,在晶体结构上,属岛状硅酸盐,常见结晶形态为菱形十二面体,四角三八面体及其聚形(图15-10-1,图15-10-2),晶面可见生长纹。

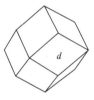
菱形十二面体

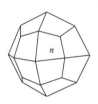
四角三八面体

图15-10-1 石榴石常见的单晶形态

菱形十二面体 四角三八面体

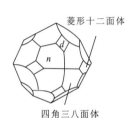
四角三八面体 菱形十二面体

图15-10-2 石榴石常见的聚形形态

2. 化学成分

石榴石族的化学式可用 $A_3B_2(SiO_4)_3$ 来表示,其中 A 为 Ca、Mg、Fe、Mn 等元素;B 为 Al、Fe、Ti、Cr 等元素,在 A 的位置上含 Ca 元素时,称为钙榴石系列;在 B 的位置上为 Al 元素时,则称为铝榴石系列。由于化学成分上的变化,将石榴石分为两大类质同像系列。

(1)铝榴石系列:镁铝榴石—铁铝榴石—锰铝榴石这三个品种之间可以产生完全的类质同像(或三个品种之间可以任意比例混合)。

(2)钙榴石系列:钙铝榴石—钙铬榴石—钙铁榴石这三个品种之间,类质同像发生在钙铝榴石与钙铁榴石、钙铁榴石与钙铬榴石之间。

两个系列的石榴石之间也发生一定的类质同像作用,例如铁钙铝榴石,就是含有少量铁铝榴石成分的钙铝榴石。

3. 成分及物理性质

由于两大系列中的宝石中的一种化学元素被另一种化学元素置换,使宝石的物理性质发生改变而导致折射率、相对密度、色散、硬度等略有差异,因此不需进行化学成分分析,借助常规宝石仪器就可以将他们区别开(表15-10-1)。

4. 其他特征

石榴石族宝石无解理,具贝壳状断口,透明至亚透明至不透明,强玻璃光泽,光性均为均质体。

表 15-10-1 石榴石族的化学成分及物理性质

宝石名称	化学成分	折射率	相对密度	色散	硬度
镁铝榴石	$Mg_3Al_2(SiO_4)_3$	1.74～1.76	3.7～3.8	0.022	7.25
铁铝榴石	$Fe_3Al_2(SiO_4)_3$	1.76～1.81	3.8～4.2	0.024	7.5
锰铝榴石	$Mn_3Al_2(SiO_4)_3$	1.80～1.82	4.16	0.027	7
钙铝榴石	$Ca_3Al_2(SiO_4)_3$	1.74～1.75	3.6～3.7	0.028	7.25
钙铬榴石	$Ca_3Cr_2(SiO_4)_3$	1.87	3.77	—	7.5
钙铁榴石	$Ca_3Fe_2(SiO_4)_3$	1.89	3.85	0.057	6.5

三、镁铝榴石(Pyrope)

镁铝榴石的商业名为"红榴石",也曾被称为"火红榴石",因其英文名"Pyrope"源自希腊语 Pyropos,意为"火红的""像火一样",火红榴石的名称更能显示宝石的性质和特点。

镁铝榴石的成分中总含有铁铝榴石和锰铝榴石,其中铁铝榴石组分利用吸收光谱很容易检测出。大而纯净,颜色漂亮的镁铝榴石,价值昂贵,也非常罕见。

1. 颜色

常为浅黄红、深红色、紫红色和红色,因铁和铬致色,成分纯净的镁铝榴石为无色。

2. 吸收光谱

(1)当由 Cr 致色时,出现类似于红宝石的吸收光谱:红光区无 Cr 的荧光发射线,680nm 处有一弱吸收线,特征的宽吸收带位于黄绿区 590nm 至 500nm,蓝区 475nm 以后全吸收(图 15-10-3)。

图 15-10-3 镁铝榴石的吸收光谱

(2)与第一种情况相似,但缺失 500～475nm 的透光区,光谱特征除红—橙光区外,全部吸收。

(3)红光区有弱吸收线,以黄绿区为中心的宽吸收带,绿区有一强的吸收窄带,紫区普遍吸收,光谱中绿区强吸收宽带为铁铝榴石的光谱吸收宽带伴随。

3. 内含物

镁铝榴石内部较纯净,内含物较少,常见浑圆状的磷灰石,细小的片状钛铁矿和其他针状内含物,有时可见由石英组成的圆形雪环状小晶体。

4. 特殊光学效应

具变色效应的品种,在白炽灯光下呈现红色,在日光下呈现紫色,挪威的镁铝榴石在白炽光下呈深红色,日光下呈紫色,但宝石非常小(约 0.5ct);东非翁巴谷的镁铝榴石与锰铝榴石成混溶体,并含少量 Ca 和 Ti,在日光下呈带绿的蓝色,在钨光下呈酱红色。

5. 产状及产地

镁铝榴石主要产于各种超基性岩,如金伯利岩、橄榄岩和蛇纹岩及其风化而成的砂砾层中,其中产于金伯利岩中与钻石伴生时,颜色好,但颗粒太小,使用价值不高。砂矿是宝石级镁铝榴石的重要来源。

主要产地有缅甸、南非、马达加斯加、坦桑尼亚、美国及中国等。

四、铁铝榴石(Almandine)

铁铝榴石是一种最常见的石榴石,又称为贵榴石。颜色以深色、暗色居多,常加工成凹凸面型、琢型或低凸型,以减少宝石厚度而显示颜色。由于光泽较强,硬度大,内含物丰富,常用作拼合石的顶层。

1. 化学成分

$Fe_3Al_2(SiO_4)_3$,成分越纯,颜色越深,反射光下常呈黑色,颜色太深时则较少用于宝石。大多数宝石成分中总含有镁铝榴石和锰铝榴石组分,使其颜色较多。

2. 颜色

常为褐色、褐红色、紫红色、深紫红色、紫色、深红色,因颜色较深导致透明度降低。紫红色的铁铝榴石商业上也称"紫牙乌"。

3. 吸收光谱

具典型的铁的吸收光谱,黄绿区有三条强吸收窄带,分别在 576nm、527nm 和 505nm 处,被形象地称为"铁铝窗"。另外,橙区 617nm 和紫区 425nm 有弱吸收(图 15-10-4)。

图 15-10-4 铁铝榴石吸收光谱

4. 内含物

内含物主要为矿物晶体包裹体,较典型的有针状金红石晶体,一般呈短纤维状,相互以 110°和 70°角度相交;锆石晶体常见"锆石晕";角闪石常呈深色的棒状晶体(斯里兰卡)和像石棉一样的针状晶体(爱达荷州),其排列方向平行于菱形十二面体。其他还有磷灰石、尖晶石等晶体包裹体。

5. 产状及产地

铁铝榴石是一种常见的变质矿物,产于片麻岩、云母岩和接触变质岩中,此外还产于火成岩及接触变质岩中,砂矿是铁铝榴石的重要来源。

铁铝榴石分布广,世界各地均有产出,重要的产地在印度、斯里兰卡、巴西、马达加斯加、中国云南等地。

五、锰铝榴石(Spessartine)

1. 颜色

锰铝榴石是相当罕见的宝石,具有黄色至橙红色的各种色调,其中橙红色最漂亮,价值较高。成分中可含铁铝榴石的组分,并导致褐红色色调,近于纯净的锰铝榴石为黄色至淡橙黄色。

2. 吸收光谱

典型吸收位于紫光区432nm和412nm的强吸收窄带,具鉴定意义,其次紫区424nm、432nm以及蓝区495nm、485nm和462nm的吸收线,有时有铁铝榴石的吸收带伴随(图15-10-5)。

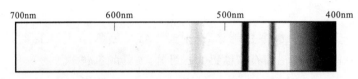

图15-10-5　锰铝榴石的吸收光谱

3. 内含物

主要内含物为面纱状的愈合裂隙。愈合面上具有由细长暗色的气液两相包裹体组成的指纹状图案,有时也描述为"花边状"。尤其是斯里兰卡及巴西产的锰铝榴石,都具有这种包裹体。

4. 产状及产地

锰铝榴石主要产于花岗岩、砂矿中。主要产出国为巴西、马达加斯加、斯里兰卡、缅甸、肯尼亚、美国等,我国新疆阿尔泰、甘肃等地也有发现。

六、钙铝榴石(Grossularite)

钙铝榴石有许多颜色,其颜色决定于铁和锰的含量,若铁含量小于2%,便呈浅色和无色;铁含量高于2%,便产生褐色和绿色,其中鲜绿色色调由铬和钒所致。钙铝榴石和符山石的混合物称为玉符山石,呈浅绿色,产于加利福尼亚、巴基斯坦、南非。钙铝榴石有以下主要变种。

1. 铁钙铝榴石

铁钙铝榴石是一种含铁钙组分的钙铝榴石,也称贵榴石。颜色为暗红色、褐黄色、褐红色等,内含有大量的晶体包裹体,似粒状外观,也描述为"糖浆状"构造。折射率1.74~1.75。无典型吸收光谱。产地有斯里兰卡、巴西、马达加斯加、加拿大、坦桑尼亚等。

2. 钒铬钙铝榴石

钒铬钙铝榴石颜色为鲜绿色,也称绿色钙铝榴石,商业上也称"沙弗莱"。折射率1.74左右,内部较干净,有时含有长柱状磷灰石,细小的棱柱状透辉石以及石英、长石、顽火辉石和硫锰矿,这些矿物组合是一典型的特征。绿色钙铝榴石无典型光谱,在查尔斯滤色镜下变红色,主要产地除了肯尼亚,还发现于坦桑尼亚、赞比亚和加拿大。

3. 水钙铝榴石

水钙铝榴石为一种多晶集合体,半透明到不透明,也称南非玉,常见浅绿色,也有粉红色,绿色由 Cr 致色。块状和不规则状色斑,不均匀地分布于底色中,白色部分为无色的钙铝榴石。水钙铝榴石折射率为 1.70～1.73,相对密度为 3.35 左右,蓝区 461nm 处有一吸收窄带,绿色部分在查尔斯滤色镜下变红,在 X 荧光下有很强的黄色、橙色荧光,产地主要在南非、巴基斯坦、加拿大、美国加州等地。

4. 块状钙铝榴石

块状钙铝榴石是一种多晶集合体,颜色从浅绿至绿色并呈粒状、块状和不规则团块状及条带状分布,基质为白色的钙铝榴石,产于我国青海、新疆和贵州等地,在商业上称"青海翠"。主要特征以钙铝榴石为主,可含少量的绢云母、蛇纹石、黝帘石等。折射率 1.74～1.75,相对密度约 3.6,X 射线下有橙色荧光,绿色部分在查尔斯滤色镜下变红。

七、钙铁榴石(Andradite)

1. 品种及颜色

因含杂质 Ti 和 Cr,使得钙铁榴石产生不同的颜色,黑榴石、钛榴石,因含 Ti 而呈黑色;黄榴石呈黄绿色,一般颗粒较小,大于 3ct 的琢型宝石很珍贵;翠榴石因含铬而呈翠绿色,是石榴石中最有价值的宝石之一。翠榴石也是所有石榴石品种中色散最高、硬度最低的一个宝石品种。

2. 吸收光谱

翠榴石呈翠绿色,具典型铬的吸收光谱,红光区有 701nm、693nm 双线,橙黄区伴有两条模糊带,紫区强吸收形成 443nm 截止边(图 15-10-6)。

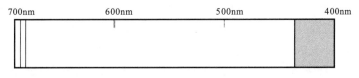

图 15-10-6 翠榴石吸收光谱

3. 内含物

俄罗斯乌拉尔山产的翠榴石可含有典型的"马尾丝状"(纤维状石棉)包裹体,具有特征的鉴定意义。纳米比亚产的翠榴石无此特征,但具有较为明显的生长纹和碎裂状的黑色包裹体。

4. 滤色镜下

翠榴石滤色镜下变红。

5. 产状及产地

钙铁榴石产于片岩、蛇纹岩、碱性岩浆岩和变质灰岩及接触带中,翠榴石多见于蚀变的超基性岩的蛇纹石脉。俄罗斯乌拉尔山脉为优质翠榴石的产出地,其他还有意大利、纳米比亚、朝鲜、赞比亚、美国加州等。

八、钙铬榴石(Uvarovite)

钙铬榴石很少用作宝石。颜色呈深绿、鲜绿色。常呈菱形十二面体小晶体,由于颗粒太小,难以琢磨成宝石,一般以晶簇标本为主,主要用作观赏、装饰和收藏。钙铬榴石是一种罕见矿物,与铬铁矿及蛇纹石共生,即产于有钙和铬存在的变质环境中,最著名的产地为芬兰奥托孔普,其他产地还有挪威、俄罗斯、南非、加拿大等。

九、石榴石宝石的主要鉴别特征

1. 原石鉴别

识别特征为独特的晶形特点和颜色。晶体一般为菱形十二面体和四角三八面体以及二者的聚形,晶面上有生长纹。

2. 成品鉴别

(1)颜色特征:石榴石家族中由于类质同像替代频繁,宝石品种较多,各个品种的颜色特点及分布状态也可帮助区分石榴石品种。

(2)光泽:因高折射率使石榴石族宝石的表面具有强玻璃光泽,非常明亮。

(3)折射仪测试:单折射,不同品种的石榴石,折射率大小不一,除翠榴石、锰铝榴石、部分铁铝榴石的折射率超出折射仪的测试范围以外,其他都在折射仪的可测范围内,只要小心测试,可帮助准确地鉴定出品种名称。

(4)分光镜检测:典型的吸收光谱为镁铝榴石、铁铝榴石、锰铝榴石和翠榴石提供了准确的鉴定依据,从而帮助确定石榴石族宝石品种的名称。但是镁铝榴石和铁铝榴石在鉴定中需要注意,当测试的典型光谱表现为镁铝榴石,且折射率在铁铝榴石范围内,可定名为铁镁铝榴石;当测试的典型光谱表现为铁铝榴石,而折射率测试在镁铝榴石范围内,则定名为镁铁铝榴石。

(5)放大观察:不同品种的石榴石内含物特征,为准确定名提供了有利的依据。如铁铝榴石中内含物较丰富,通常可见大量的晶体和三组金红石针分布于宝石中。锰铝榴石中含有大量的面纱状愈合裂隙,常被描述为"花边状"。铁钙铝榴石中常含大量的浑圆状无色透明晶体包裹体,常被描述为"糖浆状"构造。翠榴石中含有典型的"马尾丝状"包裹体。

3. 石榴石拼合石的鉴别

石榴石拼合石通常为二层石,将红色石(一般用铁铝榴石)和有色玻璃黏合在一起,再磨制成刻面,从台面看具有很好的光泽和颜色。

这种拼合石的检测方法如下:

(1)侧视拼合石,上下光泽、颜色有差异,上下部分的折射率、包裹体特征、荧光现象亦有不同。

(2)放大检查可找到黏合层以及黏合层面上的气泡。

(3)拼合石具有红环效应。将拼合石台面向下置于白色背景上,在合适的光照条件下,可见一红色圈环绕宝石腰部。

第十一节　锆石(Zircon)

一、概述

锆石以其强光泽,高色散,丰富的颜色而受珠宝界的喜爱,无论是制作首饰还是作为收藏宝石均很受欢迎。近半个世纪前,各种仿钻材料还未研制出来时,无色的锆石是钻石的最佳代用品。现代用于首饰的主要是无色和蓝色锆石。在世界许多博物馆里都收藏有锆石珍品,如美国国家历史博物馆中有一颗重达208ct的蓝色锆石及一颗重100ct的褐色锆石。不同颜色的锆石倍受宝石收藏者的青睐。

二、基本性质

(1)化学成分:$ZrSiO_4$ 含有微量的放射性元素铀(U)和钍(Th)及 MnO、CaO、Fe_2O_3 等杂质。

(2)晶系:四方晶系。

(3)结晶习性:晶体呈柱状,常为四方柱及四方双锥终端。因锆石的生长环境不同,其柱面及锥面的发育程度不一,有时锥面较柱面发育,而使锆石呈似八面体的双锥晶体(图15-11-1)。双晶类型为膝状双晶(图15-11-2)。

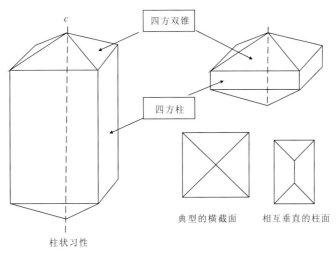

图 15-11-1　锆石晶体(四方柱加四方双锥的聚形)

(4)解理:不完全。

(5)脆性:极易脆,刻面棱边缘易被损坏,甚至因与包裹纸的摩擦碰撞而损伤,这种现象常被称为"纸蚀效应"。因此锆石包装时需用软纸包裹。

(6)光性:一轴晶正光性,完全蜕晶质锆石为各向同性。

(7)多色性:弱多色性,红色锆石具明显多色性。

(8)光泽:强玻璃光泽至亚金刚光泽。

(9)色散:0.039(高)。

(10)内含物:锆石中常含有磷灰石、磁铁矿、黄铁矿等固态包裹体、液态包裹体,绿色低型锆石常显示角状环带。

三、锆石的类型

由于放射性元素,使得锆石的内部结构遭到破坏,根据内部结构特点,分为高型锆石、中型锆石和低型锆石三种。

1. 高型锆石

(1)结晶形态:四方柱和四方双锥的聚形。

(2)硬度:7.5。

(3)折射率:1.93～1.99。

(4)双折射率:0.059。

(5)光性特征:一轴晶正光性。

(6)色散:0.039(高)。

(7)相对密度:4.68。

图 15-11-2 锆石晶体的结晶习性

(8)颜色:红色、褐色、黄色、绿色、紫色和无色,其中以无色、蓝色和红色为佳。

(9)典型光谱:红光区有 653.5nm 和 659nm 吸收线,可有 1～40 条吸收线均匀分布于各个色区,其中 653.5nm 为诊断线,红色锆石无此吸收线(图 15-11-3)。

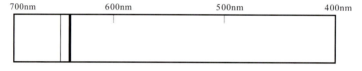

图 15-11-3 锆石典型吸收线

(10)发光性:长、短波紫外线下有不同黄色荧光,X 射线下发黄色荧光。

2. 中型锆石

因蜕晶质程度不同,所有性质介于高型和低型锆石之间,如折射率、双折射率、相对密度、硬度等,根据蜕晶质程度不同而有变化。它是高型锆石与低型锆石之间的过渡产物。

3. 低型锆石

因含一些放射性元素,使得结构遭到严重破坏,晶体转为非晶质体,并将锆硅酸盐成分分解为氧化锆和二氧化硅的混合物。即 $ZrSiO_4$ 分解为 ZrO_2 和 SiO_2,这些混合物基本上为非晶质体。由晶体转变成非晶质的过程,称为蜕晶质或非晶质化。蜕晶质后,大部分物理性质都发生改变,折射率、双折射率、硬度、相对密度值均下降,双折射率降低为 0～0.008(图 15-11-4)。

图 15-11-4 暗绿色的低型锆石

(1) 低型锆石来源：主要指来自斯里兰卡和缅甸的滚圆卵石，其晶格已被破坏，无结晶外形。

(2) 颜色：绿色、褐色和橙色。

(3) 折射率：1.78～1.84，单折射。

(4) 光性特点：主要为均质体。

(5) 相对密度：3.9～4.1。

(6) 硬度：6。

(7) 内含物：内部常有多边形环带和条纹，有明亮的裂缝，称为角形包裹体。

加热能促使蜕晶质锆石局部重结晶，并使相对密度增高，吸收光谱清晰。斯里兰卡的绿色锆石加热后颜色变浅，红褐色锆石加热后变为无色锆石。

四、锆石的产状及产地

锆石产于伟晶岩和碱性岩中，高温形成的锆石晶体柱面发育，碱性岩中锆石多为四方双锥。砂砾层也是宝石级锆石的重要来源地。

斯里兰卡以产各种颜色的锆石著称，泰国为宝石级锆石的主要来源地，其他产出国有缅甸、法国、澳大利亚、坦桑尼亚等。

我国有许多锆石产出地，以海南文昌红色锆石和福建明溪的无色锆石最为著名，次为山东昌乐、江苏云合、辽宁宽甸和黑龙江穆棱等地。

五、锆石的主要鉴别特征

1. 锆石原石晶体的鉴别

高型锆石具有完好的结晶形态。晶体常呈四方柱和四方双锥的聚形，根据产出状态的不同，晶体的外形有长柱状和四方双锥状的聚形晶，也有短柱状与四方双锥状的聚形晶。晶面光泽较强，显亚金刚光泽。有时晶体表面可见溶蚀现象，并显油脂光泽。

2. 锆石的成品鉴别

(1) 颜色特征：红色、褐色、黄色、绿色、紫色、蓝色和无色，其中以无色、蓝色和红色为佳。

(2) 折射率测试：RI1.93～1.99，DR0.059，光性，一轴晶正光性。

(3) 高色散：由于色散值高达0.039，加工成刻面宝石后可显示强火彩。

(4) 分光镜检测：锆石为典型吸收光谱，大多数锆石红光区有653.5nm和659nm吸收线，有40条吸收线均匀分布于各个色区，其中653.5nm为诊断线，红色锆石无此吸收线。

(5) 发光性：长、短波紫外线下有不同黄色荧光，X射线下发黄色荧光。

习题（第九节—第十一节）

一、选择题

1. 历史上两颗最著名的尖晶石是"铁木尔红宝石"和"黑太子红宝石"，这两颗尖晶石来源地为：
   a. 阿富汗和泰国   b. 泰国和斯里兰卡   c. 斯里兰卡和缅甸   d. 阿富汗和缅甸

2. 天然的尖晶石除无色少有报道外，其他色调尖晶石都有，但最主要的颜色品种为：

a. 红色和蓝色　　　　b. 红色和黄色　　　　c. 蓝色和绿色　　　　d. 绿色和紫色
3. 尖晶石属等轴晶系，其主要晶体形态有：
   a. 八面体和八面体与菱形十二面体聚形　　b. 立方体和八面体
   c. 八面体和菱形十二面体　　　　　　　　d. 菱形十二面体和立方体
4. 大多数合成尖晶石折射率较稳定，折射率值为：
   a. 1.720　　　　　b. 1.727　　　　　c. 1.725　　　　　d. 1.723
5. 天然蓝色尖晶石由 Fe 致色，而合成蓝色尖晶石的蓝色是由：
   a. Co 致色　　　　b. V 致色　　　　c. Fe^{3+} 致色　　　　d. Fe^{2+} 致色
6. 石榴石是一个大家族，有数十个品种用于珠宝，其中价值最高的石榴石品种为：
   a. 锰铝榴石　　　　b. 钒铬钙铝榴石　　　　c. 翠榴石　　　　d. 镁铝榴石
7. 石榴石族宝石晶体习性与钻石、尖晶石一样属等轴晶系，常见的晶体形态为：
   a. 菱形十二面体和立方体　　　　　　　　b. 八面体和菱形十二面体
   c. 四六面体和立方体　　　　　　　　　　d. 菱形十二面体和四角三八面体
8. 石榴石族宝石根据类质同像转换可分为铝榴石和钙榴石两大系列，其中有三个品种之间可以产生完全的类质同像，它们是：
   a. 镁铝榴石、钙铝榴石和钙铁榴石　　　　b. 镁铝榴石、铁铝榴石和锰铝榴石
   c. 铁铝榴石、钙铝榴石和锰铝榴石　　　　d. 锰铝榴石、钙铝榴石和钙铁榴石
9. 最常见的石榴石品种，折射率在折射仪上可测或超出范围，具典型"铁铝窗"吸收光谱，它是：
   a. 镁铝榴石　　　　b. 锰铝榴石　　　　c. 铁钙榴石　　　　d. 铁铝榴石
10. 翠榴石最具鉴别特征的内含物，为典型的：
    a. "马尾丝状"包裹体　　　　　　　　　b. 晶体构成糖浆状包裹体
    c. 金红石针状包裹体　　　　　　　　　d. 长柱状的磷灰石晶体包裹体
11. 锰铝榴石最佳颜色为：
    a. 黄色　　　　　b. 橙红色　　　　　c. 橙色　　　　　d. 橙黄色
12. 铁钙铝榴石与铁铝榴石颜色及外观特别相似，最快速而有效的区别是：
    a. 内含物和折射率　　　　　　　　　　b. 折射率和典型光谱
    c. 相对密度和内含物　　　　　　　　　d. 相对密度和折射率
13. 石榴石宝石吸收光谱为红光区(701nm)双线,紫区强吸收,它属于：
    a. 镁铝榴石　　　　b. 钒铬钙铝榴石　　　　c. 铁铝榴石　　　　d. 翠榴石
14. 下列哪种石榴石常具有星光效应？
    a. 铁铝榴石　　　　b. 锰铝榴石　　　　c. 钙铝榴石　　　　d. 钙铁榴石
15. 下列哪种石榴石具变色效应？
    a. 铁铝榴石　　　　b. 钒铬钙铝榴石　　　　c. 翠榴石　　　　d. 镁铝榴石
16. 锆石为四方晶系，晶体形态常为四方柱和四方锥聚形，发育的双晶是：
    a. 接触双晶　　　　b. 聚片双晶　　　　c. 道芬双晶　　　　d. 膝状双晶
17. 锆石属高折射率、双折射率较大，可见刻面棱双影，双折射率为：
    a. 0.039　　　　　b. 0.036　　　　　c. 0.059　　　　　d. 0.044
18. 锆石属高色散宝石,色散值在天然宝石中与钻石最为接近,钻石色散为0.044,锆石色散为：
    a. 0.039　　　　　b. 0.040　　　　　c. 0.043　　　　　d. 0.038

二、简述题

1. 简述天然尖晶石与合成尖晶石的鉴别。
2. 简述石榴石族宝石中不同品种的典型光谱及内含物特征。
3. 锆石有哪几种类型，根据你的理解列出锆石的主要鉴别特征。

第十六章 非晶质及多晶质宝石

第一节 欧泊(Opal)

一、概述

欧泊的宝石学名称为英文名"Opal"的音译,专指具有宝石学特征的蛋白石或贵蛋白石。"Opal"一词源于梵文"Upala",意为珍贵宝石。几百年来,人们一直爱慕和收藏它,尤其是在欧洲欧泊深受推崇,英国的文学巨匠莎士比亚把欧泊称为"宝石皇后",拿破仑的妻子约瑟芬皇后就有一枚变彩非常漂亮的欧泊宝石。美国内华达州发现的重2 610ct的Reobling opal和产于澳大利亚闪电岭的"世界之光"黑欧泊(重273ct,琢磨后重252ct),现收藏于美国华盛顿的史密森博物馆,还有许多大欧泊为世界各地的博物馆及收藏家所珍藏。

优质欧泊可将各种色彩集于一身,那绚丽夺目的变幻色彩,如同彩虹般的梦,给人以无穷和美妙的幻想,因此人们把欧泊作为十月份的生辰石,称之为希望之石。

二、基本特征

(1)化学成分:$SiO_2 \cdot nH_2O$,含水量最多达10%。
(2)结晶特点:非晶质体,无结晶外形,通常为致密块状体、细脉状、钟乳状和结核状。
(3)硬度:5.5~6.5。
(4)相对密度:火欧泊2.00;其他欧泊2.10。
(5)断口:贝壳状断口。
(6)光泽:玻璃光泽。
(7)透明度:半透明到不透明,透明者罕见。
(8)折射率:火欧泊1.40,可低于1.37;其他欧泊1.45,可高达1.50。
(9)光性:均质体,属各向同性宝石。
(10)发光性:一般具强的紫外荧光。但火欧泊较弱或无荧光。
(11)内含物:常为欧泊的围岩碎屑。
(12)特殊光学效应:具变彩效应,转动宝石可见斑斓色彩。

三、欧泊的变彩

欧泊的变彩是由于它具有特殊的内部结构所引起,变彩产生的原因如下。
(1)SiO_2球体均匀性:欧泊内部大小相同的二氧化硅球体,在三维空间紧密地排列。
(2)光的干涉和衍射产生变彩:光在通过球体间的狭缝时发生衍射,形成一系列颜色。同时当光射入到球体层上时,要发生反射作用,在相邻层面上的光也同样反射,这两束反射光线就会由于光程的差异产生光的干涉。光的衍射和干涉的结果形成了欧泊五颜六色的变彩。

（3）形成变彩的颜色与 SiO_2 球体大小有关：SiO_2 球体直径仅为 150～460nm,其中球体直径以 220～360nm 之间时变彩为最佳。

A. SiO_2 球体直径在 160～200nm 之间出现蓝绿变彩。

B. SiO_2 球体直径在 220～360nm 之间出现从红至蓝色的齐全变彩。

C. SiO_2 球体直径在 370～460nm 之间出现红色变彩。

D. SiO_2 球体直径小于 160nm 或大于 460nm 无变彩。

四、欧泊的宝石品种

欧泊根据透明度、体色和其他特征划分成下列品种。

1. 黑欧泊

黑欧泊体色为灰黑、深绿、深蓝或深褐色。由于有暗色的背景,使变彩显得更加醒目,加工成弧面型宝石后,各种变彩在暗色的基底衬托下显得格外艳丽无比。因此,美丽、稀少、价格较昂贵,是欧泊中的佳品。黑欧泊一般呈半透明至亚半透明,很少为不透明状。

2. 白欧泊

白欧泊体色以浅色为主,有浅灰、浅黄、浅蓝灰色等,由于背景色为浅色调,变彩往往不如黑欧泊醒目,一般呈半透明至亚半透明,是欧泊中的常见品种。

3. 水欧泊

水欧泊是透明或近于透明的,仅带淡色调并具有变彩的欧泊晶体,如果变彩效果好,水欧泊也非常漂亮。

4. 火欧泊

火欧泊是带橙黄至橙红色体色,有变彩或没有变彩的透明至亚透明的欧泊。有变彩的墨西哥火欧泊相当地漂亮。不带变彩的透明火欧泊(图 16-1-1)则切磨成刻面宝石。火欧泊的体色与微量的 Fe^{3+} 有关。

5. 绿欧泊

绿欧泊是一种带绿色体色,半透明没有变彩的欧泊,颜色从淡绿到暗绿和绿黄色,蓝绿色调是由于含少量的铜所引起的。这种欧泊有时与玉髓混合生长在一起,可称为玉髓蛋白石。

6. 欧泊猫眼

图 16-1-1 不带变彩的火欧泊

欧泊猫眼是近年来见于市场的欧泊新品种,有两种类型,一种类型为黄绿色至褐绿色,是具有纤蛇纹石假象的蛋白石,与虎睛石的成因相似,近于不透明,折射率为 1.47,相对密度为 2.14～2.18,猫眼效应虽然明显,但裂隙较多,缺乏耐用性,产于巴西。另一种类型产于坦桑尼亚,外观与金绿宝石猫眼非常相似,猫眼效应由于含有定向排列的针状包裹体(推测是针铁矿)所致,体色为绿黄至褐黄色,半透明,折射率为 1.44～1.45,相对密度为 2.08～2.11,质地好,但相当稀少。

据报道,斯里兰卡也产有欧泊猫眼。

7. 拼合欧泊

由于欧泊的特殊产出状态,常将薄片状的欧泊进行拼合。双叠拼合欧泊是由上下两层构成,有时为欧泊和围岩的拼合,有时上部为欧泊,下部可用多种材料(劣质欧泊、铌铁矿、黑镐玛瑙、玻璃、黑色胶等)拼合(图 16-1-2)。三叠拼合欧泊由三层拼合而成,上部为水晶或玻璃,中部为薄片状欧泊,下部为黑色胶或黑玛瑙。近年来,市场上也常见三叠拼合欧泊的中部为碎片状欧泊拼合在一个层面上(图 16-1-3)。

图 16-1-2 双叠欧泊拼合石的构造示意图

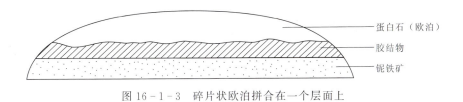

图 16-1-3 碎片状欧泊拼合在一个层面上

五、欧泊的主要产状和产地

欧泊矿床最具经济价值的有火山型和古风化壳型。

1. 火山型(火山期后热液型)

主要产于喷发岩及其凝灰岩中的热液(火山期后)矿床。欧泊多呈细脉状产于普通蛋白石中,沿火山岩裂隙、空洞和原生气孔中充填发育。

此种类型的欧泊颜色品种多,变彩性好,但大部分易裂而影响质量,一般产出规模不大。

主要产出国:墨西哥以产红色火欧泊最为著名。捷克、斯洛伐克以产白欧泊著名。

2. 风化壳型

产于中—新生代沉积岩面型风化壳中的欧泊,最具经济价值。欧泊多赋存于风化壳下部,风化较弱的蒙脱石化石灰岩和浅褐色黏土层岩中,矿石厚度一般为 2～4cm。产出欧泊多呈板状,常在围岩中。

澳大利亚欧泊质量优等,蕴藏丰富,世界上 90% 以上的欧泊来自澳大利亚,新南威尔士的闪电岭,以产黑欧泊而著名。

巴西白欧泊产于砂岩中,质量优质,产量丰富。

非洲(埃塞俄比亚、东非、索马里、厄立特里亚及肯尼亚的少许地方)也出产了欧泊。

六、欧泊的鉴别

欧泊根据色斑的形态、结构、低折射率值、低相对密度值和不透紫外光等来判别,其中色斑特点为主要鉴别特征。

1. 天然欧泊与合成欧泊的鉴别

天然欧泊色斑具有丝绢状外表,沿一方向延长;色斑为不规则的薄片;色斑与色斑之间呈渐变关系,界限模糊;色斑沿一个方向具有纤维状或条纹状结构(图 16-1-4)。合成欧泊的色斑具立体感,从侧面观察有"柱状"升起的特征;色斑之间呈镶嵌状边界;色斑内可见"蜂窝状"或"蜥蜴皮状"结构(图 16-1-5)。

图 16-1-4 天然欧泊

图 16-1-5 合成欧泊

2. 双叠欧泊鉴别

(1)未镶嵌可见拼合缝。
(2)强顶光下放大检查可见接合面上的气泡。
(3)黏合剂中的半球形凹坑和近表面气泡。
(4)接近边界处铌铁矿光泽的变化。
(5)热针可揭示黏合剂的存在。

3. 三叠欧泊的鉴别

(1)顶层不带变彩,折射率通常高于欧泊。
(2)玻璃顶层可见气泡和漩涡纹。
(3)接合面可见气泡层。
(4)接合边界可见凹坑、气泡及光泽变化。

习 题

1. 巨大欧泊与钻石一样被命名,现收藏于华盛顿的史密森学院的一颗"世界之光"黑欧泊,原石重为:
    a. 273ct   b. 252ct   c. 237ct   d. 265ct
2. 欧泊的化学成分为 $SiO_2 \cdot nH_2O$,一旦失水会使欧泊:

a. 变彩明显　　　　b. 变彩微弱　　　　c. 五色变彩　　　　d. 三色变彩

3. 欧泊成分为 $SiO_2 \cdot nH_2O$，结晶形态为板状、结核状、无一定外形，应属于：

　　a. 等轴晶系　　b. 斜方晶系　　c. 三方晶系　　d. 非晶质

4. 欧泊折射率较低，通常火欧泊 1.40，其他欧泊 1.45，但某些情况下，欧泊折射率低达到或高达到：

　　a. 低 1.30 高 1.55　　　　　　　　b. 低 1.32 高 1.53

　　c. 低 1.28 高 1.56　　　　　　　　d. 低 1.37 高 1.50

5. 欧泊的变彩是由于具有特殊的内部结构所引起，产生原因主要与 SiO_2 球体均匀性、大小和光的干涉有关。球体大小影响变彩色斑颜色，最佳变彩时球粒直径范围是：

　　a. 160～200nm　　　　　　　　b. 220～360nm

　　c. 370～460nm　　　　　　　　d. 小于 160nm 或大于 460nm

6. 欧泊根据颜色及其他特征有许多品种，其中最佳品种与最多品种为：

　　a. 黑欧泊和白欧泊　　　　　　　　b. 黑欧泊和火欧泊

　　c. 火欧泊和白欧泊　　　　　　　　d. 欧泊猫眼和白欧泊

7. 世界上欧泊的主要来源地为：

　　a. 捷克、斯洛伐克　b. 巴西　　c. 墨西哥　　d. 澳大利亚

8. 世界上火欧泊主要来源地为：

　　a. 墨西哥　　b. 巴西　　c. 澳大利亚　　d. 俄罗斯

9. 天然欧泊的主要鉴别特征是：

　　a. 色斑特点和色斑构造　　　　　　b. 色斑特点和折射率

　　c. 色斑特点和荧光　　　　　　　　d. 色斑特点和相对密度

10. 具有焰火状构造的合成欧泊是由哪个国家合成的？

　　a. 法国　　　b. 英国　　　c. 美国　　　d. 俄罗斯

第二节　翡翠（Jadeite）

一、概述

翡翠为一种珍贵的宝石，有"玉中之王"的美誉。翡翠的英文名称 Jadeite，来源于西班牙语 Pridra de Yjade，意思是佩戴在腰部的宝石。早在 16 世纪，人们认为翡翠是一种能医治腰痛和肾痛的宝石。翡翠这一名称的来源有各种说法，一种说法是翡翠原为鸟名，汉代许慎《说文解字》中有"翡，赤羽雀也，翠，青羽雀也。"唐代陈子昂诗中"翡翠巢南海，雌雄株树林"。红者为翡，绿者为翠，用以形容翡翠玉石既有红色的翡玉，又有绿色的翠玉，以及各种各样的颜色。另一种说法是，我国历代把和阗产的绿色软玉称为翠玉，在清朝初期，翡翠开始从缅甸输入中国时，为了与和阗翠玉区别，被称为"非翠"，后来演化成为"翡翠"。

翡翠为东方民族所喜爱。翡翠与祖母绿一起为五月生辰石，象征着幸福、幸运、长久。

翡翠为宝石的工艺名，在我国 20 世纪 90 年代中以前所指的翡翠是指具有工艺价值的、以硬玉为主要矿物成分的多晶集合体。但近二十年来，以钠铬辉石、绿辉石和钠长石等为主要矿物成分的品种出现在宝石市场上，以钠铬辉石和绿辉石集合体为主与传统的以硬玉集合体为主的翡翠具有相近的宝石学特性。因此，现在市场上所销售的翡翠已不再专指以硬玉为主的翡翠，其广义的翡翠定义则指具有工艺价值的，以硬玉，或者钠铬辉石，或者绿辉石为主要矿物

成分的多晶集合体。

翡翠由于其艳丽和多彩的颜色而备受推崇,以翡翠为原料制作的工艺品,在我国极为盛行,特别是清代为宫廷皇室器重,称之为"王玉",具有王家之玉、玉中之王的美名。如慈禧太后的两个翡翠西瓜,绿皮红瓤,白籽黑丝,当时估价500万两白银;1978年香港举办的中国工艺品展览会上,北京老艺人王树森雕琢的一对火柴盒大小的"龙凤呈祥,福寿双全"玉佩,售价达180万元,成为当时轰动港澳的新闻。

世界上最大的一块翡翠原料重33t,1983年在缅甸仰光举办的国宝展览会上展出,它是1982年在缅甸被发现的,发现时它的一半尚埋在地里,外观呈灰白色。为运送这块宝石,缅甸政府修筑了一条长130km的公路,宝石在押运途中曾几次遭强盗伏击。

二、翡翠的基本特征

(1) 矿物组成成分:翡翠为多晶质矿物集合体,其矿物组成以硬玉为主,次要矿物为绿辉石、霓石、角闪石、钠长石等。每种矿物的颜色及含量的多少对翡翠颜色及其外观有一定的影响。

A. 硬玉:是翡翠的主要矿物成分。$NaAl(Si_2O_6)$,单斜晶系,常呈粒状、纤维状、毡状的形态,常含 Cr、Ni、Mn、Mg、Fe 等微量元素。化学成分纯净时为无色,成分中含有杂质元素时才能形成各种颜色。

B. 绿辉石:$(Ca,Na)(Mg,Fe^{2+},Fe^{3+},Al)Si_2O_6$,单斜晶系,纤维状或粒状,蓝绿色,常呈草丛状集合体分布于翡翠中,含量一般不超过20%。

C. 霓石:$NaFe(Si_2O_6)$,单斜晶系,常呈长柱状,暗绿色,在翡翠中含量一般较低。

D. 角闪石族矿物:单斜晶系,呈长柱状晶形,有时成圆形块状出现,在翡翠中常表现为棕褐色或黑色的瑕疵。

E. 钠长石:$Na(AlSi_3O_8)$三斜晶系,中粗粒状形态,呈团块状或不均匀地分布于翡翠中。

F. 钠铬辉石:$NaCrSi_2O_6$,常有Fe、Ca和Mg等杂质成分。斜方晶系,通常形成极小的微晶。翠绿色,不透明。为少见的次要矿物,但能够形成钠铬辉石集合体,俗称"干青种",具有与翡翠不同的物理性质。

(2) 硬度:6.5~7,坚韧、耐磨。

(3) 解理:硬玉具有平行柱面的两组完全解理,由于解理面对光线的反射而被称为"翠性",行业中人们也将这种解理面闪亮现象形象地称为"苍蝇翅或蚊子翅"闪光。"翠性"受硬玉的形态和粒度大小的影响,柱状晶体比粒状晶体、粗粒比细粒更易见到。

(4) 断口:参差状。

(5) 光泽:油脂至玻璃光泽。

(6) 透明度:亚透明至不透明。透明度好时也称"水头"好,透明度差时则称"干"或"水头"差。

(7) 相对密度:3.30~3.36,常为3.33。

(8) 折射率:1.65~1.67,点测值常为1.66。

(9) 吸收光谱:在紫光区437nm处观察到一吸收线(此线具鉴定意义)。绿色翡翠在红光区630~690nm处出现三条阶梯状吸收谱带,浅绿翡翠除红区吸收外,还可在437nm处观察到一吸收线(图16-2-1)。

(10) 原石的类型:根据产状和翡翠原石表皮风化的程度分为无皮山料(也称"新山料")和带皮的籽料(也称"老坑料")。

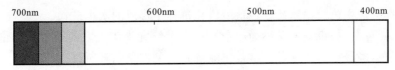

图 16-2-1　翡翠的吸收光谱

(11) 颜色：常见绿色、深绿色、墨绿色、蓝绿色、黄色、橙红色、红色、浅紫色、茄紫色、粉红色和黑色等，这些颜色可按形成的原因分成次生色和原生色两大类型。

A. 次生色：指翡翠最外层表皮的颜色，其形成与风化作用有关。这类颜色为各种深浅不同的红色、黄色和灰色，其特点是颜色在靠近原料的外皮部分。

B. 原生色：未经风化作用的颜色，如绿色、紫色、墨绿色甚至黑色等。都可以是原生色。原生色与翡翠的矿物成分和化学成分有关。

(12) 发光性：白色及浅紫色翡翠在长波紫外光中发出暗淡的浅黄—黄荧光，短波紫外光下无反应。绿色及其他颜色的翡翠无荧光。

三、翡翠的颜色

优质翡翠的颜色自然界极其稀少，且该类翡翠价值昂贵，行业中有"色差一分，价差十倍"的说法。翡翠的颜色品种多样，其形成可由成分中的微量元素致色，也可由组成矿物本身的颜色对其造成影响。翡翠的颜色按其致色的原因可归为原生色和次生色。原生色指由原生矿物造成的颜色，含 Cr 硬玉集合体形成绿色，含 Mn 硬玉形成浅紫色，含角闪石形成黑色、含绿辉石形成灰绿色、含钠铬辉石形成深绿色等。次生色是由于表生作用形成的次生物质造成的颜色，常见有灰绿色（还原次生色）、褐红色和褐黄色（氧化次生色）。

1. 翡翠颜色的形成因素

不同颜色的翡翠成因是不同的，甚至只是在色调上不同的颜色，其成因也会存在差异，了解翡翠颜色的形成对翡翠的鉴定、评价都具有重要的意义。

(1) 翠绿色和蓝绿色：翡翠的绿色有多种色调，如翠绿色、暗绿色、不透明的翠绿色等。翠绿是由于铬离子（Cr^{3+}）替代了硬玉化学成分中的铝离子（Al^{3+}）所产生的。如果 Cr^{3+} 含量过低，则呈浅绿色；如果 Cr^{3+} 的含量过高，则颜色偏深，而且会导致透明度降低。由于翡翠中除了硬玉矿物外，还有其他种类的矿物（如霓石、霓辉石、绿辉石）存在，这些矿物本身为蓝绿色，当蓝绿色叠加在翡翠的绿色上时，就会影响翡翠颜色的色调，使之偏灰蓝或蓝绿色，在传统上称为"偏蓝"。

(2) 紫色：一般认为 Mn 替代硬玉中的 Al^{3+} 会导致紫色，也有人认为是 Fe^{2+} 与 Fe^{3+} 造成的。还有人发现紫色翡翠会有异常高的 K 元素，但是这一现象并不普遍，大多数关于紫色翡翠化学成分的研究都没有再次发现这种异常的现象。还有的观点认为，紫色翡翠的矿物成分不以硬玉为主，或者含有相当可观的透辉石成分。同样的，这种观点也未能得到验证。

(3) 红色：红色的翡翠也称为翡玉。一般认为红色与黄褐色一样是由于次生的氧化物矿物，如针铁矿、赤铁矿等所造成的。但所谓的翡玉，通常也指黄色、橙色及红色的翡翠。翡翠的红色很少呈鲜红色。鲜红色的翡翠也是罕见的好玉。

(4) 黄褐色：黄褐色通常是翡翠矿物颗粒间隙中的氧化铁，如由褐铁矿造成了翡翠的黄褐色,这种颜色称为次生色。褐铁矿是在地表风化过程中形成的次生矿物。

(5)黑色:黑色翡翠,市场上又称为墨翠。二十世纪九十年代之前通常不当作翡翠。墨翠实际上并非黑色,多是很深的绿色。常常由绿辉石或碱性角闪石所致。

2. 绿色翡翠的分布特征

绿色翡翠的分布,从原石上看,以条带状和团块状为主。条带状的绿色翡翠通常称为带子玉,绿色呈条带状,脉状贯穿整块的原石。以条带状为主的翡翠如果绿色均匀,质地细腻、透明度好,可出高档翡翠。团块状的绿色往往不如脉状浓郁,而且规律不明显,其中常有浅色、杂色及白色的翡翠,颜色通常不够均匀,不如带子玉浓艳。质地常常也不如带子玉。

从成品上看,翡翠的绿色分布不均匀,常常呈丝片状、丝线状、点状和团块状分布。丝片状及丝线状的绿色,实际上是一种细脉,常被称为"色根"。当翡翠的透明度适当时,整个成品或绿色细脉附近,会因照映作用成为绿色。

3. 绿色翡翠的划分

根据传统术语和绿色翡翠的实际色调,可以把绿色分成:黄绿、翠绿、蓝绿和油青四种类型。

(1)黄绿:指带有不同程度黄色色调的绿色,这种绿色的浓度较高时,显得十分明快、艳丽。

(2)翠绿:指正绿至略带蓝色调的绿色,不带有黄色调。颜色虽不如黄绿色明快,但更为浓郁、庄重。翠绿色的翡翠较为少见,是珍贵的品种。

(3)蓝绿:蓝绿色的翡翠通常带有一定的灰色调,颜色的明度较低,不够鲜明,略为沉闷,是翡翠中较为多见的一种绿色。

(4)油青:油青实际上是带较深灰褐色调的各种绿色,灰褐色调冲淡了色彩的纯度,并使颜色的明度下降,为不理想色。

4. 有关翡翠绿色的行业术语

根据颜色色调和形态分布,行业对翡翠颜色,尤其是绿色进行了许多的描述,与绿色有关的行业术语,多沿用传统的行业术语。

(1)因绿色色调得名的术语见表16-2-1。

表16-2-1 与绿色翡翠有关的行业术语

名　　称	颜色特点描述
宝石绿	绿色纯正,色泽鲜艳,分布均匀,质地细腻,是翡翠中的最佳品,价格较昂贵
艳　绿	绿色纯正,色浓而艳,色偏深时为老艳绿
黄阳绿	鲜艳的绿色中略带黄色色调
葱心绿	似葱心娇嫩的绿色,略带黄色色调
金丝绿	绿色如丝线状,浓而且鲜艳
阳俏绿	绿色鲜艳而明快,如一汪绿水,色正但较浅
鹦哥毛绿	颜色似鹦哥绿色的毛,色艳但绿中带有黄色色调
菠菜绿	颜色似菠菜的绿色,绿色暗而不鲜艳
油青绿	绿色中常带灰色调。凡黑、灰、浅或色不正的油青价值都不高
豆青绿	色如豆青色,为带黄色调的绿色。有"十绿九豆"之说,是翡翠最常见的一种绿色
瓜皮绿	如瓜皮的青绿、墨绿色,常称为偏蓝的绿色,不明快

(2)因绿色分布的形态得名的术语见表 16-2-2。

表 16-2-2　与翡翠绿色形态有关行业术语

术语名称	绿色形态的描述
点子绿	绿色呈较小的点状,点与点之间没有联系,似满天群星
疙瘩绿	绿色呈较大的块状,块与块之间不相连接
丝片绿	由绿色小丝片连接而组成的绿色
靠皮绿	也称膏药绿,分布于翡翠的外皮,常给人以色多或满绿的假象

(3)其他颜色品种的行业术语见表 16-2-3。

表 16-2-3　其他颜色品种的行业术语

术语名称	颜色特点描述
紫罗兰	各种深浅的紫色。色淡时称"藕粉地",色浓艳,且玉质细腻,透明度高者则少见
翡(红玉)	通常呈黄—褐红色,鲜红色少见
福禄寿	红色、绿色、紫色三种颜色同时出现在同一块翡翠上,如加上黄色,则称福、禄、寿、禧

5. 翡翠的底色

底色指翡翠绿色色斑以外部分的颜色,在行业上也称之为"底子","地张"等。识别底色是认识翡翠非常重要的一个方面,因为底色的色调,深浅都会对翡翠的主色调——绿色产生影响。

翡翠常见的底色有无色、白色、浅黄色、褐灰色、灰色、灰绿色、浅绿色、淡紫色等各种色调。当底色的色调与绿色相近或一致时,翡翠的绿色会得到加强,更为浓郁。对表现绿色较好的底色是:无色、白色、浅绿色、淡黄色等。其他色调往往会降低翡翠颜色的浓艳程度。

底色对绿色之间影响的程度取决于底色色调、底色浓度、底色所占比例及底色透明度等。认识翡翠的结构特点,还有助于鉴别翡翠及处理翡翠。

四、翡翠的透明度

1. 透明度的划分

透明度是指物体透过可见光的能力。翡翠的透明度变化很大,从接近于玻璃般的透明程度到不透明,透明度的不同对翡翠的外观有直接的影响。透明度较好的翡翠,具有温润柔和的美感,透明度差的翡翠,则显得呆板,缺少灵气。

传统上称翡翠的透明度为"水头",用水长、水短来描述翡翠的透明程度。行业上常用挡光片或聚光手电来观察光线深入翡翠内部的程度,并根据光线在翡翠中渗透所及范围的大小定量地衡量,如果光线渗入达 9mm,则称为三分水(1 分等于 3mm),达 3mm 称一分水等。并依此可以把透明度划分成透明、亚透明、次透明、半透明、亚半透明、微透明和不透明七个级别。

2. 透明度的作用

透明度对于翡翠来说,可以起到对玉质细腻的滋润作用,同时将颜色衬托得更为完美,行业中也将透明度称为映照。映照是指翡翠局部的颜色因光线的传播而扩散到色斑范围外的作用。翡翠映照作用最为有利的是半透明的质地。在半透明的翡翠中,通过色斑的光线经选择性吸收之后成为绿光,不直接射出翡翠,而是被翡翠的颗粒反射,这样就会把颜色带到无色或浅色的区域,使翡翠的色斑扩大。如果翡翠不透明,就不会产生映照,翡翠近于透明也不利于映照。

五、翡翠的品种

1. 翡翠品种的意义

在翡翠行业发展的历史上,为了区分出翡翠的优劣,描述某一种甚至某块翡翠,表示出这种或这块翡翠与其他翡翠的不同,往往把特定的翡翠定为一个品种。品种常用成因类型、颜色特征、透明特征、结构特征、价值、产出地名和发现时间等来命名,实质上是特定的品质要素的组合。所以翡翠的品种成为品质的近义词。有些品种的划分,反映了一类翡翠的共性和品质,而在行业中得以传播和应用。

2. 常见的翡翠品种名称和特征

1)根据成因命名

(1)老坑种(老坑玻璃种):颜色符合正、浓、阳、均,质地细腻,透明到半透明的翡翠可称为老坑种。如果透明度高,可称为老坑玻璃种,是翡翠中最高档的品种。老坑代表翡翠次生矿的产出状态,也是相对于新山玉(坑)而言,采玉人认为河床或其他次生矿床中采出的玉较矿脉中的玉石更成熟、更老,故称为"老坑"。

(2)新山玉(坑):指采自原生矿脉的翡翠,通常不出现高质量的翡翠。但是,次生矿中采出的翡翠,有的品质也不比新山玉好。采玉人认为新山玉不够成熟,因而没有高品质的翡翠,实际上这是错误的认识。新山玉用来指结构粗、松,透明度差的各色翡翠。

2)根据地名或与开采有关的事物命名

(1)磨西西:深绿色,半透明—不透明的矿物成分非常多样的一种翡翠,依其产地的地名而命名。市场上也被称为干青种。

(2)八三玉:一种灰白色,质地粗且疏松,并于1983年开始大量开采的翡翠,由于品质差,通常是用来制作"B货"翡翠的原材料。

3)根据翡翠的颜色、透明度和质地的特征命名

这一类的品种为市场上常用的品种名称,各个品种之间存在着一定的差异,但也没有一个非常严格的界限,有些品种之间界限也较为模糊。因此认识翡翠常用的品种,需要经过大量的实践,有较多经验的积累过程。

(1)豆青种:"十有九豆",指豆青种翡翠要占全部翡翠种类的90%。为翡翠中的大类品种。指短柱状中粗粒结构类似豆状的翡翠,质地较粗,透明度往往欠佳,带有各种斑点状、不规则的豆青绿色。根据透明度的好坏可分成冰豆、糖豆和粗豆等品种。如只说"豆种"这时只指结构,不论颜色。

(2)蓝青种:指具粒状结构,绿色带黄色调,并且分布较为匀称的翡翠,是翡翠中最常见的

品种。

(3) 花青种：指颜色较浓艳，但分布成花布状，没有规则性，是分布不均匀的翡翠，质地通常从透明至不透明。花青种又可以根据透明程度划分成：冰底花青、糯底花青、豆底花青、花青玻璃种等。

(4) 芙蓉种：颜色为中—浅绿色、半透明至亚半透明，质地较豆种细腻，尤其是颗粒边界呈模糊状，看不到明显的界限，据认为是发生了重结晶作用的翡翠。如果芙蓉种中分布有不规则较深的绿色时，又可称为花青芙蓉种。

(5) 金丝种：颜色成丝带状分布，并往往是平行排列，而且丝状色带的颜色较深。金丝种一般呈冰地，也有广白地（半透明—半亚不透明）。

(6) 牙种：指颜色绿而且艳，但是透明度不好，粒度小但不透明，呈瓷性的翡翠。在绿色中往往有很细的白丝，是中档偏低的品种。

(7) 白底青：是常见的翡翠品种，其特征是质地较细，底色白，绿色艳，呈翠绿至黄杨绿的颜色，并呈圆形团块状，而花青常为不规则的条带状、脉状。

(8) 油青种：其颜色为带有灰色加蓝色或黄色调的绿色，颜色沉闷而不明快，但透明度较好，一般为半透明，结构也比较细，往往看不见颗粒之间的界线。其原因是硬玉被透闪石交代所致。

(9) 干青种：颜色翠绿，但透明度很差，结构细至粗粒。

(10) 漂兰花：亚透明至半透明（如冰种）的无色翡翠中分布彩带状的蓝灰色、灰绿色色带的翡翠。

4) 根据翡翠的裂隙命名

雷劈种：指各种颜色品种中带有细密且平行裂纹的翡翠。

六、翡翠的鉴别

1. 翡翠的鉴别特征

翡翠可根据结构、颜色、光泽、透明度和其他物理性质等特点来鉴别。当结晶颗粒较粗时，能见到主要组成矿物，硬玉两组解理面的闪光（即所谓的翠性）。颜色分布通常不均匀，呈斑块状、点状、丝状等。结构细腻的翡翠上述特征可能不明显，其折射率为1.66，相对密度为3.30～3.36。稍有绿色的具有437nm的吸收线，绿色翡翠则在红光区630～690nm之间可显三条阶梯状的吸收窄带。这些特征均与其他的玉石品种不同。

2. 优化处理翡翠的鉴别

1) 染色处理

染色处理翡翠的历史较长，一般把翡翠放在染料水溶液中加热，在白色地子上染上绿色或紫罗兰色，或在天然淡绿色上适当加些绿色，以冒充天然绿色翡翠。染色翡翠俗称为"C货"。

经过染色的翡翠容易鉴别，用放大镜检查，可见裂隙或颗粒间隙中有绿色染料沉积物。在染色翡翠上滴几滴盐酸会褪色。在查尔斯滤色镜下有些染色翡翠会变为橙红至紫红色（天然绿色者则不变色），在分光镜下红光区能见一窄的(680～660nm)吸收带。

2) 涂膜

在天然无色透明度较好的翡翠表面上涂一层绿膜，来模仿天然高档翡翠，也称为"穿衣"翡翠。另外也有涂膜的假翡翠,即被涂膜的材料本身不是翡翠,而是加工成戒面的石英岩、东陵石、蛇纹岩或大理岩等玉石材料。

涂膜处理制品的特点是绿色分布均匀,无天然绿色斑状、条带状、丝片状的特点。镀膜材料大多数为有机聚合物,涂膜层较薄,极易剥落,用刀片和针尖可轻易除去镀膜层。最简便的识别方法是用手指摩擦时黏手,不像翡翠那样光滑。并且,涂层的折射率也较低,一般在 1.55 左右。

3. 漂白或漂白充胶处理

这种处理是近十年来出现的,对质地疏松、透明度差,但有绿色或者其他颜色的翡翠用强酸浸泡以清除褐黄色或灰色等杂色,保留了绿色、紫色,再用胶填充翡翠中经酸液侵蚀而出现的空隙。经过处理后的翡翠,绿色鲜艳,无杂质。人们也常称这种方法处理的翡翠为"B 货"。对翡翠"B 货"的鉴定,要注意下列的特征。

(1)龟裂纹:龟裂纹又称酸蚀网纹,是翡翠受强烈酸蚀,颗粒之间的间隙扩大,并充填了硬度较低的树脂胶,在切磨抛光之后形成的。龟裂纹的清晰程度与翡翠受酸洗的强度有关,也与细磨抛光的好坏有关。

(2)树枝状裂隙:如果翡翠有小的裂隙,经酸洗充胶后,裂隙内会充填较多的胶,在反射光下可见呈油脂状的下凹弧面,而且边界常呈裂碎状或树枝状。当裂隙较大时,还可见到裂隙充填有透明状的树脂胶。

(3)底色干净:"B 货"翡翠经过酸洗去掉杂质使其很干净,但浅绿和藕粉底仍会存在。仔细观察翡翠的白色部分,如是"B 货"则特别白,没有黄或灰色的成分。而天然的则常有灰黄色调。

(4)充胶的凹坑:"B 货"翡翠,往往是挂件,局部常会有酸蚀的凹坑,充填有大量的胶,甚至还可见到胶中封闭的气泡。

(5)手镯的敲击声:"B 货"翡翠的手镯,在敲击时声音沉闷,不够清脆。

(6)紫外荧光:许多树脂胶都在长波紫外光下发蓝白荧光。如果蓝白荧光特别强,则表明是"B 货"。但是,当荧光较弱时,也可能是上蜡或浸油引起的,不能下结论。

(7)相对密度:经强烈酸洗的"B 货"相对密度一定小于天然翡翠,在 3.32 的重液(二碘甲烷)中上浮。但是,有些天然翡翠的相对密度也较小,有些"B 货"翡翠的相对密度也较大,所以还要根据其他的特征综合判断。

(8)红外光谱:含有树脂胶的"B 货"翡翠可检测出胶的红外吸收峰,其最强、最明显的吸收峰在 $2\,800 \sim 3\,200\,\text{cm}^{-1}$ 波数范围内。但有时还存在不够明显(当胶的数量多时才明显)的另一系列的吸收峰,在 $2\,200 \sim 2\,700\,\text{cm}^{-1}$ 波数范围内。

七、翡翠矿床

目前世界上可作为宝石的翡翠主要来自缅甸北部,此外日本和哈萨克斯坦也产出少量可作为宝石的翡翠,但产量较低,质量较次。

1. 缅甸北部的翡翠矿床

1)原生矿床

翡翠矿脉产于道茂蛇纹岩化的橄榄岩体中,该岩体长 18km,宽 6.4km,南北展布,其中有

四条著名的翡翠矿脉,最长的翡翠矿脉长270m,整个矿带长约2km。翡翠原生矿发现于1877年,至今还在开采。

翡翠矿脉具有分带构造,矿脉的中心部分是由单矿物硬玉组成的翡翠矿体,朝脉壁方向渐变为钠长石-硬玉岩和钠长石岩,钠长石岩的外侧又有一个碱性角闪石岩带。翡翠带厚2.5~3m,主要由白色的中细粒硬玉集合体在局部杂乱地分布,有各种颜色的条带和斑点,构成品质较好,价值较高的翡翠原石。

2)次生翡翠矿床

次生矿床是缅甸北部最为重要的翡翠矿床,分布广、产量大而且质量好。翡翠次生矿床主要分布在乌龙江流域上游地区,沿河岸分布,宽度3~6km,厚度可能超过300m。典型的含矿砾岩覆盖在基岩之上,通常是冲积沉积物的最下层,上面覆盖一层砾石层和砂土层(图16-2-2)。

2. 哈萨克斯坦的翡翠矿床

翡翠矿体呈透镜状、岩株状及脉状,主要由细中粒,浅灰至暗灰色的透辉石和硬玉组成,其中带有绿色斑点和细脉,在早期形成的矿脉中,偶有翠绿色的细脉和小块体。

图16-2-2 采矿工人正在开采翡翠次生矿

该矿床产出的翡翠有少量进入宝石市场,多呈深蓝绿色,亚半透明,由于颜色过深,色调较暗,透明度欠佳,只能用来做薄型的花件。

3. 翡翠矿床的成因

翡翠是在高压和相对低温条件下,钠化程度高的岩浆后期溶液充填及交代蛇纹岩而形成。翡翠的成矿可能经历许多阶段,如形成后的破裂作用,热液多次的充填和交代作用等。这些作用会对翡翠的品质产生至关重要的影响。世界上除了缅甸、哈萨克斯坦之外,还有日本的新潟、美国加州和危地马拉等地区也产出有硬玉岩,有些达到了首饰饰用要求。其中缅甸为重要的商业产地。

习　题

一、选择题

1. 世界上最大的一块翡翠原料的质量和产地为:
   a. 重32t,产自日本　　　　　　　b. 重33t,产自缅甸
   c. 重33t,产自哈萨克斯坦　　　　d. 重32t,产自缅甸
2. 翡翠是玉中之冠,为东方民族所喜爱,它和哪种宝石一起为几月份生辰石?
   a. 橄榄石五月份生辰石　　　　　b. 祖母绿八月份生辰石
   c. 祖母绿五月份生辰石　　　　　d. 翠榴石八月份生辰石
3. 翡翠矿物组合较多,主要矿物为硬玉,当含哪种矿物为主时,则为翡翠变种?
   a. 绿辉石为主　　b. 霓石为主　　c. 角闪石为主　　d. 钠铬辉石为主

第十六章　非晶质及多晶质宝石

4. 翡翠在光线照射下,表面反光,形成闪亮的"苍蝇翅膀",这一特征与翡翠哪种物理性质有关?
   a. 解理   b. 晶面   c. 双晶面   d. 裂隙
5. 大多数高档翡翠主要产自于:
   a. 山料中   b. 籽料中   c. 无皮山料中   d. 原生料中
6. 翡翠颜色丰富多彩,行业中常把这些颜色分为两大类型。
   a. 绿色和红色   b. 绿色和底色   c. 次生色和原生色   d. 绿色和紫色
7. 世界上翡翠的重要商业产地为:
   a. 缅甸   b. 哈萨克斯坦   c. 日本新潟   d. 美国加州
8. 绿色翡翠价值最高,绿色的形成主要是微量元素替代成分中的离子而呈色,它们是:
   a. Fe^{3+} 替代 Al^{3+} b. Cr^{3+} 替代 Na^+ c. Fe^{3+} 替代 Na^+ d. Cr^{3+} 替代 Al^{3+}
9. 按颜色分类,红色翡翠的红色为:
   a. 原生色   b. 染色   c. 次生色   d. 焗色
10. 翡翠的透明度对颜色的映照起着重要作用,根据透明度的状况划分成:
    a. 5个级别   b. 7个级别   c. 6个级别   d. 8个级别
11. 老坑玻璃种是翡翠中最高档的品种,其中"老坑"表示:
    a. 次生矿床   b. 原生矿床   c. 脉状矿体   d. 残坡积矿
12. 八三玉为一种灰白色,质地粗且疏松的翡翠,常用来进行人工处理制作成:
    a. B货翡翠   b. 拼合翡翠   c. C货翡翠   d. 镀膜翡翠
13. 染色翡翠放大观察,可见裂隙或颗粒间隙中有绿色染料沉积物,有些染色翡翠查尔斯滤色镜下:
    a. 变灰绿色   b. 变橙红至紫红色   c. 变蓝色   d. 变黄色
14. 漂白或充胶处理翡翠大多数相对密度值较轻,在下列重液中的表现形式为:
    a. 二碘甲烷中下沉   b. 二碘甲烷中悬浮   c. 二碘甲烷中上浮   d. 三溴甲烷中悬浮
15. 漂白充胶处理翡翠,放大观察无法与天然翡翠相区别时,最有效的办法是:
    a. 红外光谱测试   b. 紫外荧光测试   c. 折射率测试   d. 相对密度值测试

二、简述题

1. 简述翡翠品种分类。高档翡翠主要出自哪类品种?
2. 简述翡翠优化处理方法。每种处理方法的目的是什么?如何鉴别?

第三节　软玉(Nephrite)

一、概述

中国是世界上最早开发和利用软玉资源的国家,考古发现,最早的玉器文化是距今将近8 000年的辽宁阜新新石器时代查海文化,其次分别是距今6 000年和5 000年的长江流域新石器时代崧泽文化和良渚文化。尤其是良渚文化以大量精美的玉器为特色。到了夏、商、周三代,玉器更成为神圣之物,用作祭拜祖先、天地、神灵以及朝廷作为礼仪的礼器。重视礼仪的古人把玉比作道德的象征,认为玉具有温润坚美的品质,"仁、义、礼、智、信"即"玉有五德",既指玉也指人。软玉的开发和利用,在各个历史朝代备受重视,尤其是乾隆时期,软玉的用料及工艺达到鼎盛时期,留下了许多旷世佳作。软玉的开发和利用不仅对各个时期的经济艺术的发展有着重要作用,也是中华民族灿烂文化的重要组成部分。中国的玉雕在世界上久负盛名,被称为"东方瑰宝"或"玉雕之国"。

中国古代的真玉只有软玉一种,这种情况一直延续到明清之交缅甸翡翠成规模性输入中国为止。软玉也被称为"和田玉",因产于新疆和田而得名,时至今日,和田玉已成为软玉的商业用名,不具有产地意义。软玉以其细腻的质地,温润的光泽深受人们的喜爱,优质白玉资源稀少且价值昂贵。

二、基本性质

(1)矿物和化学成分:以透闪石或阳起石为主,并含少量的透辉石、绿泥石、蛇纹石、磁铁矿、石墨、磷灰石等矿物。优质白色软玉均由透闪石组成。化学成分为钙镁硅酸盐$Ca_2(Mg)_5(Si_4O_{11})_2(OH)_2$。墨绿色的软玉含铁可达5%。

(2)晶系:主要组成矿物透闪石为单斜晶系。

(3)结构:常由粒径小于0.01mm的纤维状或针柱状晶体构成毛毡状结构。进一步研究发现,软玉结晶程度与其质地存在一定的关系,粒度越细小,透明度就越好,质地就越细腻。

(4)断口及韧性:参差状断口,韧性大,细腻坚韧。

(5)硬度:6.5,品种不同略有差异。

(6)相对密度:2.80~3.10,通常为2.95,视颜色和品种不同而略有变化,如墨玉为2.66,碧玉为3.01。

(7)折射率:约1.62。

(8)光泽:油脂光泽。

(9)透明度:半透明至不透明。

(10)颜色:有白色、灰绿(青)色、墨绿色、黄色、黑色、红色等颜色。白色不含铁,由纯透闪石组成;灰绿色至墨绿色往往含较多的阳起石,因Fe含量的增加引起;黄色与红色是风化作用造成的次生色;黑色可能含较多的石墨或磁铁矿。

(11)吸收光谱:翠绿色品种也可出现Cr的吸收光谱,类似于翡翠,其他品种(包括墨绿色的软玉)无特征光谱。

(12)特殊光学效应:透闪石—阳起石猫眼为具平行纤维构造的软玉变种,当长纤维状透闪石—阳起石平行排列、加工正确时可产生猫眼效应。

三、软玉的品种

1. 按成因产状分类

按我国软玉产出的状态自古以来就分为山产和水产两种。明代著名药学家李时珍在《本草纲目》中说:"玉有山产,水产两种,各地之玉多产在山上,于阗之玉则在河边"。山产的也叫宝盖玉,当地采玉者则根据和田玉产出的不同情况,将其分为山料、山流水、戈壁滩玉、籽玉四种。

(1)山料。山料又称山玉,或叫宝盖玉,现代行业上也称"碴子玉",指直接从矿床中采出的原生矿石。山料的特点是块度大小不一,棱角分明,块状体,表面新鲜,无皮壳,质量好坏不一。如白玉山料、青白玉山料等。

(2)山流水。山流水名称由采玉和琢玉艺人命名,指原生矿石经过风化崩落并有一定的搬运距离的软玉,常指残坡积型软玉。山流水的特点是距原生矿近,块度较大,棱角稍有磨圆,表面较光滑。

(3)戈壁滩玉。由于受沙尘、石流的长期磨蚀和冲击,软玉材料失去棱角,表面较光滑,常有砂石冲击后留下的波纹面,表面有大小不等的砂孔,块体大小不等,片状为多。

(4)籽玉。原生矿石经过长距离搬运,均分布于河床及两侧阶地中,玉石裸露地表或埋于地下。籽玉的特点是块度较小,磨圆度好,常为卵形,表面光滑,有皮壳及各种颜色,经过大自然的"优胜劣汰"分选,常为优质玉料。著名的羊脂玉即属此类。

2. 按颜色分类

(1)白玉。白玉指由白色到灰白色或青白色的软玉。白色籽料是白玉中的上等材料,色越白越好。我国玉器行业中将质量特别好的光滑如卵的纯白玉叫"光白子",有的白玉籽料经氧化表面带有一薄层颜色,根据颜色的不同人们将秋梨色叫"秋梨子",虎皮色叫"虎皮子",枣色叫"枣皮子",这些都是软玉中的名贵品种。白玉按颜色还可分为羊脂玉和青白玉。另根据白色的变化情况还分为:梨花白、雪花白、象牙白、鱼肚白、糙米白、鸡骨白等品种。

羊脂玉:是白玉中的极品,其色似羊的脂肪,质地细腻而滋润,自然资源十分稀少,仅产于新疆和田地区。

青白玉:以白色为基调,在白色中略带灰青色或灰绿色,常见有葱白、粉青、灰白等,属于白玉与青玉的过渡品种,为软玉中的常见品种。颜色和质量均介于白玉与青玉之间。

(2)黄玉。黄玉指由淡黄到甘黄、绿黄色的软玉,其中以蜜蜡黄和栗黄为佳品。黄玉颜色多为淡色,并深浅不一,由氧化铁渗透、浸染而形成。目前出产最多的是青黄玉,产于辽宁的岫岩县。经分析为蛇纹石软玉,软玉成分有的高达75%以上,因此,玉质感很强,硬度、光泽也佳,为较好的玉器材料。黄玉十分罕见,在几千年用玉史上,仅偶尔见到,质优者不次于羊脂玉。古代玉器中有用黄玉琢成的珍品,如清代乾隆年间琢制的黄玉三羊樽、黄玉异兽形瓶、黄玉佛手等。

软玉中的黄玉品种名称均按历史沿袭的习惯及商贸常用术语而定,与其他宝石品种的名称如单晶体的托帕石(黄玉),及石英族的"碧玉"(杂质玉髓)等易相混淆,要注意区分。

(3)青玉。我国传统的"青色"为深绿带灰或鲜绿带黑色。青玉为软玉的常见品种,指从淡青色到深青色(或略带绿色)的软玉。青玉颜色的种类很多,以颜色深浅不同,可分淡青色、深青色、碧青色、灰青色、深灰青色等。但翠青色玉少见,呈淡绿色,色嫩,质地细腻者为较好的品种。

(4)墨玉。墨玉为灰黑到浅黑色的软玉,因含鳞片状石墨所致,黑色分布可呈点状、片状,深浅不一,以纯黑色为佳。全墨即"黑如纯漆"者为上品,十分少见。墨玉大都块度较小,有时和白玉共生时则可作为俏色作品的原料。如果墨玉呈点状散布于白玉中成为脏色,则影响玉的材料使用。

(5)糖玉。糖玉也称"赤玉",呈红糖色的软玉。其中以血红色最佳,颜色为褐铁矿沿透闪石颗粒边界浸染所致。糖玉多出现在白玉和青玉中,如果外为糖色内为白色者,行业中常称"糖包白"。

(6)碧玉。碧玉指暗绿、深绿或墨绿色软玉,其中以深绿色最佳。一般品种常带灰色调或带有墨色斑点。

(7)花玉。花玉是由多种颜色构成一定花纹图案的软玉。

四、软玉及相似玉的鉴别

1. 软玉

(1)软玉(包括白玉、黄玉、青玉、花玉等)具有纤维状交织结构,质地细腻而滋润,颜色均匀而柔和,具油脂光泽,折射率约为1.62,相对密度为2.90~3.10,常为2.95。

(2)碧玉。碧玉由于生长环境与其他品种不同,为软玉中的绿色品种,根据成分中Fe的含量多少而颜色有深有浅,其绿色均匀柔和,常含有黑色磁铁矿小颗粒,油脂光泽,折射率为1.62,相对密度为2.90~3.10。

2. 软玉相似玉的鉴别

(1)石英岩(卡瓦石)。外观颜色与白玉相似,但表面光滑及滋润度不够。石英岩为玻璃光泽、粒状变晶结构,断口为粒状。因较透明而显水分足,同样大小的制品掂重时,软玉手感较重,而石英岩则较轻。在实验室的条件下测试时,软玉的物理参数与石英岩有明显不同。

(2)大理岩("阿富汗玉"或"巴玉")。矿物成分以方解石为主($CaCO_3$),折射率为1.486~1.685。硬度低,表面易磨损。放大观察显示粒状结构,透光可见层状或条纹状现象。

(3)脱玻化玻璃。其特点是SiO_2成分随机排列。脱玻化玻璃在生产过程中,慢慢冷却,让其长出很多小的雏晶,使透明的玻璃变成半透明。折射率约1.50~1.52,硬度较低,表面易划伤。放大观察内部可见气泡、漩涡纹和树枝状的小雏晶。

(4)独山玉。整体外观观察,滋润感不够,瓷性较重。颜色较丰富,多种颜色共生,可见蓝、蓝绿色斑。放大观察为细粒结构,质地较细腻。但白色的独山玉常用来仿白玉,绿独山玉常用来仿碧玉。

(5)蛇纹石玉(岫玉)。白色蛇纹岩玉中带灰色或苍白色,夹杂的其他颜色比较鲜艳,黄皮常冒充籽料,皮色显得很嫩,很均匀。质地较细腻,内可见块状、团状棉絮。微透明、油脂或蜡状光泽,表面明亮度不高。由于硬度低而使表面耐磨性低、滋润性不够,因而瓷性感强。尤其是来自河南西峡的白色蛇纹岩玉制作的工艺品表面细腻,放大观察,可见细小凹陷的麻点,工艺较粗糙。黄色蛇纹岩玉与黄绿色的软玉较相似,白色蛇纹岩玉与白色的软玉相似,在鉴别时要留心。

五、软玉的优化处理及鉴别

1. 浸蜡处理

这种处理方法是以石蜡或液态蜡充填在成品软玉的表面,以达到掩盖裂隙、改善光泽的目的。

鉴别特征:放大观察软玉表面显示蜡状光泽,缺陷处有时可见污染包裹物。热针测试时可见蜡的出溶物。利用红外光谱检测可见2 854cm^{-1}、2 926cm^{-1}、2 961cm^{-1}处蜡的吸收峰。

2. 染色(做假皮)处理

这种方法处理的目的是用来掩盖软玉表面的瑕疵,或者用来仿籽料。

首先选择软玉的整体或部分进行染色。常采用虹光草汁、酱油、黑醋等烧煮,使玉器表面变成红色、红褐色或黑色等;或者直接采用高温淬火的方法产生颜色。

鉴别特征是通过放大观察,可见染色软玉的颜色浮于表面,颜色大多浓集于凹坑或裂隙处。颜色鲜艳,不自然。观察时要注意颜色的变化。

3. 拼合处理

这种处理的方法是将糖玉薄片贴于白玉表面(一般用强度较大的树脂胶黏合),然后进行雕刻,将多余部分的糖色雕刻掉,剩余的糖色部分组成所要表现出来的图案,主要用来仿俏色浮雕作品。

鉴别特征是重点观察俏色部分的颜色与基底的颜色截然不同;颜色之间无过渡色出现,仔细观察可见拼合缝隙。

4. 磨圆处理

磨圆处理是将大块的山料玉切割成小块,然后进行粗加工,再放入滚筒机中,加入卵石和水对已分割的小块山料进行滚动磨圆,用来仿籽料玉,俗称"磨光籽"。

鉴别特征是对是否为籽料的软玉进行仔细观察,通常磨圆度较差者在反射光下可见棱面;磨圆较好者表面光洁度高于天然籽料(天然籽料表面类似于鸡蛋皮);有时可见新鲜裂缝。

5. "做旧"处理(仿古)

作为出土文物的古玉,因为埋藏于地下年代久远,在各种物质的侵蚀作用下会形成不同的"沁色",如土黄色的"土沁"、红色的"血沁"、黑色的"水银沁"、灰白色的"石灰沁"等。"做旧"处理的目的就是仿古玉。仿古做旧除了在材料上制造出假"沁色"以外,还制造出一些极其不自然的假蚀斑和假蛀孔。有些假蛀孔表现得不自然,因为整件软玉制品没有沁色,没有其他侵蚀和质变的现象。

六、软玉的质量评价

软玉无论是白色品种系列,还是绿色品种系列,其质量评价都要从颜色、质地、净度(包含杂质及裂纹)、块度四个方面进行评价。①颜色鲜艳纯正,无杂色或过渡色;②质地坚韧细腻无瑕疵;③光泽明亮滋润无瓷性,无杂质,无裂纹;④有一定的块度。根据这四项指标,国内工艺界将其分为特级、一级、二级、三级共四个级别(表16-3-1)。软玉质量的好坏,直接影响着价值的高低。优质的羊脂白玉具有一定的块度(1kg以上),每千克1万至几万元,质地稍好块度较小的羊脂白玉原料一般为每千克几千元。优质又具有一定的块度的青白玉,每千克约为一千至几千元,稍差的则每千克几百元。青玉价格较低,最好的青玉籽料价格也仅为每千克一百至几百元。总之,软玉的原料市场,优质羊脂玉和白玉较为畅销,而青白玉、青玉销售较疲软。每块石料,具体的价格还要根据颜色、质地、温润程度等多方面考虑。

七、软玉开采

软玉在我国的使用有着几千年的历史,在各个历史朝代都留下了旷世佳作。我国古代采玉方法有拣玉、捞玉、挖玉、攻玉等多种方法,以分别开采产于不同地方的玉石。现代采玉与古代采玉有一个显著不同,就是现代采玉开采原生矿占主要地位。新中国成立以来,各地建成多处玉矿山,用较先进的方法采玉,使得采玉规模扩大,先后有十余处玉矿开采,但规模较大者为和田—于田矿区、莎车—塔什库尔干矿区、且末矿区和天山地区玛纳斯碧玉矿,其他地方如塔

什库尔干县、叶城县、皮山县、策勒县等都曾短期开采玉矿。

表 16-3-1　软玉质量分级表

玉石种类	等级	评价标准
白玉（籽玉）	特级	色白,质地细腻,极高的韧度,无绵绺,无杂质,块度在 8kg 以上
	一级	色白,质地细腻,无绵绺,无杂质,块度在 3kg 以上
	二级	色白,质地细腻,无绵绺,无杂质,块度在 1kg 以上
白玉（山料）	一级	色白或粉青,质地细腻,无绵绺,无杂质,块度在 6kg 以上
	二级	色较白,质地细腻,无绵绺,无杂质,块度在 3kg 以上
青玉（籽料）	一级	色青,质地细腻,无绵绺,无杂质,块度在 10kg 以上
	二级	青色,质地细腻,无绵绺,无杂质,块度在 50kg 以上
碧玉	特级	碧绿色,质地细腻,无绵绺,无杂质,块度在 50kg 以上
	一级	深绿色,质地细腻,无绵绺,无杂质,块度在 5kg 以上
	二级	绿色,质地细腻,无绵绺,无杂质,块度在 2kg 以上
	三级	绿色,质地细腻,无绵绺,无杂质,块度在 2kg 以上

1. 拣玉和捞玉

拣玉和捞玉是古代采玉的主要方法。这种方法就是在河流的河滩和浅水河道中拣玉石、捞玉石。采玉主要是秋季和春季。夏季时气温升高,冰雪融化,河水暴涨,流水汹涌澎湃,这时山上的原生玉矿经风化剥蚀后的玉石碎块由洪水携带奔流而下,到了低山及山前地带因水的流速骤减,玉石就堆积在河滩和河床中。秋季时气温下降,河水渐落,玉石显露,人们易于发现,这时气温适宜,可以入水,所以秋季成为人们拣玉和捞玉的主要季节。到了春季,冰雪融化,玉石复露出,又成为拣玉和捞玉的好季节。

2. 挖玉

挖玉是指离开河床在河谷阶地、河滩、古河道和山前冲积洪积扇上的砾石层中挖寻软玉砾石。这些地方的玉也是由流水带来的,但早已离开河道。由于挖玉付出的劳动很艰巨,获取率低,不如拣玉效果明显,因此从事挖玉的人不多,只有当某地已经有了出玉的可靠消息,而且大有希望的时候才会吸引人们去挖玉。目前,在辽宁岫岩的细玉沟产出的河磨玉吸引了众多的挖玉者从当地政府手中购买土地进行河磨玉的挖掘工作,所挖出的河磨玉,大者有数吨重,小者长度仅几个厘米。

3. 攻玉

古代攻玉有两种含义,一是指加工琢磨玉,如《诗经小雅》所说:"他山之石,可以攻玉。"一是指开采玉,如《穆天子传》中所记周穆王登昆仑山"攻其玉石"。这里所说的攻玉是指开采山玉,即开采原生玉矿。采山玉比采籽玉难,玉石在昆仑雪山之巅,交通险阻,高寒缺氧,正如《太平御览》中所记:"取玉最难,越三江五湖至昆仑之山,千人往,百人返,百人往,十人返。"即使如此,古代人们冒着生命危险,仍在昆仑山和阿尔金山采玉取宝。

4. 拾籽玉

拾籽玉就是在河道中拾取流水携带和冲刷暴露出来的籽玉。在我国的昆仑山北麓，凡上游有玉矿，中下游就可以找到籽玉。专业拾玉人经验丰富，很注意选择拾玉的地点和行进的方向。在河床内侧的石滩，河道由窄变宽的缓流处和河心砂石滩上方的外缘。这些地方由于水流由急变缓处，有利于玉石的沉积。拾玉进行的方向最好是自上游向下游行进，以使目光与卵石倾斜面垂直，易于发现；要随太阳方位而变换方向，背向太阳能较清楚地判明卵石的光泽与颜色。河流中下游的籽玉块度都不大，多在 0.2~1.5kg 之间，其中小于 0.5kg 者约占 30%，仅有少数可达 3~5kg。

八、软玉的产状及产地

1. 软玉矿床按成因分三种类型

(1) 镁质矽卡岩型软玉矿床。软玉产于中酸性花岗岩，如花岗闪长岩、花岗岩等与富镁的大理石接触带中，镁质大理岩提供 CaO 和 MgO，中酸性岩浆提供 SiO_2 及 OH^-，在较低的温压条件下及特定的环境中以双交代形式形成透闪石。矿床受大理岩层控制，具明显的层控性和分带性。我国新疆的和田玉矿即属此类。

(2) 变质超基性岩型软玉矿床。软玉常呈透镜状或脉状产于蛇纹岩中，形成软玉的组分来源于受构造作用的蛇纹岩。此类软玉常为蓝绿色品种。新疆天山、加拿大、新西兰等地软玉矿床属此类型。

(3) 变质岩型软玉矿床。软玉矿床产于较古老的片麻岩杂岩体的白云质大理岩和条带状钙质硅酸盐岩中。四川龙溪、澳大利亚软玉属此类。

2. 软玉矿床的主要产地

(1) 中国：新疆昆仑山（和田、于田等）、天山、阿尔金山三大地区。以"和田玉"和"天山碧玉"为著名品种，其中尤以和田玉最为著名。除新疆外，台湾花莲县、四川汶川县、青海、贵州等地区均有软玉产出。

(2) 加拿大：加拿大软玉主要产于科迪勒拉山脉，最著名的软玉矿体产自不列颠哥伦比亚省境内，为绿色。软玉矿体在区域变质作用过程中，矿物质在特定条件下受均一外力作用，透闪石交代蛇纹石和透辉石而形成。

(3) 俄罗斯：俄罗斯软玉主要产自西伯利亚贝加尔湖地区，软玉呈透镜状和似脉状产出，颜色呈菠菜绿色，内含石墨或磁铁矿颗粒（呈黑色或黑色斑点）。

(4) 新西兰：新西兰软玉大部分为暗绿色。其中鲜绿色软玉是优质玉，又名"毛利玉"，也颇著名。

(5) 澳大利亚：1960 年澳大利亚的新南威尔士州的"蛇纹岩带"中发现软玉。软玉储量占世界储量的 90%，是世界上最大的优质矿床。软玉呈绿色、暗绿至黑色。

(6) 美国：矿体大多产于蛇纹岩和前寒武纪变质岩中，软玉呈淡橄榄绿、淡蓝绿和暗绿色。

世界上软玉的产出国还有巴西、波兰、意大利和法国。

九、我国软玉的贸易市场

新中国成立以后，国家非常重视软玉的生产和销售，软玉的产销进入了有计划、统一管理

和统一经营的新时期,软玉同我国其他矿产资源一样,属于国家的财富,为国家所有。中国玉石归口由原轻工业部受理,负责开采和销售。新疆维吾尔自治区遵照国家规定,建立了玉石管理机构。软玉是新疆的主要玉石品种,有关玉石的矿山建设、生产管理、技术指导、玉石收购、产品加工销售等,由区轻工业厅统一管理,具体部门为新疆工艺美术工业公司。各地区无论籽玉、山玉、大块玉料等都由国家组织统一销售。软玉为新疆特有,全国有关玉器厂家每年都有人到新疆购买软玉原材料。软玉料销售到全国的 20 个省市,主要有北京、上海、扬州、河南,其次有江苏、湖北、河北、广州、陕西、锦州等省市。玉料按统一的工艺技术等级标准和价格进行制作销售。近年来,软玉市场形势较好,产量和销量增加,在各种软玉品种中,以白玉销路最好,供不应求。目前,在乌鲁木齐、和田等地的玉雕厂,生产的精美软玉产品深受国际市场欢迎。玉器销往国内外市场,特别是国外和港澳的游客到新疆来,多采购一些软玉玉器回去,以作为纪念品馈赠亲友。全国玉器厂家购得软玉,多琢成玉器向全世界销售。中国玉雕是出口的重要产品,销售到各大洲 50 多个国家和地区,主要有日本、澳大利亚、法国、美国、新加坡、西班牙、加拿大、德国以及我国的香港地区等。

习 题

一、选择题

1. 软玉为最古老的玉,其中距今将近 8 000 年的玉器文化为新石器时代的:
   a. 查海文化　　　　b. 崧泽文化　　　　c. 良渚文化　　　　d. 红山文化
2. 软玉是宝石中韧性最大、质地最细腻的品种,原因是软玉具有:
   a. 致密状结构　　　b. 粒状结构　　　　c. 毡状结构　　　　d. 镶嵌结构
3. 软玉是多晶质矿物集合体,主要矿物成分为:
   a. 透辉石　　　　　b. 透闪石　　　　　c. 阳起石　　　　　d. 蛇纹石
4. 软玉以白色最佳,世界上大多数产地产品的软玉为绿色,绿色随着杂质元素的增加,颜色逐渐变深。杂质元素为:
   a. Mn　　　　　　　b. Mg　　　　　　　c. Cr　　　　　　　d. Fe
5. 软玉变种具有特殊光学效应为:
   a. 猫眼效应　　　　b. 表星光效应　　　c. 透星光效应　　　d. 变彩效应
6. 我国软玉的产出地较多,它们主要是:
   a. 新疆、青海、四川、江苏　　　　　　b. 新疆、云南、四川、江苏
   c. 新疆、台湾、青海、四川　　　　　　d. 新疆、辽宁、河南、陕西
7. 软玉按成因产状分为四个品种,其中原生矿经过风化崩落,并有一定搬运距离的软玉称之为:
   a. 山料玉　　　　　b. 山流水　　　　　c. 碴子玉　　　　　d. 籽玉
8. 软玉在我国用玉历史最悠久,人们从工艺的要求对质量进行评价,从以下几个方面进行:
   a. 颜色、内含物、块度、透明度　　　　b. 颜色、质地、净度、透明度
   c. 颜色、净度、块度、形态　　　　　　d. 颜色、质地、净度、块度
9. 软玉中价值最高的应为:
   a. 羊脂白玉　　　　b. 白玉　　　　　　c. 碧玉　　　　　　d. 黄玉
10. 白玉的特级料要求色白,质地细腻,极高的韧度,无绵绺、无杂质,块度在:
    a. 10kg 以上　　　b. 8kg 以上　　　　c. 6kg 以上　　　　d. 7kg 以上

二、问答题

1. 用你所学习的知识来说明软玉为何称为中国玉,请从玉文化的发展历史来阐述。
2. 软玉的品种分类中考虑了哪些因素,你认为这种分类合理吗?

第四节 独山玉(Dushan - Jade)

一、概述

独山玉因产于河南省南阳市市郊的独山而得名,又名"独玉"或"南阳玉",有些文献也称独山玉为钠黝帘石岩。开发和利用的历史悠久,据南阳县黄山出土的文物"南阳玉玉铲"考证,应属新石器时代,距今约 6 000 年。又据《汉书》记载现在独山脚下的沙岗店村,相传汉代叫"玉街寺",是汉代生产和销售玉器的地方。由于独山玉矿的古代挖掘和现代开采,整个独山的山腹之中矿洞纵横、蜿蜒起伏长达千余米,经当地政府部门和玉矿的共同建设,将已开采完的矿洞打造成旅游景点,名为"玉华洞"。

独山玉在我国"三大名玉"中名列第二,伴随着中国玉文化的发展,产品以其丰富的色彩,优良的品质,精美的设计和造型的新颖而深受海内外人士的青睐。

二、独山玉的基本性质

(1)成分:矿物组成在所有玉石中最为复杂,以斜长石($NaAlSi_3O_8$ - $CaAl_2Si_2O_8$)(占 20%~90%)和黝帘石($Ca_2Al_3Si_3O_{13}H$)(占 5%~70%)为主,斜长石中以钙长石为主体,少量的培长石及钠长石。其次为辉石、铬云母、绿帘石、黑云母及少量的阳起石、方解石、榍石、绢云母等矿物。化学成分以贫硅、富钙铝为特征。不同的玉石品种中矿物组合及比例差别较大,这种多种矿物的混合造成了独山玉颜色及外观的极其复杂和多变。

(2)结构及构造:细粒结构或隐晶质结构,平均粒度小于 0.05mm,常为致密块状构造,少数品种为带状构造。

(3)硬度:6~6.5。

(4)相对密度:2.73~3.18,视矿物组合及品种不同而变化。

(5)折射率:约 1.56 或 1.70(点测)分别为长石与黝帘石集合体的折射率。

(6)光泽:玻璃光泽至油脂光泽。

(7)透明度:半透明至不透明,极少数优质品种近透明。

(8)颜色:以色彩丰富、浓淡不一、分布不均为特征。常见颜色有黄色、绿色、白色、青色、紫色、红色、黑色等。同一块玉石中常因不同矿物组合而出现多种颜色并存的现象。

三、品种及分类

独山玉的品种按颜色分八个类型:

(1)白独玉:包括透水白玉、油白玉、干白玉等,总体为乳白色,半透明至微透明,玉石以细粒斜长岩为主。该品种约占独山玉的 10%。

(2)绿独玉:颜色为绿色或蓝绿色,常为半透明,玻璃光泽,玉石为铬云母化斜长岩,主要组

成矿物为斜长石和铬云母。绿色因铬云母所致。该类独山玉为优良品种,约占整个独山玉的20%～30%。

(3)红独玉:呈粉红色或芙蓉色,玉石成分为黝帘石化的斜长岩,其中黝帘石的含量常大于50%。

(4)黄独玉:呈黄绿或橄榄绿色,玉石为绿帘石、黝帘石化斜长岩。含较多的榍石、金红石和绿帘石。

(5)青独玉:呈青色或深蓝色,玉石成分为辉石斜长岩。

(6)紫独玉:呈淡紫或棕色,玉石成分为黑云母黝帘石化斜长岩。主要组成矿物为斜长石、黝帘石和黑云母。

(7)黑独玉:黑色或墨绿色,不透明,玉石成分为绿帘石、黝帘石化斜长岩。

(8)杂玉:该品种占独山玉的50%以上,常为白色、绿色、蓝色、紫色等多种颜色条带并存,并且色调的浓淡不均,成分以斜长石为主,其他矿物品种及含量变化较大。

四、品质评价

独山玉品质仍以颜色、质地及块度为评价依据,并将其分为特级、一级、二级、三级共四个档次。颜色以类似翡翠的翠绿色为最佳,其次为较纯净的单一色,杂色品种较差。由于独山玉颜色多样和复杂,杂色品种中如能充分利用好俏色,可极大地提高玉石的工艺价值。高品质独山玉要求坚硬、致密、细腻、无裂纹、无白筋、无杂质,透明度以半透明或亚透明为上品。块度越大越好,通常质地优良的绿色品种块度小。

独山玉是一种主要的玉雕材料,常加工为山水、花鸟、人物、器皿等各种造型的工艺品,优良品种常加工为戒面、挂件、手镯,市场前景很好。另据研究表明,独山玉含有多种对人体有益的微量元素,具有一定的药用功能及医疗保健价值。

五、独山玉的鉴别

独山玉的颜色较为丰富,其中自然界产出稀少的颜色为绿色,价值最高的同样为绿色。独山玉的绿色品种的绿中带蓝色调为其主要鉴别特征。根据结构、折射率、相对密度及查尔斯滤色镜等方面的特征来鉴别,经验丰富者,肉眼下借助颜色分布和结构特点可识别独山玉。

(1)颜色:独山玉有各种颜色,白色、褐黄色、紫色、绿色等。其中绿色价值较高,当透明度好时,绿中带蓝色调,并可呈片状的色斑。当透明度差时,绿中带黄色调,常呈不规则的团块状色斑,并常伴有褐红、棕红、肉红色等呈浸染状分布于其中。

(2)结构:独山玉具细粒或隐晶质结构,质地细腻,有时可见微细针尖闪光。

(3)折射仪测试:独山玉主要组成矿物为斜长石(白)和黝帘石(绿),当在折射仪上测定时,白色部分以长石为主,所测的折射率约为1.56;绿色部分以黝帘石为主,所测的折射率约为1.70。

(4)相对密度测试:2.73～3.18,因矿物成分含量不同,变化范围较大。白色部分多时相对密度值则偏低值端。根据所测的饰品大小,可选择通过静水称重法或重液法来完成。

(5)查尔斯滤色镜:绿色的独山玉在查尔斯滤色镜下呈现暗红色或橙红色。

六、独山玉与相似玉的鉴别

(1)颜色特点:绿色独山玉易与翡翠和软玉中的碧玉相混,从颜色上来看,独山玉绿色带灰或带蓝色色调。色形多为团块状和不规则状分布,由粒状的绿色绿帘石矿物组合而成,并常与杂色调相互浸染分布。大多数翡翠绿色深浅不一,分布为不均匀状,绿色分布形态有团块状、细丝状、斑点状和浸染状分布。绿色独山玉与绿色翡翠较为接近,尤其是在旧货中更易造成混淆,在鉴定中需注意。碧玉为软玉中的绿色品种,根据成分中 Fe 的含量多少,其颜色也有深有浅,绿色均匀柔和,常含有黑色磁铁矿小颗粒。白色独山玉易与白色软玉和石英质玉相混,但软玉比白独玉细腻,石英质玉手感较差。

(2)折射率:独山玉 RI1.56 或 RI1.70,当测到 1.56 时,易与蛇纹岩玉 1.57 相混。

(3)相对密度:易与软玉相混,独山玉 SG2.73～3.18,变化范围大;软玉 SG2.80～3.10。

(4)滤色镜:独山玉滤色镜下变红;其他相似宝石材料滤色镜下不变红。

独山玉与相似玉石材料的鉴别见表 16－4－1。

表 16－4－1 独山玉与相似玉石材料的鉴别

	独山玉	软玉(碧玉)	翡翠	蛇纹岩玉
颜色特征	暗绿和蓝绿色,杂色调分布明显	暗绿和绿色,颜色分布均匀	绿色鲜艳或浅淡,大多数分布不均匀	灰绿色和浅绿色,颜色分布均匀但不鲜艳
肉眼及放大观察	质地细腻,显细粒结构,内有大量的絮状物及褐色团块和石花	具有纤维状交织结构,质地细腻而滋润,颜色均匀而柔和,碧玉内常含磁铁矿颗粒小黑点	颗粒粗时可见解理面闪光,抛光表面可显橘皮效应	质地细腻,几乎看不清颗粒界限,透光观察,质地可见水波纹或絮状物
折射率	1.56 或 1.70	1.62	1.66	1.56～1.57
相对密度	2.73～3.18	2.80～3.10,常为 2.95	3.30～3.32	2.59
滤色镜	暗红色、褐红色	不变色	不变色或由铬盐染色时可呈红色	不变色
吸收光谱	绿色独山玉红区有吸收,但不典型	碧玉色浓时可显铬谱,但不属于典型光谱	绿色翡翠在红光区 630nm、660nm、690nm 有三条阶梯状吸收窄带,有时显 437nm 吸收线,为典型吸收光谱	不具有典型光谱

七、产状及产地

独山玉仅产于河南省南阳市独山,位于南阳盆地北缘,地处秦岭纬向构造带南部亚带与新华夏系联合复合部位。独山玉围岩为辉长岩,岩体似盘状,两翼略对称。玉石产于该岩体的破碎带中,为黝帘石化斜长岩,矿体呈脉状、网状或透镜状分布。独山玉矿属高中温热液矿床。为岩浆期后热液于岩体破碎带中的多期、多阶段的充填及交代作用而形成。河南南阳独山玉矿的资源有限,使得独山玉料价值不断上涨,优质玉料更是一料难求。除河南南阳外,新疆准格尔地区和四川雅安地区也有类似的玉石发现。西准格尔地区为蚀变斜长岩,呈绿色、蓝色、绿白色及白色,当地也称之为独山玉。雅安的玉石为含铬钠黝帘石化的斜长岩,在灰白色的基底上分布有翠绿的斑点。

第五节　绿松石(Turquoise)

一、概述

绿松石也称为松石,在国际市场上也称土耳其玉,有几千年的灿烂历史。早在古埃及、古墨西哥、古波斯,绿松石作为宝石,制成护身符和随葬品。据考古专家研究我国将绿松石作为饰品,距今已有五千多年的历史。

我国湖北绿松石在世界上享有盛名,古有"荆州石"之称。属高档的玉雕材料,特别是质纯、色艳的大料(大于 10kg 者)被视为珍品。1990 年,湖北工艺美术研究所购得一块重达 53kg,高 45cm、宽 33cm、厚 25cm 纯正匀净的天蓝色绿松石,由工艺美术研究所工艺美术师袁嘉骐先生设计制作成《武当朝圣图》,该作品历时四年完成。作品的正面雕有 87 位仙道朝圣,场面恢宏,气势磅礴,1994 年获国家"真绝杯"奖。

我国的绿松石制品畅销世界各地,深受各国人民的喜爱。绿松石为十二月生辰石,象征着成功和必胜。

二、绿松石的基本特征

(1)化学成分:化学式为铜和铝的含水磷酸盐,含少量的铁,铁可代替成分中的部分铝。

(2)晶系:三斜晶系。

(3)结晶习性:常见隐晶质块状、结核状、脉状和皮壳状。

(4)透明度:不透明。

(5)硬度:5.5～6,结构疏松时则硬度低。

(6)相对密度:2.60～2.90,因产地不同而有所变化。

中国:湖北郧县 2.696～2.698;西藏 2.72。

伊朗:2.75～2.85。

美国:2.60～2.70。

西奈半岛:2.81。

巴西:2.60～2.65。

以色列埃拉特:2.56～2.70。

(7)光泽:块状体为蜡状光泽。

(8)折射率:块状绿松石平均折射率为 1.62。

(9)双折射率:块状不可测。

(10)光学性质:二轴晶正光性。

(11)发光性:在长波紫外光下有淡黄绿色到蓝色荧光,在短波紫外光下不明显。

(12)吸收光谱:紫光区 430nm、420nm 处有明显吸收线。

(13)颜色:天蓝色、淡黄色、灰蓝色、蓝绿色、绿色、灰绿色、土黄色,其中以天蓝色为佳。

三、绿松石的品种

绿松石的品种主要根据颜色、质地、结构的致密程度等方面来划分。

(1)瓷松。颜色为天蓝色,结构致密,质地细腻,具蜡状光泽,硬度大(5.5~6),是绿松石中的上品。

(2)绿色松石。蓝绿到豆绿色,结构致密,质感好,光泽强,硬度大,是一种中等质量的绿松石。

(3)铁线松石。氧化铁线呈网脉状或浸染状分布在绿松石中,如质硬的绿松石内有铁线分布能构成美丽的图案。铁线纤细,黏结牢固,与松石形成一体。铁线勾画出的自然花纹效果,似龟背(龟裂纹)、似网脉、似脉络,很美观,尤其深受美国人喜爱。

(4)泡松(面松)。为一种月白色、浅蓝白色绿松石,因质地松散,颜色浅淡,表面光泽差,硬度低(4),手感轻,是一种低档绿松石。这类绿松石常通过人工处理来提高其质量。

四、绿松石、合成绿松石及优化处理的鉴别

1. 绿松石

绿松石以其独特的颜色和矿物组合为鉴别特征。尤其是天蓝色的瓷松品种,价值较高,以绿松石矿物为主,常含有黄铁矿颗粒及呈网脉状分布的褐铁矿,质地细腻,蜡状光泽,不透明,折射率约1.62,相对密度为2.6~2.9,除天蓝色外,还有豆绿色、浅蓝色或淡蓝色。有经验者可根据特殊的颜色、矿物组合、质地、蜡状光泽、不透明等特征肉眼鉴别。

2. 合成绿松石

早在1927年,已成功地合成了绿松石,但直到1970年才由法国的P. Gilson公司开始商业性生产。合成绿松石显示纯正的天蓝色,质地细腻,呈蜡状光泽,放大观察可见无数密集小球体,显微球粒状结构或深浅颜色的似絮状物组成了细网状结构。折射率1.60,相对密度2.60~2.80,与天然绿松石较为接近,根据颜色的纯净,矿物组成的结构可与天然绿松石相区别。

3. 优化处理及鉴别

优化处理主要是为了改变绿松石的颜色及外观特征。主要的方法为染色处理和灌注处理。

(1)染色处理:主要目的是改变颜色。绿松石失水后,利用苯胺染料,对淡绿色、淡蓝色的绿松石进行染色。在不显眼的地方滴上一滴氨水,可发现染料发生褪色,退回到原来的绿色和白色。

(2)灌注处理:①注油和蜡处理:其目的是改变绿松石的颜色。这种染过色的绿松石颜色不耐久,热针触探(热针不贴在样品上)几秒钟后油和蜡将会渗出表面。②注塑处理:其目的是针对浅色的绿松石通过注塑来改变颜色和结构。通常采用热针触探2~3s裂隙和凹坑处,塑料会放出刺鼻的味道。外观具有瓷松品种颜色的,则相对密度低,手感轻。

五、绿松石的工艺要求和利用

绿松石是一种高档名贵的玉器雕刻材料,通常分成特级料、一级料、二级料、三级料和次级料5种(表16-5-1)。

表16-5-1 绿松石等级及工艺要求

等级	料质要求
特级料	要求质硬、色蓝、块大、无杂质和裂隙
一级料	蓝色到豆绿色,块体比特级料小
二级料	蓝色到豆绿色的中小块料
三级料	其他能使用的材料
次级料	浅蓝白色的泡松(面松)为此类,只有大块或人工优化处理后才能利用

绿松石的特级料用作首饰石,大块料用作玉雕,加工过程中,一般先去掉表皮,挖去泥线,除掉黄色,然后依料设计,画上图案。绿松石常被工艺大师们设计雕琢成仕女、小孩、佛像、花卉、草虫等,以仕女、孩童和花卉等美的形象为题材的制品较多。

绿松石颜色娇贵,加工制作过程中,环境要干净,避免与茶水、皂水、污油、铁锈长期接触而使绿松石变色。另外,绿松石怕高温,太阳暴晒后也会褪色。在抛光过程中,过热也会使材料发白,甚至变褐黄色或黑褐色。产品制作完成后,通常上蜡来保护,并提高亮度。

六、绿松石的地质产状及产地

1. 地质产状

绿松石矿床为外生淋滤成因,与含磷含铜硫化物的岩石线性风化壳有关。围岩可以是年轻的酸性喷出岩(如流纹岩、粗面岩、石英斑岩等)和含磷灰石的花岗岩或沉积岩。绿松石矿体一般呈鸡窝状、结核状、肾状及不规则状产出。

2. 产地

(1)中国:绿松石产地主要有湖北、陕西、青海等地,其中湖北产的优质绿松石中外著名,湖北郧阳云盖寺绿松石矿开采历史悠久,矿上古老的矿洞距今已有上千年的历史。绿松石产于前寒武纪的黑色片岩之中,产出的绿松石色好、质硬,年产量几吨到十几吨,除满足我国宝石加工业的需要外,还可外销国际市场。

(2)伊朗:伊朗东北部的尼沙普尔矿床产出的绿松石较为著名。绿松石产于斑岩及粗面岩中,为褐色铁矿所胶结。绿松石颜色均匀,天蓝色中有时有细脉状的褐铁矿矿脉穿切。该矿山已开采几个世纪。

(3)埃及:在西奈半岛上。绿松石产于砂岩之中,地壳运动使绿松石及脉石角砾化。有大量的褐铁矿产出。绿松石颜色为蓝色到蓝绿色。

(4)美国:产地主要分布在西南部,尤其是亚利桑那州,绿松石产量最为丰富。不同矿山的绿松石颜色有差别,但以深蓝色为主,常有褐铁矿呈网脉状分布于绿松石中(铁线松石)。

第十六章 非晶质及多晶质宝石

(5)澳大利亚:在一些大的矿床中发现致密而优美的蓝色绿松石,颜色均匀,质硬,呈结核状产出。

(6)其他产地:智利、乌兹别克斯坦共和国、墨西哥、巴西等。

第六节 青金岩(Lapis Lazuli)

一、概述

青金岩是一种比较美丽而稀少的多晶质宝石,世界上以阿富汗巴达什哈产的青金岩最为著名,青金岩也被智利列为国石。我国自古认为青金岩"色相如天"(也称帝青色或宝青色),很受帝王的器重,在古代多被用来制作皇帝的葬器。隋代不论是朝珠或朝带都重用青金岩,青金岩还被列为四品官顶。

由于青金岩具有很庄重的深蓝色,除了制作珠宝首饰之外,还用于雕佛像、达摩、瓶、炉、动物等,此外还是重要的画色和染料。我国古代劳动人民早就把它作为彩绘用的蓝色颜料,著名的敦煌莫高窟、敦煌西千佛洞自北朝到清代壁画、彩塑上都用青金岩作颜料。青金岩同绿松石一样被列为十二月生辰石,代表成功和必胜。

二、基本特征

(1)矿物成分:青金岩由几种矿物组成,主要矿物为青金石、方钠石和蓝方石组成的集合体,次为透辉石、方解石、黄铁矿等。青金岩中含方解石使其带白斑,含黄铁矿则产生金星状斑点。

(2)形态:青金石为等轴晶系,致密块状集合体,细粒—隐晶质结构,粒度从千分之几到十分之几毫米。

(3)颜色:靛蓝色、天蓝色、浅蓝色和蓝紫色,纯深蓝色最佳。

(4)相对密度:2.7～2.9,无黄铁矿时,相对密度2.70左右,有黄铁矿时相对密度加大。

(5)断口:性脆,可见不平坦状断口。由于韧性较差,加工中不利于精雕细琢。

(6)透明度:不透明。此性质可作为青金岩的鉴别特征之一。

(7)酸实验:当青金岩含有方解石时遇盐酸则起泡,放出臭鸡蛋气味(硫化氢)。此项性质为破坏性测试,需小心进行。

(8)光性特征:均质矿物。

(9)折射率:1.50。青金石斜方变种为二轴晶矿物,折射率为1.504～1.540。此变种在变质石灰岩、大理岩或伟晶岩中产出。

(10)发光性:在紫外光长波照射下有橙色斑点荧光或条纹状荧光,短波下有粉红色荧光。

三、青金岩的品种

1. 青金

青金质纯色浓,为青金岩中的最佳品。颜色为暗蓝色、艳蓝色、深蓝色、靛蓝色。质密而细,无杂质白斑,一般没有金星或少有金星。"青金不带金"者就是这一种。此料一般做首饰,如戒指、吊坠等饰品。

2. 金克浪

金克浪是青金岩中含有较多的黄铁矿和方解石微小晶体的一个品种。较多的黄铁矿和方解石的存在,直接影响着质量和使用价值。

3. 催生

催生的颜色一般比较浅淡,蓝色的青金含量较少,呈斑点状与方解石相间分布,以白色方解石和杂色居多,此种为青金岩中之下品,价格较为便宜。"催生"是因古传青金有助产之功效而得名。

四、青金岩的加工工艺要求及选用

在加工中对青金岩的颜色要求较高,按颜色可分为三等。

(1)上等青金岩无杂色,色纯正而均匀,无金星或带很漂亮的金星。大小块都可选用,价值高,做首饰石和玉器雕刻品均可。

(2)中等青金岩蓝色欠佳,略有深浅的变化,金星暗淡,有白斑交织于其中,多用于玉雕,少做首饰石。

(3)最次的青金岩颜色为浅蓝色,白石多,无金星,个别部位有黄斑,欠美观,一般用于玉雕。

青金岩韧性不强,抗断能力差,在选料、设计或制作青金岩产品时应予注意。青金岩颜色深沉而稳重,可制作佛像和仿青铜器的制品。

五、青金岩及其鉴别

1. 青金岩

青金岩以特有的颜色和矿物组合为主要鉴别特征。蓝色的青金岩和白色方解石构成不规则的色斑状。黄色的黄铁矿颗粒分布于其中。深蓝色的致密块状青金岩在查尔斯滤色镜下呈红色。

2. 染色青金岩

质量差的青金岩以蓝色的苯胺染料染色以提高颜色效果,当染色深度不深时,具有明显的染色痕迹。用蘸有丙酮的棉签擦拭染过色的青金岩,会使擦拭的棉签变成蓝色。

3. 胶结青金岩

某些劣质青金岩被粉碎后用塑料黏结,当用热针触探样品不显眼的地方时会散发出塑料的气味。

4. 合成青金岩

合成青金岩颜色上与天然青金岩相似,但颜色分布较为均匀,缺少大多数青金岩杂色分布的特点。合成青金岩为细粒结构,如果有黄铁矿分布时,黄铁矿则属天然材料,经粉碎、筛分后添入粉末原料中,因此,黄铁矿颗粒边沿一般都很平直,并且均匀地分布于整块宝石中。而天然青金岩中的黄铁矿其外观轮廓呈不规则状,颗粒边沿也不规则,黄铁矿颗粒有时呈单颗粒或小斑块状、条纹状形式出现。合成青金岩相对密度2.45,低于天然青金岩相对密度2.70。合成青金岩孔隙度高于天然青金岩,在静水称重时,在水中的视重经过15min后明显增加,天然青金岩则属低孔隙度。查尔斯滤色镜下合成青金岩不变红,天然青金岩则变成褐红色。

六、青金岩的地质产状及产地

青金岩为接触交代矽卡岩的产物。根据被交代岩石的成分,青金岩矿床可划分为镁质矽卡岩型和钙质矽卡岩型。

阿富汗为最著名的青金岩生产国,优质原料储量大于1 000t,年产量约5t。智利青金岩质量不如阿富汗。俄罗斯青金岩矿床位于外贝加尔小贝斯特拉和帕米尔利亚支瓦尔达雷地区。

第七节 蛇纹岩玉(Serpentine Jade)

一、概述

蛇纹岩玉是一种含水的镁硅酸盐,在自然界中广泛产出。根据产地不同而名称多种多样。如新西兰产的蛇纹岩玉称鲍温玉,美国宾夕法尼亚州产的蛇纹岩玉称威廉玉。我国产地也很多,其中以辽宁岫岩县产的蛇纹岩玉质量最好,称为岫玉。为规范珠宝市场的名称,我国各地所产的蛇纹石岩玉将统一称为蛇纹岩玉,不再以所产地的地名来命名,仅保留"岫玉"这一具有代表性的地方名称。辽宁岫岩县所产的蛇纹岩玉具有较好的质量和悠久的使用历史,据考古专家研究,岫玉最迟在两千多年以前就已开采,至今矿产资源仍然很丰富。辽宁岫岩县岫玉矿自1957年成立,向全国二十几个省市一百多家玉器厂提供料源。岫玉色泽均匀,质地细腻,晶莹明亮,是我国重要的玉器原料,各种工艺品深受人们喜爱,是玉器的重要品种。

二、基本特征

(1)化学成分:含水的镁质硅酸盐,化学通式 $A_3Si_2O_5(OH)_4$,A 代表 Mg、Fe、Ni,有时含少量的 Ca 和 Cr 等。

(2)形态:蛇纹石为单斜晶系,常呈叶片状、纤维状的微晶,蛇纹岩玉是这些微晶的集合体。

(3)颜色:以青绿色为主,深浅不同,有果绿色、淡绿色、黄绿色、灰绿色、褐黄色、褐黄红色、灰褐色、黑色等。

(4)硬度:4.5~5.5,根据成分不同而有变化。

(5)相对密度:2.44~2.82。

(6)光泽:油脂—蜡状光泽。

(7)断口:参差状断口。

(8)透明度:半透明、微透明至不透明。

(9)折射率:1.56~1.57,视品种不同而有变化。

(10)产状及产地:蛇纹岩产于基性和超基性岩体内,由这些岩石经水热蚀变而成。也产于蛇纹石化大理岩或接触带中,由富镁碳酸盐蚀变而成,如岫玉矿体主要赋存在白云石大理岩或菱镁层中强烈蛇纹石化地段。

主要产地有中国、美国、新西兰、纳米比亚、奥地利、安哥拉等。

三、主要品种

蛇纹岩玉产地多,资源量大,由于产地不同,颜色和质地特点也有所不同,商贸中常见以下品种。

1. 鲍温玉

鲜黄绿色,半透明状,质地细腻,主要成分为叶蛇纹石,块体中常含磁铁矿、滑石片和铬铁矿等斑点,硬度4~6,相对密度2.80,以新西兰产出的蛇纹岩为代表。

2. 岫玉

岫玉颜色丰富,主要为淡绿—浓绿色、黄绿色、白色,次为烟灰色、黑色及花斑色。颜色深浅由Fe^{2+}含量的多少决定,Fe^{2+}含量高时颜色加深。透明到半透明至微透明,质地细腻,主要成分为叶蛇纹石和纤维蛇纹石,硬度4.8~5.5,相对密度2.54~2.84,以中国辽宁岫岩县产出的蛇纹岩玉为代表。

3. 威廉玉

浓绿色,块体中常含有铬铁矿细片构成斑点,成分主要为含镍蛇纹石、水镁石、蛇纹石、铬铁矿,半透明,硬度4,相对密度2.6,以美国宾夕法尼亚州蛇纹岩为代表。

4. 酒泉岫玉

也称"酒泉玉"或"祁连玉",是一种含黑色斑点和不规则黑色团块的暗绿色致密块状蛇纹岩,质地较好。这种玉有时也称墨绿玉,产地除甘肃酒泉外,还有青海、河南淅川县和西峡县。主要产于蛇纹石化超基性岩中。

5. 南方岫玉

也称"南方玉"或"信宜玉",是一种暗绿色、绿色的致密块状蛇纹岩,产于透闪石化和蛇纹石化白云岩中。广东省信宜市,1949年前就开采,1974年国家投资建矿,产量很大,是广东省主要玉器料源。

6. 陆川岫玉

也称"陆川玉",是一种黄绿色中分布有黑色斑点的致密块状蛇纹岩,产于广西壮族自治区的陆川。

7. 昆仑岫玉

也称"昆仑玉",玉质与岫玉很相似,豆绿色,质地细腻,色泽均匀,透明度较好,产于新疆的昆仑山麓,因交通不便,未大量开采。

8. 蛇纹石猫眼

为一种具有纤维状结构的蛇纹岩,纤维平行排列可产生猫眼效应。因主要产地在美国的加利福尼亚州,故又称"加利福尼亚猫眼石"。

上述所列我国各地所产蛇纹岩玉,其名称如酒泉玉、南方玉、陆川玉、昆仑玉这些产地名称已被废除,不再作为商业用名使用,而全部冠以"蛇纹岩玉"的名称。

四、评价

蛇纹岩玉在我国最有代表性的为辽宁岫玉。蛇纹岩玉因产地多,产量大,所以为中低档玉石。根据质地、颜色、块度和透明度可将岫玉划分为特级、一级、二级、等外级(表16-7-1)。

表 16-7-1 岫玉质量的工艺要求

等 级	各等级料的主要特征
特级料	质地纯净,颜色明快,无杂质,无裂纹,块体要求大于50kg,利用率50%以上
一级料	质地纯净,颜色明快,无杂质,无裂纹,块体10~50kg
二级料	5~10kg,能符合工艺美术要求,可应用的,或优质料中有缺陷的料,利用率20%~30%
等外级料	不能被正常产品选用的料,裂隙太多,颜色较杂

五、蛇纹岩玉的鉴别

1. 蛇纹岩玉

以辽宁岫岩县产蛇纹岩玉为例,颜色为果绿色、黄绿色,较均匀,质地较细腻,透光观察质地可见水波纹,折射率约1.56,硬度为5~5.5。

2. 染色蛇纹岩玉

市场上常称染色岫玉,常将裂纹较多的蛇纹岩玉加热后,放入红色染料中浸泡,使其形成网脉状花纹,以用来仿古玉。市场上也有称其为"血丝玉"。仔细观察颜色集中于裂隙处。

第八节 石英岩玉(Quartzite)

石英岩玉主要矿物成分为细小石英颗粒组成的集合体,成分中因含有云母,微量氧化铁、有机质混入物而形成各种颜色。根据组合颗粒的粗细程度又分为显晶质集合体和隐晶质集合体两大类。显晶质石英岩玉放大观察可见粒状结构,主要品种有铬云母石英岩(东陵石)、铁云母石英岩(密玉)、含迪开石石英岩(贵翠)和石英岩。隐晶石英岩玉放大观察,难见粒状结构,根据结构特点又分为玛瑙、玉髓。

一、隐晶质石英岩玉——玛瑙、玉髓

1. 基本特征

(1) 化学成分:由 SiO_2 组成的矿物主要为石英,有时含有少量蛋白石,成分中常有微量氧化铁、有机质等混入物,从而使宝石产生各种颜色。

(2) 形态:玛瑙一般呈块状、结核状、钟乳状或脉状,有些有外皮,有些无皮壳,外观质地极为细腻。玉髓一般为隐晶质块状体,钟乳状或葡萄状。

(3) 物理性质：硬度 6.5～7，相对密度 2.60～2.65，性脆，易打出断口，断口贝壳状，玻璃光泽，半透明至微透明，折射率约 1.54～1.55。

(4) 构造特点：玛瑙具有纹带构造，为胶体矿物，是火山期后碱性富含二氧化硅的热液上升地表而形成的。玛瑙形成时热液的成分和外界条件的变化使其结构也发生了变化，有层带状、同心圆状、隐现冰凌纹状、实心状或空心状。这些不同的构造也表现了产地不同的特点，依据这些特点来分辨玛瑙的优劣是很重要的。

(5) 产状、产地：隐晶质石英岩玉的品种主要为玛瑙和玉髓，为二氧化硅胶体溶液沉淀而成，所不同的是块体具有纹带结构的为玛瑙，块体无纹带结构的即为玉髓。在天然岩石的空洞或裂隙中二氧化硅溶液按层或同心圆状依次沉淀而成。由于每一层所含的微量杂质不同，则呈现不同的颜色，使玛瑙有着极丰富的颜色种类。玛瑙和玉髓主要产于火山岩裂隙及杏仁状的空洞中，也产于沉积岩和砾石层及现代残坡积的堆积层中。著名产地有印度、巴西、俄罗斯、美国、埃及、澳大利亚、墨西哥等国。

我国玛瑙、玉髓产地分布广泛，主要产地为东北三省的黑龙江嫩江流域、辽宁陵源、辽宁阜新。东北三产地的红玛瑙在红的色调上各有不同，透明度、外皮也有差异，细致观察可鉴别其质量优劣。其他产地有内蒙古、广西、宁夏、江苏等地。

2. 主要品种类型

1) 玛瑙

玛瑙有着各种颜色和花纹，品种很多，因而有"千样玛瑙"的说法。玛瑙在我国也是古老的宝石之一，尤其是红玛瑙最受欢迎，"玛瑙无红一世穷"更加坚定了人们对红玛瑙的钟爱。近年来南红玛瑙再次走进人们的视野，行情持续走高，价格成为各类玛瑙之首。

南红玛瑙市场需求旺盛，但由于产量极低，且早在清代乾隆时就一度绝矿，故市场流通中的优质品非常稀少。加之南红玛瑙在珠宝艺术品和古玩市场都非常走俏，色相较好的优质品更是炙手可热，从而导致了南红玛瑙的价格一路飙升。

典型的南红玛瑙产地在云南，最具代表性的区域是保山市的玛瑙山。徐霞客曾记载："其色月白有红，皆不甚大，仅如拳，此其蔓也"，说的就是此地产的南红玛瑙。其次，南红玛瑙在甘肃、四川等地也有产出，通常称之为"甘南红"。南红玛瑙以独特的柿子红、朱砂红、玫瑰红等为优质品。

自然界所产的玛瑙通常花纹和颜色丰富，加之质地细腻，是玉雕大师们进行精雕细琢和俏色搭配的最佳玉器原料。通常人们根据玛瑙的颜色（表 16-8-1）、结构和形态（表 16-8-2）进行分类。

表 16-8-1 玛瑙按颜色分类一览表

红玛瑙	红是玛瑙的一种主色，一般玛瑙呈褐红色、酱红色、黄红色。有些玛瑙颜色表现不均匀，外黄内红者，外白内粉者也常见
蓝玛瑙	以淡蓝色为主，色较深时，透明度较差，有时在蓝色玛瑙中分布一些其他色彩鲜艳的纹带
绿玛瑙	天然产出的绿玛瑙较少见，优质者尤为罕见，价格也相对提高
紫玛瑙	紫玛瑙较少见，紫色有深有浅，其中以葡萄紫色最佳，这种玛瑙质地较粗，常为微透明状
黑玛瑙	以黑色为主，微带蛋青色或淡灰色，中间为不明显的椭球状或同心圆状或不规则状的条带
白玛瑙	呈乳白色浅灰白色，常与无色透明玛瑙构成同心带状，条带不均匀，中间常有石英夹层
灰玛瑙	深灰色、浅灰色或蛋青色，有的具有不明显的同心条带，内部常有石英夹层或砂心
黄玛瑙	黄色为主，常呈淡黄色、橘黄色、褐黄色及浅黄色，有时与粉红、淡红、淡灰色玛瑙夹层构成美丽的纹带

第十六章　非晶质及多晶质宝石

表 16-8-2　玛瑙按结构、形态分类一览表

缟玛瑙	由较宽的黑白条带状花纹构成,纹带具平行层状结构
缠丝玛瑙	以红白两色呈丝带状的称之,因色带随玛瑙结构变化,所以表现出流畅和规律的特点。缠丝玛瑙的色带以细如游丝,变化丰富者为好。其中缠丝玛瑙中最珍贵的主体色为红色,价值较高,被誉为"幸福之石"
子孙玛瑙	玛瑙内部由两期成矿作用形成的玛瑙,第一期次形成的玛瑙与第二期次形成玛瑙的花纹、颜色截然不同
苔藓玛瑙	又称藻草玛瑙,"台藓"或"藻草"多为绿色,实际上是绿泥石或氧化锰沿着裂隙渗入,出现树枝状、羊齿植物状的花纹
水胆玛瑙	玛瑙中含水者称之。二氧化硅含有气水的情况下,有条件生成晶体时,二氧化硅呈晶体出现,常常在玛瑙的外层或内层形成晶体层,余下的水溶液被封闭在玛瑙中心空洞部位,而成为水胆玛瑙
火炬玛瑙	玛瑙的条带层中含有氧化铁板片状矿物晶体,闪着火红的光泽,形成的条纹结构形态呈火焰状,火焰条纹可由各种颜色组成,火焰越大越美观,其经济价值也越高

2)玉髓

隐晶质石英块体无纹带构造者称之为玉髓。

(1)红玉髓:因内含氧化铁而呈红色,颜色为淡红色、深红色、褐红色者被称为"红玉髓""光玉髓"等。主要产于印度、巴西、日本,我国甘肃、宁夏也有产出。

(2)葱绿玉髓:绿色玉髓,由氧化铁致色,含绿泥石和阳起石包裹体,以深绿色为主。

(3)绿玉髓:也称"澳洲玉"或"英卡石"。绿玉髓只有葱心绿色一种,由镍(Ni)致色,常呈不规则板状、块状产出。皮层向板块中部延伸,把绿色分割为片状、瘤状。皮为石英质,放大观察可见水晶小晶体。著名产地为澳大利亚。

(4)蓝玉髓:为蓝色,颜色鲜明美观,半透明状,我国台湾东部有产出。

(5)杂质玉髓(碧玉):由半透明至不透明的玉髓组成,因含杂质太多而影响透明度。它有各种颜色,如白色碧玉、红色碧玉、绿色碧玉等。当以不同颜色混合产出时,给人一种自然景观的印象,又称为风景碧玉。带红点的碧玉也称"血滴石"。杂质玉髓往往被染成蓝色而作为"瑞士青金"或"德国青金"出售。

3. 工艺要求

隐晶质石英岩玉产量大,产地多,颜色丰富多彩,花纹变化无穷。是低档首饰石和高、中档玉器的主要料源,也是我国玉雕材料中的一大品种,用量大、销路广。质量好、颜色鲜艳者做首饰石,大部分材料则做玉雕,在工艺的选用过程中要求从以下几方面进行。

1)颜色

颜色鲜亮、纯正,花色清晰者为上等材料。如有多种颜色的玛瑙,则要求以一种颜色为主,色层要厚,其他颜色作为辅色来衬托主色,使做出的产品效果显著。

2)裂纹

隐晶质石英岩玉硬度较大,但性脆易产生裂纹。在工艺制作选料中,质量最好的材料要求无裂纹。但玛瑙往往存在裂纹,则要求裂纹少、短、浅,不影响其应用。遇到严重的裂纹,应顺裂纹的方向把料破开以达到"躲绺"(躲开裂纹)的效果。

3)块度与级别

块度大小是工艺制作中的一个衡量标准。块度越大,质量越好,级别越高。玛瑙是制作玉雕,尤其是制作俏色作品的好材料。其块度要求:

(1)特级料:颜色好,无裂纹,块体在2kg以上的全红料或红色层很厚的料。
(2)一级料:颜色好,无裂纹,块体在1~2kg。
(3)二级料:颜色好,无裂纹,块体在0.5kg以下。
(4)等外级料:小块有利用价值的原料。

4)砂心

主要针对玛瑙,玛瑙中心部位一般有砂心,砂心与玛瑙质地全然不同,砂心呈白色,透明度不等,有粗有细,依砂心的大小、状态和牢固程度可分为能使用和不能使用两种。能使用的砂心占少数,砂心结晶细腻、透明,有水晶或紫晶晶簇的有利用价值。其他不能使用的砂心,在制作过程中一般作为杂质剔除。

4. 优化处理

隐晶质石英岩玉通常经过加热和染色的人工处理工艺来改变颜色外观。其中玛瑙的改色历史悠久。通过改色后的玛瑙颜色鲜艳,更惹人喜爱而广泛被人们接受,对颜色浅淡的玉髓也可以进行染色处理来加深颜色的鲜艳程度。由于加热和染色处理后的玛瑙和玉髓颜色较为稳定,已被商业上所接受。

1)加热处理

玛瑙玉髓是重要的宝石资源,五光十色的天然玛瑙中,真正有经济价值的主要为自然界少见的红玛瑙。天然的红玛瑙直接使用时,其红色不鲜艳,原因是玛瑙中致色元素有二价铁(Fe^{2+})和三价铁(Fe^{3+})。Fe^{2+}色暗灰黑,影响红色的色调,热处理后Fe^{2+}氧化成Fe^{3+},使玛瑙的红色变得鲜艳。因此,绝大多数天然红玛瑙必须经过加热处理后再使用,人们也称这类玛瑙为"烧红玛瑙"。

加热处理工艺实质是改变玛瑙成分中铁元素的价态,以达到改善玛瑙的颜色。玛瑙的改色,热处理的温差变化和温度极限是其关键。高温会使玛瑙炸裂。

加热处理工艺主要是改变颜色,同时也改变了玛瑙的其他特征,如透明度会减弱、硬度减小、脆性增大。但这些改变不影响玛瑙的质地和质量,却提高了颜色的质量级别。烧红后的玛瑙,外表泛白,断口处有红色反光,颜色均匀鲜明,没烧透的断口处反光不明显,烧过火的脆性加大,对着光照可见许多炸裂纹,容易破裂。

2)染色处理

玛瑙和玉髓都可通过染色处理来增加颜色的鲜艳程度,染剂主要以无机染料为主,有机染料易褪色,而且色不鲜艳。染色时先将所染宝石用酸或碱溶液洗净,有时甚至再抛一次光,然后根据所要染的颜色,将宝石浸入染料溶液中,使染料渗入,反应沉淀致色。

染红色:染料为氧化铁,将玛瑙、玉髓浸入硝酸铁溶液中,加热染煮。

染黄色:染料为氧化铁,将所染玛瑙、玉髓浸入饱和氯化铁中略加热,会产生柠檬黄色。

染绿色:染料为氧化铬(Cr_2O_3),将玛瑙、玉髓浸入饱和铬盐溶液后,再加热即产生绿色。用硝酸镍浸泡后加热也有相似的染色效果。

染蓝色:将玛瑙、玉髓泡入亚铁氰化钾溶液中,然后再浸入硫酸铁溶液中并煮沸。

染黑色:染料为碳黑,先将玛瑙、玉髓浸入浓的糖水中,取出后浸入热的浓硫酸中,糖碳化变黑而使宝石产生黑色。

染色后的玛瑙和玉髓可呈现鲜艳的红色、绿色、蓝色和黄色。

5. 鉴别特征

隐晶质石英岩玉由于广泛产出,数量较多,有经验者一眼可以认出。

(1)玛瑙:玛瑙通常有典型的环带状或纹带状结构而易识别,硬度高、耐磨性好,表面较光滑,折射率约为1.54,相对密度2.65,在稀释三溴甲烷中呈悬浮或缓慢漂浮状态。

(2)玉髓:以澳大利亚产的绿玉髓价值较高,原料中可见白色皮壳或鬃眼,放大观察隐晶质石英的小晶粒聚集在一起,成品中透光观察可见有无色细脉状物质分布于绿玉髓之中。折射率约为1.54,相对密度2.65左右。

(3)隐晶质石英岩玉的仿制品主要为玻璃或半脱玻化玻璃,有些仿玛瑙的玻璃具有不连续的纹带结构,玻璃仿绿玉髓,肉眼观察有较多的小黑点,放大观察,实为气泡。折射率约为1.50,相对密度值不稳定,因硬度低,表面有磨损现象。

二、显晶质石英岩玉

品种不同,二氧化硅的含量略有变化。一般呈致密块状或呈微粒状集合体,由于含有杂质,而形成不同的颜色。

1. 东陵石(铬云母石英岩)

东陵石成分中SiO_2达90%,次为铬云母10%,最高可达18%(图16-8-1)。颜色为浅绿到暗绿色,透明至半透明,在折射仪上测得折射率为1.540~1.550,相对密度约为2.63,硬度为6.5~7。无特征吸收光谱。内含物为大量的铬云母,呈绿色的小片状分布于石英岩中,铬云母的颜色、数量及分布状态直接影响着东陵石的颜色及外观特征。其他内含物还有橘红色的金红石柱状晶体、褐红色的锆石晶体、黑色的铬铁矿晶体等分布于其中。东陵石在查尔斯滤色镜下呈红色。产地为非洲、巴西等地。

2. 密玉(铁锂云母石英岩)

密玉成分中SiO_2达95%,次为铁锂云母3%~5%。颜色为浅灰绿色、棕红色。呈微透明体,折射仪上测得折射率约为1.54,相对密度为2.63~2.65,硬度为6.5~7。内含物为铁锂云母,呈细小片状包裹石英岩中。主要产地为中国河南密县。

3. 贵翠(含迪开石石英岩)

贵翠成分中SiO_2达90%,次为迪开石或高岭石10%。颜色为淡蓝绿色,绿中带蓝色色调,色不均匀,折射仪上测得折射率为1.54左右,相对密度约为2.63,硬度为6.5~7,微透明至不透明。在贵翠中常有"鬃眼"或条带的其他物质分布。淡蓝绿色者色不稳定,易褪色。产地为中国贵州晴隆、山西等地。

4. 石英岩

石英岩成分中,SiO_2占98%以上,为一种纯石英岩,呈乳白色,半透明到微透明,颗粒细小,具油脂光泽,折射率1.54~1.55,相对密度2.65,硬度7。一般工艺上仅选用白色中带蓝色调的石英岩。如果质量较好时可染成绿色用来仿翡翠。市场上称为"马来西亚玉"的宝石就是一种染色石英岩。放大观察可见绿色染料分布于晶粒周围,构成网脉状(图16-8-2)。吸收光谱红区660~680nm处有一吸收窄带,由于绿色的染色剂所使用的是有机染料,经染色处理后的材料在查尔斯滤色镜下不变色。而传统的绿色染色剂一般采用的是无机盐染色,经染绿的材料在查尔斯滤色镜下会变红,因此这一染色剂的变化使得在20世纪的80年代末或90年代初仿冒高档翡翠时而使一些人受骗上当。石英岩在自然界的产出非常广泛和常见。

图 16-8-1　东陵石中的铬云母片呈丝点状分布　　图 16-8-2　染色石英岩中绿色染料呈网脉状分布

三、二氧化硅置换宝石

二氧化硅置换宝石是由于 SiO_2 交代作用而形成的,但宝石材料仍保留了原矿物晶形的特点,如木变石的石棉纤维状结构和硅化木的木质细脆结构,有时也称为假晶石英岩玉。

1. 木变石(硅化石棉)

组成矿物为纤维石棉,具平行纤维状构造,硬度7,相对密度2.64～2.70,具韧性。主要品种有:

(1)虎睛石:黄色或褐黄色的硅化石棉,当琢磨成凸面型宝石时,因有游彩,似"虎眼"而得名(图 16-8-3)。

(2)鹰睛石:蓝色、蓝绿色、蓝灰色的硅化石棉,当琢磨成凸面型宝石时,因有游彩,颜色和游彩似"鹰眼"而得名。

图 16-8-3　虎睛石

(3)斑马虎睛石:褐黄色与蓝色相间,呈条带状的木变石。

工艺上要求木变石致密,有较强的丝绢光泽,石料有一定的厚度。我国木变石原料除从巴西进口外,河南淅川也有产出,但质量欠佳。

木变石为石棉和青石棉的硅化产物,常发生在硅化的石棉矿床中。

2. 硅化木

二氧化硅置换数百万年前埋入地下的树干,并保留树木乃至树木个体细胞结构,相似于一个有图案的杂质玉髓,用它可作各种装饰品。这类材料也称石化木,有各种颜色。主要根据硬度及木质细胞结构来鉴定。

第九节　蔷薇辉石(Rhodonite)

蔷薇辉石为矿物名,名称来自希腊语,意思是"蔷薇"。颜色较稳定而单一,为一种蔷薇红色。蔷薇辉石在我国工艺界也称为"桃花石",蔷薇辉石于 20 世纪 60 年代在北京昌平地区发现,也被称为"京粉翠"。蔷薇辉石透明单晶极为罕见,大部分为矿物集合体,为一种较好的玉雕材料。

一、基本特征

(1)化学成分:$MnSiO_3$ 成分中常含 Ca、Fe、Mg、Zn。由于这些元素的替换,使其成分有所变化。

(2)晶系:三斜晶系。

(3)结晶习性:晶体较为少见,多为致密块状集合体。

(4)解理:具有两组完全解理,一组不完全解理,这三组解理交角近于 90°。

(5)断口:不平坦状断口。

(6)硬度:6。

(7)相对密度:3.40~3.75,通常为 3.50。

(8)折射率:单晶体为 1.72~1.74,多晶集合体为 1.73(点测)。

(9)双折射:单晶体为 0.014,多晶集合体不可测。

(10)光性:二轴晶正或负光性。

(11)光泽:玻璃光泽。

(12)透明度:半透明或不透明,晶体为透明。

(13)颜色:蔷薇红色,表面常覆盖有因氧化作用而形成的黑色氧化锰薄膜,黑色氧化锰物质在蔷薇辉石中常呈不规则网脉状分布。

二、蔷薇辉石的鉴别特征

蔷薇辉石以独特的蔷薇红色或褐红色区别于其他宝石材料,加之常有因氧化作用而形成的黑色的氢氧化锰质细脉分布于其中,不易与其他材料相混。蔷薇辉石弧面点测,折射率为 1.73 左右。

三、产状及产地

1. 产状

蔷薇辉石属变质作用产物。主要产于内生锰矿床,同含锰的岩石密切有关的接触交代矽卡岩矿床和某些热液矿脉中,常常与其他锰矿物如锰石榴石、菱锰矿及 Mn、Pb、Zn 硫化物共生。

2. 产地

世界上优质透明晶体来自美国新泽西州的弗兰克林;褐红色透明晶体来自澳大利亚新南威尔士;粉红色、玫瑰红色块状原石来自俄罗斯。此外,瑞典、日本、南非和坦桑尼亚也有蔷薇辉石产出。

我国于 20 世纪 60 年代在北京昌平西湖村找到了玫瑰红色块状蔷薇辉石。产于燕山期花岗细晶岩与寒武纪含锰灰岩接触交代而成的含锰矽卡岩中。接触带的矽卡岩长达 580m,倾向延伸 20～30m,组成矽卡岩的主要矿物除蔷薇辉石外,还含有锰铝榴石、透辉石、符山石、方柱石和绿帘石等。

第十节　菱锰矿(Rhodochrosite)

菱锰矿为矿物名,名称来自希腊语,意思是"玫瑰色"。因主要成分锰而致色形成粉红色,也为一自色宝石。菱锰矿最重要的特点是粉红色中白色物质呈条带状分布。透明宝石较少,绝大多数为块状体,由于硬度低,为一种雕刻材料。

一、基本特征

(1)化学成分:$MnCO_3$,因 $MnCO_3$ 与 $FeCO_3$、$CaCO_3$、$ZnCO_3$ 能形成完全类质同像系列,所以自然界产出的菱锰矿,常含有 Fe、Ca、Zn 的成分,形成铁菱锰矿、钙菱锰矿、锌菱锰矿。

(2)晶系:三方晶系。

(3)结晶习性:完好晶体呈菱面体较少见。大多数为多种细小颗粒构成的致密块状集合体,热液成因多呈显晶质,为粒状或柱状集合体;沉积成因多呈隐晶质,为块状、肾状、土状集合体。

(4)解理:菱面体解理(三组)完全。

(5)断口:不平坦状断口。

(6)硬度:4。

(7)相对密度:3.50。

(8)折射率:1.58～1.84,块状体常在 1.60 左右。

(9)双折射:0.220(单晶体)。

(10)光性:一轴晶负光性。

(11)光泽:玻璃光泽。

(12)透明度:透明、半透明、不透明。

(13)颜色:块状材料为粉红色并常有条带,透明材料为橙红色。

二、菱锰矿宝石的鉴别

菱锰矿主要鉴别特征为粉红色,内常有白色物质呈锯齿状或波纹状分布。块状体折射率在 1.60 左右,晶体有较大双折射率,折射仪上仅表现一条可以移动的阴影边界,高值 1.84 为不动值,因超出折射仪的测定范围而得不到读数。菱锰矿与酸反应强烈,故不能放入电镀槽、超声波清洗器或珠宝清洗剂中清洗,加之硬度较低,耐磨性差而使表面易刮伤。

三、产状及产地

菱锰矿在热液沉积及变质条件下均能形成,但以外生沉积为主,形成菱锰矿沉积层。菱锰矿也为一些硫化物矿脉、热液交代及接触变质矿床的常见矿物,常与蔷薇辉石共生。我国菱锰矿主要产自东北、北京、赣南等地。

美国科罗拉多州的阿尔马、马达加斯加、墨西哥、南非的阿扎尼亚、阿尔及利亚等地也有产出。

第十一节 孔雀石(Malachite)

一、概述

孔雀石是埃及人最早开发和利用的,早在公元前 4000 年埃及人就开采了苏伊士和西奈之间的矿山。那时候,人们坚信孔雀石对儿童是一种特别有用的护身符,甚至认为在儿童的摇篮上挂一小块孔雀石,可以将一切邪恶的灵魂驱散,使儿童睡得安宁和酣畅。在德国一些地区,人们认为佩戴这种绿色矿物的人可以防止死亡的威胁,并根据碎成几块的碎片来预报即将发生的灾害。如果在一块孔雀石上刻上太阳,这块孔雀石就有使人摆脱邪恶灵魂(如巫婆、恶魔、巫师)和隐患的威力。人们把孔雀石磨成三角形,用银镶嵌,当护身符贴身佩戴。

在我国,根据云南省楚雄县万家坝出土的春秋战国时期古墓中的孔雀石和硅孔雀石工艺品来看,孔雀石也为一种古老的玉雕原料。

孔雀石是含铜的一种矿石,其质地坚密,花纹美丽可以做工艺品,由于它的花纹颜色很似孔雀羽尾,所以得名孔雀石,矿物名也为孔雀石。

二、基本特征

(1)化学成分:$CuCO_3 \cdot Cu(OH)_2$。

(2)晶系:单斜晶系。

(3)结晶习性:晶体为细长柱状,棱柱状较为罕见。常见的为细小颗粒构成的致密块状、纤维状、钟乳状、葡萄状及不规则状集合体。

(4)断口:没有裂纹的孔雀石断口呈不平坦状或贝壳状。具有千层板状裂纹的孔雀石,断口出现台阶状,这类孔雀石工艺在制作中要小心。

(5)硬度:4。
(6)相对密度:3.60~4.00。
(7)折射率:约1.85。
(8)光泽:玻璃光泽到丝绢光泽。
(9)透明度:不透明。
(10)颜色:绿色有深有浅,形成同心圆状或纹带状花纹,其中同心圆状的条带构造是孔雀石的典型特征。

三、孔雀石的鉴别

孔雀石的孔雀绿色和独特的花纹结构,是肉眼下的主要鉴别特征,不易与其他宝石相混,孔雀石硬度低、不透明、易碎,与所有的酸反应剧烈,在检测时(尤其是雕刻品)必须小心测试。

合成孔雀石1982年由俄罗斯试制而成。它是由众多的致密的小球粒团块组成。合成孔雀石大小不等,可由0.5kg到几公斤。合成孔雀石颜色外观与天然孔雀石相似,具有较好的纹带结构,呈棕色、暗绿色或暗蓝色至黑色,所组成的花纹具有带状、波纹状近似同心环状。合成孔雀石的化学成分及部分物理性质,如硬度、相对密度、光泽、透明度、折射率以及在大型仪器X射线衍射谱线等方面与天然孔雀石相似。因此,要鉴定经过抛磨成形后的样品,只能对所测试的孔雀石样品进行破坏性测试——差热分析才能将合成孔雀石与天然孔雀石区分开。

四、工艺要求及利用

孔雀石在工艺制作过程中,要求颜色鲜艳,色带或纹带清晰,块体要求大而致密,无孔洞,选料时要注意:①块大、致密、无裂纹、无片绺、无蜂窝现象;②颜色要正,绿色成分多,墨绿成分少,花纹同心圆状富于变化则为好料。孔雀石可用于首饰和玉雕材料,作为首饰石一般品种有戒指面、珠串、坠等,通常用致密、色绿、同心圆状花纹明显的孔雀石制作,价格无太大的悬殊。玉雕可制成各种造型产品,如兽、器皿、人物、花卉产品。由于孔雀石的花纹特点和性脆,质地不够坚韧,设计中不追求纤细和玲珑,主题是将同心圆状花纹和典型的纹带用在大面上,使人一眼就能看到花纹的美丽。

五、产状及产地

孔雀石产于铜矿体氧化带,与蓝铜矿和赤铜矿共生,一般孔雀石的开采属铜矿山开采。世界上的著名铜矿山很多。

主要产地如赞比亚、澳大利亚、纳米比亚、美国、俄罗斯等。

我国孔雀石主要产在南方某些铜矿山的氧化带中,主要产地有广东、赣西北、湖北大冶等地。

习题(第四节—第十一节)

一、选择题

1. 独山玉矿物组成非常复杂,其主要矿物组成为:

a. 钾长石和黝帘石   b. 钙长石和黝帘石
c. 拉长石和绿帘石   d. 钙长石和绿帘石

2. 独山玉在我国历史悠久,最早在南阳独山的"玉街寺"那个时期为:
   a. 商周   b. 明代   c. 宋代   d. 汉代

3. 独山玉按颜色共分几个品种?
   a. 8个   b. 9个   c. 7个   d. 10个

4. 独山玉中有各种颜色,其中以杂色为主,约占独山玉总量的:
   a. 45%   b. 48%   c. 50%   d. 60%

5. 绿色独山玉颜色为绿色或蓝绿色,主要组成矿物为:
   a. 斜长石和铬云母   b. 斜长石和黝帘石
   c. 黝帘石和绿帘石   d. 铬云母和绿帘石

6. 独山玉的折射率较特殊,约为:
   a. 1.56 或 1.68(点测)   b. 1.56~1.70(点测)
   c. 1.60 或 1.70(点测)   d. 1.56~1.72(点测)

7. 我国绿松石在世界上享有盛名,它的主要产地为:
   a. 湖南   b. 河南   c. 四川   d. 湖北

8. 1990年,湖北工艺美术研究所从民间购得一块当时称为"绿松石"的原料,它的质量是:
   a. 53kg   b. 55kg   c. 52kg   d. 54kg

9. 绿松石中最佳颜色为天蓝色,次为绿色,这两种颜色主要与哪种杂质元素有关?
   a. Cu 和 Mn   b. Cu 和 Fe   c. Cu 和 Cr   d. Fe 和 Cr

10. 绿松石按颜色、结构特征分为几个品种?
    a. 三个品种   b. 五个品种   c. 四个品种   d. 六个品种

11. 绿松石中最佳颜色品种为:
    a. 瓷松   b. 泡松   c. 铁线松石   d. 绿色松石

12. 绿松石主要形成于:
    a. 气成热液   b. 伟晶岩   c. 沉积岩   d. 外生淋滤

13. 青金岩由几种矿物组成,它们是靛蓝色、白色和黄色矿物,分别是:
    a. 青金石、方解石和黄铁矿   b. 青金石、透辉石和黄铜矿
    c. 青金石、白云石和黄铁矿   d. 青金石、大理石和黄铜矿

14. 青金岩当含方解石时遇盐酸则起泡,放出一种什么气味?
    a. 芳香味   b. 刺鼻味   c. 臭鸡蛋味   d. 醋酸味

15. 青金岩最著名的产出国为:
    a. 阿富汗   b. 智利   c. 俄罗斯   d. 斯里兰卡

16. 青金岩查尔斯在滤色镜下呈现:
    a. 灰绿色   b. 黄绿色   c. 鲜红色   d. 褐红色

17. 隐晶质石英质玉石的品种主要为:
    a. 玉髓、玛瑙、碧玉(石)   b. 绿玉髓、玛瑙、碧玉(石)
    c. 玉髓、缠丝玛瑙、碧玉(石)   d. 红玛瑙、绿玉髓、碧玉(石)

18. 多晶质石英质玉石中最主要的一个品种为:
    a. 密玉(河南密县产)   b. 贵翠(贵州晴隆产)
    c. 石英岩(白色带蓝色调)   d. 铬云母石英岩(非洲产)

19. 东陵石的主要组成矿物为:
    a. 石英、铬云母   b. 石英、迪开石   c. 石英、绢云母   d. 石英、铁锂云母

20. 木变石为 SiO_2 交代的宝石具平行纤维状构造,这种宝石未交代前,主要组成矿物为:
    a. 纤维状透闪石　　b. 纤维状阳起石　　c. 纤维状青石棉　　d. 纤维状角闪石
21. 我国出产蛇纹岩玉最具代表性的地区为:
    a. 辽宁岫岩　　　　b. 河南南阳　　　　c. 湖北陨县　　　　d. 山东蒙阴
22. 蔷薇辉石和菱锰矿常常共生在一起,二者不同之处为:
    a. 颜色及杂色分布　b. 结构特征　　　　c. 透明度　　　　　d. 折射率
23. 孔雀石主要特征为:
    a. 绿色和纹带　　　b. 绿色和硬度　　　c. 绿色和透明度　　d. 绿色和光泽

二、问答题

1. 我国的三大名玉包括哪几种宝石？每种宝石的主要鉴别特征是什么？
2. 多晶质石英分哪几类,它们各自包括哪些品种？
3. 青金岩和绿松石有哪几个品种,各自特点是什么？
4. 简述蛇纹岩玉的产出状态。

第十七章 有机宝石

第一节 珍珠(Pearl)

一、概述

珍珠,中国古代称为真珠。它最初是人类在海河沿岸寻找食物时发现的。据研究,距今约2亿年前地球上就有了珍珠。珍珠不同于其他宝石的最大特点就在于它天生丽质,无需经任何人工修饰便可直接使用。也许正是这个原因,珍珠成为了人类最早利用的宝石之一,也是最重要的有机宝石。

珍珠自发现至今一直备受人们的喜爱。如果说钻石因为它夺目的华贵,坚硬的特质,而被誉为"宝石之王"的话,那么珍珠完美的外观和迷人的色泽使之享有"宝石皇后"的美称。历史上人们将之视为纯真、完美、尊贵、权威的象征,常被镶于君主的王冠、权杖及各种首饰上。珍珠除了用作装饰外,还是一种珍贵的药材,有着保健、美容之功效。

世界上最大的天然珍珠,"真主之珠",重 6 350g,是 1934 年于菲律宾巴拉旺海湾发现的。"希望珍珠"与"希望钻石"一样,都曾为著名的伦敦银行家 Henry Philip Hope 拥有。它重90g,为一近梨形的异型珠。除了这些世界名珠外,还有一些由珍珠制作的大型珍珠饰品,也是稀世之宝。如"真珠舍利宝幢"就是一件我国北宋时期的珍贵的珍珠饰物。

世界上最好的天然珍珠产在波斯湾地区。天然淡水珍珠主要发现于温暖气候带的一些河流中,如密西西比河,苏格兰及中国的一些河流。

天然珍珠产量极少。即使在曾产珠的海域,每40个蚌中才会找到一个蚌含有珍珠。优质的天然珍珠就更为稀少了。至19世纪20年代末,大量的捕获造成产珠软体动物大为减少,加之波斯湾石油的开发及其他工业引起的污染使天然珍珠产业近于停滞。由于科学的进步与巨额利润的刺激,人工养殖业迅速地发展起来。现在的珍珠市场几乎完全依赖于养殖珍珠。

二、珍珠的成因及分类

1. 珍珠的成因

关于珍珠的成因,自古就有许多猜想和神话。大多认为珍珠是露水或神的眼泪变成的。哥伦布第一次登上美洲大陆时,在海边,他发现一个张开贝壳的蚌躺在红树下。于是,他以为红树叶上的露水滴进贝壳后变成了珍珠。显然,这只是一种奇异的猜想。到16世纪中叶,珍珠的成因才有了科学的解释。

珍珠是由珍珠贝类软体动物生成的一种具有珍珠质的生物矿物。珍珠和贝壳的珍珠层具有相似的结构、成分和性质,只是外观形态不同。它们都是由珍珠贝类软体动物的外套膜外上

皮组织分泌的。一般认为珍珠贝类的外套膜在受到外来物(微小砂粒或生物)或外力的刺激和压力作用时,其外表皮的单层上皮组织,局部或部分细胞下陷,逐渐形成囊状构造,即珍珠囊(图17-1-1)。由于外套膜的外面单层上皮组织能分泌珍珠质,所以珍珠囊内的上皮细胞继续分泌珍珠质环绕其上而形成珍珠。在双壳类软体动物壳的开合过程中,一些小寄生虫、砂粒被带入体内。由于自身的防御功能,外套膜将外来物包住,并不断分泌碳酸钙于其上形成珍珠。一般若珍珠囊完全陷入外套膜中,则能生成游离珍珠;而当它只是部分陷入外套膜中时,则形成贝附珍珠(图17-1-2)。

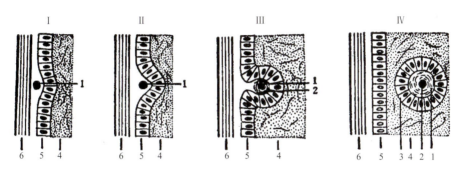

图17-1-1 天然珍珠形成过程示意图(据宫内彻夫,1966)
I—IV 珍珠囊和珍珠形成的顺序
1. 外来物体;2. 珍珠层;3. 珍珠囊;4. 外套膜的结缔组织;5. 外套膜的上皮组织;6. 贝壳

图17-1-2 淡水养殖的贝附珍珠
照片中的三角帆蚌长15cm

关于珍珠的成因,E.J.Gubelin 提出了与传统观点相反的内因说。他认为天然珍珠的形成是软体动物外套膜的上表皮细胞螯生的结果。支持这一观点的事实是,在大多数天然珍珠中并没有发现砂粒。而且,砂粒和寄生虫等实际上很难进入封闭严实的外套膜。

第十七章 有机宝石

2. 珍珠的分类

(1)根据形成环境可分为:海水珍珠与淡水珍珠。

(2)根据珍珠的成因可分为:天然珍珠与养殖珍珠。

从野生的贝类体内采到或在人工养成的贝类体内自然形成的珍珠均称为天然珍珠。经人工手术在软体动物内养成的珍珠称为养殖珍珠。根据国标《珠宝玉石　名称》(GB/T 16552—2010)规定,养殖珍珠简称为珍珠,而天然珍珠必须在珍珠前面加"天然"二字。

(3)根据珍珠的内部结构可分为:无核养殖珍珠和有核养殖珍珠。

珍珠内部由直达中心的同心环状珍珠层构成的为无核珍珠。无核珍珠包括天然珍珠和部分养殖珍珠,即在人工手术时,仅植入了外套膜小片而长成的珍珠。有核珍珠是一种养殖珍珠,由围绕珠母小珠或其他材料的同心环状珍珠层构成。它是在人工手术过程中植入了壳珠或其他材料,附于其上生长而成的。

海水养殖珍珠大多为有核珍珠,也有少量植核后珠核脱落仅留下外套膜小片而长成的无核珍珠。淡水养殖珍珠大多为无核珍珠,有核珍珠较少。

在养殖珍珠的软体动物中,有时可以发现一种十分细小的无核珍珠(直径 1～3mm 不等,形态较圆),这种珍珠是由细胞分离形成的,并不是在人工植入外套膜小片或珠母小珠上生长的。据报道这是由于人工植核对软体动物的刺激而自发分泌形成的珍珠,常形成于贝类软肌肉或闭壳肌中,这种珍珠称为客旭珠(Keshi Pearl)。关于其成因归属,有些争议。曾在市场上作为天然珍珠销售,但最近 CIBJO 已经明确了它属于养殖珍珠。

(4)根据珍珠是否附着贝壳可分为:游离珍珠和贝附珍珠。

游离珍珠是在软体动物内由完整的珍珠囊生成并与贝壳完全分离的珍珠。贝附珍珠是在贝壳与外套膜之间植入核后,形成于贝壳内侧的突起。

(5)根据珍珠大小可划分为:大型珠、大珠、中珠、小珠、细厘珠、子珍珠。

大型珠:珠粒直径大于 10mm。

大珠:珠粒直径为 8～10mm。

中珠:珠粒直径为 6～8mm。

小珠:珠粒直径为 5～6mm。

细厘珠:珠粒直径为 2～5mm。

子珍珠:珠粒直径小于 2mm。

(6)根据产地划分:

南洋珠:指菲律宾、印度尼西亚、泰国、缅甸、澳大利亚等海域,由大珠母贝所产的珍珠。

波斯珠:也称东方珍珠,产于伊朗、阿曼、沙特阿拉伯一带的波斯湾。

塔希提珠:产于南太平洋塔希提(Tahiti)岛屿一带,由黑唇珠母贝生产的珍珠。

合浦珍珠:指中国南部海域(广东、广西、海南),由合浦珠母贝生产的珍珠。

琵琶珠:产于日本琵琶湖,由许氏帆蚌产的淡水珍珠。

世界上珍珠产地很多,还有孟买珠和曼勒珠等。

此外,还有一些在某些腹足类软体动物体内形成的没有珍珠质的钙质凝结物,严格地讲它们并非真正的珍珠,但也用于首饰。如产于加勒比海的巨凤海螺(Strombus Gigas)体内形成的海螺珍珠(或称贝珍珠,Conch Pearl),以及印度洋的大蛤(Tridacna Gigas)体内形成的蛤珍珠(Clam Pearl)。

三、珍珠的宝石学性质

1. 成分组成

珍珠成分以碳酸钙（文石和少量方解石）为主（80%～86%），含少量有机质（10%～14%）和水（2%）。海水珍珠主要由文石和少量方解石组成，淡水珍珠主要由文石和少量球文石组成（图 17-1-1）。

表 17-1-1　合浦珍珠矿物相及相对质量分级表

珍珠级别 \ 矿物相	文石	方解石
优质珠	95%～85%	5%～15%
一般珠	74%	26%
棱柱珠	45%	55%

2. 结构特征

珍珠具有同心环状的珍珠层结构。珍珠层由许多微细的同心薄层组成，薄层之间也有少量介壳质分布。许多文石小片晶呈近菱形的六边形晶片，像马赛克拼盘一样有序地排列着形成每一单层（图 17-1-3，图 17-1-4）。有机介壳质存在于文石片晶的空隙及每一单层之间。

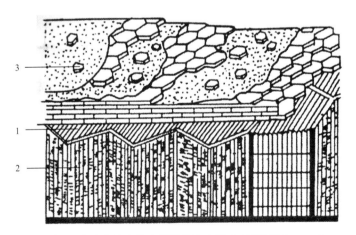

图 17-1-3　珍珠和贝壳的内部结构综合模式（据周佩玲，2004）

1. 有机质层；2. 直立的柱状方解石晶体；3. 水平的珍珠层由六边形的文石片晶组成，片晶间及层间都由介壳质黏结

不同类型养殖珍珠的内部结构有所不同。淡水珍珠横断面常常为一直达中心的同心环层，中心常有不规则的空洞或狭缝。有时在淡水无核珍珠内部含有卵形球文石和柱状文石（图 17-1-5）。

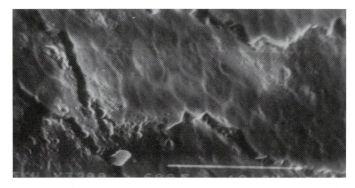

图 17-1-4 珍珠层的内部结构(扫描电子显微镜,×3900,据李立平,1999)

海水有核养殖珍珠的核与珍珠层界限十分清楚。核与珍珠层之间有富集褐色介壳质的方解石棱柱层,然后才是同心环状文石珍珠层(图 17-1-6)。这种结构与贝壳的内部结构(图 17-1-7)一致。

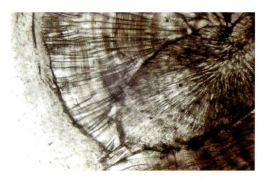

图 17-1-5 淡水无核珍珠内部的文石棱柱状晶体
(偏光显微镜下,×40)

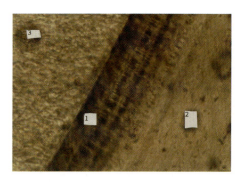

图 17-1-6 海水有核珍珠的横断面切片
(偏光显微镜,×40,据李立平,1999)
1.棱柱状方解石晶体层;2.同心环状文石层;3.珠母小珠

3. 物理性质

(1)形状:圆形、椭圆形、梨形及各种不规则形态。不对称或不规则形态者称为异形珠(Baroque),主要见于无核珍珠中。

(2)光泽:珍珠光泽。珍珠表面板状文石晶体的叠覆对光的反射与折射进入板体又反射出来的光产生干涉,以及板体间隙对光产生衍射,造成了珍珠表面的晕彩和珍珠光泽。板体愈薄,排列愈致密,珍珠光泽就愈强。所以,冬天贝类分泌珍珠质速度慢,珍珠层较致密,因而冬天收获的珍珠其光泽较强。珍珠光泽的强度还与珠母层的厚度成正比。不同种类的贝类所产珍珠的珍珠光泽也有差异。

图 17-1-7 贝壳的内部结构
(下褐色为有机介壳层,中为棱柱状方解石,上为文石珍珠层)

(3)颜色:同种海水贝产的珍珠颜色较单一,一般有银白色、浅黄色、金黄色、蓝色和黑色。

而同种淡水蚌产的珍珠颜色较丰富,常有白色、金黄色、紫色、粉色、蓝色、奶油色等,甚至在同一个蚌里可产出不同颜色的珍珠。值得注意的是,商贸中所称的黑珍珠不仅指极少见的真正黑色的珍珠,也包括深灰色、蓝色、紫色和褐色珍珠。

(4)透明度:绝大多数为不透明,少数为半透明。

(5)硬度:3.1~4.5。

(6)相对密度:一般为2.60~2.80;海水养殖珍珠为2.76~2.80;淡水养殖珍珠为2.74。

(7)折射率:海水养殖珍珠为1.532~1.685(点测);淡水养殖珍珠为1.52~1.625(在抛光断面测得)。

(8)发光性:珍珠在长波和短波紫外光下可有明亮的浅蓝白色、浅黄色、粉红色荧光,有时为惰性。天然黑珍珠在长波紫外光下可以显暗红色荧光,但大多数情况下几乎为惰性。

4. 化学性质

珍珠易溶于各种酸、丙酮及苯等有机溶剂,也不耐碱。

5. 产地

天然珍珠产量十分有限,海水天然珍珠则更少。我国合浦珠母贝内可产天然海水珍珠。而淡水天然珍珠分布则较广,几乎在有淡水蚌类的地方都有天然珍珠。波斯湾曾是天然珍珠的主要产地。此外,斯里兰卡与印度之间的曼勒海湾(Manaar)、澳大利亚的西北和东北岸、日本、南太平洋的土木土群岛、墨西哥湾、委内瑞拉诸岛都是天然海水珍珠的重要产地。天然黑色珍珠仅产于夏威夷、塔希提(Tahiti)及马尼希基三个小岛区。

中国、日本、澳大利亚和南太平洋地区是世界养殖珍珠的主要出产地。我国淡水珍珠年产量在2 000t左右,占世界总产量的95%以上,我国海水珍珠年产25t左右。白色南洋珠的世界产量为2t左右,居首位的是澳大利亚,其次是印度尼西亚。塔希提珍珠年产量约占南洋珠产量的1%。

四、珍珠的养殖

1. 养殖珍珠的生产概况

我国是最早发明人工养殖珍珠的国家。早在1167年就有淡水养殖珍珠的方法记载。至明清时期,在江浙一带淡水养殖珍珠一度兴盛。但清朝末期至新中国成立,由于战乱和社会动荡,我国的珍珠养殖几乎销声匿迹了。

然而,在日本被誉为"珍珠之父"的御木幸吉(Kokichi Mikimoto)于1893年成功地养殖出正圆珍珠。从此,日本的珍珠养殖业迅猛发展,几乎独霸了世界珍珠市场,并于1966年产量达到最高峰,年产量为146.3t。从20世纪70年代开始,我国的珍珠养殖业也突飞猛进。目前海水养殖珍珠年产量在25t左右。淡水珍珠养殖业更是全面展开,年产量近2 000t,居世界之首。而日本进入20世纪70年代以后,污染问题导致其珍珠年产量急剧下降至现在的50t左右。从此结束了日本独霸世界珍珠市场的局面。目前,养殖珍珠几乎占据了全部的珍珠市场。

世界上可产珍珠的贝类有30多种。海产贝类,常称牡蛎,一般分布于热带、亚热带地区,于潮下带至水深数十米的海底。目前用于生产海水养殖珍珠最主要的贝类是珍珠贝属的企鹅珍珠贝和珠母贝属的马氏珠母贝、大珠母贝(如白唇珠母贝、金唇珠母贝)及珠母贝(如黑唇珠母贝)。海水养殖珍珠多为有核珍珠。

(1)白唇珠母贝:白唇珠母贝个体大,尺寸为10~30cm,重2~4kg,主要分布于南太平洋海域和夏威夷。所产珍珠常称为南洋珠。这种珍珠圆润、光泽很强,个体大,一般为8~16mm,是优质的海水养殖珍珠。

(2)马氏珠母贝:马氏珠母贝在我国(俗称合浦珠母贝)及日本(俗称阿古屋贝)有大量分布,是我国和日本人工养殖珍珠的重要贝类。该贝类产珠量较大。日本阿古屋贝所产珍珠常称日本珠。此类珠常为白色、圆形,粒径大多不足10mm。

(3)黑唇珠母贝:黑唇珠母贝近方形,尺寸为10~20cm,主要分布于夏威夷及南太平洋的法属波利尼西亚的环礁湖。所产珍珠以灰色和黑色为基本色调。因塔希提是法属波利尼西亚众多岛屿中最大的海岛,因而人们习惯上把这一带黑唇珠母贝所产的珍珠称为"塔希提珍珠"。塔希提珍珠一般较大,直径为8~14mm。在灰色或黑色基调上伴有浅棕色、蓝黑色、草绿色、浓紫色、海蓝色等伴生色,光泽极强。其中价值最高者为绿黑色,其次是紫色或蓝色,再次为黄色或铜黑色。

(4)淡产贝类:养殖淡水珍珠的主要贝类有帆蚌、冠蚌及珍珠蚌,统称河蚌,主要分布于亚洲及美洲。淡水养殖珍珠大多为无核珍珠,也有少量为有核养殖珍珠。三角帆蚌能养殖出优质的淡水珍珠,在我国江河湖泊广为分布。褶纹冠蚌在中国、日本、俄罗斯、越南都有分布,产珠量很大,珍珠在其中生长较快,但所产珍珠表面皱纹较多,质量较差。三角帆蚌和褶纹冠蚌一般长十几厘米。日本的淡水养殖珍珠主要产于琵琶湖,又称琵琶珠,是由日本许氏帆蚌贝(Hyriopsis Schlegeli)生产的。许氏帆蚌分泌珍珠质的能力较强,产珠质量较好。

中国、日本、澳大利亚和南太平洋地区是世界养殖珍珠的主要出产地。中国海水养殖珍珠主要产于广东的雷州半岛,广西的合浦与北海、海南的三亚、陵县和詹县。中国的淡水养殖珍珠大约90%产自浙江。此外,江苏和湖北也有产出。中国的淡水珍珠产量虽大,但质量亟待提高。

2. 珍珠的养殖过程

养殖珍珠的生产过程大致如下:

(1)母贝的培养:清洁流水池内或在海上联桩吊养母贝。待生长到合适手术的年龄,则选择健康贝,清洗干净,留待植核。一般在母贝达到三龄以上,即开始手术,目前的淡水蚌大多在一龄左右进行手术。

(2)植核手术:手术一般在春天进行。先取同类贝的外套膜,切成2.5mm×2.5mm的小片。养殖有核珍珠要事先准备好珠核。这种核一般用瘤丽蚌的壳磨制而成。珠核经磨光、清洗、消毒、干燥后备用。珠核的抛光质量、形状、大小、颜色直接影响到养殖珍珠的质量。手术用的工具要经严格消毒。准备工作就绪后,将母贝置于手术台上,打开贝壳,并在外套膜上开一切口,再将外套膜小片送入,或将珠核送入,随即取一外套膜小片紧贴珠核。淡水养殖无核珍珠时,每蚌可植入40~60个外套膜小片,淡水养殖有核珍珠每蚌植50个左右的核。海水养殖有核珍珠时,一般每蚌植8~20个核。在三角帆蚌外套膜中植入一定造形的外套膜小片可以获得预期形态的巨型无核养珠。

(3)放养手术蚌:手术后的蚌应先在水池或平静水域中用筐或网兜吊养一个月。定期检查,注意水质、营养、消除敌害。

(4)收获:养3~5年后,一般可在冬季收获。淡水蚌成本较低,一般杀死蚌取出珍珠即可。而对寿命长达20年的大珠母贝,一般在小心取出珍珠的同时,再植核。取出的珍珠要马上清洗干净。收获的珍珠按大小、形态、光泽、颜色、光洁度、珍珠层厚度进行分级。

五、珍珠的优化处理

1. 漂白

为了去掉珍珠表面及浅层的污物、黑斑及黄色色素，常用双氧水进行漂白。漂白时双氧水的温度控制在20～30℃，pH 7～8，将珍珠浸泡其中并辅以紫外线或阳光照射，几天至两周后可将珍珠漂白。若先将珍珠穿孔再浸泡，效果会更好。这种漂白方法不易对珍珠产生损害，因而被广泛采用。除此之外，还可用氯气、次氯酸进行漂白，但它们的漂白能力比双氧水强，时间和浓度稍有不当便会损害珍珠，使之形成白垩状或粉状表面。

目前，有一种新技术，即采用能发蓝白色荧光的物质作增白剂施于珍珠表面或填充于珍珠内层和裂隙中，以起到增白的作用。

2. 染色

珍珠内部的多孔结构使珍珠的染色成为可能。一般只需将珍珠脱水后浸入染剂即可。依此法可将珍珠染成桃红色、黄色、赤红色、蓝色。也可直接将染剂注入线孔中使珍珠着色。对有些颜色不好的珍珠，还可采用化学方法染黑。即将珍珠浸入硝酸银和氨水中，然后将珍珠暴露于阳光之下或放入硫化氢气体中还原，便可使金属银粉析出并附于珍珠表面及孔隙中使珍珠呈现黑色。

我国广西某公司于2002年开发的一种新技术，在有核养殖珍珠的核植入前，对珍珠核及移植细胞片进行染色处理，这样获得的有核养殖珍珠因为核的颜色透过薄的珍珠层而呈现出颜色，主要有玫瑰红、翡翠绿、海水蓝和银灰色。这项技术已申报了国家发明专利。这种珍珠因为色彩丰富而艳丽，一改珍珠市场上单调的颜色，给人耳目一新的感觉，也备受消费者青睐。而且，染色的核被后来生长的珍珠层所封闭，所以不易褪色。

3. 辐照

颜色闷暗不易漂白的珍珠，常用γ射线、高能电子或中子进行辐照可获得绿色、蓝色、紫色、黑色等颜色，改色效果稳定。用γ射线及电子加速器辐照改色成本较低，无残余放射性危害，且大多数淡水珍珠可处理成与天然黑珍珠相似的颜色。

4. 剥皮

剥皮是一种修补珍珠的方法。即用一种极精细的工具小心地剥掉珍珠表面不美观的表层，以在其下找到一个更好的层作表面。此项技术难度大，一般由专门的技术人员来完成，目前已经很少有人能够很好地实施这项技术了。如果此技术应用得好，可使一个近于褪色、失去光泽的天然黑珍珠重现美丽色泽，但若应用不当则可能毁掉整个珍珠。

六、珍珠品质的评价

珍珠的品质主要依据形态、大小、光泽、颜色、光洁度、珍珠层的厚度及匹配性来加以评价。

1. 形态

正圆珠是最优的形态，其次为圆形珠。一般珍珠越圆，其价值越高。但对于大的异形珠，则主要考虑其他因素。

我国新颁布的珍珠分级标准中,根据其直径差百分比划分珍珠形状的级别。直径差百分比,即其最长径与最短径之差与平均直径之百分比。海水有核珍珠的正圆标准比淡水珠的要求更加严格(表17-1-2,表17-1-3)。

表17-1-2 海水养殖珍珠形状级别

形状级别		直径差百分比(%)	备注
正圆	A1	≤1	—
圆	A2	≤5	—
近圆	A3	≤10	—
椭圆	B	>10	可以有水滴形、梨形
扁圆	C	具对称性,有一面或两面成近平面状	—
异形	D	形状极不规则,通常表面不平坦,没有明显对称性,可能是某一物体形态的相似形	—

表17-1-3 淡水无核养殖珍珠形状级别

形状类别及级别			直径差百分比(%)	备注
圆形类	正圆	A1	≤3	—
	圆	A2	≤8	—
	近圆	A3	≤12	—
椭圆形类	短椭圆	B1	≤20	—
	长椭圆	B2	>20	含水滴形、梨形
扁圆形类	高形	C1	≤20	具对称性,有一面或两面成近平面状
	低形	C2	>20	
异形		D	形状极不规则,通常表面不平坦,没有明显对称性,可能是某一物体形态的相似形	—

2. 大小

珍珠一般按直径大小(以 mm 为单位)分级,正圆、圆、近圆形淡水养殖珍珠以最小直径来表示,其他形状淡水养殖珍珠以最大尺寸乘最小尺寸表示,批量散珠可以用珍珠筛的孔径范围表示。珍珠愈大愈珍贵。在其他条件相同时,大小就成为评价珍珠品质的决定性因素。

3. 光泽

珍珠的光泽与珍珠层结构和珍珠层的厚度有关。珍珠层越厚、层内文石片晶排列越致密,则光泽越强。

根据国家标准,珍珠光泽划分为极强、强、中、弱四级,但海水珍珠的标准要求更高(表17-1-4)。

表 17-1-4 海水与淡水珍珠光泽分级标准对比

光泽级别		质量要求	
		海水珍珠	淡水珍珠
极强	A	反射光特别明亮、锐利、均匀,表面像镜子,影像很清晰	反射光很明亮、锐利、均匀,影像很清晰
强	B	反射光明亮、锐利、均匀,影像清晰	反射光明亮,表面能见物体影像
中	C	反射光明亮,表面能见物体影像	反射光不明亮,表面能照见物体,但影像较模糊
弱	D	反射光较弱,表面能见物体,但影像较模糊	反射光全为漫反射光,表面光泽呆滞,几乎无影像

4. 颜色

珍珠除了它的体色之外,常有晕彩和伴色(Overtone)。伴色实际上是浮于珍珠表面的颜色。在观察黑珍珠的伴色时,注意其明亮处表面的颜色,常常是孔雀绿、古铜或蓝色的伴色;而在观察浅色系的珍珠时,伴色出现在其表面暗处,常见的伴色为粉红色、蓝色和绿色。有漂亮伴色的珍珠十分珍贵。珍珠的颜色一般分为五个色系,即白色、红色、黄色、黑色、其他。白色珍珠带有粉红色伴色者尤为珍贵。黄色珍珠价值较低,但金黄色珍珠则是极其珍贵的,通常只在拍卖会上售出。不同地区、不同肤色的人对珍珠的颜色有各自的偏爱。晕彩越明显,珍珠的价值越高。

5. 光洁度

珍珠表面的光洁度直接影响到珍珠的价值。珍珠表面常见的瑕疵有:不规则的隆起、纹痕、黑点、暗点(无光泽的小块)、缺口、裂纹、沟槽。我国的珍珠标准将珍珠的光洁度分为五级(表 17-1-5)。

表 17-1-5 珍珠光洁度的分级标准

光洁度级别		质量要求
无瑕	A	肉眼观察表面光滑细腻,极难观察到表面有瑕疵
微瑕	B	表面有非常小的瑕疵,似针点状,肉眼较难观察到
小瑕	C	有较小的瑕疵,肉眼易观察到
瑕疵	D	瑕疵明显,占表面积的 1/4 以下
重瑕	E	瑕疵很明显,严重的占据表面积的 1/4 以上

6. 珍珠层的厚度

对有核养殖珍珠,仅考虑大小是不够的,还要考虑其珍珠层的厚度。珍珠层的厚度可以从珠孔处观察到。优质珍珠的珍珠层厚度应该大于 0.5mm(表 17-1-6)。珍珠层太薄的珍珠光泽很差,而且经短期佩戴就可能会有珍珠层脱落。

第十七章 有机宝石

表 17-1-6 珍珠层厚度分级标准

珍珠层厚度级别		质量要求（珍珠层厚度 mm）
特厚	A	≥0.6
厚	B	0.5～0.6
中	C	0.4～0.5
薄	D	0.3～0.4
极薄	E	≤0.3

7. 珍珠的匹配性

匹配性是针对珍珠耳饰、项链等首饰而言的，它的评价涉及到上述各因素。对于等差串珠，还须从其珍珠大小的渐变程度和对称性来评价其匹配性（表 17-1-7）。

表 17-1-7 珍珠的匹配性级别

匹配性级别		质量要求
很好	A	形状、光泽、光洁度等质量因素应一致，颜色、大小应和谐有美感或呈渐进式变化。孔眼居中且直，光洁无毛边
好	B	形状、光泽、光洁度等质量因素稍有出入，颜色、大小较和谐或基本呈渐进式变化，孔眼居中无毛边
一般	C	颜色、大小、形状、光泽、光洁度等质量因素有明显的差别，孔眼稍有歪斜并且有毛边

七、珍珠的鉴别

1. 仿制珍珠的鉴别

珍珠具有独特的外观，其珍珠光泽、表面特征和内部结构是它与仿制品的主要区别。常见的仿制珍珠主要有涂层玻璃珠、涂层塑料珠、涂层壳珠和粉末压制而成的珠。主要的鉴别特征如下。

(1) 形状与大小：珍珠呈不同程度的圆形或不规则形。一串项链中的珍珠大小、颜色、形状很少完全一致，仿珍珠一般圆度极好，大小、颜色和光泽都完全一致。

(2) 表面特征：珍珠表面有似地图等高线状纹理，用牙在珍珠表面轻轻地摩擦会有砂质感。仿制珍珠表面光滑，用牙摩擦会有滑感。使用这种方法要十分小心，尤其对高档品，否则会损害珍珠。镀层的仿制珍珠在强光透射下可见细小斑点。

镀层仿珍珠在孔眼处易见镀层剥落的现象。涂层玻璃珠孔眼附近可见玻璃光泽及贝壳状断口。

马白珠（Mabe Pearl）是用贝壳作支撑的半形珍珠（图 17-1-8），通过检查侧面的接合处可以识别。但若它已被镶嵌物掩盖时，只有采用 X 射线照相法识别。

没有珍珠层的海螺珍珠为粉红色、棕色，蛤珍珠为白色，二者均无珍珠光泽。海螺珍珠表面有火焰状结构。

(3) 内部结构：从珍珠孔眼观察可见其同心层状结构，而仿制品没有这种结构。

(4) 相对密度：天然珍珠的相对密度为 2.73；塑料珠的相对密度很小，为 1.05~1.55；实心玻璃珠的较高，为 2.85~3.18，也有的为 2.33~2.5；填蜡的玻璃珠的相对密度为 1.50；涂层壳珠的相对密度为 2.76~2.82。

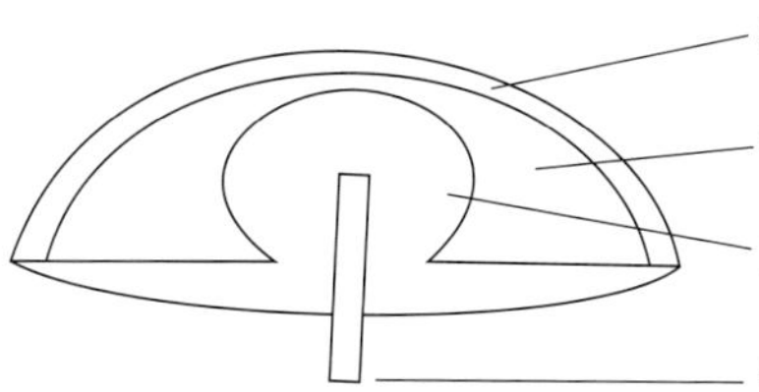

(5) 荧光：大多数珍珠在长波紫外线下显淡蓝白色荧光，也有些为惰性。塑料和玻璃在短波紫外线下有时有淡绿色、淡蓝色荧光。涂层壳珠为惰性。褐色的海螺珍珠在紫外灯下有红色荧光。

图 17-1-8 马白珠的外观及内部结构示意图

(6) X 射线照相术：天然珍珠显示一系列的同心线，而大多数玻璃珠不透 X 射线。通过 X 射线照相，马白珠的内部结构也会被揭示出来。

(7) 化学检测：用针尖沾上稀盐酸（浓度为 5%±），在显微镜下将针尖触及孔眼内部观察有无起泡反应。珍珠有起泡反应，而塑料和玻璃无此现象。

(8) 热针测试：用热针触及孔眼内部，塑料会发出辛辣味。

(9) 钢针刺探：用钢针刻划不显眼处，在玻璃上会滑开，遇塑料珠会刺入，也能划动珍珠。但化学检测、热针测试和钢针测试都有破坏性，应尽量避免使用。

2. 养殖珍珠的鉴别

(1) 形状：天然珍珠形状大多都不规则。有核养殖珍珠一般为圆形，而无核养殖珍珠多为不规则形，如椭圆形、梨形、扁圆形等。

(2) 表面特征：淡水养殖无核珍珠表面常有收缩纹，海水养殖的合浦珍珠表面很少有收缩纹，但常见隆起和局部不平整的褶皱。

(3) 内部特征：用强光（光纤灯或笔式电筒）透射珍珠，边转动边观察。在合适的角度可以观察到有核养殖珍珠的珠母小珠的层状结构产生的条纹状图案。珍珠层厚的有核养殖珍珠可以不显上述图案。采用强顶光照射珍珠，在某个角度也能看到薄表皮下珠母小珠的层状结构产生的平行带状的反光。以大理岩珠为核的养殖珍珠则不显上述特征。从珠孔观察有核养殖珍珠，可见珍珠层下白色的珠母小珠，二者之间有明显界线。无核养殖珍珠或天然珍珠则显示一系列同心层，层与层之间没有明显界线，珍珠内部是浅黄色、浅褐色或黑色。

(4) 相对密度：用消色较好的三溴甲烷（其相对密度为 2.713）可以区分无核与有核珍珠。大部分（约 80%）的天然珍珠或无核养殖珍珠在其中浮起，而大部分（约 90%）的有核养殖珍珠则下沉。

(5) X 射线荧光：大多数天然海水珍珠在 X 射线下不发荧光，但澳大利亚的海水珍珠能发弱的浅黄色荧光。几乎所有的天然淡水珍珠都发强的荧光。大多数有核养殖珍珠因采用了淡水蚌的贝壳作珠母而显示强的荧光和磷光。

(6) X 射线照相：将珍珠或珍珠串放在感光底片上，然后用一束 X 射线照射，透过珍珠的 X 射线可使底片感光，从而揭示珍珠的内部结构。由于介壳质比碳酸钙晶体更易透过 X 射线，因而在底片上表现为一强线。珠母小珠一般不能透过 X 射线，因此不能在底片上感光。天然珍珠在底片上显示一系列直达中心的同心线，无核养殖珍珠也为一系列同心线，但其中心常为一形状不规则的空洞。有核养殖珍珠的外层可见同心线，但核部见不到同心线，环绕核常有一层致密的介壳质，因而底片上环绕核有一强线（图 17-1-9）。

第十七章 有机宝石

(7) X射线衍射劳埃图：当一束窄的 X 射线透射珍珠时会发生衍射，在底片上产生 X 射线劳埃图，这种衍射图的形式可以反映珍珠的内部结构。天然珍珠和无核养殖珍珠都是由文石片晶的 C 轴放射状排列构成的一系列同心层，所以无论从何方向透射，其衍射图都是六重式。有核养殖珍珠因珠母小珠为贝壳，其内文石片晶的 C 轴是平行排列的，因而只有在两个方向显示六重式图，而在其他方向显示四重式图（图 17-1-10）。

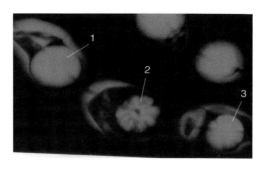

图 17-1-9　有核珍珠的 X 射线照相图片
（1、2、3 为珠核）

不过，若珍珠层很厚而核很小时，则从任何方向透射均可见到六重式。X 射线衍射法至少要从两个互相垂直的方向检测。

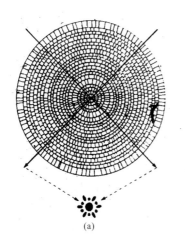 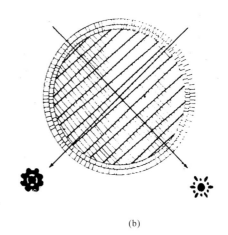

图 17-1-10　用 X 射线鉴定珍珠的劳埃法示意图
(a)为无核珍珠的六重式劳埃图；(b)为有核珍珠的四重式劳埃图及一特殊方向的六重式劳埃图

鉴别天然珍珠和有核养殖珍珠及无核养殖珍珠最可靠的方法是观察珍珠的内部结构及 X 射线照相和衍射劳埃图法。

3. 优化处理珍珠的鉴别

1）染色珍珠

(1)放大检测：染色的珍珠颜色可能浓集于裂隙中。在珠孔中可见染料的痕迹，尤其在珠母层与珠核之间接合处有一条染色线。串珠的线常常会被蹭上染料的颜色。带染色核的珍珠在强光透射下，显示明显的核的平行条带（图 17-1-11），这是因为染剂的渗入使珠母的平行层状结构更加明显。在放大观察下珍珠表面的瑕疵和裂纹都没有颜色浓集的现象；在反射光下，经放大在孔眼处明显可见颜色很浓的核和生长于核上的无色珍珠层（图 17-1-12）。

当珍珠层与核没有紧密接触时，在透射光下可看到珍珠层与核没紧密接触部位的颜色明显比与核紧密接触处部位的颜色浅的现象。

图 17-1-11 带染色核的蓝灰色珍珠在强光透射下核的条带结构明显

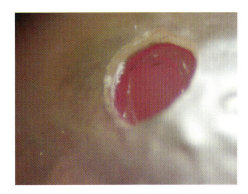

图 17-1-12 带染色核的珍珠

(2)荧光及可见光光谱:天然或养殖黑珍珠在长波紫外线下或在交叉滤色镜下显暗红色,而染黑的珍珠无此特征。

染色核的珍珠常有染剂的紫外荧光,甚至用手持式分光镜可见吸收光谱,例如玫瑰色者在橙区有一窄的吸收带,灰蓝色者在红区有一窄的吸收带。

(3)拉曼光谱:普通染色珍珠除了具有很强的荧光背景和明显文石的峰 $704cm^{-1}$ 和 $1083cm^{-1}$ 外,在 $1400\sim1600cm^{-1}$ 处还有几个染剂的峰(图 17-1-13)。

在带染色核的珍珠表面测得的拉曼光谱不显示特别色素的峰,与白色珍珠的拉曼光谱无差异,而通过孔眼测试到其染色的核,则显示极强的荧光背景。

(4)化学检测:用浓度为 2% 的稀硝酸蘸在棉签上擦拭珍珠,若棉签染上黑色,则此珍珠可能为硝酸银染色。蘸丙酮的棉签也可使染红色、染蓝色、染黄色的珍珠褪色。这种测试有破坏性,应慎用。

2)辐照改色珍珠

(1)外观、表面及内部特征:辐照淡水珍珠的颜色一般很深,主要为墨绿色、古铜色和暗紫红色。颜色色调深,晕彩较强。有时可以透过透明的珍珠层观察到龟裂的核或内珍珠层。辐照改色珍珠的表面颜色分布均匀,也常显示干涉晕圈现象。辐照的海水有核珍珠的核的颜色很深,而生长在核外的珍珠层颜色几乎为白色(图 17-1-14)。在检测钻了孔的珍珠时,从其孔眼窥视若发现核的颜色明显较深,则可能为辐照改色的。

(2)紫外线荧光特征:天然呈色的黑珍珠在长波紫外光下显示红色荧光,加利福尼亚 Baja 的黑珍珠显亮红色荧光,而塔希提的黑珍珠显暗红褐色荧光。辐照改色的珍珠常常为中到弱的黄绿色、蓝白色荧光或为惰性。

(3)拉曼光谱:若黑色或很深色的珍珠显很强的荧光背景,且只有标准的文石谱,没有伴生峰,则应该是辐照改色的(图 17-1-15)。因为天然呈色的黑珍珠显示有 $1615cm^{-1}$ 有机色素的峰(图 17-1-16)。

此外,因为辐照对淡水珍珠改色效果很好,能产生黑色或很深的颜色,对海水珍珠只能使其内部淡水贝壳磨制的珠核变成黑色或很深的颜色,而对生长在核外的珍珠层几乎不起改色作用,所以辐照有核的海水珍珠只能显示很浅的灰色。而天然呈色的淡水珍珠没有黑色及孔雀绿等颜色的品种,所以,只要能够鉴别黑色或其他很深颜色的珍珠是淡水珍珠,其颜色就有

第十七章 有机宝石

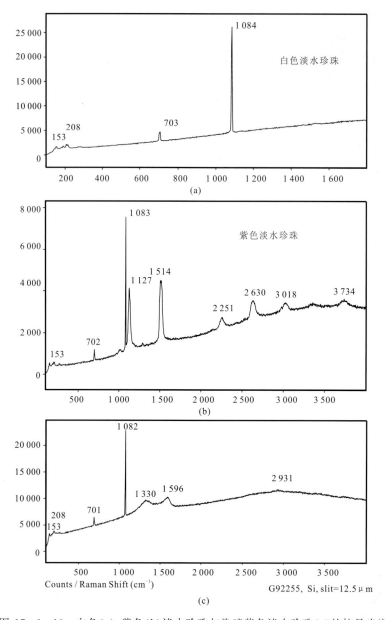

图17-1-13 白色(a)、紫色(b)淡水珍珠与染暗紫色淡水珍珠(c)的拉曼光谱

可能是被改色的。而鉴别淡水与海水珍珠,除了一些常规的方法及X射线透射照相法外,利用X荧光光谱来测定它们的成分(淡水珍珠富锰和钡,海水珍珠富镁、钾、钠)有一定的帮助,而且测试过程中X射线对深色珍珠的颜色影响几乎察觉不到。

3)漂白的珍珠

通常不需要检测。但过度漂白的珍珠光泽较差,在放大镜下观察,阶梯状珍珠层的层间间隙十分明显。

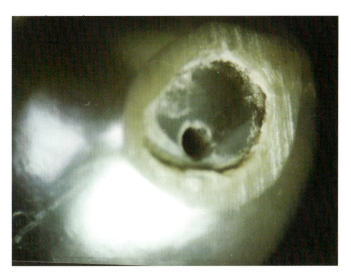

图 17-1-14 辐照的海水有核珍珠
（淡水贝壳磨制的核辐照后为黑色，表面珍珠层为灰白色）

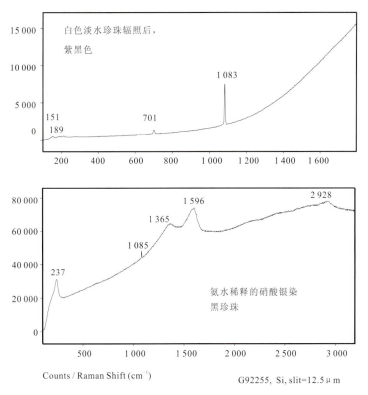

图 17-1-15 辐照改色的淡水珍珠和染黑的淡水珍珠的拉曼光谱

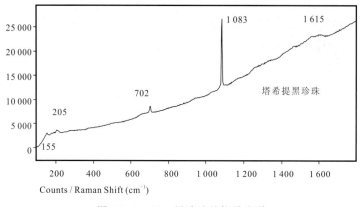

图 17-1-16 黑珍珠的拉曼光谱

第二节　珊瑚(Coral)

一、概述

珊瑚是一种海洋动物珊瑚虫分泌的支撑骨架。珊瑚因颜色漂亮、造型奇特,经巧妙构思、因材施艺可加工成珍贵的装饰品。早在三四千年前,在瑞士就有珊瑚饰物。珊瑚在宗教中享有特别的地位,是佛教七宝之一,常用于装饰寺庙的神像,也常作为念珠和护身符。此外,珊瑚还有清目消翳、止血驱热、排汗利尿之药用。

珊瑚产于南北纬 30°之间的海域。数百年来,优质珊瑚主要来源于地中海海域。地中海意大利海域是最古老的珊瑚渔场,大约 2 000 年前就有开采记录,19 世纪初意大利的珊瑚渔业达到鼎盛。近年来,海水污染使这些产地的珊瑚产量大大减少,而在太平洋海域,尤其是日本的珊瑚渔业有了大的发展。日本、马来西亚、中国台湾及南部海域成为当今主要的珊瑚产地。自从 20 世纪 30～40 年代在台湾发现珊瑚以来,台湾的珊瑚渔业迅猛发展,其产量于 20 世纪 60 年代一跃成为世界之冠,因而有了"珊瑚之岛"的美称。夏威夷和澳大利亚出产介壳质的黑色珊瑚和金黄色珊瑚。

意大利的托列德格烈柯(Torre del Greco)位于那不勒斯海湾,临近曾盛产珊瑚、贝类的地中海海域,在 19 世纪以前,曾为世界珊瑚贸易中心。其传统的手工艺使其成为了珊瑚和浮雕宝石的著名产地,至今仍被誉为珊瑚和贝壳浮雕之都。

珊瑚的颜色是决定其价值最主要的因素。一般桃红和深红色最受欢迎。珊瑚的大小及表面瑕疵对其质量也有重要的影响。

二、珊瑚的基本性质

按珊瑚的成分一般可分为两大类,即碳酸盐质珊瑚和介壳质珊瑚。碳酸盐质珊瑚又分造礁珊瑚和贵珊瑚。造礁珊瑚是一种生活在广阔的温暖浅海海底(约小于 100m 深处)的造礁珊瑚虫分泌的大型珊瑚礁，经过长期的积累可以占据大片海底区域。这种珊瑚一般为白色，结构疏松，主要由文石微晶组成，通常不用作首饰，只作工艺摆件。贵珊瑚则是由生活在热带海域（约100~1 000m或更深的海底）的珊瑚分泌的，其枝状群体较小，是主要的首饰用珊瑚。介壳质珊瑚主要分布于深部海域（几百至一千米深处）。贵珊瑚和介壳质珊瑚可用作首饰。下面介绍首饰用碳酸盐质贵珊瑚和介壳质珊瑚的宝石学特征。

1. 化学成分

碳酸盐质贵珊瑚：以碳酸钙为主，含少量碳酸镁及有机质。碳酸钙主要以方解石微晶的形式存在。

介壳质珊瑚：以介壳质有机化合物为主。

2. 形态与结构特征

珊瑚的形态为树枝状，不同品种的结构有差异。

碳酸盐质贵珊瑚：可见由于颜色深浅及透明度不同而显示出来的纵向延伸的平行条带和横切面上的放射状条纹（图17-2-1，图17-2-2）。

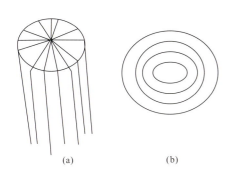

图17-2-1 珊瑚外观及结构示意图
(a)碳酸盐质贵珊瑚的结构；(b)介壳质珊瑚的横切面

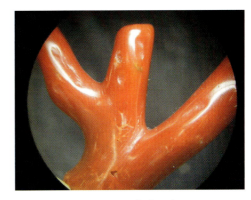

图17-2-2 红色贵珊瑚

介壳质珊瑚：有黑珊瑚和金黄色珊瑚两种。二者在横切面上都显示同心环状结构[图17-2-1(b)，图17-2-3]。金黄色珊瑚表面有独特的丘疹状外观（图17-2-4），有的表面光滑，在强的斜照光下可显示晕彩（或光彩）。

3. 物理性质

(1)光泽：蜡状光泽或油脂光泽。

(2)透明度：微透明至不透明。

(3)颜色：碳酸盐质贵珊瑚以深红色、桃红色、白色为主。粉红色珊瑚最为欧美人喜爱，被称为"天使肤色珊瑚"，是最为名贵的品种；介壳质珊瑚为黑色和金黄色。

(4)硬度：碳酸盐质贵珊瑚为3.5，介壳质珊瑚为2.5~3。

(5)相对密度：碳酸盐质贵珊瑚为2.65，介壳质珊瑚为1.37。

(6)折射率：碳酸盐质贵珊瑚为1.48，介壳质珊瑚为1.56。

此外，珊瑚不耐酸、碱。碳酸盐质贵珊瑚遇酸有起泡反应，但介壳质珊瑚遇酸不起泡。

第十七章 有机宝石

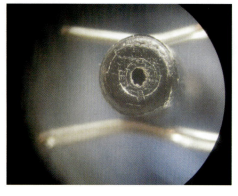
图 17-2-3　黑珊瑚横断面上的同心环状结构

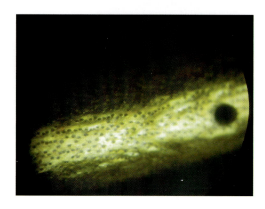
图 17-2-4　金珊瑚表面的丘疹结构

三、珊瑚的优化处理

1. 染色

珊瑚的主要魅力依赖于它的颜色,红色珊瑚最受人们喜爱。因而白色珊瑚常用有机染料染成深红或桃红色。目前市场见到的大多数染色珊瑚都是用海柳染红的。海柳也叫柳珊瑚,是竹柳珊瑚科的一种白色珊瑚(图 17-2-5)。海柳为竹节状,节处为黑色有机质,其纹理结构与红色贵珊瑚的结构纹理相似,但明显较粗,纹理之间的间距较大(图 17-2-6)。海柳枝状群体较大,产量较大,常经过染色来仿红色贵珊瑚。

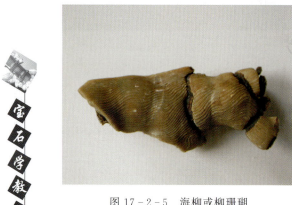
图 17-2-5　海柳或柳珊瑚

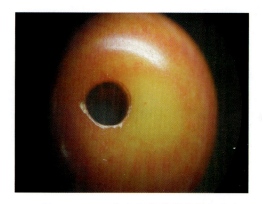
图 17-2-6　染色海柳珊瑚的颜色分布

2. 漂白

珊瑚在制成细胚后,一般要经双氧水漂白以除去其表面浑浊的颜色。尤其是死珊瑚,若不经漂白,其颜色呈黄浊色。采用双氧水的浓度和浸泡的时间取决于珊瑚颜色浑浊的程度。黑珊瑚经过漂白可以变成金珊瑚,但只是外层为金黄色。

四、珊瑚的鉴别

1. 珊瑚与仿制品的鉴别

目前市场上常见的珊瑚仿制品为塑料、玻璃、染色骨料、染色大理岩、贝壳,偶见海螺珍珠。市场上称为的吉尔森造珊瑚,实际上是一种人造材料。它是在高温高压下将方解石粉末与染料黏结而成,仍属于珊瑚的仿制品。所有这些仿制品都缺乏珊瑚特征的结构,仅放大检查便可识别。

(1)表面特征及内部结构:珊瑚显蜡状—油脂光泽,微透明。常显粉红色、红色、橙色、白色、黑色及金黄色。纵切面上的平等条纹及横切面上放射状或同心环状条纹是珊瑚独特的结构特征,几乎所有的珊瑚仿制品都不具有这种结构。

染色的骨质材料常显示不规则的管状结构。

塑料及玻璃仿制品表面常有模制痕,内部可见气泡、漩涡纹。塑料手感较轻,玻璃触感较凉。玻璃显示玻璃光泽。

染色大理岩在放大时可见染料集中于粒间间隙及裂隙中,显粒状结构,甚至可见方解石晶体解理面的反光。

贝壳在放大时可见层状结构。

海螺珍珠表面有火焰状结构。

"压制"珊瑚(珊瑚粉末黏结在一起的)从粉红色到深红色都有,其颜色和光泽都很像珊瑚,但它不显示珊瑚特征的结构,有时还可以见到粒状结构。

(2)折射率:除染色大理岩具有与碳酸盐质珊瑚相似的折射率(1.56)外,其他仿制品都具有与珊瑚不同的折射率。如骨质材料为1.54,塑料为1.55~1.66,玻璃为1.45~1.70。

(3)相对密度:大理岩与碳酸盐质珊瑚有相似的相对密度(2.65),但塑料(1.05~1.55)与骨质材料(1.70~1.95)较轻,贝珍珠(2.85)、玻璃(2.0~4.2)和人造珊瑚(2.45)与珊瑚的相对密度也有差异。"压制"珊瑚的孔隙度较高,在浸水24h后,再测其相对密度可增至2.50。

(4)化学测试:用针尖蘸稀盐酸触及待测品不显眼的部位,随即在显微镜下观察有无起泡反应。碳酸盐质珊瑚、大理岩、贝壳、海螺珍珠都有起泡反应,而介壳质珊瑚、玻璃、塑料、骨质材料均无此反应。

珊瑚仿制品的鉴别主要依赖于放大检查,折射率和相对密度的测定也有一定的帮助,化学测试具破坏性,要谨慎用之。

2. 染色珊瑚的鉴别

(1)表面特征及内部结构:染色珊瑚的颜色、色调往往不像天然珊瑚那么自然,且颜色主要集中于裂隙、表层及孔眼附近。染色珊瑚的同一条纹内颜色分布不均匀,崩缺处可露出未被染色的部分。而天然珊瑚内、外颜色一致,同一条纹内不会有明显的颜色差异。

(2)化学测试:用蘸丙酮的棉签擦之褪色,则为染色珊瑚。若在不显眼处刮下少量粉末,再在粉末上滴一滴稀盐酸,反应后溶液变红,则说明此乃染红的珊瑚。天然红色珊瑚不会有此现象。

第十七章 有机宝石

第三节 琥珀(Amber)

一、概述

古希腊人认为琥珀是阳光落入大海凝结而成的。我国古人则认为是虎死后精魄入地化成的,故名之琥珀。事实上,琥珀是500万～5 000万年前的针叶树木的树脂石化而成的。

人类利用琥珀作饰物以避邪消灾已有很长的历史,尤其在中国、俄罗斯、希腊、埃及。琥珀饰品深受西欧和东方人的青睐。琥珀在佛教文化中还是佛教七宝之一。琥珀除作饰物外还是名贵的中药。

世界上琥珀珍品以"琥珀厅"著称。这是18世纪由德国国王聘请最好的丹麦工匠用琥珀装修的一个厅。此厅的护壁、地板全由琥珀拼花构成,室内的摆件、家具都镶有琥珀的浮雕。遗憾的是这个绝世之作在第二次世界大战中失踪了。

琥珀主要产于波罗的海沿岸的波兰、俄罗斯、丹麦等国,此外意大利的西西里、多米尼加、墨西哥、加拿大、美国、智利、缅甸也有产出,目前市场上比较流行的蓝珀主要产于多米尼加和墨西哥。我国抚顺的煤层中和河南西峡的白垩纪砂砾岩中也产琥珀。

二、琥珀的基本性质

1. 化学成分

琥珀主要由碳、氢、氧组成的有机化合物(树脂酸及琥珀酯醇)构成,其分子式为 $C_{10}H_{16}O$。琥珀随其地质年龄增加所含挥发分减少。

2. 产出形态及结构

琥珀多呈卵石及碎块状产出,属非晶质结构。在电子显微镜下可观察到它由微细的胶粒堆积而成。

3. 物理性质

(1)光泽:树脂状光泽。

(2)透明度:透明至不透明。

(3)颜色:以金黄、黄褐、橙红色为主,蓝、浅红、浅绿、浅紫色者少见。波罗的海琥珀多为黄、金黄及褐色;罗马尼亚琥珀有黄、褐、褐绿、绿和蓝色品种;多米尼加琥珀多为金黄色,西西里与缅甸琥珀以红褐色为主。

(4)断口:贝壳状断口。

(5)硬度:2～2.5。

(6)相对密度:1.08。

(7)折射率:1.54(单折射)。

(8)导热性:差,有温感。

(9)电特性:良好的绝缘体。摩擦产生静电,可吸引细小纸屑。

(10)可切性:性脆,易崩缺。

(11) 易燃性：易燃，烧之有芳香味。

(12) 发光性：长波紫外光下呈浅蓝白、浅绿、浅黄色荧光，短波紫外光下荧光不明显。多米尼加的蓝珀就是因为强的蓝色荧光导致其表面的蓝色（图17-3-1）。有的琥珀还有磷光，当游动的激光笔照射在琥珀上时，可以同时看到照射点的荧光和照射点刚刚离开的部位的磷光，这种现象被称为"流彩"（图17-3-2）。

图17-3-1　蓝珀

图17-3-2　缅甸琥珀的流彩
（见上排的镯芯中部）

(13) 内含物：常见动、植物碎片，气泡，漩涡纹及其他杂质（如砂粒等）。若含有完整的动物体则为珍品，动物在其中栩栩如生。多米尼加琥珀含大量昆虫及动物碎片，其内部的盘状裂隙，也叫"太阳光芒"（图17-3-3）。

4. 琥珀的品种

按颜色琥珀可分为血珀（血红、透明）、金珀（金黄色、透明）、黄珀（浅黄—黄色）、蓝珀、绿珀、瑿珀和根珀。蓝珀的体色基本都是金黄色或棕红色，但在灯光下表面显示明显的蓝色荧光（图17-3-4）。瑿珀为黑色，但强光下实际为暗红色。根珀是指不透明并含有方解石等矿物杂质而显示一些纹理的琥珀（图17-3-5），根珀主要产于缅甸。

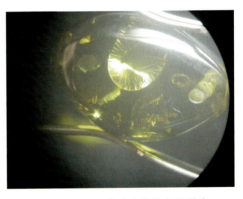

图17-3-3　琥珀内部的盘状裂隙
"太阳光芒"

此外，含有动、植物内含物的称为虫珀，有香味的称香珀，透明度较差的常称蜜蜡。

三、琥珀的优化处理

1. 热处理

当琥珀含有大量细小气泡时，透明度较低。这种琥珀通过在植物油中加热来消除气泡，从而提高其透明度，这种方法也称为"澄清"。一些透明度不高的琥珀经过热处理后，外部圈层变得透明，内部仍然呈不透明的雾状。人们也通过热处理来诱发其盘状裂隙，此裂隙在光照下闪

第十七章　有机宝石

图 17-3-4 血珀与瑿珀

闪发光(俗称"太阳光芒"),这种处理俗称为"爆花"。有些琥珀打磨成弧面型后,对底部进行热处理烧烤变成黑色,再凹雕图案,可以从正面看到雕入的图案在黑色背景下略带淡绿色的效果(图 17-3-6),这种方法俗称"烤色"。

图 17-3-5 根珀

图 17-3-6 压制琥珀的颗粒氧化圈层结构
(据马扬威等)

2. 染色

琥珀表面在空气中长时间暴露后会变成暗红或红褐色。为了模仿这种陈年老货的外观,常将琥珀染成红褐色。有时也将琥珀染成浅绿色。

3. 压制(黏结)

为了利用小块碎料,将它们加热至 200~250℃ 使之熔融,然后在一定压力下使之通过钢筛,待冷却后便黏结成大块材料。

四、琥珀的鉴别

1. 琥珀的鉴别

琥珀在鉴别中最具迷惑性的是硬树脂,二者的区分方法仍然是化学测试和热针测试,尽管对琥珀都是破坏性测试,却是较为可靠的鉴定手段(表17-3-1)。

表17-3-1 琥珀与硬树脂的主要区别

材料	折射率	相对密度	硬度	可切性	内含物	其他
琥珀	1.54	1.08	2.5	缺口	气泡、动物与植物碎片、"太阳光芒"	热针测试有芳香味
压制琥珀	1.54	1.06	2	缺口	云雾、流动构造、清晰与云雾斑状团块	热针测试有芳香味
硬树脂	1.54	1.06	2	缺口	气泡、动物与植物碎片、"太阳光芒"	热针测试有芳香味;用乙醚擦发黏

(1)表面特征及内部结构:琥珀为树脂光泽,内部常见动、植物碎片,完整的动、植物体在其中有栩栩如生之感。澄清处理的琥珀中常见"太阳光芒"。

硬树脂,又称柯巴树脂(Copal),是较年轻的石化树脂(有的只是部分石化了),比琥珀含有较多的挥发组分。它与琥珀具有相似的外观、物理和化学性质。但它常显示裂纹状及粉状表面。

(2)导热性:琥珀的导热性差,触感温。

(3)折射率:琥珀和硬树脂的折射率都是1.54。

(4)相对密度:琥珀的相对密度低,仅1.08。硬树脂的相对密度为1.06,与琥珀的相对密度较接近。

(5)荧光:琥珀在长波紫外光下为浅蓝或浅绿色荧光,在短波下荧光较弱。硬树脂在短波紫外光下显明显强的白色荧光。

(6)化学测试:滴上一滴乙醚或酒精,擦之发黏则是硬树脂,琥珀无此现象。愈年轻的硬树脂愈易溶于乙醚、酒精。硬树脂碎块在酒精中浸泡30s便会被溶化,而琥珀则安然无恙。

(7)热针测试:琥珀会有芳香气味。这种测试具有破坏性,仅在不显眼的地方使用。

(8)可切性试验:琥珀性脆易崩缺,不可切削成片,这种测试有破坏性,仅限于未抛光宝石或在珠孔内进行。

(9)电性测试:琥珀摩擦后产生静电,可吸引细小纸屑。

2. 琥珀与压制琥珀的鉴别

(1)表面特征及内部结构:压制琥珀常可见浑浊的粒状结构,有时被黏结起来的细小碎块表面的氧化层仍依稀可见(图17-3-7)。一些老式的压制琥珀常显示明显的流动构造,气泡沿一个方向拉长,并出现清澈区与云雾区相间的条带。虽然新式压制琥珀一般近于透明,但仍然可以见到一些"血丝",这些血丝实际上是被搅碎了的氧化圈层,是压制琥珀的典型鉴定特征。

(2)相对密度:压制琥珀的相对密度略低,为1.03~1.06。

(3)荧光:压制琥珀在紫外光下显示较强的白垩蓝色荧光(图17-3-8),早期产品甚至可见斑状的荧光分布现象。而天然琥珀常为均匀的浅蓝白、浅绿色荧光。

(4)偏光镜:压制琥珀在偏光镜下的异常消光表现为五颜六色的干涉色。天然琥珀则表现为亮暗不均的消光区(图17-3-9)。

图 17-3-7　压制琥珀的颗粒氧化圈结构
（据马扬威等）

图 17-3-8　压制琥珀在紫外光下显示的
蓝白色荧光及粒状结构
（据马扬威等）

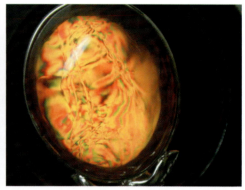

图 17-3-9　琥珀(左)和压制琥珀(右)在正交偏光镜下的异常消光

3. 净化琥珀的鉴别

经加热澄清的琥珀常含有较多的"太阳光芒"，伴生的气泡极少，透明度高。未处理的天然琥珀尽管也可含有"太阳光芒"，但一般较少，且常伴有较多的气泡。

4. 染色琥珀的鉴别

染色琥珀的颜色色调常常不自然。染绿的绿色十分浓艳，不同于天然淡雅的绿色。在放大检测下染色者表面颜色有深浅不匀的斑块。仔细检查可能会发现崩缺处露出有内部真实的颜色。此外，用蘸酒精的棉签可能擦下染上的颜色。

第四节　煤精(Jet)

一、概述

煤精早在古罗马时期就是一种流行的"黑宝石"。煤精乌黑发亮，是庄重、肃穆、悲痛的象征,因而在 19 世纪中叶,煤精被广泛地用作纪念死者的哀悼宝石。

煤精常被制作成珠链、坠饰、鼻烟壶及各种日用装饰品。乌黑、致密、无瑕的品种是煤精中的佳品。但煤精的价值不高。现在,煤精制品在市场上已经很少见了。

煤精是煤的一个特殊品种,为褐煤的一个变种。大约一亿八千万年前,一些枯树倒入沼泽或落入河流被冲至大海因浸水而沉于海底,这些树木在地下深处被埋藏后,在一定温度、压力作用下最终形成煤精。所以,煤精赋存于煤层及其附近的沉积岩中。

煤精在世界各地都有产出。法国的朗格多克省、英国的约克郡、西班牙的阿拉美都是久负盛名的产地。此外,意大利、加拿大、中国都有煤精产出。

二、煤精的基本性质

(1)化学成分:煤精主要由碳组成(约占 80%),此外还含有氢、氧、硫、氮等成分。
(2)结构:属非晶质,结构致密。有时可以见到木质的纹理结构。
(3)光泽:明亮的沥青光泽、树脂光泽。
(4)透明度:不透明。
(5)颜色:黑色、褐黑色。
(6)硬度:3~4。
(7)条痕或粉末颜色:红褐色。
(8)相对密度:1.30~1.40。
(9)折射率:1.64~1.68,平均 1.66。
(10)发光性:在紫外光和 X 射线下都不发光。
(11)断口:平坦状或贝壳状。
(12)可切性:性脆,可切。
(13)热针测试:有烧煤炭气味。

此外,煤精可显示木质结构的纹理,还具一定的热塑性。

三、煤精与仿制品的鉴别

煤精常见的仿制品有玻璃、黑玉髓(或缟玛瑙)及塑料、橡胶等。

(1)表面特征:煤精为树脂或沥青光泽,抛光好的煤精光泽较强,有时可见木质纹理。玻璃和黑玉髓为玻璃光泽。玻璃表面可能有模制痕,而煤精表面易见抛磨线。
(2)导热性:玻璃、玉髓触感凉,而煤精触感温。
(3)折射率:大多仿制品有不同于煤精的折射率。但酚醛塑料的折射率(1.61~1.66)与煤精接近。
(4)相对密度:煤精为 1.30,手感轻。只要用手掂量一下便可明显感到玻璃和黑玉髓的相对密度远大于煤精。大多数塑料仿制品比较轻,但酚醛塑料的相对密度为 1.30,与煤精的相近。
(5)热针测试:尽管酚醛塑料具有与煤精相近的折射率和相对密度,但热针测试却可以将二者区分开。酚醛塑料在热针测试中散发出辛辣味,不同于煤精散发出的烧煤炭的气味。
(6)条痕:煤精的条痕为红褐色,任何一仿制品都不与煤精具有相似的条痕色。

第五节 象牙(Ivory)

一、概述

象牙作为饰品在我国已有3 000多年的历史。我国的象牙雕刻在商代就达到很高的水准。到了元、明、清时期,象牙雕刻广为流传,并在北京、上海、广东形成了各自的地方特色。象牙主要利用其形态雕刻成各种工艺品,也制作成小的首饰,还可劈成丝条编制成扇、席等。我国故宫博物院至今仍保存了明清时期宫廷用过的象牙编制的扇和席。象牙雕刻工艺品在中国香港、日本、东南亚、北美、欧洲都很有市场。然而,为了获得象牙,必须杀死大象,由此引发了关于濒危动物绝灭的严肃课题。国际相关组织也于1992年底发出了禁止销售和交易象牙的禁令。从此,象牙饰品在市场上销声匿迹了,而其他动物的牙齿所做的饰品逐渐多了起来。河马的獠牙、海象的獠牙、独角鲸的长獠牙、抹香鲸的獠牙都可用来制作雕件饰品。公野猪的犬牙也可制作小的工艺品。美国的鲸牙雕刻、爱斯基摩人的海象牙雕刻,也深受人们青睐。此外,化石象牙作为埋藏于地下千万年的史前动物(长毛象和乳齿象)的牙齿,更有其独特的价值。这些变成了化石的象牙因石化过程中自然形成的磷酸铁或磷酸铜而染成了蓝色或绿色。它们偶尔也用作首饰,或作为绿松石的仿制品。

象牙主要产自非洲的科特迪瓦、坦桑尼亚、塞内加尔、埃塞俄比亚;亚洲的斯里兰卡、泰国、印度、巴基斯坦、马来西亚、缅甸、越南及中国。猛犸象牙生存于七百万年前的冰期,在距今约1万年前陆续灭绝了。猛犸牙发现于阿拉斯加和西伯利亚的冻土和冰层里。猛犸象牙主要产自俄罗斯北部及西伯利亚,海象牙主要产于俄罗斯、欧洲等地。河马牙产于中非,独角鲸、抹香鲸牙来源于北冰洋。公野猪牙也主要来自非洲。

二、象牙的基本性质

狭义的象牙是大象嘴边的一对大獠牙及周边的小牙。广义的象牙指大象、猛犸象、河马、海象、鲸及公野猪等动物的獠牙及小牙。牙质材料则泛指尺寸较大、可供加工的各种哺乳动物的牙齿或牙齿的变种。

大象的獠牙一般长1m左右,重达10kg,甚至几十公斤。主要源自非洲象和亚洲公象(亚洲母象无獠牙)。非洲象獠牙较大,有白色和绿色品种;而亚洲象獠牙较小,色白。

1. 化学组成

主要为磷酸钙和有机质。

2. 形状与结构

大象的獠牙从根部向顶端形成半圆形,并逐渐变尖。其横切面为圆形或近圆形,其上有特征的Retzium纹,又称旋转引擎状纹理,即两组十字交叉的弧形纹理线。其纵切面为平行波状线(图17-5-1至图17-5-3)。大象的獠牙大约一半是中空的。象牙质地细腻。

猛犸象牙比现代象牙大,一般1.5m左右,弯曲度也大一些。因为长期埋藏在冻土中,表面有薄的褐色氧化层(图17-5-4)和龟裂纹(图17-5-5)。

图 17-5-1 象牙横断面结构

图 17-5-2 象牙纵切面上的平行纹理

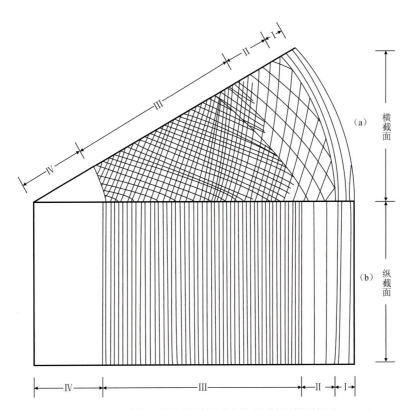

图 17-5-3 象牙截面结构特征模式立体示意图（据周佩玲，2004）
Ⅰ层为致密的同心圆状；Ⅱ层为粗旋转引擎纹层；
Ⅲ层为细旋转引擎纹层；Ⅳ层为致密状或空穴层

第十七章 有机宝石

图 17-5-4　猛犸象牙的旋转引擎纹理夹角小于 90°　　图 17-5-5　猛犸象牙表面的龟裂纹

猛犸象牙也具有旋转引擎状纹理,但其夹角小于 90°(图 17-5-4),少数猛犸象牙外表有冰冻造成的裂纹(图 17-5-5)。有人提出猛犸象牙的两组纹理夹角小于现代象牙,而研究表明:猛犸象牙和现代象牙横截面上旋转引擎纹的夹角变化范围分别为 60°～105° 和 65°～115°,猛犸象牙靠外层的夹角略小于现代象牙靠外层的夹角。事实上,随象牙大小和部位夹角的变化,一般很难来区分现代象牙和猛犸牙,除非是整只牙,一般很难仅仅根据纹理夹角来区分。

图 17-5-6　海象牙的内部瘤状结构

海象牙多指北冰洋海域的海象的牙齿,一般长 0.5～1m,比象牙小。呈微黄的奶油色,横截面为扁椭圆或扁的三瓣形。海象牙横断面具有明显不同的结构特征。其表皮为很薄的釉质层;中间层牙质洁白细腻,具同心层结构;牙心具有粗糙的瘤状结构(图 17-5-6)。

河马的獠牙横切面为圆形、方形或三角形,其上有平行横切面轮廓的同心线。除三角形牙为空心外,其他均为实心,质地十分细腻,纹理致密,颜色洁白,甚至优于象牙。

独角鲸只有一颗獠牙,常呈扭转状,横切面有螺旋形结构。

其他牙类的形态和结构特征见表 17-5-1。

3. 物理性质

(1)光泽:蜡状、油脂状光泽。

(2)透明度:微透明至不透明。

表 17-5-1 其他牙类的特征

名称	结构与外观	折射率	相对密度
河马牙	横截面:圆形、方形或三角形;其上有同心状纹理 除三角形截面为空心外,其他为实心。质地细腻,有厚的珐琅质 河马的门牙和犬牙重0.5~3kg不等	1.54	1.90
海象牙	横截面:卵形,中心为大空洞,空洞内由粗的泡状、瘤状物组成,外部较细腻;无珐琅质表层 獠牙可长达1m	1.56	1.95
抹香鲸牙	横截面:有规则的同心环状纹理;内部为淡黄色、淡褐色,外部较白 纵切面:外层部分可见随牙齿外形而弯曲的平行线 表层有厚的珐琅质,质地较粗糙。长牙长18cm	1.56	1.95
独角鲸牙	横截面:略带棱角的同心环 纵切面:近于平行且逐渐收敛的波状条纹 螺旋状扭曲的外观。空心、质地粗糙。獠牙长度可达3m	1.56	1.95
公野猪牙	横截面:三角形,中心为空洞 粗壮而弯曲的獠牙,质地粗糙,有厚的珐琅质表层	1.56	1.95

(3) 颜色:乳白色、白色、黄白色、瓷白色。陈货发黄。
(4) 硬度:2±。
(5) 相对密度:1.70~1.85(平均1.79)。
(6) 折射率:1.54。
(7) 荧光:紫外光下象牙有较强的蓝色荧光。
(8) 其他:象牙不耐酸,所以经酸泡后变软,即可削成丝条编制工艺品,或精雕细琢。不经酸泡的象牙有极强的韧性,很难刻划,且含微细孔,可吸收溶液。

三、优化处理

(1) 漂白:象牙的黄色调可用漂白液去掉。这种处理已被广泛应用,且为公众接受。
(2) 染色:象牙可染成蓝色,仿绿松石。

四、象牙的鉴别

象牙真品在市场上已不多见,取而代之的主要为骨质材料、植物象牙和塑料。这些仿制品可依据其结构特征、折射率、相对密度和热针测试来区分(表17-5-2)。

表 17－5－2　象牙与植物象牙的鉴别

项目	象牙	骨质材料	植物象牙	塑料
结构	横截面上有旋转引擎状纹理；纵截面上为平行波状纹理	横截面上有许多孔眼；纵截面上为细小管道	横截面上有许多细小的同心圆；纵截面上有大量平行的鱼雷状细胞（图17－5－9，图17－5－10）	有时可见平行纵纹
折射率	1.54	1.55	1.54	1.55～1.66
相对密度	1.75	2.00	1.42	1.05～1.57
热针测试	烧头发的焦味	烧头发的焦味		醋味

(1)外观及内部特征：所有的象牙的横截面具有旋转引擎纹理。植物象牙是一种棕榈树的果实，形态和大小类似于鹅卵石状(图17－5－7)，主要产于南美的巴西、秘鲁及非洲北部和中部。植物象牙质地细腻，但其结构特征不同于象牙，其横切面为同心状波纹，放大可见植物细胞(图17－5－8，图17－5－9)。

(2)折射率：植物象牙、骨质材料的折射率与象牙相近，大多数塑料仿制品折射率不同于象牙。

(3)相对密度：植物象牙(1.42±)和塑料(1.05～1.55)的相对密度都明显低于象牙(1.75)。

图 17－5－7　植物象牙果

图 17－5－8　植物象牙的细胞结构(×10)

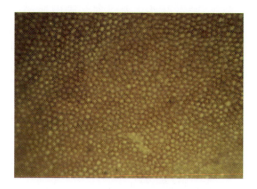

图 17－5－9　植物象牙的细胞结构(×40)

(4)热针测试：塑料仿制品会发出辛辣味或醋味，骨质材料和象牙都会发出烧头发的焦味。

第六节 龟甲、骨质材料及贝壳

一、龟甲(Tortoise Shell)

很早以前人们就利用龟甲制作各种饰品。据史记记载,玳瑁龟甲是我国古代男人常用的头饰材料。龟甲最初为远东地区人们所喜爱,后来流传到埃及、罗马,曾广为流行。玳瑁也被用作耳环、手链、手镯等,玳瑁龟已被列为濒临灭绝的动物,许多国家已禁止或严格控制玳瑁龟及此类龟甲的贸易。所以现今市场上的龟甲饰品已不多见了。

最有装饰价值的龟甲取自热带亚热带海洋中的小海龟——玳瑁(图17-6-1)。这种乌龟重95kg,只生活于印度洋、太平洋、加勒比海中。玳瑁龟的年捕获量不足800只。现在大部分龟甲都产自西印度群岛、中南美洲,特别是印度尼西亚、新几内亚。龟甲大部分在日本加工。

图17-6-1 玳瑁龟

龟甲的透明度、颜色、厚度及加工质量都会影响其价值。宰杀前已死亡的乌龟的龟甲上会有阴影,从而影响其质量。年代久远的龟甲会收缩而影响其美观。

1. 龟甲的宝石学性质

龟甲取自乌龟的背甲。玳瑁背甲由13块龟板组成(分三行,中间一行有5块龟板,两侧各4块),每块龟板约20cm×15cm。

(1)化学组成:主要由角质和骨质等有机质组成。

(2)颜色和结构:一般为白底黑斑或黄底暗褐色斑(图17-6-2)。色斑多呈褐、黄、黄褐及黑色。在放大观察下可见许多圆形色素点堆聚组成了边界不规则的色斑(图17-6-3)。色素点愈密集,则色斑颜色愈深。

(3)光泽:蜡状至油脂光泽。

(4)透明度:微透明至半透明。

(5)硬度:2.5。

图 17-6-2　玳瑁的色斑

图 17-6-3　龟甲的色素斑点结构(×40)

(6)相对密度:1.29。

(7)折射率:1.55。

(8)荧光:紫外光下较透明的黄色基底常发蓝白色荧光,而黑色、褐黑色斑块无荧光。

(9)热针测试:有烧头发的焦味。

(10)其他:龟甲具热塑性。龟甲在受热时分泌出一种黏膜,所以在一定温度和压力下可以将龟甲碎片黏结成大块材料。龟甲具可切性,易于加工和雕刻。龟甲会被硝酸腐蚀,但遇盐酸无反应。

2. 龟甲的鉴别

龟甲主要依据其特征的色斑结构加以鉴别。此外,折射率、相对密度和热针测试有一定的辅助作用。

杂色塑料是常见的龟甲仿制品。尽管它可具有与龟甲相似的折射率和相对密度,但多显示明显的近似平行的波状颜色条带(图17-6-4),缺少龟甲的圆形色素点堆集而成的色斑,甚至可见气泡、漩涡纹。而且塑料的色斑边界比较截然,玳瑁的色斑边界是色素点渐变减少的(图17-6-5)。在长波紫外光下黄色基底部分与玳瑁的基底一样发蓝白色荧光,但黑色、褐黑色斑块发紫红色荧光。且热针测试会有辛辣气味放出。

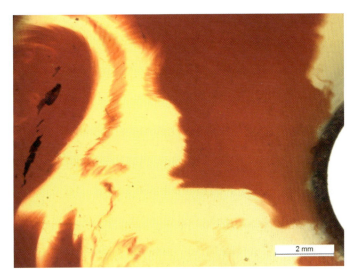

图17-6-4 塑料的近似平行波状颜色条带

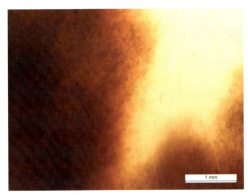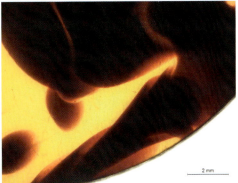

图17-6-5 玳瑁的色斑边界(左)和塑料(右)的色斑边界

压制龟甲是由龟甲碎片或粉末在一定温度压力下黏合而成的,因而缺少流畅的斑纹,且其颜色因加热会变得较深。玳瑁的腹甲为橙黄色,没有斑纹。腹甲的价值不如背甲高。

二、骨质材料(Bone Material)

早在原始社会,人类就利用动物骨料作项链、鼻环、耳环及发饰,甚至围裙。至今某些佛教僧徒们还常佩戴一些雕有佛像及其他象征性符号的骨件。但随着各种人造材料的出现,骨质材料在首饰上的应用已不多见。然而骨质材料作为装饰品在市场上仍可见到,现在比较流行的是一些动物头、角的壁挂。牛、鹿、羊等带角动物的头骨经蒸煮处理,去掉骨骼中的油脂后,再经漂白或上色,可作为头骨壁挂。这种壁挂是现代居室流行的装饰品之一。牛、鹿的角也可制作成各种工艺品及生活用品,尤其是牛角是最佳的发梳材料。

1. 骨质材料的基本性质

(1)化学成分:以磷酸钙为主,含有机质。

(2)结构:骨质材料内部含有许多细小的孔道。这些孔道在横截面上为许多小孔眼,在纵截面上为一些线槽。由于孔道内常残留有油脂,因而易吸灰尘等污垢,磨料也易于滞留在孔道中,从而使其结构更加显而易见(图 17-6-6)。

图 17-6-6 骨料的管状结构

(3)光泽:蜡状及树脂光泽。

(4)透明度:微透明至不透明。

(5)颜色:白色或黄白色。

(6)硬度:2.5~3.5。

(7)相对密度:2.00。

(8)折射率:1.54。

(9)热针测试:有烧头发的焦味。

2. 骨质材料的鉴别

常见的仿制材料是塑料,主要依据其结构特征可以区别。塑料常显示波状条带、气泡和漩涡纹,见不到骨质材料内部的细小管道。

骨质材料常用作象牙的替代品,关于二者的鉴别见本章第五节。

三、贝壳(Shell)

贝壳用作宝石可追溯到石器时代。浮雕贝壳制品在维多利亚时代,曾广受欢迎,至今仍为欧洲人垂青。贝壳还可串做项链、手链或制作纽扣、发饰等。

贝壳主要取自海水及淡水中属于腹足类和瓣腮类的软体动物坚实美丽的钙质外壳。最主要的一类贝壳,也叫砗磲,是大型海产双壳类软体动物。分布于印度洋和西太平洋,特别是菲律宾、马来西亚、缅甸、印尼、澳大利亚等地,我国海南省和南海诸岛也有分布。砗磲是佛教七宝之一,作为饰品有悠久的历史。砗磲常用作佛珠或制作成雕件。砗磲个体大(图17-6-7),所产珍珠质层厚,是最主要的首饰用贝壳。

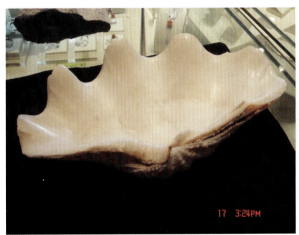

图17-6-7 砗磲及其平行珍珠质层

大珠母贝是养殖南洋珠的贝类,其贝壳具有很强的珍珠光泽,常常制作成纽扣、刀柄、镶嵌品及贝雕(图17-6-8)。主要产于澳大利亚北部。

鲍鱼壳内层有艳丽的珍珠质层,常常拼合制作成胸针和吊坠。鲍鱼壳主要来自澳大利亚、新西兰(图17-6-9)、美国及太平洋的一些水域。

鹦鹉螺(图17-6-10)贝壳内侧也有很细腻的珍珠层,尤其是其内部椭圆形弧面状隔板,常常被取下来与贝壳制作成拼合宝石,类似于马白珠。

图17-6-8 大珠母贝贝壳制作的贝雕摆件

各种海螺及贝壳都是很好的浮雕材料。还有一种石化了的菊石外壳,发现于加拿大白垩纪地层中。其抛光表面叠层的文石片晶使之

图 17-6-9　新西兰的鲍鱼壳

图 17-6-10　鹦鹉螺贝壳

显示以红、绿色为主的晕彩。这种石化贝壳,称为彩斑菊石(Ammolite)(图 17-6-11)。因为硬度低,经常这些具晕彩的菊石壳碎片经表面涂层处理后制作成首饰,常以 Ammolite(彩斑菊石)的商品名出售。

在西方国家,喜欢用作饰品的贝壳还有海螺和盔贝。尤其利用海螺的颜色分层制作的浮雕是西方传统饰品之一(图 17-6-12)。海螺内偶尔可以产出一种钙质凝结物,被称为海螺珍珠。这是一种粉红色或橙色的珠粒,每年天然采得仅约 3 000 粒,多半在 1ct 以下。海螺珍珠表面并没有珍珠光泽,但有火焰状结构。

图 17-6-11　彩斑菊石

图 17-6-12　海螺及海螺浮雕

1. 贝壳的宝石学性质

(1) 化学成分：主要为碳酸钙及少量有机质。其中碳酸钙主要以文石形式存在,少量以方解石形式存在。

(2) 结构：贝壳具典型的层状结构；鲍鱼贝壳的珍珠层间常含有很厚的褐色介壳质层。

(3) 光泽：有的贝壳有珍珠光泽；但只有在垂直珍珠质层方向上才可以看到珍珠光泽。如砗磲、大珠母贝、鲍鱼壳都具有珍珠光泽；鲍鱼壳的变彩以蓝、绿黄色为主,十分艳丽。

(4) 透明度：微透明至不透明。

(5) 颜色：白色、黄色、橙色、褐色、玫瑰色多见。

(6) 硬度：2.5～4。

(7) 相对密度：2.73～2.82。

(8) 化学特性：遇酸有起泡反应。

2. 贝壳的鉴别

贝壳的仿制品主要是塑料,一般依据其结构、表面光泽、相对密度和热针测试可以鉴别(图17-6-13,图17-6-14)。

图 17-6-13　金丝砗磲　　　　　　　图 17-6-14　塑料仿砗磲

第十七章　有机宝石

贝壳有典型的层状结构,珍珠光泽仅见于层状结构的两侧。塑料内部可见气泡、漩涡纹及平行条带。塑料的手感轻(其相对密度为 1.05~1.55),热针测试有辛辣味。若在不显眼处刮下少量粉末,再滴上稀盐酸,贝壳会有起泡反应,而塑料无此反应。

贝壳有时也用作珍珠和珊瑚的仿制品,它们的鉴别见本章第一、二节。

习　题

1. 简述珍珠的养殖过程和养殖珍珠的资源概况。
2. 如何鉴别一串珍珠是海水有核养殖珍珠,还是淡水无核养殖珍珠?
3. 如何评价珍珠的品质?
4. 简述珊瑚的主要类型,对比它们的宝石学特征。
5. 如何区分琥珀、压制琥珀和硬树脂?
6. 怎样将象牙与植物象牙鉴别开来?

第十八章 稀有宝石

第一节 萤石（Fluorite）

萤石在自然界中广泛产出,因其硬度低,解理发育,颜色丰富多彩,使得萤石大多数用于收藏宝石。块体较大的萤石也用于雕刻和做装饰材料。最著名的品种有蓝色约翰和绿色约翰,均产于英国。透明萤石以祖母绿色和紫色为优质品,因硬度低导致质地较软,过去我国玉石行业也称之为"软水紫晶"和"软水绿晶"。

一、基本性质

(1) 化学成分：氟化钙,CaF_2。
(2) 晶系：等轴晶系。
(3) 结晶习性：立方晶体(但由于完全并且易裂的解理,常呈解理八面体形态,见图 18-1-1),穿插双晶较常见。

 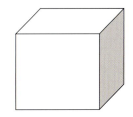

图 18-1-1　萤石的立方晶体

(4) 解理：完全的八面体解理(四组)。
(5) 断口：由于解理发育破损处可呈现出阶梯状断口。
(6) 硬度：4。
(7) 相对密度：3.18。
(8) 折射率：1.434(单折射)。
(9) 光性：各向同性。
(10) 光泽：弱玻璃光泽。

(11) 透明度：透明、半透明、不透明。
(12) 色散：0.007（极低）。
(13) 颜色：除红色和黑色外的几乎所有颜色均可出现，但各种颜色的鲜艳度不同，其中紫色萤石中生长色带较发育（图 18-1-2）。

图 18-1-2　各种颜色的萤石及萤石生长色带

(14) 吸收光谱：可显稀土元素线。
(15) 发光性：长波紫外光下发明亮的蓝白色荧光，短波下荧光较弱。常有磷光。
(16) 包裹体：可含固相、两相和三相的包裹体。

二、产状及产地

萤石是一种多成因的产物，可由热液作用、沉积作用和表生作用形成。

美国伊利诺州有优质萤石产出，非洲纳米比亚的萤石为祖母绿色，加拿大安大略有无色透明的萤石晶体产出。可做装饰材料的萤石还产于加拿大、德国、意大利、波兰、瑞士、美国。

我国萤石资源丰富，广泛产出，其中优质的萤石主要分布于浙江、安徽、江西、福建、河南、湖北、湖南、广西、四川、贵州、青海、新疆等地。

三、主要鉴别特征

1. 原石的鉴别

晶体的形态为立方体、八面体或呈晶簇状产出，形态各异，紫色萤石可见生长条带。由于存在四组完全解理，在大块的不规则状萤石中按四组解理方向敲打可打出完好的八面体块。

2. 成品的鉴别

颜色较为丰富，均质体，单折射，折射率 1.434，相对密度中等（3.18），紫外光下发荧光，解理发育，破口处可见阶梯状，硬度低，表面耐磨程度差，光泽弱及颜色生长条带等特征可作为主要鉴别依据。

第二节　方钠石（Sodalite）

优质蓝色块状方钠石可制作成弧面形宝石和雕刻成工艺品，少数方钠石透明晶体可磨成刻面形宝石。方钠石的颜色与青金岩较为接近,常被误认为青金岩。

一、基本特征

(1) 化学成分:钠铝硅酸盐,$Na_8[AlSiO_4]_6Cl_2$。
(2) 晶系:立方晶系。
(3) 结晶习性:晶体少见,多为致密块状集合体。
(4) 解理:明显,菱形十二面体解理。
(5) 断口:贝壳状到不平坦状。
(6) 硬度:5.5~6。
(7) 相对密度:2.28。
(8) 折射率:1.48。
(9) 光性:各向同性。
(10) 光泽:玻璃光泽。
(11) 透明度:透明至不透明。
(12) 颜色:黄色、深蓝色,常有白色及粉红色网脉(图18-2-1)。
(13) 发光性:查尔斯滤色镜下变红。

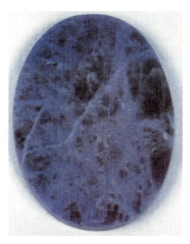

图18-2-1　方钠石内常可见白色网脉

二、产状及产地

方钠石产于霞石正长岩。美国缅因州产优质蓝色至深蓝色方钠石,非洲纳米比亚出产蓝色半透明至透明块状方钠石。此外,巴西、印度、玻利维亚等地也有方钠石产出。

三、主要鉴定特征

方钠石的主要鉴别特征:深蓝色,多晶质结构,一般呈半透明至微透明,低折射率(1.48)、低相对密度(2.28),在2.65的重液中呈漂浮状态,查尔斯滤色镜下变红,放大观察可见白色的物质分布于其中。

第三节　方柱石(Scapolite)

方柱石(Scapolite)的英文名称来自希腊语,意为矿物的柱状习性。自1913年缅甸产出了宝石级方柱石后,从此宝石级方柱石的新产地不断被发现,至今业内人士对方柱石已经较为熟悉。世界上保存的较大的优质方柱石主要来自缅甸,其次为巴西和斯里兰卡(表18-3-1)。

表 18-3-1 方柱石的珍品收藏一览表

颜　色	质量(ct)	产　地	现存放地点
无色	288	缅甸	美国华盛顿史密斯博物馆
无色猫眼	29.9	缅甸	美国华盛顿史密斯博物馆
粉红色	12.3	缅甸	美国华盛顿史密斯博物馆
黄色	29	巴西	美国华盛顿史密斯博物馆
粉红色猫眼	17.3	斯里兰卡	美国华盛顿史密斯博物馆
黄色	28.4	巴西	加拿大多伦多皇家安大略博物馆
黄色	57.6	巴西	加拿大多伦多皇家安大略博物馆
粉红色	7.91	缅甸	加拿大多伦多皇家安大略博物馆
无色	65.63	缅甸	加拿大多伦多皇家安大略博物馆
蓝色猫眼	3.34	缅甸	加拿大卡尔加里狄沃团体
白色猫眼	21.25	印度	加拿大卡尔加里狄沃团体

一、化学成分

方柱石的化学成分复杂，$(Na,Ca)_4[Al(Al,Si)Si_2O_8]_3(Cl,F,OH,CO_3,SO_4)$，为钠柱石 $Na_4[AlSi_3O_8]Cl$ 和钙柱石 $Ca_4[Al_2Si_2O_8]_3CO_3$ 类质同像系列的中间成员。随着成分中 Ca 的含量增多，折射率、双折射率和相对密度值也增大。

二、晶系及结晶习性

四方晶系。柱状晶体，常由四方柱及四方双锥构成聚形晶，沿晶体 C 轴方向延长(图 18-3-1)，柱面条纹发育。常带有丝状或纤维状外观(图 18-3-2)。

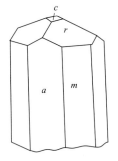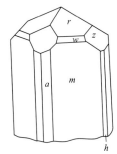

图 18-3-1　方柱石的晶体形态

三、物理性质

(1)颜色：主要为紫色、粉色，次为无色、黄色、绿色和蓝色。

(2)透明度及光泽：透明至半透明，玻璃光泽。

(3)光性：一轴晶负光性。

(4)折射率：1.54～1.58。

(5)双折射率：0.004～0.037。

(6)多色性：粉色、紫色者具中—强多色性，黄色者具弱—中多色性。

(7)荧光：与产地和颜色有关，无色和黄色者可有粉色到橙色的荧光。

(8)色散：0.017(低)。

(9)解理：柱面解理不完全。

图 18-3-2　方柱石实物图

(10)断口：不平坦断口。
(11)硬度：6。
(12)相对密度：2.50～2.74。
(13)内含物：常见管状包裹体，平行晶体的 C 轴排列。另有各种晶体及气液相包裹体。

四、产状及产地

方柱石为气成作用产物。大多数产于变质岩中，伟晶岩中也有产出。宝石级原石主要产自缅甸、马达加斯加、巴西、坦桑尼亚。缅甸产优质方纳石猫眼，无色、粉红色原石见于抹谷砂矿中，黄色方柱石晶体来自巴西和马达加斯加。

五、主要鉴别特征

1. 原石鉴别

四方柱状晶体，完好晶体是四方柱和四方双锥的聚形，但晶体两端常呈破碎状，晶面上有密集的纵纹。

2. 成品鉴别

方柱石的颜色主要有紫色、黄色、粉红色、无色，颜色不同，折射率和双折射率有较大的差异。通常紫色方柱石折射率和双折射率均较低，多数情况下仅为 1.535～1.545，双折射率 0.004～0.009。其他颜色的方柱石折射率偏高，折射率有时高达 1.56～1.58，双折射率达 0.020 以上，少数方柱石甚至高达 0.037。绝大多数方柱石都有典型的针管状包裹体（图 18-3-3），可以此与其他相似宝石的相鉴别。另外，由于硬度偏低，表面耐磨性较差。

图 18-3-3 方柱石中的针管状包裹体

第四节 堇青石(Iolite)

堇青石(Iolite)名称来源于希腊语,寓意为矿物呈紫罗兰色。用于首饰中的堇青石以蓝色和紫罗兰色为优质品,由于堇青石的蓝色似蓝宝石的颜色,因而享有"水蓝宝石"之美称。英国伦敦大英自然历史博物馆收藏一粒重885ct的弧面形的堇青石;美国华盛顿史密斯博物馆内收藏有两粒蓝色至靛蓝色堇青石,产自斯里兰卡,分别重15.6ct和10.2ct。

一、化学成分

$(Mg,Fe)_2Al_4Si_5O_{18}$,其中Mg和Fe可形成完全的类质同像代替。自然界中,绝大多数堇青石富镁,因为Mg^{2+}更容易进入堇青石的晶体结构中。

二、晶系及结晶习性

属斜方晶系。常呈短柱状晶体或水蚀卵石状产出。

三、物理性质

(1)颜色:宝石级品种颜色为蓝色和紫蓝色(图18-4-1),一般呈无色、微黄白色、绿色、褐色和灰色等(图18-4-2)。

图18-4-1 堇青石中的蓝色带紫色调

图18-4-2 堇青石中的蓝色带灰色调

(2) 光泽及透明度：玻璃光泽，透明至半透明。
(3) 光性：二轴晶负光性。
(4) 折射率：1.54~1.55，与其成分中所含Mg和Fe的比例有关，当富Mg时，折射率偏低，而富Fe时折射率则偏高。
(5) 双折射率：0.01 ± 0.002。
(6) 多色性：强，三色性表现为黄紫色、黄色、蓝色。从不同方向观察，肉眼可见不同的颜色。
(7) 发光性：无。
(8) 吸收光谱：表现为Fe吸收光谱，但不属于典型吸收光谱。
(9) 解理：堇青石可具有三组解理，其中{010}为中等解理，{100}和{001}为不完全解理。
(10) 断口：断口为参差状。
(11) 硬度：7~7.5。
(12) 相对密度：2.60，随Fe的含量增多而逐渐变大。

四、内含物特征

常见的矿物包裹体有赤铁矿或针铁矿、石墨及气液包裹体等。其中斯里兰卡产的一种堇青石包裹体主要为赤铁矿和针铁矿，颜色为红色，绝大多数颗粒呈板状和针状，并呈定向排列。当包裹体大量出现时可使堇青石呈现红色，这种堇青石又被称为"血射堇青石"（Bloodshot）。

五、产状及产地

堇青石产于片麻岩、片岩和接触变质岩，而砂矿是宝石级堇青石的主要来源。优质宝石级堇青石原石主要产自斯里兰卡，缅甸和美国也有堇青石产出。

第十八章 稀有宝石

六、主要鉴别特征

关键鉴别依据为:颜色为蓝色至紫蓝色,蓝色中常带紫色调,可与蓝色蓝宝石、蓝色坦桑石、蓝色碧玺相区别。折射率与上述相似蓝色宝石相比偏低,为 1.54～1.55,双折射率为 0.008～0.012,相对密度值低,最典型的鉴别特征为肉眼可见典型的三色性特征。

第五节　磷灰石(Apatite)

世界上最大的一块金黄色宝石级磷灰石重 147ct,墨西哥达伦哥等地曾发现重 30ct 透明无瑕的磷灰石晶体。坦桑尼亚产出的优质磷灰石猫眼可同著名的斯里兰卡猫眼相媲美。磷灰石的颜色较为丰富,但大多数颜色较淡。

一、化学成分

磷灰石是钙的磷酸盐 $Ca_5(PO_4)_3(F,OH,Cl)$,其中 Ca^{2+} 常被 Sr^{2+}、Mn^{2+} 离子取代,并含有微量的 Ce、U、Th 等稀土元素。

二、晶系及结晶习性

磷灰石属六方晶系。晶体常呈六方短柱状、厚板状、粒状,一些晶体还可见发育完好的六方双锥(图 18-5-1,图 18-5-2)。

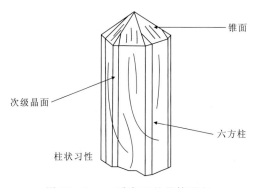

图 18-5-1　磷灰石的晶体形态

三、物理性质

(1)颜色:常见的颜色有绿色、浅绿色、天蓝色、紫色、黄—浅黄色、粉红色及无色等。磷灰石的颜色多样性与其所含的稀土元素的种类及含量密切相关。

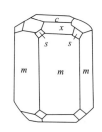 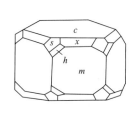 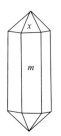

图 18-5-2　磷灰石的各种晶体形态

(2)光泽及透明度:玻璃光泽,透明至半透明。

(3)光性:非均质体,一轴晶负光性。

(4) 折射率:常因成分的变化而有一定变化范围,宝石级磷灰石折射率为1.63～1.64。

(5) 双折射率:0.002～0.006。

(6) 多色性:蓝绿色的磷灰石多色性比较明显。

(7) 发光性:磷灰石的荧光因颜色不同而不同,长波紫外光下和短波紫外光下均可见。

(8) 吸收光谱:蓝色和绿色的磷灰石显示稀土元素的混合吸收谱。

(9) 解理:解理不发育,{0001}不完全解理至中等解理,{1010}不完全解理。

(10) 断口:不平坦。

(11) 硬度:5。

(12) 相对密度:宝石级磷灰石常为3.18～3.20。

(13) 内含物:多种固相包裹体,气液相包裹体,负晶、长管状包裹体,生长结构线等。

四、产状及产地

磷灰石主要产于结晶片岩中,在变质石灰岩中常与榍石、锆石、石榴石等共生,也见于伟晶岩、基性火成岩等岩脉中。磷灰石产地较多,不同的国家产出的磷灰石均有各自的特点。宝石级蓝色晶体磷灰石产自缅甸抹谷和斯里兰卡。含锰蓝绿色锰磷灰石产自加拿大、西伯利亚、挪威等地;黄绿色磷灰石产于西班牙;紫色磷灰石产于捷克、斯洛伐克、美国和德国;蓝绿色、褐色磷灰石产自缅甸和斯里兰卡。另外,巴西、印度、缅甸、斯里兰卡和坦桑尼亚均有磷灰石猫眼产出。我国产出的磷灰石主要有黄色、无色磷灰石和磷灰石猫眼。

五、主要鉴别特征

1. 原石鉴别

磷灰石为六方晶系,晶体完好时,由六方柱和六方双锥构成柱状晶体。晶体呈现出玻璃光泽,透明度较好。由于硬度低,晶体棱角处较为圆滑,这一特征可与绿柱石的六方柱状晶体相区别。

2. 成品鉴别

磷灰石有多种颜色,但总体颜色的鲜艳度不够,加工成刻面型宝石后,因硬度低,耐磨性差,在大的刻面上可见摩擦痕。双折射率值低0.002～0.006,相对密度3.18,在3.05的重液中下沉,在3.32的重液中漂浮,具有典型的稀土谱。

第六节 赛黄晶(Danburite)

赛黄晶(Danburite)英文名称来自发现地美国康涅狄格州的丹伯里(Danbury)。英国伦敦大英自然历史博物馆收藏一粒产自于缅甸的酒黄色阶梯刻面型的赛黄晶,重138.61ct;美国华盛顿史密斯博物馆收藏一粒缅甸产的黄色赛黄晶,重18.4ct;日本产的一粒无色赛黄晶,重7.9ct。

一、基本性质

(1) 化学成分：钙硼硅酸盐，$CaB_2[SiO_4]_2$。

(2) 晶系：斜方晶系。

(3) 结晶习性：斜方柱加斜方锥的聚形，晶体呈长柱状体，晶体的横断面呈现菱形，由于锥上较偏而表现出明显的凿形外观。晶体的柱面有明显的纵纹，底面有时呈不平坦状的似阶梯形断口（图 18-6-1，图 18-6-2）。

图 18-6-1 赛黄晶凿形外观

图 18-6-2 赛黄晶似阶梯形断口

(4) 解理：不发育。

(5) 断口：半贝壳状。

(6) 硬度：7。

(7) 相对密度：3.00。

(8) 折射率：1.63～1.64。

(9) 双折射率：0.006。

(10) 光性：二轴晶，光性取决于照明所用光的波长，红至绿光时为负光性，蓝光时为正光性。

(11) 光泽：玻璃光泽。

(12) 透明度：透明。

(13) 色散：0.017（低）。

(14) 颜色：黄色及无色，偶见粉红色。其中蜜黄色和酒黄色似托帕石。

(15) 吸收光谱：某些样品中见稀土元素光谱线。

(16) 发光性：长波紫外光和短波紫外光下均可发蓝色荧光。

二、产状及产地

赛黄晶产自变质灰岩和低温热液中，冲积砂矿也是赛黄晶的重要来源地。宝石级黄色赛黄晶产自马达加斯加；黄色和无色赛黄晶产自缅甸抹谷地区；墨西哥有无色和粉红色赛黄晶产出;日本有无色赛黄晶产出。

三、主要鉴别特征

赛黄晶晶体的外观与托帕石晶体的外观较为相似,但底面解理不如托帕石明显。成品可通过测试折射率、双折射率、相对密度来区分。

第七节 红柱石(Andalusite)

红柱石(Andalusite)英文名称来自矿物发现地西班牙名城安达卢西亚(Andalusia)。然而大颗粒的收藏品则主要来自于巴西,如美国华盛顿史密斯博物馆内收藏有产自巴西的褐色红柱石,重 28.3ct;绿色—褐色红柱石,重 13.5ct。加拿大多伦多皇家安大略博物馆 12.44ct 的红柱石也产于巴西。

一、化学成分

铝硅酸盐,成分为 Al_2SiO_5。其中 Al 常被 Fe^{3+}、Mn^{2+} 替代,一些红柱石在生长过程中还可以捕获细小石墨及黏土矿物的颗粒,并可在红柱石内部呈定向排列,在其横断面上形成黑十字,也称空晶石。

二、晶系及结晶习性

斜方晶系。常为柱状晶体,晶体的横断面几乎呈正方形,红柱石的柱状集合体还常呈放射状,形似菊花,又称为菊花石。

三、物理性质

(1)颜色:褐绿色到褐红色,少量呈褐色、粉红色或紫色。
(2)光泽:玻璃光泽。
(3)透明度:宝石级红柱石透明至半透明。
(4)光性:二轴晶负光性。
(5)折射率:1.63~1.65。
(6)双折射率:0.010±0.003,含锰者高达 0.029。
(7)多色性:多色性很强,肉眼可见,一些样品还可见三色性。黄绿色的红柱石多色性为黄色、绿色至红色。
(8)发光性:多数无荧光,部分因产地而异。
(9)吸收光谱:绿色、淡红褐色的红柱石显铁的吸收谱。
(10)解理:红柱石可见两组解理,其中{110}方向为中等解理,{100}方向为不完全解理。
(11)断口:呈参差状。
(12)硬度:6.5~7.5。
(13)相对密度:宝石级为 3.18。

(14)内含物:常见内含物为磷灰石、金红石、白云母、石墨及各种黏土矿物、气液包裹体以及色带、解理、双晶纹等生长结构。

(15)红柱石的品种:除各种颜色的透明红柱石(图18-7-1)之外,另有空晶石(图18-7-2)及红柱石猫眼(图18-7-3)。

图18-7-1 红柱石的透明品种　　图18-7-2 红柱石的空晶石品种　　图18-7-3 红柱石猫眼

四、产状及产地

红柱石产于变质岩中,但宝石级红柱石主要产自于砂矿。宝石级红柱石主要来源地为巴西,产自河床砾石或山坡黏土层下,最大的宝石级砾石重80ct。斯里兰卡产砾石状优质红柱石。绿色宝石级红柱石也产自于马达加斯加和缅甸。

五、主要鉴别特征

1. 原石鉴别

红柱石晶体形态为斜方柱与斜方锥的聚形,晶面有密集的纵纹,横截面有时呈正方形。

2. 成品鉴别

红柱石颜色为褐红色、灰绿色、浅黄色等,折射率为1.63~1.64,双折射率为0.010,二轴晶负光性。相对密度值为3.18,在3.05重液中下沉,在3.32重液中漂浮。红柱石多色性为显著褐红色和灰绿色,最具鉴定意义。

第八节　硅铍石(Phenakite)

斯里兰卡曾发现一块重1 470ct的硅铍石巨砾,加工成刻面型宝石重达569ct。在美国华盛顿史密斯博物馆收藏一块产自美国的无色硅铍石,重22.2ct。

一、基本性质

(1) 化学成分：铍硅酸盐，Be_2SiO_4。
(2) 晶系：三方晶系。
(3) 习性：板状和柱状晶体，外观与水晶相似，又称"似晶石"。
(4) 解理：明显，柱面解理。
(5) 断口：贝壳状。
(6) 硬度：7.5。
(7) 相对密度：2.95。
(8) 折射率：1.65～1.67。
(9) 双折射率：0.016。
(10) 光性：一轴晶正光性。
(11) 光泽：明亮玻璃光泽。
(12) 透明度：透明。
(13) 色散：0.15（低）。
(14) 颜色：粉红色、浅黄色、绿色和无色。

二、产状及产地

硅铍石与钠长石、碧玺和锆石共生于伟晶岩中，也与绿柱石、日光榴石等共生于云英岩中。巴西产的硅铍石为无色透明且晶体较为粗大；俄罗斯有红色硅铍石产出。此外，美国、挪威、法国、瑞士、捷克、斯洛伐克、坦桑尼亚和纳米比亚等地也有硅铍石产出。

三、主要鉴别特征

大多数硅铍石颜色为无色，透明。只要小心测试，硅铍石较容易鉴别。用折射仪测试硅铍石的折射率为1.65～1.67，双折射率较大为0.016，光性特征为一轴晶正光性。相对密度值为2.95，在2.89的重液中呈下沉状态，在3.05重液中呈漂浮状态。正交偏光镜下沿光轴方向，在锥光下可呈现出黑十字干涉图。由于双折射率较大，放大观察刻面棱双影明显。

第九节　柱晶石（Kornerupine）

柱晶石（Kornerupine）英文名称来自人名——丹麦科学家涅卢普（A. N. Kornerup）。美国华盛顿史密斯博物馆内收藏有产自斯里兰卡的褐色柱晶石，重21.6ct，绿色柱晶石，重8.1ct；马达加斯加产的褐色柱晶石重10.8ct。

一、基本性质

(1) 化学成分：镁铝铁的硼硅酸盐，$Mg_3Al_6(Si,Al,B)_5O_{21}(OH)$。
(2) 晶系：斜方晶系。

(3)结晶习性:柱状晶体,多为水蚀卵石。
(4)解理:柱面解理。
(5)断口:贝壳状。
(6)硬度:6.5。
(7)相对密度:3.30。
(8)折射率:1.66~1.68,在折射仪上常表现为假一轴晶现象,柱晶石折射率的中间值非常靠近折射率的高值(详见不同产地柱晶石折射率表18-9-1)。
(9)双折射率:0.013。

表 18-9-1 不同产地的柱晶石折射率的变化状况

产地	折射率最小值	折射率中间值	折射率最大值	双折射率值
马达加斯加	1.661	1.673	1.674	0.013
斯里兰卡	1.669	1.681	1.682	0.013
德国	1.675	1.687	1.687	0.014
南非纳塔尔	1.682	1.696	1.699	0.017
东非	1.662	1.675	1.677	0.015

(10)光性:二轴晶负光性。
(11)光泽:玻璃光泽。
(12)透明度:透明至半透明。
(13)色散:0.019(低)。
(14)颜色:黄色、绿色、褐色、无色。
(15)多色性:明显,颜色为褐色和绿色。
(16)光学效应:猫眼和星光效应。
(17)吸收光谱:表现为铁吸收光谱,紫区有一强吸收带,蓝-绿区有弱吸收带。

二、产状及产地

柱晶石与堇青石、假蓝宝石共生于片岩中,也产于伟晶岩和麻粒岩以及砂矿中。宝石级柱晶石主要产自于马达加斯加、斯里兰卡、缅甸、德国、南非纳塔尔和东非。

马达加斯加产的柱晶石为大块的深绿色和海蓝色晶体;斯里兰卡的柱晶石为黄褐色、绿褐色和红色砾石状;缅甸除产各种颜色的柱晶石外,在抹谷还产一种比较罕见的星光柱晶石。

三、主要鉴别特征

柱晶石主要鉴别依据为颜色、折射率、双折射率,以及在折射仪上所表现的假一轴晶现象和多色性、相对密度等。对柱晶石猫眼尤其是折射率相近的其他宝石,如顽火辉石、透辉石猫眼的准确区分则依赖于大型测试仪器。

第十节 透辉石（Diopside）

透辉石属于辉石族，在自然界属于一种常见的矿物，宝石级透辉石产出国家较多。由于硬度较低，导致耐磨性较差。美国纽约自然历史博物馆馆藏一粒产自美国纽约州的绿色透辉石，重 38.0ct；美国华盛顿史密斯博物馆收藏有产自印度的黑色星光，重 133.0ct，黑色猫眼，重 24.1ct；马达加斯加产的绿色透辉石，重 19.2ct；意大利产的黄色透辉石，重 6.8ct；缅甸产的黄色透辉石，重 4.6ct。

一、化学成分及结晶特点

1. 化学成分

钙镁硅酸盐 $CaMg(SiO_3)_2$，为辉石族。$CaMg(SiO_3)_2$—$CaFe(SiO_3)_2$ 为类质同像系列；CaMg—CaFe 中间成员有次透辉石、铁次透辉石，其中富含 Cr 的透辉石也称铬透辉石（变种）。

钙镁硅酸盐 $CaMg(SiO_3)_2$			钙铁硅酸盐 $CaFe(SiO_3)_2$
透辉石	次透辉石	铁次透辉石	钙铁辉石

成分中 Mg 与 Fe 成完全类质同像代替，随着铁的含量增多而颜色由浅至深。

2. 晶系及结晶特点

单斜晶系。晶体发育完好时呈柱状、粗短柱状，也有晶体碎块、水蚀卵石。

二、颜色及品种

1. 颜色

无色、灰色、淡绿色、深绿色、褐色和黑色。透辉石的颜色品种及猫眼和星光（图 18-10-1）。

2. 品种

(1) 铬透辉石：为鲜艳的绿色，颜色由铬所致。
(2) 星光透辉石：黑色，为四射不对称星光。
(3) 青透辉石：晶体细小，颜色为深紫色、蓝色，极少见。

图 18-10-1 透辉石的颜色品种及猫眼和星光

三、物理性质

(1) 硬度：5。
(2) 相对密度：3.30（3.26～3.32），星光透辉石为 3.35。
(3) 解理：明显，两组解理近 90°相交。

(4) 折射率:1.67~1.70。

(5) 双折射率:0.025。

(6) 光性:二轴晶正光性。

(7) 多色性:多色性弱到中等,铬透辉石具有明显的黄色和绿色多色性。

(8) 色散:0.013(低)。

(9) 光泽:玻璃光泽。

(10) 透明度:透明至不透明。

(11) 吸收光谱:铬透辉石显铬谱,红区有一双线(690nm)和635nm、655nm、670nm 三条弱吸收带;蓝绿区508nm、505nm 处有吸收线,490nm 处有一吸收带;其他品种光谱不典型。

(12) 特殊光学效应:猫眼和星光效应(图18-10-2)。星光是由定向拉长状磁铁矿包裹体所造成,具磁性。

(13) 发光性:长波紫外光下有时发浅紫色光,短波紫外光下发蓝或乳白色和橙黄色荧光。

图 18-10-2　透辉石的猫眼及四射星光效应

四、产状及产地

透辉石产于富含钙的变质岩中,其中含铬变种仅产于金伯利岩(铬透辉石)和尖晶石二辉橄榄岩中。缅甸产黄色透辉石、淡绿色透辉石和透辉石猫眼品种;马达加斯加产的透辉石呈现黑绿色;加拿大的安大略产绿色和褐红色透辉石;美国纽约州、俄罗斯和奥地利产绿色透辉石。铬透辉石主要产自芬兰,透辉石星光和猫眼主要产自印度。

五、主要鉴别特征

(1) 颜色:绿色、黄褐色、黑色。

(2) 折射仪测试折射率:1.67~1.70。双折射率:0.025。光性:二轴晶正光性。

(3) 相对密度测试:3.30(3.26~3.32)。

(4) 二色镜下观察性:明显,颜色越深,三色性越明显。

(5) 显微镜下观察:放大观察可见双影像(图18-10-3),晶体包裹体,星光透辉石可见黑色的拉长状磁铁矿。

(6) 分光镜下:铬透辉石显示典型铬的吸收光谱。

图 18-10-3　由于双折射率较大,星线可呈双影像

第十一节 顽火辉石(Enstatite)

顽火辉石(Enstatite)的英文名称来源于希腊语,意为对抗,因熔点高而得名。顽火辉石属斜方辉石族。加拿大多伦多皇家安大略博物馆收藏的顽火辉石产于缅甸,重 12.97ct;美国华盛顿史密斯博物馆收藏的斯里兰卡褐色顽火辉石,重 11.0ct;奥地利产的褐色顽火辉石,重 3.9ct。

一、化学成分及结晶习性

1. 化学成分

$(Mg,Fe)_2Si_2O_6$ 顽火辉石是斜方辉石族中的一个亚种。斜方辉石族是一个复杂的铁镁硅酸盐固溶体系列。由于铁的成分逐渐加大,矿物晶体颜色变深,无宝石意义,大多作为收藏品。顽火辉石因含铁量低,可作为宝石品种。

```
镁硅酸盐                                                          铁硅酸盐
Mg₂[Si₂O₆]ーーーーーーーーーーーーーーーーーーーーーーーーーーーーFe₂[Si₂O₆]
顽火辉石 ── 古铜辉石 ── 紫苏辉石 ── 铁紫苏辉石 ── 尤莱辉石 ── 斜方铁辉石
```

顽火辉石成分以 MgO 和 SiO_2 为主,次要成分为 Al、Ca、TiO_2 和 MnO,含 Fe 量少于 5%。

2. 晶系及结晶习性

斜方晶系。晶体呈柱状,通常完好的晶体少见,双晶常见,大多数以水蚀卵石产出。

二、物理性质

(1)颜色:无色、灰色、绿色、褐色等。
(2)硬度:5.5。
(3)相对密度:3.30(3.20~3.30)。
(4)解理:明显的柱面解理,两组交角近于 90°。
(5)折射率:1.65~1.68。
(6)双折射率:0.010。
(7)光性:二轴晶正光性。
(8)多色性:强,褐色强,绿色弱。
(9)色散:低色散。
(10)光泽:玻璃光泽。
(11)透明度:透明至微透明。
(12)吸收光谱:具有典型光谱,各种颜色在蓝绿区 506nm 处有一强吸收线,铬致色的除此带外,红区还有一双线。
(13)特殊光学效应:星光和猫眼效应(图 18-11-1)。

图 18-11-1 顽火辉石的"十字"星光

三、产状及产地

顽火辉石主要产于基性和超基性岩及层状侵入岩、火成岩、变质岩等岩石中。缅甸的抹谷和斯里兰卡的宝石级顽火辉石主要以河流冲积砾石状产出。南非金伯利附近主要产出鲜绿色的顽火辉石,但颗粒大小仅为 1~2ct。顽火辉石猫眼主要来自于斯里兰卡。印度产的顽火辉石有褐色晶体和星光顽火辉石。其他产地还有坦桑尼亚和美国的亚利桑那州。

四、主要鉴别特征

(1) 分光镜观察:具有典型光谱,各种颜色(包括无色),在蓝绿区 506nm 处有一强吸收线,铬致色的除此吸收线外,红区还有一双吸收线。506nm 吸收线为顽火辉石的诊断线。

(2) 折射仪测定:二轴晶正光性,折射率为 1.65~1.68,双折射率为 0.010。

(3) 二色镜下:多色性,褐色强,绿色弱。

(4) 放大观察:由于硬度低,表面耐磨性差,破口处可见阶梯状断口。

第十二节 锂辉石(Spodumene)

锂辉石(Spodumene)英文名称来自希腊语,意为矿物似桉木颜色。锂辉石中最珍贵的品种为紫锂辉石(Kunzite),为一种玫瑰红至丁香紫色宝石,英文名称来自人名——美国宝石学家孔兹(Kunz)。锂辉石宝石珍品收藏见表 18-12-1。

表 18-12-1 锂辉石宝石珍品收藏地点一览表

宝石珍品收藏地点	颜色品种	质量(ct)或大小(cm)	产　地
美国华盛顿史密斯博物馆	黄色锂辉石	327ct	巴西
	黄绿色锂辉石	68.6ct	巴西
	紫锂辉石	880ct	巴西
	深紫罗兰色锂辉石	334ct	巴西
	紫锂辉石	177ct	美国加利福尼亚
	紫锂辉石	11.6ct	美国北卡罗来纳
	黄色锂辉石	71.1ct	马达加斯加
美国科罗拉多州丹佛博物馆	紫锂辉石	296.7ct	巴西
奥地利维也纳自然历史博物馆	翠铬锂辉石	3cm×0.6cm	/

一、基本性质

(1) 化学成分：锂铝硅酸盐，$LiAl(SiO_3)_2$ 为一种辉石族矿物。

(2) 晶系及结晶特点：单斜晶系。柱状晶体、扁平柱状晶体，晶体表面可见密集的纵纹或有熔蚀现象，并有明显的三角形表面印痕(图 18-12-1)。

(3) 颜色：粉红色—紫红色、黄色、绿色、无色等(图 18-12-2)。

图 18-12-1　锂辉石的柱状晶体

图 18-12-2　各种颜色的锂辉石晶体碎块

(4) 品种：

紫锂辉石：为粉红色变种，是锂辉石中的著名品种，因含微量的锰而呈紫色调。

锂辉石：黄色(有深有浅)、浅蓝绿色等。

翠铬锂辉石：绿色偏深，晶体很小，仅产于北卡罗来纳州。

(5) 硬度：7。

(6) 相对密度：3.18。

(7) 解理：两组完全解理角相交于 90°，由于解理发育，使得锂辉石的加工极其困难，断口为阶梯状。

(8) 光性:二轴晶正光性。
(9) 折射率:1.66～1.68。
(10) 双折射率:0.015。
(11) 色散:0.017(低)。
(12) 多色性:强,三色性较明显,紫锂辉石呈粉红色、紫色、无色,锂辉石呈绿色、黄绿色、蓝绿色,为获得最佳效果,琢磨宝石的台面应垂直于晶体的长轴。
(13) 发光性:紫锂辉石长波紫外光下为粉红到橙色,X射线下发橙色,同时也发磷光;黄绿色锂辉石长波紫外光下发橙黄色光,X射线下发光性强。

二、产状及产地

宝石级锂辉石主要产于花岗伟晶岩中。美国加利福尼亚州优质的紫锂辉石与粉红色绿柱石共生于伟晶岩中;美国北卡罗来纳州出产优质的祖母绿色的翠绿锂辉石晶体;美国缅因州还产出一种锂辉石猫眼。宝石级的锂辉石产地还有巴西、马达加斯加、中国新疆、缅甸和巴基斯坦等地。

三、主要鉴别特征

(1) 颜色特征:粉红色、紫红色、黄色、绿色。
(2) 二色镜下观察:三色性明显。依宝石体色的颜色不同而变化。
(3) 折射仪测试折射率:1.66～1.68。双折射率:0.015。光性:二轴晶正光性。
(4) 相对密度测试:3.18,在3.05重液中下沉,在3.32的重液中漂浮。
(5) 放大观察:晶体包裹体,由于解理发育可见三角坑,破口处可见阶梯状断口,如有裂隙存在可见平行状排列。

第十三节　坦桑石(黝帘石 Zoisite)

1967年,在坦桑尼亚发现了蓝到紫色的黝帘石透明晶体,又称为坦桑石、坦桑黝帘石或丹泉石。优质坦桑石宝石价值不低于祖母绿和蓝宝石。1968年,一件由24颗坦桑石宝石镶嵌的胸针在美国纽约展览会上标价5万美元,所镶嵌的坦桑石最小只有几克拉,最大者达84ct。美国华盛顿史密斯博物馆收藏的坦桑尼亚产的蓝色坦桑石重达122.7ct和蓝色坦桑石猫眼重18.2ct。

一、基本性质

(1) 化学成分:$Ca_2Al_3(SiO_4)(Si_2O_7)O(OH)$。
(2) 晶系及结晶习性:斜方晶系。晶体呈柱状,常见的单形为斜方柱、斜方锥和两组平行双面组成的聚形,沿晶体的柱面常具条纹,其他黝帘石品种常呈粒状集合体。
(3) 透明度:透明。

(4)光泽:玻璃光泽。

(5)颜色:常见带褐色调的绿蓝色,还有灰色、褐色、黄色、绿色等。热处理后,可去掉褐绿至灰黄色,呈蓝色、蓝紫色。

(6)光性:二轴晶正光性。

(7)折射率:1.691~1.700。

(8)双折射率:0.009~0.010。

(9)多色性:三色性很明显,坦桑石的多色性表现为蓝色、紫红色、绿黄色,加热处理后为蓝色和紫色。褐色黝帘石多色性为绿色、紫色和浅蓝色,而黄绿色黝帘石的多色性为暗蓝色、黄色和紫色。

(10)色散:0.021。

(11)解理:解理不发育,解理仅平行于{100}平行双面,而{001}的平行双面不完全解理,贝壳状到参差状断口或断口不平坦。

(12)硬度:6~7。

(13)相对密度:3.35(大多数黝帘石在3.15~3.37之间)。

二、产状及产地

宝石级坦桑石晶体仅来自坦桑尼亚Lelatema(莱拉泰马山),产于层间片岩接触带附近的变质石灰岩中。

三、主要鉴定特征

坦桑石颜色丰富,以蓝色最佳,折射率1.691~1.700,双折射率0.009~0.010,二轴晶特点及明显的多色性为主要鉴别特征。利用多色性可区分天然坦桑石和热处理坦桑石。坦桑石的蓝色和蓝紫色可通过对其他颜色的品种进行加热处理来获得,天然的蓝色品种有三色性,热处理的蓝色品种仅有二色性。

第十四节 硼铝镁石(Sinhalite)

硼铝镁石多年来一直被当成褐色橄榄石,1952年经X射线分析证实为一矿物新品种,定名为硼铝镁石。美国华盛顿史密斯博物馆收藏的两粒产自斯里兰卡的褐色硼铝镁石,分别重109.8ct和43.5ct。

一、基本性质

(1)化学成分:镁铝铁硼酸盐,$Mg(Al,Fe)BO_4$。

(2)晶系:斜方晶系。

(3)结晶习性:柱状晶形,宝石常为水蚀卵石。

(4)断口:贝壳状。

(5)硬度:6.5。

(6) 相对密度：3.48。
(7) 折射率：1.67～1.71。
(8) 双折射率：0.038。
(9) 光性：二轴晶负光性。
(10) 光泽：玻璃光泽。
(11) 透明度：透明至半透明。
(12) 色散：0.018(低)。
(13) 颜色：绿褐色、黄褐色、褐色，少见粉红色。
(14) 多色性：明显，浅褐色、深褐色和绿褐色。
(15) 吸收光谱：蓝和蓝绿区有4条吸收窄带。该光谱与橄榄石的光谱相似，所不同的是橄榄石在这个区间内只有3条吸收窄带。

二、产状及产地

硼铝镁石产于石灰岩与花岗岩的侵入体接触带，多呈磨圆状砾石见于河床砂砾中。宝石级原石主要来自斯里兰卡，为浅褐至深褐色砾石状产出。粉红至褐红色硼铝镁石来自坦桑尼亚。

三、主要鉴别特征

硼铝镁石的颜色为黄褐色或绿褐色，多色性明显，折射率为1.67～1.71，双折射率为0.038，二轴晶负光性，具典型吸收光谱，蓝光区有4条吸收窄带。注意与橄榄石的区别。

第十五节 符山石(Idocrase)

符山石(Idocrase)英文名称来自希腊语idos和krasis，意指矿物外形易于同其他矿物相混同。美国华盛顿史密斯博物馆收藏的一粒符山石产自意大利，褐色，重3.5ct。加拿大卡尔加里狄沃团体有一粒产自非洲的符山石，褐色，重8.50ct。"加州玉"为一种绿色、黄绿色致密块状符山石(常与钙铝榴石共生)，半透明至微透明，质地细腻温润如玉，发现于美国加利福尼亚州而得名。

一、基本性质

(1) 化学成分：钙铝硅酸盐，$Ca_{10}(Mg, Fe)_2Al_4[Si_2O_7]_2[SiO_4]_5(OH)_4$。
(2) 晶系：四方晶系。
(3) 结晶习性：柱状晶体和块状(图18-15-1)。
(4) 断口：半贝壳状。
(5) 硬度：6.5。

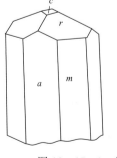
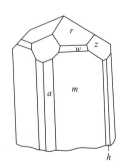

图18-15-1 符山石的结晶形态

(6)相对密度:3.35。
(7)折射率:1.70～1.73,依产状不同而有变化。
(8)双折射率:0.004～0.018,依产状不同而有变化。
(9)光性:一轴晶负或正光性。
(10)光泽:明亮玻璃光泽。
(11)透明度:透明、半透明、不透明。
(12)色散:0.019(低)。
(13)颜色:黄到褐色、绿色。
(14)多色性:明显。
(15)吸收光谱:蓝区有一强吸收带(461nm),绿区一弱吸收带。可出现稀土元素线。
(16)品种:透明品种和符山石玉(Californite)为半透明至不透明的块状绿色多晶集合体(图18-15-2)。

图18-15-2 符山石的透明品种(左)及玉符山石(右)

二、产状及产地

符山石产于接触变质结晶石灰岩和蛇纹岩中。意大利和肯尼亚有褐色和绿色的优质晶体产出;加拿大和巴基斯坦有鲜黄色和绿色的符山石晶体产出;美国纽约产褐色的符山石晶体;美国加利福尼亚州有玉符山石产出。

三、主要鉴别特征

颜色特征及分布特点、折射率及双折射率、一轴晶光性特点、吸收光谱、相对密度为关键的鉴别特征。

第十六节　蓝锥矿(Benitoite)

蓝锥矿(Benitoite)英文名称来自矿物发现地。1906年在美国加利福尼亚州圣宾涅县圣宾涅托河(San Benito River)发现并命名。美国华盛顿史密斯博物馆收藏的一粒蓝锥矿宝石重7.8ct,美国纽约自然历史博物馆收藏的一粒蓝锥矿宝石重3.57ct。

一、基本性质

(1)化学成分:钡钛硅酸盐,$BaTiSi_3O_9$。

(2)晶系:三方晶系。

(3)结晶习性:通常以三方双锥为主要单形的晶体。

(4)解理:无。

(5)断口:贝壳状。

(6)硬度:6.5。

(7)相对密度:3.65。

(8)折射率:1.75～1.80。

(9)双折射率:0.047。

(10)光性:一轴晶正光性。

(11)光泽:明亮玻璃光泽。

(12)色散:0.046(高),类似于钻石的色散。火彩可部分地被体色所掩盖。

(13)透明度:透明至半透明。

(14)颜色:蓝至紫色,无色。报道过的还有紫色、粉红色蓝锥矿宝石。

(15)多色性:强,蓝色和无色。

(16)发光性:短波紫外光下发明亮的蓝光。无色蓝锥矿的在长波紫外光下发暗淡的红光。

二、产状及产地

蓝锥矿一般产于风化蚀变蛇纹石,与白色沸石和黑色柱星叶石(Neptunite)共生。宝石级蓝锥矿目前仅发现于美国加利福尼亚州圣宾涅县达拉斯宝石矿山。

三、主要鉴别特征

(1)颜色及火彩特征:蓝色、蓝紫色。由于色散值高达0.046,成品的蓝锥矿中通过小面的折射光可出现出五颜六色的火彩。

(2)折射仪测试:折射率较高(1.75～1.80),折射仪下表现为低值不动高值动,由于双折射率大(0.047),双阴影边界较宽。如果所测折射率低于1.80,则动值超出折射仪所测范围。

(3)显微镜观察:放大观察由于双折射率大,刻面棱双影线明显。在显微镜下翻转宝石观察时还可见刻面所泛出的火彩。

(4)发光性特征:尤其是蓝色的蓝锥矿在短波紫外光下发明亮的蓝色荧光。可作为诊断鉴定标准之一。

(5)二色镜测试:多色性强,蓝色和无色,两个方向的颜色差别很大。

第十七节 榍石(Sphene)

榍石(Sphene)英文名称来自希腊语,寓意矿物呈楔形。美国华盛顿史密斯博物馆收藏产自瑞士的一粒金黄色榍石重 9.3ct;美国纽约州产的一粒褐色榍石重 8.5ct;墨西哥产的一粒褐色榍石重 5.6ct。

一、基本性质

(1)化学成分:钙钛硅酸盐,$CaTiSiO_5$。
(2)晶系:单斜晶系。
(3)结晶习性:常见的晶体形态为楔形扁平状晶体(图 18-17-1),有时为板状、柱状晶体,常有接触或穿插双晶。晶体常由斜方柱和多组平行双面所构成,晶面上常见不规则条纹。
(4)解理:平行{110}中等解理,可有双晶引起的裂理。

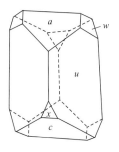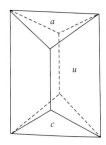

图 18-17-1 榍石的结晶晶体形态

(5)断口:贝壳状。
(6)硬度:5.5。
(7)相对密度:3.53。
(8)折射率:1.89~2.02。
(9)双折射率:0.130,肉眼及 10×放大镜下可见到刻面棱双影现象。
(10)光性:二轴晶正光性。
(11)光泽:油脂光泽至亚金刚光泽。
(12)透明度:透明至半透明。
(13)色散:约 0.051(高),切磨优良的宝石会有明显的火彩。
(14)颜色:黄色、绿色和褐色,深褐色宝石榍石经热处理可变成橙色或红褐色。
(15)多色性:明显,因体色的不同而变化。
(16)吸收光谱:可显稀土元素线。

二、产状及产地

榍石一般呈副矿物产于火成岩、变质岩中,在片岩和花岗岩中常以完美晶体产出。宝石级榍石晶体主要来自墨西哥,晶体呈黄褐色、褐色、绿色和深绿色(含铬),晶体长达 10cm。次为巴西、印度、美国、加拿大、马达加斯加、巴基斯坦、缅甸、奥地利和瑞士。

三、主要鉴别特征

(1) 肉眼下观察：

强光泽：因折射率高(1.89～2.02)，表面的反射能力强。

强双折射：0.130，肉眼可见双影像，刻面棱双影线距离较宽。

高色散：0.051，成品榍石中可见似欧泊变彩的火彩。

(2) 折射仪测试：由于折射率高，超出折射仪的测试范围，因此在折射仪式上表现为负读数。

(3) 分光镜测试：在黄绿区表现为两级密集的吸收线，为特征稀土吸收光谱。

(4) 显微镜观察：放大观察表面有磨损或毛发纹，内部有时较干净或者含晶体包裹体，双影像极其明显。

第十八节　葡萄石(Prehnite)

葡萄石(Prehnite)，英文名称来自人名——本矿物发现者普雷恩(Prehn)。近年来在我国珠宝市场上葡萄石已不再稀少。当葡萄石颜色呈现果绿色或黄绿色时其外观可与翡翠和蛇纹岩玉的颜色相近，需要注意其他特征的鉴别。

一、基本性质

(1) 化学成分：$Ca_2Al[AlSi_3O_{10}](OH)_2$。

$CaO(27.16\%)$，$Al_2O_3(24.78\%)$，$SiO_2(43.69\%)$，$H_2O(4.37\%)$，成分较为稳定。钙铝的硅酸盐，成分中经常有 Fe^{3+} 替换 Al^{3+}，有时高达 11%。含镁、钠、锰、钾等较低。

(2) 晶系及晶体形态：斜方晶系。完好晶体少见，晶体呈柱状、板状，主要单形有斜方柱、平行双面。集合体常呈葡萄状、肾状、放射状、束状或致密块状集合体。

(3) 颜色：多呈果绿、黄绿、草绿、褐绿等带各种色调的绿色(图 18-18-1)，次为白色、浅黄色、肉红色等。随着铁、锰含量的增加，葡萄石的颜色逐渐加深，而且透明度随之降低。

图 18-18-1　葡萄石的果绿色(左)和黄绿色(右)

(4)解理:中等至完全解理,解理较发育。
(5)断口:不平坦。
(6)硬度:6~6.75。
(7)相对密度:2.88~2.94。成分中随着 Fe^{3+} 含量的增多而增大。
(8)折射率:1.616~1.649,折射率随着 Fe^{3+} 含量的增多而增大。
(9)双折射率:为 0.022~0.035。颜色不同,折射率和双折射率略有差异。
(10)光性特征:二轴晶正光性。
(11)透明度:透明至半透明。
(12)光泽:蜡状至玻璃光泽。

二、产状及产地

葡萄石主要见于玄武岩熔岩孔洞中,呈肾状集合体产出。颜色鲜丽且少见包裹体、裂纹者可作宝石或玉雕原料。

产地有澳大利亚、法国、南非等。我国辽宁某地葡萄石产于碱性正长岩与石灰岩接触带的矽卡岩中,由黑榴石、正长石、榍石、符山石、磷灰石、霓石、黑云母等组合而成。

第十九节 塔菲石(Taaffeite)

塔菲石(Taaffeite),英文名称来自矿物发现者爱尔兰都柏林宝石学家塔菲伯爵(Count Taaffe)的名字。他有一小块产自斯里兰卡的淡紫色"尖晶石标本",重 1.419ct,它是在一个珠宝商的首饰盒中偶然被发现的。这颗来自斯里兰卡的淡紫色宝石此前被认为是尖晶石,但双折射引起了他的怀疑。1951 年经鉴定为一种新矿物,定名塔菲石。英国伦敦地质博物馆收藏的一粒塔菲石重 0.86ct;美国北卡罗来纳州私人收藏的一粒深褐色塔菲石宝石重 5.34ct。

(1)化学成分:$MgAl_4BeO_8$。
(2)晶系及结晶习性:六方晶系。柱状或桶状结晶体。
(3)硬度:8~8.5。
(4)相对密度:3.60~3.68。
(5)折射率:1.717~1.721 至 1.719~1.723。
(6)双折射率:0.004~0.005。
(7)光性:一轴晶负光性。
(8)透明度:透明。
(9)光泽:玻璃光泽。
(10)颜色:淡绿色、淡紫色、粉红色和红色,黄褐色至近无色。
(11)荧光:紫外光下呈鲜绿色荧光。
(12)产状:产于变质石灰岩和矽卡岩中,也见于砂矿层中。
(13)产地:塔菲石是很少见的矿物。斯里兰卡找到了更多的塔菲石,颜色从红色、紫蓝色、蓝色、黄色、绿黄色、黄褐色至近无色。

第二十节　查罗石（Charoite）

查罗石也称紫硅碱钙石,1973年作为宝石新品种进入市场,因颜色美丽而成为极好的雕刻和装饰材料,如制作花瓶等。

(1)化学成分：$K(Ca,Na)_2[Si_4O_{10}](OH,F)·H_2O$。

(2)晶系及结晶习性：单斜晶系。晶体少见,多为具纤维结构的多晶质块状集合体。

(3)硬度：5.5～6。

(4)相对密度：2.60～2.78。

(5)折射率：1.55～1.59。

(6)光泽：蜡状至玻璃光泽（抛光面）,局部有丝绢状光泽。

(7)透明度：半透明至不透明。

(8)颜色：紫色、带白色、绿黑色和橙色斑块,常呈漩涡状、块状、条纹状分布。

(9)紫外荧光：长波紫外光下无至发弱斑块状红色荧光,短波紫外光下呈惰性。

(10)放大观察：含绿黑色霓石、普通辉石、绿灰色长石等40余种矿物。

(11)产地：1960年发现于俄罗斯外贝加尔查罗河畔。

第二十一节　绿帘石（Epidote）

(1)化学成分：$Ca_2(Al,Fe)_3[Si_2O_7][SiO_4]O(OH)$。成分不稳定,但在一定的范围内变化,成分中的$Fe^{3+}$可被$Al^{3+}$完全类质同像替代。

(2)晶系及结晶习性：单斜晶系。晶体呈柱状,柱面具纵纹。集合体呈粒状、放射状。

(3)硬度：6～7。

(4)相对密度：3.4。

(5)折射率：1.736～1.770。

(6)双折射率：0.034。

(7)光性：二轴晶负光性。

(8)透明度：透明至微透明。

(9)光泽：玻璃光泽。

(10)颜色：绿色、褐绿色、黑褐色和红色。颜色随Fe^{3+}含量增加而变深,如有少量的Mn的类质同像代替则使颜色显不同深浅的粉红色。

(11)多色性：强多色性,绿色、褐色、黄色。

(12)加工：①绿帘石晶体因解理完全,脆性大,很少能被切磨成宝石;②绿帘石参与组成的绿帘花岗岩可切磨成弧面宝石或磨成珠子以绿帘花岗岩的名称出售。

(13)产状：①常见于接触交代矿床中,是矽卡岩矿物石榴石、符山石等遭受热液作用而形成的蚀变产物;②在热液蚀变的基性火山岩中,有着广泛分布。

(14)产地：宝石级暗绿色绿帘石晶体产于奥地利和法国阿尔卑斯山区。俄罗斯、意大利、莫桑比克和墨西哥均有产出。

第二十二节　蓝晶石(Kyanite)

(1)化学成分:Al_2SiO_5,常含铁、铬、钛、镁、钙等微量元素。与红柱石、夕线石为同质多像变体,成分相同,结晶成不同的晶体形态。蓝晶石以晶体硬度具方向性而著称。

(2)晶系及结晶习性:三斜晶系。柱状、板状晶体,双晶常见。

(3)硬度:在平行晶体延长方向上为4.5,在垂直晶体延长方向上为6.5~7。

(4)解理:中等至完全解理。

(5)相对密度:3.65~3.69。

(6)折射率:1.715~1.732。

(7)双折射率:0.017。

(8)光性:二轴晶负光性。

(9)色散:0.020。

(10)透明度:透明至半透明。

(11)光泽:玻璃光泽至珍珠光泽。

(12)颜色:无色、蓝色和蓝绿色,有时颜色分布不均匀,呈蓝色的晶体中部较深,边部变成浅蓝色。

(13)多色性:强多色性,无色、浅蓝色、深蓝色。

(14)荧光:长波紫外光下为弱红色。

(15)产状:常与石榴石、十字石共生于片岩、片麻岩和花岗伟晶岩中,也见于冲积砂矿层中。

(16)产地:宝石级晶体产于缅甸、巴西、肯尼亚和阿尔卑斯山。印度、澳大利亚、肯尼亚和美国有蓝晶石砂矿。

第二十三节　菱镁矿(Magesite)

(1)化学成分:$Mg[CO_3]$,常含铁、锰、钙等。

(2)晶系及结晶习性:三方晶系。晶体少见,多呈显晶粒状和隐晶质的致密块状。

(3)解理:菱面体解理发育。

(4)硬度:4.5。

(5)相对密度:2.9~3.1,含Fe量高时相对密度值增大。

(6)折射率:1.515~1.717。

(7)双折射率:0.202。

(8)光性:一轴晶负光性。

(9)光泽:玻璃光泽。

(10)透明度:透明至不透明。

(11)颜色:无色、白色、灰色、浅绿色或黄—褐色,具灰或黄褐色脉纹。常染蓝并作为绿松石和青金岩的仿制品,与羟硅硼钙石和染色的羟硅硼钙石易混淆。

(12)荧光和磷光:短波紫外光下呈蓝、绿或白色荧光,常显淡绿色磷光。
(13)酸性检测:遇酸起泡。
(14)处理:隐晶质菱镁矿染色后用于仿绿松石和青金岩。
(15)产状:主要是热液作用的产物,若含镁热液则可以交代白云岩和白云质石灰岩形成菱镁矿;若含碳酸热液则可与超基性岩作用也可形成菱镁矿。

第二十四节　金红石(Rutile)

(1)化学成分:TiO_2,常含铁、铌、钽等。
(2)晶系及结晶习性:四方晶系。晶体呈柱状或针状,通常为四方柱与四方双锥的聚形,常见膝状双晶,集合体为粒状或致密块状。
(3)解理:平行四方柱,完全解理。
(4)硬度:6~6.5。
(5)相对密度:4.2~4.3。
(6)折射率:2.616~2.903。
(7)双折射率:0.287。
(8)光性:一轴晶正光性。
(9)色散:0.28~0.330。
(10)光泽:金刚光泽,含铁高时为半金属光泽。
(11)透明度:透明至半透明。
(12)颜色:红色、红褐色、绿色、黑色。
(13)包裹体:金红石是石英和其他宝石中常见的包裹体,常具金黄色、红色外观的针状包裹体。在红宝石和蓝宝石中常见的细丝状包裹体也可以是金红石。如果这些细的金红石包裹体很多,可产生星光效应。在水晶中呈细丝状包裹体构成发晶,在东陵石中呈橙黄色短柱状的晶体包裹体。
(14)加工:黑色金红石曾被切磨成刻面宝石用于丧礼首饰。
(15)产状:产于片麻岩、变质岩系的石英脉以及伟晶岩中,也见于砂矿层中。
(16)产地:大而漂亮的晶体见于澳大利亚、巴西、美国、墨西哥、挪威、马达加斯加和瑞士。

第二十五节　假蓝宝石(Sapphirine)

(1)化学成分:$(Mg,Al)_8(Al,Si)_6O_{20}$。
(2)晶系及结晶习性:单斜晶系。板状晶体,常呈粒状集合体。
(3)硬度:7.5。
(4)相对密度:3.5。
(5)折射率:1.711~1.718。
(6)双折射率:0.007。
(7)光性:二轴晶负光性。

(8)透明度:透明。

(9)光泽:玻璃光泽。

(10)颜色:深绿色或深蓝色(以二轴晶和较低折射率区别于蓝宝石)。

(11)产状及产地:少见的矿物,产于富铝贫硅的区域变质和接触变质岩石中,与刚玉、尖晶石、堇青石等共生。产地为泰国、斯里兰卡。假蓝宝石最先在斯里兰卡发现,是具宝石质量的稀有矿物。这个名字有时被错用于指蓝色尖晶石或蓝色石英。

第二十六节 夕线石(矽线石 Sillimanite)

(1)化学成分:Al_2SiO_5,夕线石与红柱石、蓝晶石为同质多像变体。

(2)晶系及结晶习性:斜方晶系。柱状、针状晶体,通常呈放射状和纤维状集合体。

(3)颜色:蓝色、蓝绿色、褐绿色、褐色和黄色,与含铁杂质有关。

(4)透明度:透明至半透明。

(5)光泽:玻璃至丝绢光泽。

(6)解理:一组完全解理。

(7)硬度:6~7.5。

(8)相对密度:3.24。

(9)折射率:1.659~1.680。

(10)双折射率:0.015~0.021。

(11)光性:二轴晶正光性。

(12)多色性:强多色性,绿色、深绿色、蓝色。

(13)色散:0.015。

(14)紫外荧光:蓝色为弱红色,其他为惰性。

(15)吸收光谱:410nm、441nm 和 462nm 三处弱吸收带。

(16)特殊光学效应:可显猫眼效应。

(17)产状及产地:常见于侵入体与富含铝质岩石的接触变质带中,以及结晶片岩和片麻岩中。宝石级夕线石产于缅甸、斯里兰卡、印度、巴西、意大利和美国。

第二十七节 十字石(Staurolite)

(1)化学成分:$(Fe,Mg,Zn)_2Al_9(SiAl)_4O_{22}(OH)_2$,常含锰。

(2)晶系及结晶习性:假斜方晶系,实际为单斜晶系。柱状晶体,常呈"十"字形或"X"形贯穿双晶,故称十字石。十字石因其"十"字形的穿插双晶而受人喜爱。

(3)硬度:7~7.5。

(4)相对密度:3.4~3.8。随着成分的变化而变化。

(5)折射率:1.739~1.762。随着成分的变化而变化。

(6)双折射率:0.011~0.015。

(7)光性:二轴晶正光性。

(8)透明度:透明。

(9)光泽:玻璃光泽。

(10)色散:0.021。

(11)颜色:绿褐色、淡黄褐色。

(12)多色性:中等,无色、黄色、红色。含锌的十字石是一个新品种,具绿色、黄色、红色三色性,并有变色效应,白炽灯下为红褐色,日光灯下为黄绿色。

(13)加工:透明晶体切磨出褐色的刻面宝石供收藏,而不透明的具贯穿双晶的十字石却较多地用于护身符或宗教首饰。

(14)产状及产地:产于结晶片岩和片麻岩。主要产地在瑞士、德国、俄罗斯、美国、巴西、法国。

第二十八节 蓝铜矿(Azurite)

(1)化学成分:一种不稳定的碳酸铜矿物,成分为 $Cu_3[CO_3]_2(OH)_2$。

(2)晶系及结晶习性:单斜晶系。柱状习性,透明晶体少。多呈晶簇、葡萄状、钟乳状集合体。

(3)硬度:3.5~4。

(4)相对密度:3.77~3.89。

(5)折射率:1.73~1.84。

(6)双折射率:0.11。多晶质时忽略。

(7)光性:二轴晶正光性。

(8)透明度:透明至不透明。

(9)光泽:玻璃光泽。

(10)颜色:深蓝色。

(11)多色性:中等,深蓝色、浅蓝色。

(12)产地及产状:广泛产出,常与孔雀石共生,并出现在铜矿床氧化带中。蓝铜矿因性脆而很少用作装饰材料。但1971年在美国 Copper World Mine 发现了一种由蓝铜矿、孔雀石和其他铜矿物组成的韧性极强的集合体,很快被广泛用作装饰材料。

第二十九节 磷铝钠石(巴西石 Brazilianite)

(1)化学成分:$NaAl_3[PO_4]_2(OH)_4$。

(2)晶系及结晶习性:单斜晶系。常呈柱状晶体产出。

(3)硬度:5.5。

(4)相对密度:2.940~2.995。

(5)折射率:1.602~1.623。

(6)双折射率:0.019~0.021。

(7)光性:二轴晶正光性。

(8)透明度:透明至半透明。

(9)光泽:玻璃光泽。

(10)颜色:黄色、黄绿色。

(11)产状及产地:产于伟晶岩洞穴中。宝石级磷铝钠石晶体仅产自巴西米纳斯吉拉斯,1944年在该地首次发现,并被确认是一新矿物品种。此前曾被误认为是金绿宝石。1947年在美国也发现。极罕见,属收藏宝石。

第三十节 硅孔雀石(Chrysocolla)

(1)化学成分:$(Cu,Al)_2H_2[Si_2O_5](OH)_4 \cdot nH_2O$。

(2)晶系及结晶习性:单斜晶系。常呈微晶—隐晶质块状集合体。

(3)硬度:2~3(含硅高时可达到6)。

(4)相对密度:2.00~2.45。

(5)折射率:1.50(点测)。

(6)透明度:微透明至不透明。

(7)光泽:蜡状光泽至玻璃光泽。

(8)颜色:绿色、蓝色。

(9)产地及产状:广泛产出,常见于铜矿床氧化带中,是原生含铜硫化物氧化后形成的次生矿物。硅孔雀石也可充填在石英或欧泊中。

硅孔雀石色泽美丽,可用作雕刻材料。含硅高、硬度大的也被切磨成弧面宝石。与孔雀石相似,但遇盐酸不起泡。不可入电解槽。"埃拉特石"是一种硅孔雀石、孔雀石、假孔雀石、绿松石和其他铜矿物的混合物,斑点状蓝色或蓝绿色,相对密度大致为2.8~3.2,产于红海亚喀巴湾的埃拉特。

第三十一节 蓝线石(Dumortierite)

(1)化学成分:$Al_7(BO_3)[SiO_4]_3O_3$。

(2)晶系及结晶习性:斜方晶系。柱状晶体,也呈纤维状或块状集合体,常与石英共生。

(3)硬度:7~8。

(4)相对密度:3.26~3.41。

(5)折射率:1.686~1.723。

(6)双折射率:0.037。

(7)光性:二轴晶负光性。

(8)透明度:半透明至不透明。

(9)光泽:玻璃光泽。

(10)颜色:深蓝色、紫蓝色和红褐色。

(11)多色性:中等,黑色、深红褐色。

(12)产状及产地:产于铝质变质岩和伟晶气成岩中,大于1mm的柱状晶体非常少见。这类材料产于美国内华达州,也见于巴西、斯里兰卡、法国、马达加斯加和加拿大。

(13)加工:宝石业中用作雕琢和装饰材料的是紫色和蓝色的蓝线石块状集合体,弧面宝石级可显猫眼效应。

第三十二节 蓝柱石(Euclase)

(1)化学成分:$BeAl[SiO_4](OH)$。
(2)晶系及结晶习性:单斜晶系。柱状晶体,柱(轴)面解理发育。
(3)硬度:7.5。
(4)相对密度:3.05～3.19。
(5)折射率:1.652～1.672。
(6)双折射率:0.02。
(7)光性:二轴晶正光性。
(8)色散:0.016。
(9)透明度:玻璃光泽,解理面呈珍珠光泽。
(10)颜色:最佳为浅海蓝色,也有无色、白色和绿色。
(11)切工:蓝柱石晶体有时切磨成刻面宝石供收藏。
(12)产状:产于伟晶岩和绿泥石片岩中。
(13)产地:巴西、坦桑尼亚、扎伊尔、肯尼亚、津巴布韦、印度、俄罗斯和美国。

第三十三节 蓝方石(Hauyne)

(1)化学成分:$Na_6Ca_2[AlSiO_4]_6(SO_4)$,常含钾、氯等杂质。
(2)晶系及结晶习性:立方晶系。晶体呈菱形十二面体或八面体,单个晶体少见,常呈粒状集合体。

(3)硬度:5.5～6。
(4)相对密度:2.44～2.50。
(5)折射率:1.496～1.50。
(6)透明度:透明、半透明至不透明。
(7)光泽:玻璃光泽至油脂光泽。
(8)颜色:蓝色或蓝绿色,蓝方石是青金岩的组成矿物,也是青金岩蓝色的主要致色矿物。
(9)荧光:在长波紫外光下显橙红色。
(10)切工:蓝方石晶体偶抛磨成刻面或弧面宝石供收藏。
(11)产地:主要产地在德国、意大利和摩洛哥。

第三十四节 羟硅硼钙石(Howlite)

(1)化学成分:$Ca_2B_5SiO_9(OH)_5$。

(2)晶系及结晶习性:单斜晶系。晶体细小,多呈瘤状、块状集合体,集合体为亚白色并带黑色或褐色脉纹,易与菱镁矿相混。

(3)硬度:3.5。

(4)相对密度:2.58。

(5)折射率:1.59(点测)。

(6)透明度:微透明至不透明。

(7)光泽:玻璃光泽。

(8)加工:尽管硬度低,但抛磨性好,可用作装饰材料或雕琢成珠子,常染色以仿其他宝石,特别是仿绿松石、青金岩。

(9)产状及产地:呈瘤状体产于石膏层,常与三斜硼钠钙石共生。主要产自美国加利福尼亚州。

第三十五节　闪锌矿(Sphalerite)

(1)化学成分:ZnS,常含铁、镉、铟、镓、锗、铊等,含铁超过10%者称"铁闪锌矿"。

(2)晶系及结晶习性:立方晶系。晶体呈四面体或立方体和菱形十二面体聚形,通常为粒状集合体。

(3)硬度:3.5~4。

(4)相对密度:4.08~4.10。

(5)折射率:2.37~2.43。

(6)透明度:透明至半透明。

(7)光泽:玻璃光泽至金刚光泽。

(8)颜色:无色、黄色、红色、绿色至暗褐色、黑色。

(9)色散:0.156。

(10)加工:透明、浅色的闪锌矿可切磨成刻面宝石。但因硬度低、解理发育,不适用于制作首饰,多作为收藏品。

(11)产状及产地:产于各种类型的热液矿床中,常与方铅矿共生。这类透明材料主要产自西班牙和墨西哥。

第三十六节　苏纪石(钠锂大隅石 Sugilite)

苏纪石又称"硅铁锂钠石"。1976年最先发现于日本。

(1)化学成分:大隅石族矿物的一员,成分为$(K,Na)(Na,Fe)_2(Li,Fe)Si_{12}O_{30}$,与锆锂大隅石相近,但不含Zr,当成分中含锰时材料呈紫色。

(2)晶系及结晶习性:六方晶系。多呈细粒致密块状集合体。

(3)硬度:5.5~6.5。

(4)相对密度:2.74。

(5)折射率:1.607~1.610。

(6)双折射率:0.003。

(7)光性:一轴晶正光性。

(8)透明度:不透明。

(9)光泽:蜡状至玻璃光泽(抛光面)。宝石级苏纪石呈紫色。

(10)颜色:黄褐色、蓝紫色、红紫色和暗红色。

(11)吸收光谱:在紫区411nm、419nm 和 437nm 三处有明显的吸收线。

(12)加工:红紫色质地细腻的集合体材料可用于切磨弧面宝石、珠子和雕件。

(13)产状及产地:产于霓石正长岩中,南非为含锰苏纪石的产地。

第三十七节 磷铝石(Variscite)

(1)化学成分:$Al[PO_4] \cdot 2H_2O$,含水磷酸铝矿物,铝可部分地被铬和铁置换而呈绿色。

(2)晶系及结晶习性:斜方晶系。通常呈块状或结核状集合体。

(3)硬度:5。

(4)相对密度:2.4~2.6。

(5)折射率:1.55~1.59,块状集合体的折射率大致为1.56。

(6)双折射率:0.030。

(7)光泽:玻璃光泽。

(8)颜色:黄绿色、绿色和绿蓝色。

(9)吸收光谱:在688nm处有强吸收线,在650nm处有弱吸收线。

(10)加工:亮绿至绿蓝色的磷铝石块体被用作雕刻或装饰材料,可用于仿绿松石。

(11)产状及产地:地表或近地表条件下沉淀而成,产于洞穴或角砾岩中。主要产地在美国犹他州。

第三十八节 鱼眼石(Apophyllite)

(1)化学成分:$KCa_4Si_8O_{20}(F,OH) \cdot 8H_2O$。

(2)晶系及结晶习性:四方晶系(常表现为假等轴)。晶体呈假立方体状、柱状或板状晶体。

(3)光性:一轴晶正光性。

(4)折射率:1.535~1.537。

(5)双折射率:0.001~0.003。

(6)相对密度:2.30~2.50。

(7)硬度:4.5~5。

(8)解理:解理完全{001}。

(9)光泽:玻璃光泽,解理面呈珍珠光泽。

(10)透明度:透明至半透明。

(11)产状和产地:鱼眼石产于玄武岩孔洞。优质无色和苹果绿色的鱼眼石产自印度浦那,其他国家(如美国、墨西哥、巴西等)也有产出。

第三十九节 异极矿(Hemimorphite)

(1)化学成分:$Zn_4Si_2O_7(OH)_2 \cdot H_2O$。

(2)晶系及结晶习性:斜方晶系。晶体呈板状,长约几厘米,大多数为块状或束状集合体。

(3)折射率:1.614~1.636。

(4)双折射率:0.022。

(5)光性:二轴晶正光性。

(6)相对密度:3.40~3.50。

(7)硬度:4.5~5。

(8)颜色:白色、淡蓝色、绿灰色、黄色、褐色或无色。

(9)透明度:透明、半透明至不透明。

(10)光泽:玻璃光泽。

(11)产状及产地:异极矿呈脉状产出于锌矿床,也见于石灰岩中,广泛产出。宝石级异极矿主要产自墨西哥。

第四十节 斧石(Axinite)

斧石英文名称来自希腊文,寓意矿物形状似斧。

(1)化学成分:$(Ca,Mn,Fe,Mg)_3Al_2BSi_4O_{15}(OH)$。

(2)晶系及结晶习性:三斜晶系。锐棱板状晶体。

(3)折射率:1.678~1.688。

(4)双折射率:0.010~0.020。

(5)光性:二轴晶负光性。

(6)相对密度:3.21~3.37。

(7)硬度:6.5~7。

(8)颜色:紫罗兰—褐色、黄色(含锰)、淡紫—红色(含锰)和蓝色(含镁)。

(9)透明度:透明至不透明。

(10)光泽:玻璃光泽。

(11)多色性:强,富镁斧石呈淡蓝色、淡紫罗兰色、淡灰色。

(12)产状及产地:产于接触变质岩及河流砾石中。产地有美国、英国、德国、法国、挪威、墨西哥、坦桑尼亚、俄罗斯等。

第十八章 稀有宝石

第十九章 宝石资源

对于宝石矿床,按照不同的标准可以划分为不同的类型,如按品位、开采条件、矿物类型及成因等标准分为不同类型。按照品位可将矿床分为高品位、中等品位和低品位矿床。这里主要介绍常见的以宝石矿物成因作为分类标准的矿床类型。

第一节 宝石矿床的成因分类

宝石的形成是一个极其复杂的过程,决定于其形成的地质条件和能量来源。

一、与宝石矿床相关的基本概念

1. 矿床

矿床是指在各种地质作用下,在地壳表层和内部形成并在现有技术和经济条件下,其质和量符合开采利用要求的有用矿物质的集合体。

2. 宝石矿床

宝石矿床是指在各种地质作用下,如岩浆活动、火山活动、热液活动、地下水活动、风化、淋滤、搬运、沉积及变质作用等,在地壳表层和内部形成的并在现有技术和经济条件下,其质和量符合开采利用要求的有用矿物质的集合体。不符合此条件的,只能称为"矿化岩石"或"岩石"。

3. 围岩和母岩

围岩是指位于矿床周围的岩石或紧靠矿体两侧的岩石。母岩则是指对一个矿床的形成提供成矿物质来源或与成矿作用直接有关的岩石。有些矿床,矿体的围岩就是母岩,如伟晶岩,因为伟晶岩中矿体的形成正是由这些伟晶岩体提供成矿物质的。另一些矿床,矿体的围岩并非母岩,如砂矿,因为砂矿中的重矿物是从远处搬运来的,而不是来自砂矿层的顶底岩石。

4. 矿石和脉石

产于宝石矿床中的有价值的部分通常被称作矿石。矿石是指在现有的技术和经济条件下,能够从中提取有用组分(元素、化合物或矿物)的自然矿物集合体。

脉石是指矿床中与矿石相伴生的非矿石部分,如矿体中所含的围岩角砾或低矿化的围岩残余等。它们通常在采矿或选矿过程中被废弃。显然,宝石矿床中矿石含量越高就越好,而脉石含量越高就越差,为了有效衡量和对比这些差异,通常使用"品位"这一概念。

5. 矿石品位

矿石品位是指矿石中有用组分的含量。矿种不同,矿石品位的表示方法也不同。大多数金属矿石,如铜、铅等,品位以金属的质量百分比表示,也有些以其中氧化物的质量百分比表示。非金属矿物原料的品位,大都是以其中有用矿物或化合物的质量百分比表示。原生钻石

（金刚石）的品位以 ct/t 或 mg/t 来计量。砂矿品位一般以每立方米中含有用矿物的质量（g/m^3 或 kg/m^3）来计量。钻石（金刚石）砂矿则以 ct/m^3 或 mg/m^3 来计量。

二、宝石矿床成因类型

成因分类是指按矿床的形成作用进行分类，所划分的矿床类型称为矿床的成因类型。成矿作用可以分为内生成矿作用、外生成矿作用和变质成矿作用，相应地形成内生矿床、外生（次生）矿床和变质矿床，见图 19-1-1。

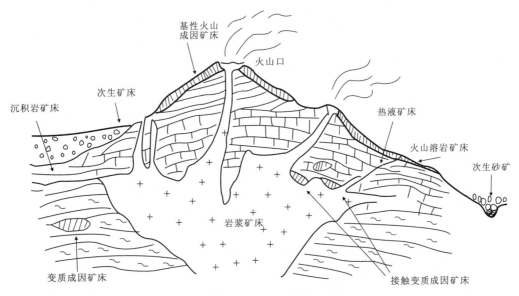

图 19-1-1　宝石矿床成因类型示意图

1. 内生作用

内生作用是指它的能源来自地球内部，与岩浆活动有关，是在地球不同深度的压力和温度作用下完成的。按照其物理化学条件的不同，可分为岩浆成矿作用、伟晶成矿作用和热液成矿作用等，形成的矿床包括岩浆矿床、伟晶岩矿床和热液矿床。

（1）岩浆矿床：岩浆结晶与分异作用过程中成矿物质聚集而形成的矿床。不同的岩浆岩常产生不同的岩浆矿床。如与金伯利岩有关的钻石（金刚石）矿床，与玄武岩有关的橄榄石、蓝宝石矿床等。

（2）伟晶岩矿床：具有经济价值的伟晶岩。主要为花岗伟晶岩，少数为碱性伟晶岩。花岗伟晶岩主要由长石、石英和云母组成，矿物颗粒粗大，有些晶形完好。除经常富集含稀有、稀土元素的矿物外，也有许多其他宝石矿物，是许多宝石的重要来源，如水晶、墨晶、烟晶、海蓝宝石、托帕石（黄玉）、碧玺（电气石）、磷灰石等。

（3）热液矿床：是指由各种来源的含矿热水溶液（岩浆水、变质水、受热的地下水）所形成的矿床。当热液在岩石裂隙、孔隙中流动时，由于温度、压力的变化及与围岩的相互作用，使某些矿物质得以富集成矿。按成矿温度，可将热液矿床划分为高温热液矿床（300～500℃）、中温热液矿床（200～300℃）和低温热液矿床（50～200℃）。与热液成矿有关的有多种金属、非金属和宝石矿产。如哥伦比亚祖母绿矿床就是典型的低温热液矿床。

2. 外生作用

外生作用也称为表生作用，是由太阳能、水、大气和生物所产生的作用，包括风化作用和沉积作用，进而形成风化淋滤型、砂矿型、生物成因等矿床。

（1）风化淋滤型矿床：岩石或矿床在地表经各种风化作用而形成的矿床。按形成作用和地质特点，可进一步划分为残积坡积砂矿、残余矿床和淋积矿床，如欧泊、绿松石等。

（2）砂矿型矿床：在风化侵蚀作用下，从含矿岩石或矿石中分离出的重矿物经搬运、分选后富集而成的矿床。砂矿按成因和堆积地貌条件可分为残积砂矿、坡积砂矿、洪积砂矿、冲积砂矿、海滩砂矿以及风积砂矿、冰积砂矿等。按所含有用矿物可分为钻石（金刚石）砂矿、红宝石砂矿、蓝宝石砂矿、砂锡矿等。按形成时代可划分为现代砂矿和古代砂矿。现代砂矿是第四纪以来形成的，为松散堆积物，不需破碎，便于开采；古代砂矿是新近纪及以前形成的，已成岩固结，有的还经受了变质作用，开采难度较大。许多宝石矿产与砂矿有关，如钻石、红宝石、蓝宝石、水晶、翡翠、尖晶石等。

（3）生物成因矿床：通过生物生命活动而形成的物质。常见的有珊瑚、琥珀和煤晶等。

3. 变质作用

变质作用指地壳中已经形成的岩石和矿石，由于地壳构造运动和岩浆、热液活动的影响，温度和压力发生改变，使其在矿物组分、结构构造上发生改变的作用，称为变质作用。这种作用是在固体状态下发生的，包括接触变质作用和区域变质作用，这类矿床统称为变质矿床。

（1）接触热变质作用：由于岩浆侵入使围岩受到热的影响而引起的变质作用，侵入岩体（主要是中性及酸性岩浆岩）和碳酸盐质岩石（包括石灰岩、泥灰岩、白云岩、钙质页岩等）以及火山沉积岩系的接触带及其附近形成的矿床。其中由中酸性岩浆岩与碳酸盐质岩石接触交代形成的矿床称为"矽卡岩矿床"，是最常见的接触交代矿床类型。在接触带上，由于气化热液的交代作用，形成石榴石、透辉石、阳起石等矿物组成的矽卡岩，并在其中或附近形成矿床。宝石矿床常见有石榴石、尖晶石、水晶、紫晶、青金岩、蓝宝石、软玉、蔷薇辉石等矿。低级变质时形成斑点状红柱石；中级变质时形成堇青岩、石榴石；高级变质时形成矽线石、正长石、刚玉等。

（2）区域变质作用：是伴随区域构造运动而发生的大面积的变质作用。高温、高压和以H_2O、CO_2为主要活动性组分的流体，使原岩矿物重结晶，并常常伴有一定程度的交代作用，形成新矿物。

低级区域变质作用：含OH^-的硅酸盐，如阳起石、蛇纹石。

中级区域变质作用：斜长石、石英、石榴石、透辉石等。

高级区域变质作用：不含OH^-的矿物，如正长石、斜长石、堇青石、夕线石、辉石、橄榄石、刚玉和尖晶石等。

第二节　宝石矿床的地理分布

宝石矿产资源的分布，从世界范围来说，几乎遍布全球，各大洲均有产出。

一、亚洲

亚洲是世界上优质宝石的重要产地。主要宝石产出国有斯里兰卡、缅甸、泰国、柬埔寨、越南、印度、阿富汗、伊朗以及巴基斯坦等。产出红宝石(星光红宝石)、蓝宝石(星光蓝宝石)、金绿宝石(猫眼石)、变石、祖母绿、海蓝宝石、碧玺、锆石、尖晶石、水晶、磷灰石、堇青石、透辉石猫眼、托帕石、橄榄石、月光石等60多个宝石品种。其中,缅甸主要产出红宝石、翡翠、蓝宝石、尖晶石、橄榄石、锆石、月光石、水晶。缅甸在抹谷地区产出世界上最好的鸽血红红宝石,在北部乌龙江流域产出的翡翠占世界90%以上。泰国、柬埔寨和越南主要产出红宝石、蓝宝石、锆石、石榴石。印度有钻石(金刚石)、红宝石、蓝宝石(克什米尔)、祖母绿、海蓝宝石、石英质宝石、石榴石等产出。印度是世界上最早出产钻石(砂矿)的国家,印度克什米尔的苏姆扎姆是世界上最佳的蓝宝石产地,拉贾斯坦邦出产祖母绿,石榴石也是印度有名的宝石产品。阿富汗萨雷散格产青金岩,其产量占世界之首,库希拉尔出产尖晶石。伊朗产出的主要宝石是绿松石,尼沙普尔有世界著名的大型优质绿松石砂矿产出。

中国宝石矿产资源大约有100多个品种,现有宝石矿点200多处,几乎遍布全国,主要宝石品种有钻石、蓝宝石、红宝石、锆石、石榴石、海蓝宝石、碧玺、橄榄石、托帕石等,但世界上几种较名贵的宝石品种,如祖母绿、金绿宝石,我国尚未发现有利用价值的矿床。中国宝石(玉石)的开采和使用已有悠久的历史,主要品种有和田玉、绿松石、独山玉、密玉、岫玉、孔雀石,但高档的宝石(玉石)品种(如翡翠、欧泊等)在我国尚未找到。总体上看,中国的宝石矿产稀少、分散。中国的宝石矿主要分布在以下六个成矿带中。

1. 东部沿海成矿带

北起黑龙江省,南至海南岛,是我国宝石集中分布的地区。如华北地台、扬子地台隐伏深大断裂和郯庐断裂控制的钻石矿床,分布在辽宁复县、山东、江苏一带;蓝宝石、锆石、尖晶石等矿床,分布在海南蓬莱、福建明溪、江苏六合、山东昌乐、辽宁宽甸、黑龙江一带(产在新生代的玄武岩中)。此外蛇纹岩玉(岫玉)也产在这一带。

2. 天山-阿尔泰成矿带

宝石主要产在伟晶岩中,主要出露在可可托海复背斜内的次级背斜轴部及断裂复合带。最著名的是新疆阿尔泰伟晶岩宝石矿床,盛产海蓝宝石、彩色碧玺、托帕石、水晶等,还发现了金绿宝石和各色锂辉石等。

3. 阴山褶皱带内部及边缘

东西向构造控矿,海西期和燕山期的花岗伟晶岩、石英脉及热液蚀变带,是产出宝石的主要部位,如内蒙古的角力格太伟晶岩中的海蓝宝石、石榴石、绿色碧玺、水晶等,乌拉山的芙蓉石、紫晶、水晶等,巴林地区的鸡血石。

4. 昆仑祁连山褶皱带

呈北西西向,著名的和田软玉及祁连岫玉等产于此。

5. 喜马拉雅褶皱带

云南发现许多宝石,如翡翠、红宝石、祖母绿等就是产在这个带上,但所产红宝石和祖母绿质量不佳。云南贡山伟晶岩型宝石矿床也集中在这个带中。

6. 秦岭褶皱带

河南独山玉、密玉等,特别是湖北郧阳地区的绿松石,是世界著名的宝石品种。湖北铜绿山的孔雀石在我国也是很有名的。

二、非洲

非洲被誉为地球上最丰富的宝石仓库,大多处于南非-东非地盾和东非大裂谷地区。产宝石的国家主要有:南非、津巴布韦、桑达瓦纳、博茨瓦纳、坦桑尼亚、赞比亚、马达加斯加、埃及。

南非产出的主要宝石品种包括钻石、红宝石、祖母绿、石榴石、橄榄石等。津巴布韦主要产有祖母绿、海蓝宝石、碧玺、托帕石、石榴石、金绿宝石、紫晶等。桑达瓦纳地区是世界上祖母绿的主要产地之一。博茨瓦纳主要产钻石、玛瑙等。坦桑尼亚主要产有钻石、红宝石、蓝宝石、祖母绿、海蓝宝石、碧玺、坦桑石等,以及质量极好的坦桑石,靠近肯尼亚的边界地区产有蓝宝石、红宝石,姆瓦堆地区还有大型钻石原生矿。赞比亚主要产出祖母绿、孔雀石、紫水晶等,赞比亚的卡洛英地区开采紫水晶,米库—卡富布地区有祖母绿矿床,铜带省是世界上主要的孔雀石产地之一。马达加斯加是许多中高档宝石的产出国,包括祖母绿、碧玺、水晶、月长石、托帕石、石榴石及尖晶石、红宝石、蓝宝石等。埃及是优质绿松石和橄榄石重要产地,西奈半岛的西南部是世界上最重要的绿松石产地,杰别尔盖特(红海中的一个岛)是世界上主要的橄榄石供应地之一。

三、美洲

宝石集中在美洲西部科迪勒拉构造带—安第斯山脉一带,主要产出国家有加拿大、美国、墨西哥、哥伦比亚、巴西。

加拿大主要产有紫晶、玛瑙、石榴石、软玉、彩色拉长石、钻石等,西部不列颠哥伦比亚省是世界上重要的软玉产地,加拿大也是晕彩拉长石的主要出产国,近来在加拿大西北地区(Northwest Territories)发现含钻的金伯利岩岩筒,此外在其他地区如魁北克(Quebec)、安大略(Ontario)、萨斯喀彻温(Saskatchewan)、艾伯塔(Alberta)、不列颠哥伦比亚(British Columbia)和纽纳务特(Nunavut)也发现有含钻石的金伯利岩岩筒。但具有经济价值的钻石矿床多分布耶洛奈夫市东北面300km 的 Lal de Gras,其中最重要的是阿卡提(Ekati)矿。美国产出红宝石、蓝宝石、海蓝宝石、祖母绿、石英质宝石、石榴石、托帕石、软玉、碧玺、绿松石、翡翠等,西部加利福尼亚州主要产出软玉、翡翠、碧玺,新墨西哥州有世界最大的绿松石矿。墨西哥则是世界上火欧泊的著名产地。哥伦比亚产的祖母绿闻名于世,穆佐(Muzo)和契沃尔(Chivor)是世界著名的优质祖母绿供应地,也是世界上罕见的热液祖母绿矿床产地。

巴西也被誉为宝石王国,主要产出红宝石、蓝宝石、海蓝宝石、祖母绿、石英质宝石、石榴石、托帕石、碧玺、金绿宝石、钻石等。它的米拉斯吉拉斯有世界著名的宝石伟晶岩,集中了世界上70%的海蓝宝石,95%的托帕石(最好的是玫瑰色和蓝色托帕石),50%~70%的彩色碧玺,80%的水晶类,还产有绿柱石宝石,同时又是金绿宝石的主要产地,巴西也是继印度之后著名的钻石砂矿出产国。

四、欧洲

欧洲的宝石产地主要集中在俄罗斯西伯利亚和乌拉尔山一带。

俄罗斯主要产有钻石、祖母绿及其他绿柱石宝石、石英质宝石、碧玺、翠榴石、变石、翡翠、软玉、青金岩、查罗石等,集中分布在西伯利亚和乌拉尔山脉一带,有 3 个宝石成矿区,11 个产区,其中著名的有东西伯利亚和帕米尔的青金岩、东西伯利亚软玉、哈萨克斯坦的翡翠、中亚的绿松石、乌拉尔的祖母绿、翠榴石、变石等,在雅库特和西西伯利亚产有钻石。波罗的海沿岸(挪威、芬兰、波兰)、罗马尼亚盛产琥珀。

五、大洋洲

大洋洲的主要宝石产出国是澳大利亚,盛产欧泊、蓝宝石、钻石、祖母绿、珍珠、绿玉髓、软玉等。澳大利亚是欧泊的王国,世界 95% 的欧泊产自澳大利亚,主要产地有南澳安达姆卡、库泊皮迪和明塔比至新南威尔士的白崖、闪电岭一带;昆士兰州的安纳基及新南威尔士的因弗雷尔—格冷伊尼斯地区产蓝宝石,其产量占世界总产量的 60%,中部的阿利斯泼林发现了大型的红宝石矿床,是世界主要红宝石矿床之一;澳大利亚的绿玉髓(也称澳洲玉或英卡石)的质量之优举世闻名,主要产地是昆士兰州的马力波罗和西澳的卡尔古尔莱;南澳的考韦尔有大型软玉矿床;西澳大利亚省阿盖尔大型钻石矿床产量居世界首位。

第三节 典型宝石矿床实例

宝石矿床由于成因的多变性,而形成不同类型的矿床模式。这里列举一些常见的宝石矿床作为参考。

一、钻石矿床

常见的钻石矿床可以分为原生矿床(俗称蓝地)和次生矿床(俗称黄地)。原生钻石矿床属于岩浆型矿床,而次生钻石矿床根据砂矿的形成时期,可划分为古代砂矿和现代砂矿两种类型。古代砂矿主要是指在第四纪以前形成的砂矿床,沉积物已经固结。现代砂矿是指第四纪以来形成的砂矿床,沉积物未固结。

1. 原生钻石矿床

1) 金伯利岩型(以南非钻石矿为例)

(1) 地质背景:区内构造相对较为稳定,主要为台向斜,矿体由隐伏裂隙控制。

(2) 岩石特征:台地内基底由古老的花岗片麻岩组成,沉积盖层厚度不大,大部分地区无沉积盖层。沉积盖层主要由陆相沉积物组成,局部含煤和基性火山岩。

(3) 矿体产状:含矿的金伯利岩岩体呈北东向带状分布,长 1 500km,宽 250km,由 350 个岩体组成。岩体呈岩筒产出。著名的岩筒有普列米尔、金伯利及 Venetia 等。所有岩筒均具有封闭的外形,岩筒不大,平均 300m×150m。水平截面上具奇异的外形或近圆形或椭圆形,埋藏深度为 290~822m。岩筒中的岩石为角砾云母橄榄岩。上部角砾岩均为岩浆胶结的金伯利岩碎屑及围岩碎屑,或完全被围岩碎屑充填。金伯利岩含有二辉橄榄岩、纯橄榄岩、辉石岩、榴辉岩等深源包裹体。

(4)矿石特征:钻石作为金伯利岩中的捕虏体存在。南非所产钻石多为无色、淡黄色,晶形以八面体为主,且质量较高,其中普列米尔矿所产钻石质量最好,宝石级达55%,又是Ⅱ型钻石的主要产地。世界最大的钻石(库里南)就是在该矿床中发现的。

2)钾镁煌斑岩型(以澳大利亚钻石矿为例)

(1)地质背景:与世界其他地区的钻石矿床不同,澳大利亚钾镁煌斑岩钻石矿床多分布在早元古代的构造活动带,而不是分布在太古代的稳定克拉通板块内。岩体多受北西西向断裂控制。

(2)岩石特征:主要地层为凝灰岩(细碎屑状火山岩),上覆凝灰一般较粗,层理不清,几乎不含外来物质,而上层的凝灰含有很大比例的崩解的富石英的围岩,层理很好,并具交错层,凝灰角砾岩和侵入同源角砾岩常见。凝灰岩被晚期岩床或岩浆岩的中心岩体所超覆或侵入,岩浆相和火山口相岩石紧密共生。岩层倾角很缓,向岩管中心倾斜。

(3)矿体产状:含矿母岩常呈岩筒、岩管产出,整个矿区由100多个岩管、岩筒组成。岩管及岩筒的火山口直径很大,但其通道极为狭窄。

(4)矿石特征:钻石在其中作为捕虏体存在。所产钻石较小,多为褐色,形状不规则。此外,该矿床还产彩钻,其中以粉红色最多,也有褐色、蓝色和紫色、绿色等,其大小(切磨后)为0.51~1.20ct。

2. 次生钻石矿床

1)古代砂矿的特征

在地质历史时期,前寒武纪、晚古生代、中生代均有钻石砂矿发育,但最主要的是前寒武纪砂矿。在此时期,钻石砂矿分布较广,且工业价值较高,占世界钻石产量的12%。该时期的砂矿具有以下共同特征:都形成于地台结晶基底的早期固结阶段,分布在地盾或古老地块的核部附近,往往与滨海成因的粗碎屑岩、三角洲和滨海冲积平原沉积有关,有的是冰川成因。钻石具不同色调的绿色和褐色,晶体表层呈薄壳状或斑点状,且有较多的磨痕。绝大多数钻石呈浑圆的菱形十二面体,也有立方体,质量较高,宝石级钻石较多。

2)现代砂矿的特征

现代钻石砂矿按其沉积位置可分为残积砂矿、冲积砂矿及滨海砂矿。残积砂矿是从含矿母岩中分离出的重矿物就地富集而成的砂矿;冲积砂矿是指重砂矿物在河水的搬运、分选作用下富集而成的砂矿;滨海砂矿是指经河流搬运到河流入海口,并被海流沿海岸带沉积而形成的砂矿。

残积砂矿主要分布在非洲、亚洲南部和南美洲,这主要是受气候(热带和亚热带)的影响。较为著名的有南非普列米尔岩筒上部的残积砂矿和博茨瓦纳的奥拉帕(Orapa)岩筒上部残积砂矿。

冲积砂矿分布十分广泛,常发育在河流汇合处、河流转弯的内侧、河流由窄变宽的部位。在这些位置,河流的流速降低,所携带的沉积物会沉积下来,易形成冲积砂矿。可出现在各种规模的河流中,但富矿主要集中在中、小河流中。如南非法尔(Vaal)河砂矿,长80km,宽20~100m,厚0.2~2.1m,品位0.5~1.7ct/m³,储量8 000×10⁴ct。安哥拉的冲积砂矿非常发育,多分布在其东北部的隆达(Lunda)地区,沿古河道和宽果(Cuango)河流域分布,估计每年可采

$40×10^4$ ct 钻石,所产钻石中 70% 为宝石级。

滨海带砂矿主要分布在河流入海口附近的海岸带。较为重要的是南非和纳米比亚西海岸的钻石砂矿。如南非海岸及海区的滨海砂矿所产钻石约占目前全球总产量的 0.3%,其价格非常高。

二、蓝宝石、红宝石矿床

红、蓝宝石矿床也称刚玉矿床,也有原生矿床和次生矿床,在常见的三大岩类中都可以形成原生蓝宝石矿床,经过风化和搬运则可以形成次生刚玉矿床。

1. 岩浆岩中的蓝宝石矿床(山东昌乐玄武岩型)

(1)地质背景:矿区位于华北地台鲁西台背斜东北部,昌乐凹陷南端。矿床明显受郯庐大断裂及其次一级断裂控制。蓝宝石主要赋存在玄武岩的方山岩体中。火山机构控制蓝宝石的分布:近火山口蓝宝石含量较高,远离火山口蓝宝石含量较低。

(2)岩石特征:含矿岩石主要为碧玄岩。其中含有深源二辉橄榄岩包裹体和二辉岩包裹体以及少量普通辉石、锆石、镁铁尖晶石、镁铝榴石、歪长石和蓝宝石等巨晶。

(3)矿体产状:含矿岩体为方山岩体,其南北长近 2km,东西宽 1.1km,外观形态呈丁字形。出露地层主要为新生界玄武质喷出岩。

(4)矿石特征:蓝宝石晶体作为玄武质喷出岩的包裹体存在。颜色丰富,有深蓝色、蓝色、浅蓝色、黄绿色、蓝绿色、棕色等,以带有不同色调的浅蓝色、深蓝色为主,其中又以深蓝色居多。且常具有色带,色带宽窄不一,颜色渐变。蓝宝石大多具较好的六方晶形,呈腰鼓状、桶状,少量呈碎块状。粒径一般为 20~40mm,个别达 10cm。

(5)表面特征:蓝宝石晶体表面常有一层灰黑色或黑色不透明薄壳;晶面常有斜纹和横纹;熔蚀坑发育。蓝宝石包裹体较多,以固体为主,液态次之。固态包裹体有刚玉、铌铁金红石等。针状铌铁金红石常沿三个方向彼此呈 120°角交叉,可产生六射星光蓝宝石。部分蓝宝石晶体在垂直 C 轴方向具六条明显的放射线,是由放射状排列的显微裂隙或针状金红石包裹体有规律排列所致。

2. 变质岩中的红宝石矿床(缅甸抹谷大理岩型)

(1)地质背景:矿床位于环绕印度次大陆的喜马拉雅褶皱带。

(2)岩石特征:主要岩石有麻粒岩、石榴石片麻岩、硅线石石英岩、大理岩等,局部地段遭受角闪岩相退化变质。

(3)矿体产状:矿体呈层状产在大理岩中,与花岗岩体分布关系密切。含矿大理岩主要由方解石组成,夹有少量白云石及片麻岩和透辉石。

(4)矿石特征:红宝石呈浸染状或巢状产出,晶粒小,一般 1~10mm,有时达 5cm,短柱状,质好,与红宝石伴生的矿物有金云母、透辉石、方柱石、榍石、镁橄榄石、尖晶石等。

三、翡翠矿床

翡翠是多晶宝石中最珍贵的品种,被称为"玉石之王"。我国历史上曾有"翡翠产于云南永昌府"之说,因为在明代万历年间该地属云南省永昌府管辖,实际上是指缅甸密支那地区。

世界上有几个地区可产翡翠,它们是缅甸北部、哈萨克斯坦的伊特穆隆达矿和列沃—克奇佩利矿、美国加利福尼亚克列尔克里克矿、门多西诺县的利奇湖矿床、中美洲以及日本等。但真正具有经济价值的宝石级翡翠绝大部分产在缅甸。

1. 翡翠原生矿床

缅甸的乌龙河（雾露河）流域是世界上翡翠主要的产出地。最初（13世纪初）开始开采冲积砂矿和冰川砂矿，后来（1871年）发现原生翡翠矿床。由于翡翠的形成过程相当复杂，而且其中所含的矿物成分变化很大，其成因目前仍未有定论。一般来讲有3种观点：变质说、岩浆说、热液交代说。

(1) 地质背景：该区位于喜马拉雅造山带的外带，呈南北向展布。

(2) 岩石特征：主要岩石为古近纪的变质岩，包括超基性岩体、蛇纹岩化纯橄岩、角闪石橄榄岩和蛇纹岩、蓝闪石片岩、阳起石片岩和绿泥石片岩等。

(3) 矿体产状：翡翠矿床主要产在北东向展布的度冒岩体的蛇纹岩化橄榄岩中。度冒岩体在平面上呈椭圆形，长18km，宽6.4km。该区最著名的原生矿床有4个：度冒、缅冒、潘冒和南奈冒。

含矿岩体呈岩墙或岩脉产出，可能是由一些彼此相距很近的脉状、透镜状和岩株状翡翠矿床组成的矿带，长达2.5km。度冒矿床翡翠矿体沿走向长达270m，具有对称条带状分布的特点：矿体的中心部分由单矿物翡翠岩组成，朝脉壁方向渐变为钠长石翡翠岩和钠长石岩。

(4) 矿石特征：过渡带内的翡翠颗粒都包有一层碎裂的钠长石集合体。翡翠矿带厚2.5～3m，主要由白色翡翠组成。有的地方在白"地"上杂乱地分布有各种颜色（深绿、苹果绿、黄色和浅红-紫色）的条带或斑点（图19-3-1），有的在同一块翡翠岩中几种颜色的翡翠恰到好处地搭配在一起。有时在白色"地"上可见祖母绿色的翡翠，这是一种极细粒（纤维状）硬玉矿物集合体。

图19-3-1 翡翠原生矿脉中杂乱分布各种颜色条带或斑点（由袁心强提供）

2. 翡翠次生矿床

(1) 高地砾石层翡翠砂矿。该砾石层堆积厚度为100～300m，属洪冲积成因，分布在河流两侧，但在地貌上已成为丘陵，不具有河流阶地的特征。由上而下，大致可分为3层（不同的地区稍有变化）：上层的黄色含翡翠的砂砾石层、中层红色砂砾石层和下层深灰色至灰黑色砾石层（图19-3-2）。

(2) 河漫滩沉积翡翠砂矿。主要分布在乌龙江主河道的两侧，在帕敢场区最为发育。这种沉积砂矿洪水期淹没在河水之中，枯水期露出水面。翡翠砾石与其他废石如漂砾、卵石、砂混在一起，十分松散，没有胶结，基本上没有分层结构，但翡翠砾石的滚圆度较好，以次圆状到滚圆状为主。由于未经胶结风化，翡翠砾石表面均比较光滑，所以人们称这种在河漫滩上沉积的翡翠为水石。河漫滩堆积层厚度不一，在老帕敢地区，厚度巨大，未见到基岩（图19-3-3，图19-3-4）。

图 19-3-2　高地砾石层翡翠砂矿
（由袁心强提供）

图 19-3-3　河漫滩沉积翡翠砂矿
（由袁心强提供）

图 19-3-4　河漫滩沉积翡翠砂矿（由袁心强提供）

四、绿松石矿床

典型的绿松石矿床属于风化淋滤型矿床，我国绿松石矿床闻名于世，主要集中于鄂、豫、陕交界处，以湖北郧阳绿松石矿最为著名。

1. 地质背景

湖北郧县绿松石矿床位于秦岭褶皱带东段武当地块西侧，区内次生褶皱和断裂发育，构造样式复杂，这为成矿创造了非常有利的条件。

2. 岩石特征

区内出露的地层有白垩系—新近系、志留系、奥陶系、寒武系、震旦系及中上元古界武当山群。侵入岩有辉绿岩、正长岩等。寒武系下统水沟口组是绿松石的含矿层，为含炭或含泥硅质板岩和硅质板岩。

3. 矿体产状

矿点均分布于寒武系下统的含炭或含泥硅质板岩中。全区大致可归纳为上、中、下3个含矿层(但由于受地层和构造的影响,不同矿点含矿层数目不一,最多有 5 个含矿层,一般可为 1~3 个含矿层),其中以中间含矿层为主要含矿层。绿松石一般呈透镜状产出,也有结核状、透镜状及葡萄状。在垂向上,绿松石分布有一定规律。地表所见到的绿松石一般个体不大,结构松软,硬度低,杂质多,色浅量少。随着深度增加,绿松石个体增大,质坚硬且纯,硬度加大,颜色加深,且绿松石的含量增加。但当深度接近潜水面时,个体又变小,色深,杂质多而量少。潜水面以下绿松石更小,并逐渐消失。多呈结核状、透镜状产出(图 19-3-5)。

图 19-3-5 呈透镜状、结核状产出的绿松石

4. 矿石特征

绿松石色泽鲜艳丰富,呈天蓝色、蔚蓝色、翠绿色、绿色、淡绿色、苹果绿色、淡蓝绿色、淡灰绿色等,但风化后绿松石颜色发生变化,变为淡绿色、黄绿色、灰绿色、黄褐色、灰白色等,具有致密的隐晶结构,玻璃、瓷状及蜡状光泽。

尽管绿松石在世界上的分布范围很广,但在地质产状和矿石类型上几乎一致。它们都属外生淋滤作用所致,都与含磷和含铜的硫化物矿化岩石的风化壳有关。这些岩石可以是酸性喷出岩(流纹岩、粗面岩、石英斑岩、二长岩等)和含副矿物磷灰石的花岗岩,也可以是含磷的沉积岩(页岩、砂岩、粉砂岩)和沉积变质岩。当这些岩石被构造运动抬至地表或近地表,雨水沿着岩石裂隙运动和渗滤时会溶解岩石中的 Cu、Al、P 等元素,或者岩浆活动使泥质、硅质板岩中的 Cu、Al、P 等元素富集,从而在适宜的条件下形成铜磷酸盐。

习　题

1. 什么是宝石矿床?什么是品位?
2. 宝石矿床按照形成作用进行分类可以分为哪些类型?
3. 简述翡翠的产出状态。
4. 简述绿松石的产出状态。

第二十章　珠宝贸易概述

珠宝贸易从古至今都是许多国家推动经济发展的重要支柱。据有关资料统计,当今世界珠宝首饰需求量每年以5%～10%的幅度增加,价格以8%～12%的幅度增长,世界珠宝贸易总额也逐年增加。20世纪50年代,世界珠宝贸易总额仅为2亿美元;到70年代中期约250亿美元,而目前已达到近万亿美元。珠宝贸易已成为许多国家(如泰国、缅甸、斯里兰卡、南非等国)外汇的主要来源。以泰国为例,珠宝出口额1981年为约2亿美元,而到1993年增长到22亿美元,年平均增长率达20%。全国有160万人从事于宝石开采、首饰加工和销售,珠宝产业已成为其主要产业。

当今,在经济发达国家,珠宝首饰消费已成为人们生活的重要组成部分。据统计,目前世界首饰消费大国为美国(占45%)、日本(占14%)、英国(5.6%),以及加拿大、德国、法国、意大利、瑞士、中国香港、新加坡等国家或地区。其中钻石首饰消费中,按照价值计算,美国占50%,其他国家占50%(图20-1-1)。

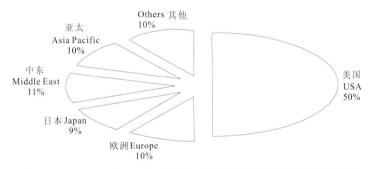

图20-1-1　2005年全球钻石饰品消费统计分布图(按照价值计算)
(资料引自 HRD)

第一节　珠宝价格

一、珠宝价格的形成

按经济学定义,珠宝不属大宗商品,而属于奢侈品的范畴。珠宝既是一件商品,又是一件艺术品,具有经济价值、艺术价值、历史价值和科学价值。

按照政治经济学的理论,珠宝的价格由社会必要劳动(价值)决定,而西方经济学认为,珠宝的价格由供求决定。珠宝的价格由社会必要劳动而形成的价值所决定,含义是在珠宝中凝结了无差别的人类劳动,它们包括"勘察→开采→选矿→切磨→镶嵌→销售"等一系列的劳动(图20-1-2),最终构成珠宝产品的价值(表20-1-1);珠宝的价格同时又受供求关系的影响,特别是一些文物或古董,由于其稀缺性,造成需求的提拉作用,会使其价格飞涨。

图20-1-2 宝石的开采和加工

表20-1-1 珠宝产品价值构成

珠宝产品价值	已消耗的生产资料的价值转移 C	已消耗的劳动对象的价值转移	辅助材料、机械、动力消耗、宝石原料、贵金属材料	产品的成本 C+V	产品的价值 C+V+M
		已消耗的劳动手段的价值转移	固定资产的折旧费用		
	劳动者所创造的价值 V+M	劳动者为自己劳动创造的价值 V	工资、福利		
		劳动者为社会创造的价值 M	盈利、流通费用、税金等	M	

不同的宝石,价格也相差甚远。通常国内市场上常见的钻石、翡翠、珍珠等价格很高,而在国际市场上,祖母绿、欧泊、猫眼、变石等价格也颇高。相对价格较低的是海蓝宝石、碧玺、托帕石、软玉等,而水晶、玛瑙等价格更低。

钻石参考价格如表20-1-2所示。

表20-1-2 钻石报价表(2016年1月)

国际(纽约)圆形钻石报价												
0.30~0.39ct/粒(单位:百美元)												
报价 净度 颜色	IF	VVS_1	VVS_2	VS_1	VS_2	SI_1	SI_2	SI_3	I_1	I_2	I_3
D	39	30	28	26	25	22	21	18	15	11	7
E	29	27	25	24	23	21	20	17	14	10	6
F	26	25	24	23	22	20	19	16	13	9	6

续表 20-1-2

国际(纽约)圆形钻石报价

0.30~0.39ct/粒(单位:百美元)

报价 颜色 净度	IF	VVS$_1$	VVS$_2$	VS$_1$	VS$_2$	SI$_1$	SI$_2$	SI$_3$	I$_1$	I$_2$	I$_3$
G	25	24	23	22	21	19	18	15	12	8	5
H	24	23	22	21	20	18	17	14	11	8	5
I	22	21	20	19	18	16	15	13	10	7	5
J	20	19	18	17	16	15	14	12	9	7	4
K	17	16	16	15	14	13	12	10	8	6	4
L	16	15	15	14	13	12	10	9	6	5	3
M	15	14	14	13	12	11	9	8	5	4	3

0.40~0.49ct/粒(单位:百美元)

	IF	VVS$_1$	VVS$_2$	VS$_1$	VS$_2$	SI$_1$	SI$_2$	SI$_3$	I$_1$	I$_2$	I$_3$
D	46	39	34	32	30	27	24	21	18	12	8
E	38	34	31	30	28	25	23	20	17	11	7
F	33	32	30	29	27	24	22	19	16	11	7
G	31	30	29	28	26	23	21	18	15	10	6
H	28	27	26	25	24	22	20	17	14	9	6
I	24	23	22	21	20	19	18	16	13	8	6
J	22	21	20	19	18	17	16	15	12	8	5
K	20	19	18	17	16	15	14	12	10	7	5
L	19	18	17	16	15	14	13	10	8	6	4
M	18	17	16	15	14	13	11	9	7	6	4

0.50~0.69ct/粒(单位:百美元)

	IF	VVS$_1$	VVS$_2$	VS$_1$	VS$_2$	SI$_1$	SI$_2$	SI$_3$	I$_1$	I$_2$	I$_3$
D	85	64	53	48	45	37	30	26	22	16	11
E	66	55	48	44	40	34	28	24	21	15	10
F	56	50	46	42	38	32	27	23	20	14	10
G	52	45	42	40	36	31	26	22	19	13	9
H	47	40	38	36	34	29	25	21	18	12	8
I	40	33	31	29	28	25	23	20	16	11	8
J	33	27	26	25	24	23	22	19	16	11	7
K	28	24	23	22	21	20	19	16	13	10	7
L	23	22	21	20	19	18	17	13	11	9	6
M	21	20	19	18	17	16	16	11	9	7	5

0.70~0.89ct/粒(单位:百美元)

	IF	VVS$_1$	VVS$_2$	VS$_1$	VS$_2$	SI$_1$	SI$_2$	SI$_3$	I$_1$	I$_2$	I$_3$
D	100	78	66	61	57	49	42	36	30	20	13
E	80	68	63	58	54	47	40	34	29	19	12

续表 20-1-2

国际(纽约)圆形钻石报价											
0.70～0.89ct/粒(单位:百美元)											
报价 颜色＼净度	IF	VVS$_1$	VVS$_2$	VS$_1$	VS$_2$	SI$_1$	SI$_2$	SI$_3$	I$_1$	I$_2$	I$_3$
F	70	63	56	53	50	45	38	32	28	18	12
G	65	58	52	49	46	42	35	30	26	17	11
H	60	52	48	45	42	39	33	28	24	16	10
I	49	44	41	39	37	34	28	26	22	15	10
J	38	34	31	30	29	27	25	23	20	14	9
K	33	30	27	26	25	24	22	20	17	13	8
L	28	26	25	24	23	22	20	17	16	11	7
M	25	24	23	22	21	19	18	15	12	9	6
0.90～0.99ct/粒(单位:百美元)											
D	145	114	99	85	75	67	58	47	38	22	16
E	114	99	90	77	71	63	55	44	37	21	14
F	99	90	80	72	67	59	51	42	36	20	14
G	90	80	72	67	62	56	48	40	34	19	13
H	80	70	66	62	58	52	45	37	32	18	13
I	67	60	57	54	51	48	42	33	30	17	12
J	52	49	47	45	43	41	37	30	26	16	11
K	43	41	39	37	35	33	31	26	23	16	10
L	38	37	35	34	32	30	27	23	20	14	9
M	35	33	32	30	29	27	24	21	17	12	8
1.00～1.49ct/粒(单位:百美元)											
D	228	170	148	121	107	82	69	58	47	27	17
E	162	147	119	107	96	79	66	56	45	26	16
F	137	120	107	98	86	76	63	54	44	25	15
G	113	105	95	86	79	71	59	52	42	24	14
H	92	87	81	76	72	65	56	49	40	23	1
I	78	74	69	67	64	60	52	46	36	22	13
J	64	62	60	58	55	51	48	41	32	20	13
K	54	52	50	48	46	44	41	36	30	18	12
L	49	46	45	44	42	39	36	34	28	17	11
M	42	39	37	36	34	32	29	27	25	16	11

续表 20-1-2

国际(纽约)圆形钻石报价											
1.50～1.99ct/粒(单位:百美元)											
报价 净度 颜色	IF	VVS_1	VVS_2	VS_1	VS_2	SI_1	SI_2	SI_3	I_1	I_2	I_3
D	290	218	191	166	145	108	88	70	54	31	18
E	213	186	159	150	131	105	85	68	51	30	17
F	186	159	138	131	118	100	80	65	50	29	16
G	149	136	122	114	108	95	76	64	49	28	16
H	120	112	103	98	94	87	71	60	47	27	16
I	94	90	85	82	79	75	64	55	43	25	15
J	79	74	72	70	66	62	56	48	38	23	15
K	64	62	60	57	56	52	47	42	36	20	14
L	57	55	53	50	48	46	41	38	32	19	13
M	47	45	43	42	40	38	36	33	28	18	13
2.00～2.99ct/粒(单位:百美元)											
D	461	348	305	264	198	152	119	81	64	33	19
E	333	293	259	228	180	145	111	78	62	32	18
F	290	254	225	194	169	135	106	75	60	31	17
G	234	201	181	162	147	124	99	70	58	30	16
H	173	168	157	143	123	111	94	65	55	29	16
I	133	128	122	114	106	97	84	60	51	27	16
J	106	100	96	91	87	83	71	55	47	24	15
K	95	89	83	77	74	70	61	51	42	23	15
L	82	76	73	67	64	58	53	46	37	22	14
M	69	66	64	60	53	48	46	39	30	21	14
3.00～3.99ct/粒(单位:百美元)											
D	920	633	541	442	335	226	158	94	77	39	21
E	612	543	451	386	309	206	153	89	72	37	20
F	525	456	385	323	280	188	149	84	67	35	19
G	403	353	308	274	230	173	132	79	65	34	18
H	298	275	252	228	190	149	122	75	63	33	17
I	220	206	195	183	156	127	109	70	59	31	17
J	171	161	158	150	129	112	98	64	53	28	16
K	144	135	130	121	108	97	82	58	47	27	16
L	110	108	106	97	88	75	67	51	41	26	15
M	96	93	90	85	76	67	56	45	33	25	15

续表 20-1-2

国际(纽约)圆形钻石报价											
4.00～4.99ct/粒(单位:百美元)											
报价 净度 颜色	IF	VVS_1	VVS_2	VS_1	VS_2	SI_1	SI_2	SI_3	I_1	I_2	I_3
D	1 067	740	660	546	425	273	190	103	84	44	23
E	730	660	574	490	405	263	185	98	79	42	22
F	660	570	506	444	366	245	180	93	75	40	21
G	500	444	407	386	313	215	166	88	71	38	20
H	259	354	321	305	260	190	156	83	65	36	19
I	274	259	240	228	200	161	137	79	61	34	18
J	221	210	196	183	166	142	122	69	55	32	17
K	183	173	163	164	141	76	102	64	50	30	17
L	135	125	117	113	102	87	76	56	44	28	16
M	115	105	100	97	88	76	65	53	36	27	16
5.00～5.99ct/粒(单位:百美元)											
D	1 450	1 010	875	765	587	365	240	113	91	47	25
E	995	872	783	697	538	336	234	108	86	45	24
F	854	780	697	625	467	312	223	103	81	43	23
G	640	586	526	481	410	273	215	98	77	41	22
H	502	456	419	380	324	239	190	89	72	39	21
I	375	345	330	300	273	210	165	84	67	37	20
J	280	262	245	238	230	180	145	74	62	35	19
K	220	205	190	178	170	145	118	69	57	32	18
L	159	150	140	134	127	110	85	64	47	30	17
M	133	128	123	119	112	99	76	59	39	29	17
10.00～10.99ct/粒(单位:百美元)											
D	2 340	1 510	1 315	1 155	895	574	370	173	105	58	29
E	1 490	1 320	1 177	1 035	818	530	360	163	100	56	27
F	1 270	1 162	1 040	916	716	496	350	158	95	54	26
G	1 010	929	835	760	625	447	336	153	90	51	25
H	810	744	672	608	510	374	301	134	85	49	24
I	587	560	519	467	416	321	258	120	80	47	23
J	440	420	400	385	350	272	225	110	78	45	22
K	325	310	300	290	260	217	179	100	73	42	21
L	239	229	220	207	189	165	124	89	64	39	20
M	205	196	186	178	165	136	112	79	55	36	19

二、影响珠宝价格的因素

影响珠宝价格的因素有很多,在此将其划分为经济因素和其他因素,经济因素又分为短期因素和长期因素。

1. 影响珠宝价格的经济因素

1)短期因素

(1)珠宝本身质量因素(宝石的质量、颜色、大小、耐久性、稀有性、开采成本等):珠宝自身质量直接影响到消费者对于宝石的看法,宝石自身的品质通常受宝石的大小、颜色、净度和切工等因素的影响,这里就是指常见的"4C"评价体系,在钻石的质量评估中尤为明显。除此以外,许多彩色宝石也在评价中基本采用了这些指标,显然这些指标和宝石的稀有性、耐久性以及开采成本等因素都与珠宝的价格正相关,这些因素要求越高,价格也就越高。

(2)市场状况及性质(指市场完备度如何,是买方市场还是卖方市场等):珠宝市场的性质是指所在市场处于经济学中常叙述的完全竞争市场、垄断竞争市场、寡头垄断市场、完全垄断市场等,处于不同市场性质中的珠宝首饰的价格决定因素不同,也就造成了相同珠宝产品在不同的市场上价格的差异。通常垄断市场的产品价格比完全竞争市场价格要高出许多,虽然完全竞争市场仅在理论上存在,但是在现实生活中,的确存在近于完全竞争的市场。目前国内许多大城市的珠宝市场由于竞争的广泛存在,而且该行业很少有贸易或技术壁垒,因此,珠宝市场在这些城市中处于近乎完全竞争的市场。珠宝产品类型少,款式相差不大,进出市场自由,价格随行就市(即价格由市场决定),这些特征决定了它们的价值属性,所以珠宝产品价位相对低,给消费者带来利益。但是在偏远地区,珠宝市场仍然存在垄断竞争市场、寡头垄断市场、完全垄断市场等行为。上述市场性质决定了大城市的珠宝市场为买方市场,而在偏远地区仍然维持卖方市场特点。

(3)汇率:货币是用来衡量商品的价格或价值的,而汇率是指本币和外币的兑换比例,又被称为货币的价格,比如人民币的外汇牌价。在珠宝产品标价不变的情况下,如果人民币升值,即换得同样数量的人民币需要更多的外币(例如美元),如果使用美元来购买同样价格的珠宝,则需要花费更多的美元,也就抑制了出口。

(4)供求状况:供给和需求的变化会直接影响珠宝的价格,按照需求供给定理,在某种商品供给量不变的情况下,需求增加则商品价格增加,需求下降则商品价格下降;在某种商品需求不变的情况下,供给增加则商品价格下降,供给减少则商品价格上升。因此,珠宝市场上某种珠宝产品的价格也同样按照上述规律在变化。

2)长期因素

(1)国内生产总值(GDP):国内生产总值是一定时期内,由本国公民所创造的生产价值。这一值的大小直接影响他们的富裕程度,在人口数量不变的情况下,国内生产总值越大代表了人们生活越富裕,人们就越有能力进行珠宝首饰这些昂贵产品的消费。

(2)国民经济增长幅度:国民经济增长幅度越大,在高于人口增长幅度的情况下,人们可支配收入就越多,而珠宝产品的收入需求弹性 $E_\lambda>1$,在经济学中珠宝首饰被划分为奢侈品范畴,正是因为珠宝企业产品这一特性,因而珠宝企业相对其他企业来说(如食品企业等必需品生产企业),对消费者收入(即对经济增长或萧条)反应敏感,有经济的晴雨表之称。因此,国民经济增长幅度越大,通常人们对珠宝产品的消费就会以更加快的速度增长。

$$E_\lambda = \frac{需求量的变动百分比}{消费者收入的变动百分比} = \lim_{\Delta I \to 0} \frac{\Delta Q}{\Delta I} \times \frac{I}{Q} = \frac{dQ}{dI} \times \frac{I}{Q}$$

其中:ΔQ——某首饰消费变化量;

Q——某首饰消费量;

ΔI——消费者用于首饰消费的收入变化量;

I——消费者收入。

(3)通货膨胀:引起通货膨胀的因素很多,通常货币的发行速度超过经济增长速度时会造成通货膨胀。通货膨胀并没有使全体国民的收入减少,而会使那些有固定收入的人(例如国家公务人员、事业单位人员等)收入相对减少,造成社会分配不公。所以通货膨胀对于珠宝首饰消费的影响是复杂的,影响比较直接的是减少了有固定收入的人对珠宝首饰的消费,但是另外一些人会感觉收入增加了,进而扩大了对珠宝首饰的消费,所以最终结果取决于人们的偏好和预期。

(4)失业率:失业率对珠宝首饰消费的影响是直接的。失业率增加,人们收入减少,直接会减少对珠宝首饰的消费,而且由于珠宝产品的收入需求弹性 $E_\lambda > 1$ 的特点,对于珠宝首饰的消费会以更大的比例减少,转而增加食品等必需品在收入中的比例。通常,失业率为 3%~5% 时,一个国家就实现了充分就业,而失业率为 10%~20% 时,珠宝首饰的消费会明显下滑,珠宝首饰的价格也会因此回落,成本高的珠宝企业获利微薄或者直接倒闭。

2. 政治及其他因素

(1)政府的决策以及各项法规制度:政治对经济的影响是明显而直接的,政府通常并不直接干预市场,而是通过宏观调控来引导经济的发展,政府的各项决策以及无论使用财政政策还是货币政策,它们对于珠宝首饰消费和价格同样会有明显的影响。例如,国家税务总局对目前的所有钻石饰品征收特别消费税,而珠宝企业会通过提升钻石首饰的价格,将税赋转移到消费者手中,人们感觉到钻石首饰价格上涨,从而直接影响到人们对于钻石首饰的消费支出。

(2)历史文化因素:一个国家的历史和文化,造就了今天人们一部分的消费观念。例如在清朝时期,康熙年间的官印开始使用高档翡翠来制作。到了慈禧太后垂帘听政时期,由于慈禧太后喜爱翡翠,致使翡翠饰品在中国广为流行。而文化对于珠宝首饰的影响也是直接的,人们将君子比如玉,曰"君子如玉,温文尔雅";文天祥曾写到"宁为玉碎,不为瓦全"。这些人文文化对于人们心理和行为的影响,在对珠宝首饰偏爱中表现得淋漓尽致。

(3)传统心理:传统心理对于珠宝首饰消费的影响也很明显,进而影响到珠宝首饰的价格。例如,人们心理上总是觉得玉佩能保平安,所以很多消费者会买玉饰品来佩戴,在购买玉饰品中也流传这样一句话"男戴观音,女戴佛"。显然,传统心理不仅影响人们的价值观念和取向,也影响了人们对珠宝首饰的偏好和珠宝首饰的价格。

(4)战争:通常在有战争的地方,人们对于未来的预期是不确定的,会减少珠宝首饰的消费,因此珠宝首饰在这一时期的价格会因此而偏低。一些反政府武装通过暴力掠夺钻石出口以获得大量外汇,进而购买武器来继续战争,这就出现了"血腥钻石"。人们痛恨这样的行为,"金伯利程序"的协议国,要求入境的钻石都有具体来源地,以此来保证钻石的纯洁性。以色列犹太人是世界上做珠宝生意非常成功的民族,在"二战"期间,当纳粹屠杀犹太人的时候,正是因为犹太人会做钻石生意,他们在逃难时身上仅带有钻石,再在一个新的地方卖掉钻石,获得必需的生活物资。

(5)地域因素:地域因素对珠宝首饰价格的影响主要体现在两个方面,即资源和环境。某种宝石资源丰富的国家,该珠宝产品供给相对富裕,在需求不变的情况下,价格会下降,所以需要扩大出口。总体来说,中国珠宝资源并不丰富,许多名贵宝石,例如祖母绿、欧泊、红宝石等都没有值得开采的矿床,因此需要进一步开展地质普查工作。另一方面,地域的不同造成生活环境(如温度等)的巨大差异,在天气炎热的地方,人们喜爱佩戴性凉的宝石(例如南亚许多国家的人们喜爱红宝石),而在天气寒冷的地方,人们喜爱佩戴性温的宝石(例如北欧等国的人们喜爱珍珠、琥珀、龟甲等宝石)。

除了上述因素造成人们对于珠宝首饰偏好的差异,从而影响珠宝首饰价格外,还有许多其他因素也影响着珠宝首饰的价格,这里不再一一列举。部分宝石价格变动特点如图20-1-3所示。

三、珠宝首饰常见的定价方法

珠宝首饰定价的方法很多,这里介绍几种市场常见的定价方法。

1. 成本导向定价法

在成本基础上,加上预期利润,通常有两种方法:

(1)成本加成定价法:价格＝单位产品成本×(1＋成数)。

成数表示一个数是另一个数的十分之几的数。相当于百分数,一成为10%,不能说1%,四成五为45%,六成则为60%。

例如:成本加成定价法中,一枚钻戒成本为1 000元,成数设计为2,则此枚钻戒价格为1 000×(1+2)=3 000元。

该方法操作相对简便易行,现最流行,但要合理地计算成本是其关键。

(2)目标利润定价法:珠宝首饰价格＝(预定总成本＋目标利润)/预定产销量。

2. 需求导向定价法

以市场需求为基础确定价格,主要有两种方法:

(1)评估效用定价法:根据产品给消费者带来效用的大小定价。若消费者认为产品效用大,定价则高,否之亦然。该方法步骤如下:

A. 根据市场调查,统计出消费者对产品的期望价格;

B. 在期望价格基础上,估算产品暂定价格;

C. 预测产品销量,根据目标利润估算成本;

D. 定价。

该方法较科学,但综合上述几方面因素操作时难度也大。

(2)差别定价法(价格歧视):是指企业对同一珠宝产品针对不同的购买对象、购买地、购买时间采用不同价格。如购买一枚钻戒3 000元,两枚5 000元等。

A. 不同的购买对象包括中外顾客、新老顾客、批发或零售、购买量等,根据购买对象的不同,进行差别对待;

B. 不同的购买地:偏远/发达、国内/国外等;

C. 不同的购买时间:淡季/旺季、平时/节日等。

Gemstone Trends(1975-2005)

These charts are indications only and should be used to decipher the general price trends of a particular market. They are price per carat indications for GIA graded diamonds and AGL graded colored gemstones only, for standard shapes with ideal perameters. Prices represent high ranges encountered in the US markets. Most stanes will be offered at a discount to these charts. The only true price is what a knowledgeable buyer and seller agree to as a transaction price. No guarantees are made and on liabilities are assurned as to the accuracy or validity of these prices. Copyright 2006 by NGC. Repuoduction is strictly prolubited.

(a)

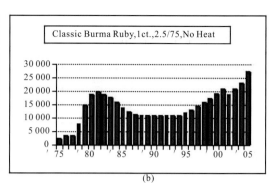

(b)

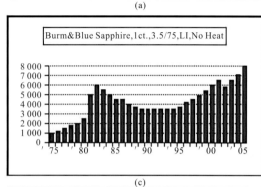

(c)

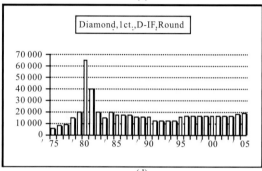

(d)

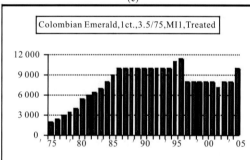

(e)

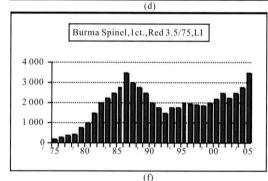

(f)

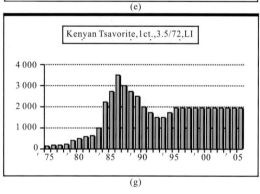

(g)

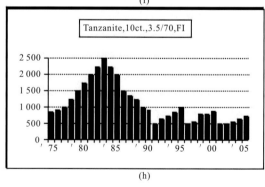

(h)

图 20-1-3　1975—2005 年间部分彩色宝石价格波动情况

((b)-(h)分别为缅甸红宝石、缅甸蓝宝石、钻石、哥伦比亚祖母绿、缅甸红色尖晶石、肯尼亚铬钒钙铝榴石、坦桑石波动图)

(资料引自 NGC, 2006)

该方法可获得最大利润,但要有效分割这些购买因素,如淡季和旺季,人们若知道会有这样的价格差别,可能会旺季不买而等到淡季再说,使差别定价失败。

3. 竞争导向定价法

竞争导向定价法是指针对竞争对手制定价格,常采用的有两种方法。

(1)比较定价法:针对竞争方产品价格来确定自己产品价格。常见有三种模式:

A. 低于竞争对手定价(价格战);

B. 随行就市定价;

C. 高于竞争对手定价,采用高质高价法。

(2)招、投标定价法:此方法适用于大宗购买,企业公开招标或拍卖。

总之,不同于一般生活日用品,同种商品可批量定价,珠宝的某商品不可能统一定价,如同种宝石,颜色、净度、大小、切工工艺上的差异等,都会影响珠宝的定价。

第二节 珠宝市场

中国是人类古老文明的重要发源地之一,在开发利用天然珠宝玉石方面具有悠久的历史和灿烂的文化。中国的玉雕工艺,技术精湛,闻名中外,素有"玉雕之国"的美称,在世界珠宝市场上享有盛誉。

中国的珠宝市场,由于历史原因,在20世纪40~70年代发展缓慢,80年代改革开放以后,珠宝贸易得以迅速发展。随着国产钻石(瓦房店、蒙阴、沅江)、蓝宝石(昌乐)产量的增加,出口的高档宝石也有了很大的增加,加工工艺、设计款式也有了突飞猛进的发展。1996年以前,中国的珠宝市场处于卖方市场阶段,之后处于买方市场阶段。

一、珠宝市场的特点

珠宝市场是珠宝首饰进行销售和流通的领域,是珠宝企业实现利润和珠宝消费者获得商品的地方。

与珠宝相关的国际著名品牌如图20-2-1所示。

蒂芙尼珠宝
http://www.tiffany.com/

卡地亚珠宝
http://www.cartier.com/

宝格丽珠宝
http://www.brlgari.com/

施华洛世奇珠宝
http://www.swarovski.com/

图20-2-1 部分国际著名珠宝品牌

美国的蒂芙尼(Tiffany)、法国的卡地亚(Cartier)、意大利的宝格丽(Bvlgari)、奥地利的施华洛世奇（Swarovski）等国际珠宝企业，是目前世界知名的珠宝品牌，多数都有上百年的历史，有着精湛的设计和巨大的市场需求。

国内珠宝公司和著名珠宝品牌也相当多，特别是许多香港的珠宝品牌与内地珠宝品牌在国内市场上同台竞技，极大地推动了国内珠宝行业的发展，周大福、兆亮珠宝、金伯利、石头记等品牌已经家喻户晓，国内珠宝企业的发展也正逐步成熟（图20-2-2）。

图20-2-2　部分中国著名珠宝品牌

国内外主要存在的珠宝市场的方式有珠宝首饰商场、专柜、珠宝首饰专卖店、零售店，珠宝首饰展示会、洽谈会，珠宝首饰网上贸易、电子商务，珠宝首饰期货等。无论哪一种方式都可以使用直接销售和间接销售渠道（图20-2-3）。

图20-2-3　国内的珠宝首饰市场

目前国内珠宝首饰市场具有以下特点：

1. 商品结构还较单一

目前，黄、白金占珠宝市场交易额的70%以上，珠宝交易占珠宝市场交易额的20%~30%，这是由于我国传统的黄金保值观念造成的。在珠宝交易中，种类也主要限于钻石、红（蓝）宝石和翡翠，其中主要为钻石。

2. 企业规模小，处于完全竞争的市场结构中

国内许多珠宝公司员工只有几十人到上百人，生产的产品也几乎类似，款式雷同，缺乏创新。主要的首饰加工地集中在深圳、上海和北京几个城市，一旦哪家公司推出新款，立即就会被模仿。企业之间处于完全竞争状态，没有一家企业可以垄断价格，珠宝饰品价格逐渐回落，

厂家获利减少,情况有利于消费者。

3. 贵金属管理体制造成市场不公平竞争

目前,国家逐渐放开对黄金的管制,在以往,黄金由银行统一管制,而管制造成加工业的不公平竞争,黄金走私比较严重。

4. 税赋较高

进口钻石原料要上缴7％的进口税,而一般钻石加工业的利润约5％。进口首饰成品其关税为100％,增值税17％,还有5％的钻石饰品特别销售税,这使国内的珠宝销售商难以承担。税赋过高限制了国内珠宝产业的发展,在某些地区,逃税现象严重。随着我国加入WTO,我国会分阶段降低关税,关税的降低会减少对本国企业的保护,引来国外企业的竞争,但也会使国内的珠宝企业得以进步。

5. 投资规模过大

"珠宝热"几度兴起,许多部门加入到珠宝行业,银行、地矿、外经贸、钢铁公司以及各种私营企业一哄而上,造成投资规模过大,而消费者的购买力一定,致使市场很快饱和。再者企业的生产经营方式陈旧,品牌之间竞争激烈,大打"价格战",长此以往,不利于珠宝市场的健康发展。

6. 工艺落后,产品缺乏竞争力

目前国内首饰生产加工工艺滞后,技术装备落后,产品难以打入国际市场。许多深圳的加工厂不得不聘请香港的专业人员来指导生产,但只能为国内市场服务。

7. 消费者对珠宝产品缺乏了解

由于珠宝市场仍不够成熟,以及宝石学知识不够普及,国内大多消费者仅认可黄(白)金、钻石首饰,在一次调查中,有80％以上的人不知道什么是祖母绿、金绿宝石,消费者的消费趋向造成市场上产品单一,限制了珠宝市场的进一步发展。

珠宝知识的普及,需要珠宝教育机构、珠宝企业的大力推广,增加人们对珠宝知识的了解。

二、国内外著名的珠宝展示会

珠宝展示会(简称珠宝展)作为珠宝销售的重要渠道之一,是伴着珠宝业的发展而发展起来的,珠宝展的发展又推动了珠宝业的发展,不论发达与发展中国家均是如此。

我国举办珠宝展的历史很短,但它的作用是有目共睹的。珠宝展带动了探、采、工、贸整个珠宝业的全面发展。各地珠宝展,特别是在省会级城市所举办的珠宝展越来越频繁,1991年仅举办过1次珠宝展,1992年2次,到1996年已有几十次;从参展厂家数量来说也有很大的增幅,第一届有40多家参展,到第六届发展到260多家,但由于市场竞争日益激烈,第七、第八届参展厂家数量有所下降,分别为180家和124家;交易额从第一届不到100万元发展到第六届的5 317万元,其中零售额从第一届的19.4万元涨至第六届的818万元。由此可见,珠宝展是企业销售珠宝、宣传企业文化及品牌的重要场所。

如今,中国大陆的珠宝展示会以上海、北京、深圳的较为闻名。深圳每年9月份的珠宝展规模大,吸引着国内外大批参展商参加。中国进出口商品交易会(广交会)也有部分珠宝展区。

目前,国际上著名的珠宝展有:

(1)美国纽约 J. A 国际珠宝展(Jewellery Trade Show of America);

(2)瑞士巴塞尔欧洲钟表珠宝展;

(3)意大利 Orogemma 珠宝钟表展(维琴察 Vincenza);

(4)德国 Inhorgenta 珠宝钟表展(慕尼黑);

(5)比利时 Jedifa 珠宝钻石及钟表展;

(6)英国伦敦国际珠宝钟表及银器展;

(7)香港国际珠宝钟表展(Hong Kong Jewellery & Watch Fair)。每年 6 月中下旬和 9 月中旬各办一次,9 月中旬的珠宝展规模最大。参展商参加完深圳珠宝展,立马奔向香港,因为两地珠宝展之间仅隔一至两天。

珠宝展示会促进了全球珠宝业的发展,也推动了全球经济的发展,它是一种不可替代的珠宝销售模式。

第三节 贵金属饰品

一、概述

珠宝与贵金属一起经过精心的设计与制作,才能形成华贵艳丽的首饰,才能更好地加以佩戴。晶莹剔透的宝石配上贵金属托架,更能显现出珠宝首饰的完美。金、银、铂与珠宝交相辉映,使得珠宝行业成为一个集保值、收藏、馈赠、装饰为一体的特殊行业。其中金、银、铂饰品为特殊高档消费品,也可单独构成首饰,其首饰上的标识所提供的质量信息更成为消费者选购金、银、铂饰品的主要依据。

二、贵金属材料

1. 贵金属定义

贵金属系指在地壳中储量较少,价格较高的金属,一般都具有化学稳定性、延展性、耐熔性,包括金、银、铂、铱、钯等。由贵金属制作的产品主要有饰品、首饰和摆件。

2. 贵金属材料品种

1)黄金(Gold)

黄金是从自然金和含金的硫化物中提取的一种具强金属光泽的黄色金属。元素符号 Au,硬度 2.5,相对密度 19.32,熔点 1 064℃,化学性质稳定,除溶于王水和汞之外,具有抗氧化、抗腐蚀的能力。黄金具有良好的延展性,延伸率达 39%,抗拉强度 23kg/mm^2。1g 纯金可拉成 2 500m 长,比头发丝还细的细丝。

2)银(Silver)

银是从自然银中和其他含银矿物中提取的一种银白色的贵金属。元素符号 Ag,硬度 2.7,相对密度 10.53,熔点 960.8℃,具有很好的导电性、延展性和导热性。主要用于制造货币、首饰、器皿和宗教信物。

3) 铂金(Platinum)

从自然铂、粗铂矿中提炼出的银白色贵金属。元素符号 Pt,硬度 4.3,相对密度 21.45,熔点 1 768℃,硬度相对金、银高,耐磨性好,不怕腐蚀,抗高温氧化,热电稳定性以及美丽的颜色深受珠宝首饰行业的器重。

4) 钯金(Palladium)

近年来首饰制作中还常用铂族金属中的钯元素,被称为钯金。银白色,外观与铂金相似,但相对密度 12.02,比铂金手感轻,熔点 1 552℃,溶解于硝酸、热硫酸等,更容易溶解于王水。价格上远低于铂金。

三、贵金属饰品标记的基本内容

1. 标识的内容

国家质量技术监督局于 1999 年 3 月 29 日以"质技监局监发[99]89 号"印发关于《金银饰品标识管理规定》通知中的第八条和第十条明确金、银、铂饰品应包括的标识内容为:材料名称、含金(银、铂)量、金银铂饰品名称、生产者名称地址、产品标准编号、产品质量检验合格证明,按质量销售的金银铂饰品还应包括质量。第十五条和第十六条还规定标识的内容可注明金银铂饰品产地、认证标志。

2. 标注方式

贵金属饰品的材料名称、含金(银、铂)量,这两项标识内容必须打印在饰品上。其他标识内容可以标注在其他标识物上。其他标识物可以是一个或数个,必须附在销量单件或销量包装上(内)。材料名称、含金(银、铂)量除打印在金(银、铂)饰品上外,还应当标注在其他标识物上。

3. 细小饰品印记的内容

贵金属的细小饰品量化界定的原则是以 0.5g 为界,并对一些工艺复杂却难以标注的作了变通的规定。《金银饰品标识管理规定》中第八条第二款规定,单件金、银、铂饰品质量小于 0.5g 或确难以标注的,印记内容可以免除。第四条规定,细小饰品的印记内容可简化。

四、贵金属饰品的命名规则

1. 饰品名称规则

由贵金属材料金、银、铂制作的饰品名称标注应按照国家标准,行业标准执行。《贵金属饰品术语》(QB/T 1689—2006)有很细致、很明确的规定,根据标准规定,金、银、铂饰品名称标注方式归纳为以下三种。

(1) 按照《贵金属饰品术语》(QB/T 1689—2006)的规定直接命名。如指环、手镯、手链、脚链、项链等。

(2) 以材料名称加具体首饰或摆件名称组成。如黄金耳环、铂金项链、银手镯等。

(3) 以材料名称加含量、具体首饰或摆件名称组成。如千足金指环、950 铂项链等。

2. 饰品纯度命名规定

(1) 金合金:标记为 22K、18K、14K 或 G916、G750、G585(表 20-3-1)。

表 20-3-1　金合金纯度值

K金	纯度千分数量小值	K金	纯度千分数量小值
8K	333	18K	750
9K	375	20K	833
10K	417	21K	875
12K	500	22K	916
14K	585	24K	为理论纯度　100%

（2）足金：含金量千分数不小于"990"的称为足金。饰品中打足金印记或按实际含量打印记（GOLD990 或 G990）。

（3）千足金：含金量千分数不小于"999"的称千足金。饰品中打足金印记或按实际含量打印记（GOLD999 或 G999）。

（4）银合金：含银量千分数不小于"925"的银称"925"银。饰品中打"925"银印记（SILVER925 或 S925）。

（5）足银：含银量千分数不小于"990"的称足银。饰品中打足银印记或按实际含量。

（6）铂合金：含铂量千分数不小于"950"的称"950"铂。饰品中打铂"950"印记（PLATINA 或 Pt950）。

（7）足铂：含铂量千分数不小于"990"的称"990"铂。饰品中打铂"990"印记（PLATINA990 或 Pt990）。

（8）金、银、铂饰品：由金、银、铂三种贵金属及其合金组合而成的金、银饰品，俗称"双色"或"三色"饰品。可采取各自材料上标注名称和合金（银、铂）量的方法。如 18K 金镶 P950 铂金环形指环，可标记为"G18KP950"印记。

五、贵金属饰品计量及允许误差

珠宝首饰大多数使用的材料为贵金属，贵金属在地壳中的含量稀少，提炼不易，具有保值价值，一件贵金属饰品少则几百元，多则上万元，甚至更多。贵金属饰品的价值，在同等条件下是由其质量所决定的，因此不管是生产者、销售者还是消费者，无不对贵金属饰品的质量倍加关注。

1. 贵金属饰品及材料的诸单位

（1）金、银、铂饰品及材料均以克（g）为计量单位。

（2）金、铂饰品材料的质量，在书写时保留两位小数。

（3）银饰品零售的质量，在书写时保留一位小数。

（4）银饰品及材料批量结算的质量在书写时保留整数。

（5）零售金、铂、银饰品，应在每件产品的标签上注明质量。

（6）批量结算的金、铂、银饰品，应在每批附上注明质量的标签。

（7）加工的来料和人民银行配售的材料均应在委托加工单和发票上注明质量。

2. 贵金属饰品及材料的测量允差

1）金、铂饰品及材料的测量允差

（1）每批或每件称量值不大于 1 000g，允差±0.01g。

(2)每批或每件称量值大于1 000g且不大于5 000g,允差±0.025g。

(3)每批或每件称量值大于5 000g且不大于20 000g,允差±0.10g。

2)银饰品及材料的测量允差

(1)每批称量允差+0.4g或-0.5g。

(2)每件称量允差+0.04g或-0.05g。

(3)单件质量大于200g时,按批量允差规定。

对我国金、银、铂饰品的监督管理工作,国家对相关的职能部门及职责作出了明确规定:国家质量技术监督局负责全国贵金属饰品标识的监督管理工作,各级质量技术监督局负责本行政区域内的贵金属饰品标识的监督管理工作。

六、贵金属的识别及检测方法

1. 黄金真假和成色的识别

识别黄金真假和成色的民间方法不少,常用的有所谓的"五官法。"

(1)眼看法:黄金成色不同,呈现的颜色也不同。有关黄金成色的成语在民间广为流传,如"七青八黄九五赤""黄白带赤对半金"等。也就是赤黄金的金成色在95%以上;正黄色的金成色在80%左右;青黄色的金成色在70%左右,而黄白带赤的黄金成色在50%左右。

(2)手掂法:黄金的密度很大,拿在手中有沉甸甸的感觉,俗话说"沉甸甸的是真金,轻飘飘的铜或银"。

(3)手扳法:这是利用黄金的柔软性来识别真假黄金和黄金的成色。纯度高的黄金柔软性好,不易折断易弯曲;假黄金或成色低的黄金柔软性差,易折断不易弯曲。

(4)听声法:由于黄金密度大,韧性强,受振动后的振动频率比其他金属略低,敲击或抛掷黄金时发出的声音厚实沉闷。

(5)牙咬法:纯金的硬度低,用牙咬黄金表面会留下牙印。铜和其他合金的硬度远比纯金高,牙咬不动。注意这种方法对黄金饰品表面会造成一定的损伤,需谨慎使用。

另外还有火烧法,俗话说"真金不怕火炼。"黄金在1 040℃以下可以保持不熔化、不氧化和不变色。成色不足时火烧会使黄金氧化而呈黑色。细小的纯金链或18K的细金链火烧时间不易过长,否则细金链将燃烧成球珠。其他金属不具备此特点(此方法没经验人士需谨慎用之)。

2. 贵金属的检测方法

1)条痕检测法

将待检测样品放在试金石上擦出条痕,这对饰品有轻微损伤,操作时既要条痕清楚也要尽量减少对检测饰品的损伤。条痕检测法实际上是一种半定量的化学分析方法,通过将化学试剂滴在条痕上观察条痕颜色的变化来大致确定其成色。

2)化学试剂测试法

金和铂在王水试剂中缓慢地溶解,而不溶于其他强酸;银溶于王水,也溶于硝酸;铜和镍既溶于王水,又溶于三大强酸(硝酸、硫酸、盐酸)。钯金溶于硝酸和热硫酸,更容易溶解于王水(化学试剂测试对贵金属饰品有损伤作用,需谨慎用之)。

3)相对密度测试法

利用静水称重法来测试各金属的相对密度值(表20-3-2)。

表 20‑3‑2　贵金属的相对密度值

贵金属品种	颜　色	相对密度
黄金(Au)	金黄色	19.32
22K 金	黄色	17.65
18K 金	银白色	16.37
18K 金	浅黄色	15.45
14K 金	银白色	14.60
14K 金	浅黄色	13.50
9K 金	银白色	12.70
9K 金	淡黄色	11.40
铂金(Pt)	银白色	21.43
钯金(Pd)	银白色	12.02
银(Ag)	银白色	10.49
铜(Cu)	铜黄色	8.90

4)X 荧光光谱分析法

X 荧光光谱分析仪其特点是分析元素多,分析范围十分广泛,精确度很高,检测方便快速。样品在分析过程中不会被损坏,特别适合金、银等贵金属饰品的检测。针对不同的检测目的可定性分析、半定量分析和定量分析。

(1)定性分析:较为简单,将待测首饰放进仪器中可立即从显示器上读出贵金属中主要及大致含量,这对贵金属的真伪鉴别快速而准确。

(2)半定量分析:测试中可帮助圈定所测贵金属主要元素含量的大致范围,为定量测试分析提供基础数据。

(3)定量分析:精确度高,测试分析较为复杂,但贵金属饰品的检测范围较小,品种不多,这就缩小了标准样的数量和校正的计算工作量,只要有一套标准样就可做出工作曲线进行对比。

5)电子探针分析法

电子探针分析法也称电子探针 X 射线显微分析方法。该方法特别适合样品微小区域的化学分析,对金银饰品不需要制样,测试准确,误差极小。不足之处:电子探针探测深度较浅,如包金饰品无法测出其内部的物质成分;微区分析,最小可至 1μm,检测面太小,样品的不均匀性、杂质会影响检测数据。

6)反射率法

由于贵金属饰品有较高的反射率,利用精密的 MPVⅢ显微光度计可定量地测定反射率值,从而可准确地计算出贵金属饰品的成色。

习　题

1. 影响珠宝价值的主要因素有哪些?
2. 国际上有哪些知名的珠宝展销会?
3. 简述我国珠宝的市场及特点。
4. 简述贵金属材料的物质及特点。
5. 如何进行贵金属的识别与检测?

附　录

附录一　《珠宝玉石　名称》(GB/T 16552—2010)

表1　天然宝石名称

天然宝石基本名称	英文名称	矿物名称
钻石	Diamond	金刚石
刚玉	Corundum	刚玉
红宝石	Ruby	
蓝宝石	Sapphire	
金绿宝石	Chrysoberyl	金绿宝石
猫眼	Chrysoberyl cat's-eye	
变石	Alexandrite	
变石猫眼	Alexandrite cat's-eye	
祖母绿	Emerald	绿柱石
海蓝宝石	Aquamarine	
绿柱石	Beryl	
碧玺	Tourmaline	电气石
尖晶石	Spinel	尖晶石
锆石	Zircon	锆石
托帕石	Topaz	黄玉
橄榄石	Peridot	橄榄石
石榴石	Garnet	石榴石
镁铝榴石	Pyrope	镁铝榴石
铁铝榴石	Almandite	铁铝榴石
锰铝榴石	Spessartite	锰铝榴石
钙铝榴石	Grossularite	钙铝榴石
钙铁榴石	Andradite	钙铁榴石
翠榴石	Demantoid	翠榴石
黑榴石	Melanite	黑榴石
钙铬榴石	Uvarovite	钙铬榴石
水晶	Rock crystal	石英
紫晶	Amethyst	
黄晶	Citrine	
烟晶	Smoky quartz	
绿水晶	Green quartz	
芙蓉石	Rose quartz	
发晶	Rutilated quartz	
长石	Feldspar	长石
月光石	Moonstone	正长石
天河石	Amazonite	微斜长石
日光石	Sunstone	奥长石
拉长石	Labradorite	拉长石
方柱石	Scapolite	方柱石
柱晶石	Kornerupine	柱晶石
黝帘石	Zoisite	黝帘石
坦桑石	Tanzanite	
绿帘石	Epidote	绿帘石

续表1

天然宝石基本名称	英文名称	矿物名称
董青石	Iolite	董青石
榍石	Sphene	榍石
磷灰石	Apatite	磷灰石
辉石	Pyroxene	辉石
透辉石	Diopside	透辉石
普通辉石	Augite	普通辉石
顽火辉石	Enstatite	顽火辉石
锂辉石	Spodumene	锂辉石
红柱石	Andalusite	红柱石
空晶石	Chiastolite	
矽线石	Sillimanite	矽线石
蓝晶石	Kyanite	蓝晶石
鱼眼石	Apophyllite	鱼眼石
天蓝石	Lazulite	天蓝石
符山石	Idocrase	符山石
硼铝镁石	Sinhalite	硼铝镁石
塔菲石	Taaffeite	塔菲石
蓝锥矿	Benitoite	蓝锥矿
重晶石	Barite	重晶石
天青石	Celestite	天青石
方解石	Calcite	方解石
冰洲石	Iceland spar	
斧石	Axinite	斧石
锡石	Cassiterite	锡石
磷铝锂石	Amblygonite	磷铝锂石
透视石	Dioptase	透视石
蓝柱石	Euclase	蓝柱石
磷铝钠石	Brazilianite	磷铝钠石
赛黄晶	Danburite	赛黄晶
硅铍石	Phenakite	硅铍石

表2 天然玉石名称

天然玉石基本名称	英文名称	主要组成矿物
翡翠	Jadeite, Feicui	硬玉、钠铬辉石、绿辉石
软玉	Nephrite	透闪石、阳起石
和田玉	Nephrite, Hetian Yu	
白玉	Nephrite	
青白玉	Nephrite	
青玉	Nephrite	
碧玉	Nephrite	
墨玉	Nephrite	
糖玉	Nephrite	
欧泊	Opal	蛋白石
白欧泊	White opal	
黑欧泊	Black opal	
火欧泊	Fire opal	

续表 2

天然玉石基本名称	英文名称	主要组成矿物
玉髓	Chalcedony	石英
玛瑙	Agate	
蓝玉髓	Chalcedony	
绿玉髓（澳玉）	Chalcedony	
黄玉髓（黄龙玉）	Chalcedony	
木变石	Tiger's-eye	石英
虎晴石	Tiger's-eye	
鹰眼石	Hawk's-eye	
石英岩	Quartzite	石英
东陵石	Aventurine quartz	
蛇纹石	Serpentine	蛇纹石
岫玉	Serpentine, Xiu Yu	
独山玉	Dushan Yu	斜长石-黝帘石
查罗石	Charoite	紫硅碱钙石
钠长石玉	Albite jade	钠长石
蔷薇辉石	Rhodonite	蔷薇辉石、石英
阳起石	Actinolite	阳起石
绿松石	Turquoise	绿松石
青金石	Lapis lazuli	青金石
孔雀石	Malachite	孔雀石
硅孔雀石	Chrysocolla	硅孔雀石
葡萄石	Prehnite	葡萄石
大理石	Marble	方解石、白云石
汉白玉	Marble	
蓝田玉	Lantian Yu	蛇纹石化大理石
菱锌矿	Smithsonite	菱锌矿
菱锰矿	Rhodochrosite	菱锰矿
白云石	Dolomite	白云石
萤石	Fluorite	萤石
水钙铝榴石	Hydrogrossular	水钙铝榴石
滑石	Talc	滑石
硅硼钙石	Datolite	硅硼钙石
羟硅硼钙石	Howlite	羟硅硼钙石
方钠石	Sodalite	方钠石
赤铁矿	Hematite	赤铁矿
天然玻璃	Natural glass	天然玻璃
黑曜岩	Obsidian	
玻璃陨石	Moldavite	
鸡血石	Chicken-blood stone	血：辰砂 地：迪开石、高岭石、叶蜡石、明矾石
寿山石	Larderite	迪开石、高岭石、珍珠陶土、叶蜡石
田黄	Tian Huang	
青田石	Qingtian stone	叶蜡石、迪开石、高岭石
水镁石	Brucite	水镁石
苏纪石	Sugilite	苏纪石
异极矿	Hemimorphite	异极矿
云母	Mica	云母
白云母	Muscovite	白云母
锂云母	Lepidolite	锂云母
针钠钙石	Pectolite	针钠钙石
绿泥石	Chlorite	绿泥石

表3 天然有机宝石名称

天然有机宝石基本名称	英文名称	材料名称
天然珍珠 天然海水珍珠 天然淡水珍珠	Natural pearl Seawater natural pearl Freshwater natural pearl	天然珍珠
养殖珍珠(珍珠) 海水养殖珍珠(海水珍珠) 淡水养殖珍珠(淡水珍珠)	Cultured pearl Seawater cultured pearl Freshwater cultured pearl	养殖珍珠
珊瑚	Coral	珊瑚
琥珀 蜜蜡 血珀 金珀 绿珀 蓝珀 虫珀 植物珀	Amber	琥珀
煤精	Jet	褐煤
象牙*	Ivory	象牙
龟甲 玳瑁	Tortoise shell	龟甲
贝壳	Shell	贝壳
硅化木	Pertrified wood	硅化木
* 根据相关法律,象牙及其制品禁止非法拍卖、销售。		

表4 合成宝石名称

合成宝石基本名称	英文名称	材料名称
合成钻石	Synthetic diamond	合成金刚石
合成刚玉 合成红宝石 合成蓝宝石	Synthetic corundum Synthetic ruby Synthetic sapphire	合成刚玉
合成绿柱石 合成祖母绿	Synthetic beryl Synthetic emerald	合成绿柱石
合成金绿宝石 合成变石	Synthetic chrysoberyl Synthetic alexandrite	合成金绿宝石
合成尖晶石	Synthetic spinel	合成尖晶石
合成欧泊	Synthetic opal	合成蛋白石
合成水晶 合成紫晶 合成黄晶 合成烟晶 合成绿水晶	Synthetic quartz Synthetic amethyst Synthetic citrine Synthetic smoky quartz Synthetic green quartz	合成水晶
合成金红石	Synthetic rutile	合成金红石
合成绿松石	Synthetic turquoise	合成绿松石
合成立方氧化锆	Synthetic cubic zirconia	合成立方氧化锆
合成碳硅石	Synthetic moissanite	合成碳硅石
合成翡翠	Synthetic jadeite	合成硬玉

表5 人造宝石名称

人造宝石基本名称	英文名称	材料名称
人造钇铝榴石	Yttrium aluminium garnet YAG – artificial product	人造钇铝榴石
人造钆镓榴石	Gadolinium gallium garnet GGG – artificial product	人造钆镓榴石
人造钛酸锶	Strontium titanate – artificial product	人造钛酸锶
人造硼铝酸锶	Strontium aluminate borate – artificial product	人造硼铝酸锶
塑料	Plastic – artificial product	塑料
玻璃	Glass – artificial product	玻璃

附录二 GB/T 16552—2010 优化处理珠宝玉石

表1 常见珠宝玉石优化处理方法及类别

珠宝玉石基本名称	优化处理方法	效 果	优化处理类别
钻石	激光钻孔	改善净度	处理
	覆膜	改善颜色等外观	处理
	充填	改善净度	处理
	辐照(常附热处理)	改变颜色	处理
	高温高压	改善或改变颜色	处理
红宝石	热处理	改善外观	优化
	染色	改善或改变颜色	处理
	充填	改善外观	处理
	扩散	改善颜色或产生星光效应	处理
蓝宝石	热处理	改善外观	优化
	染色	改善或改变颜色	处理
	扩散	改善颜色或产生星光效应	处理
	辐照	改变颜色	处理
猫眼	辐照	改善光线和颜色等外观	处理
祖母绿	浸无色油	改善外观	优化
	染色	改善或改变颜色	处理
	充填	改善外观、耐久性	处理
	覆膜	改变颜色等外观	处理
海蓝宝石	热处理	改善颜色	优化
	充填	改善外观、耐久性	处理
绿柱石	热处理	改善颜色	优化
	辐照	改变颜色	处理
	覆膜	改变颜色等外观	处理
碧玺	热处理	改善颜色	优化
	染色	改善或改变颜色	处理
	充填	改善外观、耐久性	处理
	辐照	改变颜色	处理
	覆膜	改变颜色等外观	处理
锆石	热处理	改善或改变颜色	优化
	辐照	改变颜色	处理
托帕石	热处理	改善或改变颜色	优化
	辐照	改变颜色	处理
	扩散	改变颜色等外观	处理
	覆膜	改变颜色等外观	处理
石榴石	热处理	改善颜色	优化
	充填	改善外观、耐久性	处理
水晶	热处理	改善或改变颜色	优化
	辐照	改变颜色	优化
	染色	改善或改变颜色	处理
	充填	改善外观、耐久性	处理
	覆膜	改变颜色等外观	处理

续表1

珠宝玉石基本名称	优化处理方法	效果	优化处理类别
长石	浸蜡	改善外观、耐久性	优化
	覆膜	改善颜色等外观	处理
	扩散	改善或改变颜色	处理
	辐照	改变颜色	处理
方柱石	辐照	改变颜色	处理
黝帘石(坦桑石)	热处理	改善颜色	优化
	覆膜	改善或改变颜色	处理
锂辉石	辐照	改变颜色	处理
红柱石	热处理	改善颜色	优化
方解石	染色	改善或改变颜色	处理
	充填	改善外观、耐久性	处理
	辐照	改变颜色	处理
蓝柱石	辐照	改变颜色	处理
翡翠	热处理	改善或改变颜色	优化
	漂白、浸蜡	改善外观	处理
	漂白、充填	改变外观	处理
	染色	改善或改变颜色	处理
	覆膜	改变颜色等外观	处理
软玉	浸蜡	改善外观	优化
	染色	改善或改变颜色	处理
欧泊	浸无色油	改善外观	优化
	染色	改善外观	处理
	充填	改善外观、耐久性	处理
	覆膜	改变颜色等外观	处理
玉髓(玛瑙)	热处理	改善或改变颜色	优化
	染色	改善或改变颜色	优化
石英岩	染色	改善或改变颜色	处理
	充填	改善外观、耐久性	处理
蛇纹石	浸蜡	改善外观	优化
	染色	改善或改变颜色	处理
绿松石	浸蜡	改善外观	优化
	充填	改善颜色、耐久性	处理
	染色	改善或改变颜色	处理
青金石	浸蜡	改善外观	优化
	浸无色油	改善外观	优化
	染色	改善或改变颜色	处理
孔雀石	浸蜡	改善外观	优化
	充填	改善外观、耐久性	处理
大理石	染色	改变颜色	处理
	充填	改善外观、耐久性	处理
	覆膜	改变颜色等外观	处理
萤石	热处理	改善颜色	优化
	充填	改善外观、耐久性	处理
	覆膜	改善外观、耐久性	处理
	辐照	改变颜色	处理
滑石	染色	改变颜色	处理
	覆膜	改变颜色等外观	处理

续表1

珠宝玉石基本名称	优化处理方法	效 果	优化处理类别
羟硅硼钙石	染色	改变颜色	处理
鸡血石	充填	改善外观	处理
	染色	改善颜色	处理
	覆膜	改变颜色等外观	处理
寿山石	热处理	改善或改变颜色	优化
	染色	改善或改变颜色	处理
	覆膜	改变颜色等外观	处理
绿泥石	染色	改变颜色	处理
天然珍珠	漂白	改善外观	优化
	染色	改善或改变颜色	处理
养殖珍珠(珍珠)	漂白	改善颜色等外观	优化
	增白	改善颜色等外观	优化
	染色	改善或改变颜色	处理
	辐照	改变颜色	处理
珊瑚	漂白	改善外观	优化
	浸蜡	改善外观	优化
	染色	改善或改变颜色	处理
	充填	改善外观、耐久性	处理
	覆膜	改变外观	处理
琥珀	热处理	改善颜色等外观	优化
	压固	改善外观、耐久性	优化
	无色覆膜	改善外观、耐久性	优化
	有色覆膜	改变颜色等外观	处理
	染色	改善或改变颜色	处理
	加温加压改色	改变颜色	处理
	充填	改善外观	处理
象牙	漂白	改善外观	优化
	浸蜡	改善外观	优化
	染色	改变颜色	处理
贝壳	覆膜	改善外观	处理
	染色	改善或改变颜色	处理

附录三 宝石常数表

名　　称	晶系	光性	折射率	双折射率	相对密度	色散	硬度
火欧泊	非晶质	均质体	1.40	—	2.00	—	6
欧泊	非晶质	均质体	1.45	—	2.10	—	6
黑曜岩	非晶质	均质体	1.50	—	2.3～2.5	—	5
莫尔道玻陨石	非晶质	均质体	1.50	—	2.4	—	5.5
琥珀	非晶质	均质体	1.54	—	1.05～1.10	—	2.5
象牙	非晶质	均质体	1.54	—	1.38～1.42	—	2.5
煤精	非晶质	均质体	1.66	—	1.2～1.35	—	2.5～3.5
萤石	等轴	均质体	1.434	—	3.18	0.007	4
方钠石	等轴	均质体	1.48	—	2.28	—	5.6～6
尖晶石（天然）	等轴	均质体	1.712～1.730	—	3.60	0.020	8
尖晶石（合成）	等轴	均质体	1.727	—	3.63	0.020	8
钙铝榴石	等轴	均质体	1.74～1.75	—	3.6～3.7	0.028	7.25
镁铝榴石	等轴	均质体	1.74～1.76	—	3.7～3.8	0.027	7.25
铁铝榴石	等轴	均质体	1.76～1.81	—	3.8～4.2	0.024	7.5
锰铝榴石	等轴	均质体	1.80～1.82	—	4.16	0.027	7
钇铝榴石（人造）	等轴	均质体	1.83	—	4.58	0.028	8.5
钙铬榴石	等轴	均质体	1.87	—	3.77	—	7.5
钙铁榴石	等轴	均质体	1.89	—	3.85	0.057	6.5
钆镓榴石（人造）	等轴	均质体	1.97	—	7.05	0.045	6
立方氧化锆（人造）	等轴	均质体	2.15～2.18	—	5.6～6.0	0.065	8.5
钛酸锶（人造）	等轴	均质体	2.41	—	5.13	0.19	5.5
钻石	等轴	均质体	2.417	—	3.52	0.044	10
玉髓（隐晶质）	三方	—	1.53～1.54	—	2.58～2.64	—	6.5
石英（水晶）	三方	一轴（+）	1.544～1.553	0.009	2.650	0.013	7
碧玺	三方	一轴（-）	1.62～1.65	0.018	3.01～3.11	0.017	7～7.5
刚玉	三方	一轴（-）	1.76～1.78	0.008	3.99～4.01	0.018	9
铌酸锂（人造）	三方	一轴（-）	2.21～2.30	0.09	4.64	0.13	5.5
赤铁矿	三方	一轴（-）	2.94～3.22	0.28	4.9～5.3	—	5.6～6.5
方柱石	四方	一轴（-）	1.54～1.58	0.009～0.026	2.50～2.74	0.017	6
锆石	四方	一轴（+）	1.93～1.99	0.059	4.68	0.039	7.25
金红石	四方	一轴（+）	2.616～2.903	0.287	4.20～4.30	0.280	6.5
绿柱石	六方	一轴（-）	1.56～1.59	0.004～0.009	2.70～2.90	0.014	7.5
祖母绿（合成）	六方	一轴（-）	1.560～1.567	0.003～0.004	2.65～2.80	0.014	7.5

续表

名　　称	晶系	光性	折射率	双折射率	相对密度	色散	硬度
祖母绿(天然)	六方	一轴(-)	1.566~1.600	0.004~0.010	2.69~2.78	0.014	7.5
黄色绿柱石	六方	一轴(-)	1.567~1.580	0.005~0.006		0.014	7.5
海蓝宝石	六方	一轴(-)	1.570~1.585	0.005~0.006		0.014	7.5
粉红绿柱石	六方	一轴(-)	1.580~1.600	0.008~0.009		0.014	7.5
磷灰石	六方	一轴(-)	1.63~1.64	0.003	3.18~3.22	0.013	5
董青石	斜方	二轴(-)	1.54~1.55	0.009	2.57~2.61	0.017	7.5
托帕石	斜方	二轴(+)	1.61~1.64	0.008~0.010	3.53~3.56	0.014	8
红柱石	斜方	二轴(-)	1.63~1.64	0.010	3.18	0.016	7.5
橄榄石	斜方	二轴(+)	1.65~1.69	0.036	3.32~3.37	0.020	6.5
顽火辉石	斜方	二轴(+)	1.65~1.68	0.010	3.20~3.30	—	5.5
黝帘石(含坦桑黝帘石)	斜方	二轴(+)	1.69~1.70	0.009	3.35	0.012	6.5
金绿宝石	斜方	二轴(+)	1.74~1.75	0.009	3.72	0.015	8.5
蛇纹石	单斜	—	1.49~1.57	—	2.5~2.62	—	2.5~5.5
正长石和月光石	单斜	二轴(-)	1.52~1.53	0.006	2.56	0.012	6
块滑石(寿山石)	单斜	—	1.55	—	2.70~2.80	—	1~2
软玉(多晶质)	单斜		1.62	—	2.8~3.1		6.5
翡翠(多晶质)	单斜		1.66	—	3.30~3.36		7
锂辉石	单斜	二轴(+)	1.66~1.68	0.015	3.18	0.017	7
透辉石	单斜	二轴(+)	1.67~1.70	0.025	3.30	0.013	5
孔雀石	单斜	—	1.85	—	3.8~4	—	4
微斜长石	三斜	二轴(-)	1.52~1.54	0.003	2.56	—	6
奥长石(日光石)	三斜	二轴(-)	1.53~1.54	0.007	2.64		6
拉长石	三斜	二轴(+)	1.56~1.57	0.009	2.69~2.72	0.012	6
绿松石	三斜	—	1.62	—	2.4~2.9	—	5.5~6
蔷薇辉石	三斜	二轴(+)/(-)	1.72~1.74	0.014	3.4~3.7	—	6

附录四 稀有宝石常数表

名称	晶系	光性	折射率	双折射率	相对密度	色散	硬度
硬树脂	非晶质	均质	1.540	—	1.06	—	2
硅钙铀钍矿	非晶质	均质	1.597	—	3.28	—	6～6.5
方解石	三方	一轴(-)	1.486～1.658	0.172	2.71	0.017	3
碳铬镁矿	三方	一轴(-)	1.516～1.542	0.026	2.18	—	1.5～2
菱锰矿	三方	一轴(-)	1.597～1.817	0.22	3.70	—	3.4～4.5
菱锌矿	三方	一轴(-)	1.621～1.849	0.228	4.30	—	5
硅铍石	三方	一轴(+)	1.654～1.670	0.016	2.95	0.015	7.5～8
透视石	三方	一轴(+)	1.655～1.708	0.053	3.30	0.032	5
硅锌矿	三方	一轴(+)	1.691～1.719	0.028	4.00	0.027	5.5
蓝锥矿	三方	一轴(+)	1.757～1.804	0.047	3.64	0.044	6～6.5
钙霞石	六方	一轴(-)	1.500～1.528	—	2.45	—	5～6
白榴石	六方	一轴(+)	1.508	—	2.48	—	5.5～6
铯榴石	六方	—	1.520	—	2.92	—	6.5～7
塔菲石	六方	一轴(-)	1.719～1.723	0.004～0.005	3.61	0.019	8
铅硼锆钙石	六方	一轴(-)	1.784～1.816	0.029	4.00	—	8
钽铝石	六方	一轴(-)	1.976～2.034	—	6.50	—	7.5
红锌矿	六方	一轴(+)	2.013～2.029	0.016	5.70	—	4～4.5
铌锂石	六方	一轴(+)	2.21～2.30	0.09	4.64	0.13	5.5
硅铍铝钠石	四方	—	1.496～1.502	0.006	2.36	—	6～7
鱼眼石	四方	一轴(-)	1.535～1.537	0.002	2.40	—	4.5～5
方柱石	四方	一轴(-)	1.550～1.572	0.015～0.022	2.68	0.017	6.5
赛黄长石	四方	一轴(-)	1.593～1.612	—	3.00	—	5～5.5
符山石	四方	一轴(±)	1.713～1.718	0.005～0.012	3.40	0.019	6.5
白钨矿	四方	一轴(+)	1.918～1.934	0.016	6.12	中等	5
钼铅矿	四方	一轴(-)	2.28～2.40	0.12	6.5～7.0	—	2.75～3
锐钛矿	四方	一轴晶	2.488～2.497	—	3.90	—	5.5～6
钠沸石	斜方	二轴(+)	1.480～1.493	0.013	2.23	0.13	5～5.5
橄沸石	斜方	二轴晶	1.515～1.540	0.006～0.012	2.35	—	5～5.5
文石	斜方	二轴(-)	1.530～1.685	0.155	2.94	—	3.5～4
硼铍石	斜方	二轴(+)	1.554～1.628	0.074	2.35	0.015	7.5
磷铝石	斜方	二轴(-)	1.560～1.590	0.030	2.50	—	4～5
硅硼镁铝矿	斜方	二轴(-)	1.600～1.639	0.037	2.9～3.0	—	7.5
异极矿	斜方	二轴(+)	1.614～1.636	0.022	3.45	—	4.5～5
葡萄石	斜方	二轴(+)	1.616～1.649	0.030	2.88	—	6～6.5
赛黄晶	斜方	二轴(±)	1.630～1.636	0.006	3.00	0.016	7
重晶石	斜方	二轴(+)	1.636～1.648	0.012	4.50	—	2.5～3.5
绿纤石(多晶质)	斜方	—	1.650～1.660	0.01	3.20	—	5～6
方硼石	斜方	二轴(+)	1.658～1.673	0.011	2.97	0.024	7～7.5
矽线石	斜方	二轴(+)	1.659～1.680	0.015～0.021	3.24	0.015	6～7.5
柱晶石	斜方	二轴(±)	1.667～1.680	0.013	3.30	0.019	6.5

续表

名 称	晶系	光性	折射率	双折射率	相对密度	色散	硬度
硼铝镁石	斜方	二轴(-)	1.668～1.707	0.038	3.48	0.017	6～7
蓝线石(多晶质)	斜方	二轴(-)	1.678～1.689	0.011	3.20～3.40	—	7
硬水铝石	斜方	二轴(+)	1.700～1.750	—	3.4	—	6.5～7
紫苏辉石	斜方	二轴(±)	1.715～1.731	0.016	3.45	—	5.5
锰方硼石	斜方	二轴(+)	1.732～1.744	0.012	3.49	—	6.5～7
十字石	斜方	二轴(+)	1.739～1.762	0.011～0.015	3.40～3.80	0.021	7～7.5
钽线石	斜方	二轴(-)	1.746～1.761	0.015	3.90	—	8.5
钽锰石	斜方	二轴(+)	2.19～2.34	0.150	8.00	高	6～6.5
钽铁矿	斜方	二轴(+)	2.26～2.43	0.160	5.18～8.20	—	6～6.5
钽锑矿	斜方	二轴(+)	2.37～2.45	0.083	7.50	高	5
硅孔雀石	单斜	—	1.46～1.57	—	2.00～2.24	—	2～4
氟铝钙石	单斜	二轴(+)	1.501～1.510	0.009	2.89	—	4.5
透锂长石	单斜	二轴(+)	1.502～1.518	0.016	2.40	—	6～6.5
石膏(多晶质)	单斜	二轴(+)	1.520～1.529	—	2.30	—	2
滑石	单斜	—	1.54～1.59	0.05	2.55～2.80	—	1～2.5
紫硅碱钙石	单斜	—	1.550～1.559	—	2.60～2.78	—	5.5～6
磷钠铍石	单斜	二轴(-)	1.552～1.562	0.010	2.85	0.010	5.5～6
叶蜡石	单斜	—	1.552～1.600	0.048	2.30	—	2
斜绿泥石	单斜	—	1.570～1.580	0.009	2.89	—	4.5
光彩石	单斜	二轴(+)	1.574～1.588	0.014	2.70	—	—
羟硅硼钙石	单斜	二轴(-)	1.586～1.605	0.19	2.58	—	3.5
磷叶石	单斜	二轴(-)	1.595～1.616	0.021	3.08	—	3～4
粒硅镁石	单斜	二轴晶	1.600～1.646	0.028～0.034	3.20	—	6.5
磷铝钠石	单斜	二轴(+)	1.602～1.623	0.019～0.021	2.94	0.014	5.5
天蓝石	单斜	二轴(-)	1.612～1.643	0.031	3.09	—	5～6
阳起石(多晶质)	单斜	—	1.614～1.641	—	3.10	—	5～6
硅硼钙石	单斜	二轴(-)	1.626～1.670	0.044	2.95	0.016	7
蓝柱石	单斜	二轴(+)	1.654～1.673	0.019	3.10	0.016	7.5
透辉石(多晶质)	单斜	二轴(+)	1.675～1.701	0.025	3.29	—	5～6
空晶石	单斜	二轴(+)	1.724～1.734	0.010	3.21～3.38	—	6.5
绿帘石	单斜	二轴(±)	1.729～1.770	0.019～0.045	3.40	0.030	6～7
蓝铜矿(多晶质)	单斜	—	1.730～1.840	—	3.80	—	3.5～4
羟硅铜矿	单斜	—	1.752～1.815	0.063	3.80	—	3.5～4
硅铍钇矿	单斜	二轴(+)	1.770～1.820	0.01～0.04	4.50	—	6.5～7
独居石	单斜	二轴(+)	1.774～1.849	—	4.6～5.4	—	5～5.5
榍石	单斜	二轴(+)	1.900～2.034	0.10～0.134	3.52	0.051	5
磷铝锂石	三斜	二轴(±)	1.612～1.636	0.024	3.02	—	6
斧石	三斜	二轴(-)	1.678～1.688	0.010	3.29	—	6.5～7
锂锰矿	三斜	二轴(+)	1.707～1.730	—	3.51	—	6.5
蓝晶石	三斜	二轴(-)	1.715～1.732	0.017	3.62	0.011	4～7
三斜锰辉石	三斜	二轴(+)	1.726～1.764	0.016～0.020	3.70	—	5.5～6

附录五 珠宝的习俗

一、十二月诞生石

一月诞生石:紫牙乌(石榴石)。深红色宝石象征着忠实、友爱和贞操。
二月诞生石:紫晶。深浅不同的紫色宝石,象征着心地善良,心平气和,纯洁与真诚。
三月诞生石:海蓝宝石、红珊瑚。淡蓝色和血红色宝石,象征着勇气、勇敢和沉着。
四月诞生石:钻石、锆石。纯净而透明的宝石,象征着天真和纯洁无瑕。
五月诞生石:祖母绿、翡翠。鲜艳翠绿色的宝石,象征着幸福、仁慈、善良、友好、幸运和长久。
六月诞生石:珍珠、月光石、变石。具有晕光和变色的宝石,象征着富裕、健康和长寿。
七月诞生石:红宝石。艳红色宝石,象征着爱情、热情和品德高尚。
八月诞生石:橄榄石、缠丝玛瑙。橄榄绿色和橙红色宝石,象征着夫妻幸福和谐。
九月诞生石:蓝宝石。艳蓝色的宝石,象征着慈爱、诚谨和德高望重。
十月诞生石:猫眼、欧泊。具有猫眼效应和多色变彩的宝石,象征着美好的希望和幸福即将代替忧伤。
十一月诞生石:黄色托帕石、黄水晶。黄色、酒黄色宝石,象征着长久的友情与永恒的爱情。
十二月诞生石:绿松石、青金岩。天蓝色和深蓝色宝石,象征着成功和必胜。

二、珍贵的纪念

十五年结婚纪念称为水晶婚。
二十五年结婚纪念称为银婚。
三十年结婚纪念称为珍珠婚。
三十五年结婚纪念称为珊瑚婚。
四十年结婚纪念称为红宝石婚。
四十五年结婚纪念称为蓝宝石婚。
五十年结婚纪念称为金婚。
五十五年结婚纪念称为祖母绿婚。
六十年或七十五年结婚纪念称为钻石婚。

三、宝石颜色的象征意义

红色:表示活力、健康、热情和希望。
黄色:表示温和、光明和快活。
绿色:表示青春、和平和朝气。
蓝色:表示秀丽、清新和宁静。
紫色:表示高贵、典雅和华丽。

参考文献

陈培榕,李景虹,邓勃,等.现代仪器分析实验与技术[M].北京:清华大学出版社,2006.
陈敬中.现代晶体化学——理论与方法[M].北京:高等教育出版社,2001.
陈庆汉,黄晋荣,沈才卿.YAG仿祖母绿宝石的研制及其特征[J].珠宝科技,1997(2):19.
陈钟惠.珠宝首饰英汉词典[M].武汉:中国地质大学出版社,2003.
陈钟惠等译.英国宝石协会——宝石学教程[M].武汉:中国地质大学出版社,1997.
陈钟惠,译.英国DGA钻石学教程[M].武汉:中国地质大学出版社,2003.
陈钟惠,译.英国FGA宝石学教程[M].武汉:中国地质大学出版社,2003.
邓燕华.宝(玉)石矿床[M].北京:北京工业大学出版社,1992.
国家珠宝玉石质量监督检验中心.珠宝玉石国家标准释义[J].北京:地质出版社,1996.
国家珠宝玉石质量监督检验中心.中华人民共和国国家标准 GB/T 16552—2010 珠宝玉石 名称[J].北京:中国标准出版社,2010.
国家珠宝玉石质量监督检验中心.中华人民共和国国家标准 GB/T 16553—2010 珠宝玉石 鉴定[J].北京:中国标准出版社,2010.
国家珠宝玉石质量监督检验中心.中华人民共和国国家标准 GB/T 16554—2010 钻石分级[J].北京:中国标准出版社,2010.
耿宁一,李立平,王刚.养殖珍珠的分级与报价体系[J].宝石及宝石学杂志,2012,14:47-52.
何雪梅,沈才卿,吴国忠.人造宝石学[M].北京:航空工业出版社,1996.
经和贞,刘承钧.人造石英晶体技术[M].北京:科学出版社,1997.
李德惠.晶体光学[M].北京:地质出版社,1984.
李立平.染色珍珠和辐照珍珠的常规鉴别[J].宝石及宝石学杂志,2000,2(3):1-3.
李立平,李姝萱,燕唯佳,等.黑珊瑚、金珊瑚及海藻的鉴别特征[J].宝石及宝石学杂志,2012,14(4):1-10.
李娅莉,薛秦芳.宝石学基础教程[M].北京:地质出版社,2002.
李娅莉.天然祖母绿、合成祖母绿和绿色绿柱石颜色的对比研究[J].宝石和宝石学杂志,1999(3):50-53.
李娅莉.染色石英岩——"马来西亚玉"的特性研究[J].超硬材料工程,1992,6(1):1-4.
李娅莉.东陵石中的内含物[J].台湾宝石,1996(2).
李英豪.蜜蜡琥珀[M].香港:博益出版集团有限公司,1995.
林小玲.珍珠赏购要诀[M].香港:博益出版集团有限公司,1993.
林新培.大溪地黑珍珠[J].台湾宝石,1996(1).
刘道荣,王玉民.珠宝首饰镶嵌学[M].天津:天津社会科学院出版社,1998.
栾秉傲.宝石[M].北京:冶金工业出版社,1988.
聂鸣,陈君宁.管理经济学[M].武汉:华中科技大学出版社,1998.
潘兆橹.结晶学与矿物学[M].北京:地质出版社,1984.

马遇伯,李立平,燕维佳.钙质金珊蝴的结构特征及其晕彩成因[J].宝石及宝石学杂志,2015,17(2):1-7.

孙主,李娅莉.俄罗斯水热法合成祖母绿的宝石学特征研究[J].宝石及宝石学杂志,2010,12(1):12-15.

王昶,申柯娅.珠宝营销策略[M].武汉:中国地质大学出版社,1998.

王福泉.宝石通论[M].北京:科学出版社,1985.

王根元.矿物学[M].武汉:中国地质大学出版社,1989.

翁臻培,周志明,李中和.结晶学[M].北京:中国建筑工业出版社,1986.

吴瑞华,王春生,袁晓江.天然宝石的改善及鉴定方法[M].北京:地质出版社,1994.

谢玉坎.珍珠科学[M].北京:海洋出版社,1995.

尹作为,江翠.商家如何应对珠宝价格战[J].珠宝科技,2002,14(1):45-46.

尹作为,李笑路.珠宝市场价格策略之我见[J].中国宝石,2004,13(4):218-219.

余海陵,张昌龙,曾骥良.桂林水热法合成红宝石的宝石学特征及呈色[J].宝石及宝石学,2001,3(2):21-24.

袁见齐.矿床学[M].北京:地质出版社,1985.

袁心强.桂林水热法合成红、蓝宝石的宝石学研究[J].宝石及宝石学,2000,2(4):12-14.

苑执中,金萍.化学气相沉积法(CVD)合成钻石研究新进展[J].中国宝石,2005(2):192-194;994.

张蓓莉.系统宝石学[M].北京:地质出版社,1997.

张本宏,陈振强.天然与合成绿柱石的致色和宝石学特征[J].宝石及宝石学,2002,4(1):34-37.

张力凡.塔希提珍珠[J].中国宝石,1997(1):83.

张仁山.翠钻珠宝[M].北京:地质出版社,1983.

郑恒有.飞速发展的黑色珍珠系列[J].珠宝科技,1997(4).

郑恒有.南洋珍珠业[J].珠宝科技,1997(3).

郑恒有.我国珍珠的产地与集散地[J].中国宝石,1997(1):81-82.

周国平.宝石学[M].武汉:中国地质大学出版社,1989.

周佩玲,杨忠耀.有机宝石学[M].武汉:中国地质大学出版社,2004.

周佩玲.贝壳的古往今来[J].珠宝科技,1997(4):13-15.

周佩玲.有机宝石与投资指南[M].武汉:中国地质大学出版社,1995.

周丹,李立平,罗彬,等.金色南洋珠与染色金珠的谱学特征对比[J].宝石及宝石学杂志,2015,17(3):1-9.

周丹,李立平.到浅表层加色处理金色海水珍珠的谱学鉴定特征[J].宝石及宝石学杂志,2014,16(2):71-77.

[英]V.C.法墨.矿物的红外光谱[M].应育浦,汪寿松,李春庚,等译.北京:科学出版社,1982.

Ali Safar,NickSturman. Notes from the Gem and Pearl Testing Laboratory,Bahrain—6. The journal of Gemmology. 1998,26(1):17-22.

Li Liping,Wang Min. Structural features of new varieties of freshwater cultured pearls in China. The Journal of Gemmology, 2013,133(5-6):131-136.

E. J. Gubelin, J. I. Koivula. Photoatlas of Inclusions in Gemstones. Zurich: ABC EDITION, 1986.

E. J. Gubelin. An Attempt to Explain the Instigation of the Formation of the Natural Pearl. The Journal of Gemmology, 1995, 24(8): 539 – 545.

Hennu U, Milisenda C C. Synthetic Red Beryl from Russia. The Journal of Gemmology, 1999, 26(8): 481 – 486.

Kurt Nassau. Synthetic Moissanite: A new diamond substitute. Gems & Gemology, 1997, 33 (4): 260 – 175.

Kurt Nassau. Gemstone Enhancement. New York, Butterworths, 1984.

Li Liping, Chen Zhonghui. Cultured pearls and color changed cultured pearls: Raman spectra. Journal of Gemmology, 2001, 27(28): 449 – 455.

Michael O'Donoghue. Identifying Manmade Gems. London: N. A. G. Press, 1983.

R. Webster. GEMS: Their sources, descriptions and identification. Fifth Edition, Helen Fraquet, <Amber>, Butterworth, 1987.

Shigley J E, McClure S F, Cole J E, et al. Hydrothernal synthetic red beryl from Institute of Crystallography. Moscow. gems&Gemology, 2001, 37(1): 42 – 55.

Spener J. A. Currie, A Study of New Zealand Kauri Copal. The Journal of Gemmology, 1997, 25(6): 408 – 416.

单晶宝石

金绿宝石猫眼

碧玺戒面

达碧兹

千禧工涂层黄玉

红碧玺

红色尖晶石原石

金绿宝石猫眼

镜铁矿与水晶

蓝宝石晶体

红柱石猫眼

锰铝榴石

缅甸星光红宝石

千禧工黄水晶

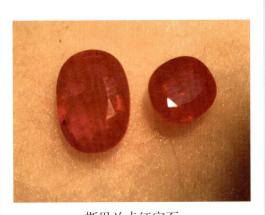
斯里兰卡红宝石

星光顽火辉石

坦桑黝帘石

斯里兰卡月光石

云南祖母绿晶体

紫晶洞桌

自然银

各种水晶

祖母绿吊坠

锂辉石

锆石

钻石的各种晶体

橄榄石

海蓝宝石

红色尖晶石

摩根石（绿柱石）

坦桑黝帘石

多晶宝石

冰种翡翠

玻璃地翡翠

白玉雕件丽人行（袁嘉骐）

高翠戒面

方解石与萤石共生

高翠手镯

高档翡翠

岫玉雕件

高翠坠

高翠坠

河磨玉王

红宝-绿帘石

欧泊原石

菱锰矿

孔雀石

绿松石

蔷微辉石

染色菱锰矿

软玉-佛光普照（袁嘉骐）

紫翡翠

软玉猫眼

岫玉山子

翡翠俏色作品

翡翠B+C处理手镯

红玛瑙雕件

石英岩仿软玉中籽料

巴林福黄石

巴林鸡血石

染色玛瑙

染色岫玉

独山玉"对酒当歌"

软玉中的碧玉

钠铬辉石翡翠

黄龙玉

韩国软玉

岫玉上蜡

水沫子似翡翠的漂蓝花

软玉中的籽料（袁嘉骐）

翡翠俏雕

紫色翡翠

独山玉花件

碧玉手镯

有机宝石

淡水珍珠蚌

金珊瑚

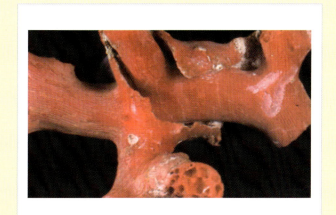
珊瑚

象牙小饰品

异形淡水珠

珍珠的火焰状结构

有机珊瑚

琥珀中的『太阳光芒』

玳瑁饰品

珍珠的抛光